教育部 财政部职业院校教师素质提高计划职教师资培养资源开发项目

普通高等教育能源动力类系列教材

制冷技术原理与应用基础

主　编　金昕祥
副主编　李改莲
参　编　胡春霞　孟凡超

机械工业出版社

本书分为制冷技术原理篇和操作应用篇两部分，共6章。制冷技术原理篇系统地介绍了制冷的基本方法与循环（主要包括液体汽化制冷、蒸气压缩制冷循环、双级压缩制冷循环、复叠式制冷循环、应用非共沸混合制冷剂的制冷循环）、常用制冷工质及其性质（包括制冷剂的演化过程和选用原则，环境影响指标，制冷剂的热力性质、化学性质与实用性质、溶解性质，常用制冷剂，载冷剂、润滑油简介）、制冷设备（包括制冷压缩机、冷凝器、蒸发器、节流机构及辅助设备）、制冷装置系统控制与保护（包括制冷装置系统控制的基本原理、继电器控制方法，制冷系统的安全保护措施、计算机控制）、吸收式制冷装置（包括溶液的热力性质、吸收式制冷装置的基本组成、制冷机组流程、吸收式制冷装置的性能与保护措施）。操作应用篇系统地介绍了制冷技术操作与实训，主要包括制冷维修仪器仪表简介、铜管加工、铜管焊接、制冷系统管路吹污、制冷系统保压检漏、制冷系统抽真空、制冷剂充注与调试。

本书为能源与动力工程专业职教师资本科培养教材，也可作为高等院校相关专业教材以及制冷设备安装、操作、管理、维修等工程技术人员的参考书。

本书配有电子课件，向授课教师免费提供，需要者可登录机械工业出版社教育服务网（www.cmpedu.com）下载。

图书在版编目（CIP）数据

制冷技术原理与应用基础/金听祥主编．—北京：机械工业出版社，2018.4（2023.4重印）

教育部、财政部职业院校教师素质提高计划职教师资培养资源开发项目

ISBN 978-7-111-61266-7

Ⅰ.①制…　Ⅱ.①金…　Ⅲ.①制冷技术　Ⅳ.①TB66

中国版本图书馆CIP数据核字（2018）第249766号

机械工业出版社（北京市百万庄大街22号　邮政编码100037）
策划编辑：蔡开颖　责任编辑：蔡开颖　王海霞　任正一
责任校对：刘雅娜　封面设计：张　静
责任印制：单爱军
北京虎彩文化传播有限公司印刷
2023年4月第1版第6次印刷
184mm×260mm · 14.5印张 · 356千字
标准书号：ISBN 978-7-111-61266-7
定价：39.80元

电话服务　　　　　　　　网络服务
客服电话：010-88361066　机　工　官　网：www.cmpbook.com
　　　　　010-88379833　机　工　官　博：weibo.com/cmp1952
　　　　　010-68326294　金　　书　　网：www.golden-book.com
封底无防伪标均为盗版　　机工教育服务网：www.cmpedu.com

出版说明

《国家中长期教育改革和发展规划纲要（2010—2020年）》颁布实施以来，我国职业教育进入加快构建现代职业教育体系、全面提高技能型人才培养质量的新阶段。加快发展现代职业教育，实现职业教育改革发展新跨越，对职业学校“双师型”教师队伍建设提出了更高的要求。为此，教育部明确提出，要以推动教师专业化为引领，以加强“双师型”教师队伍建设为重点，以创新制度和机制为动力，以完善培养培训体系为保障，以实施素质提高计划为抓手，统筹规划，突出重点，改革创新，狠抓落实，切实提升职业院校教师队伍整体素质和建设水平，加快建成一支师德高尚、素质优良、技艺精湛、结构合理、专兼结合的高素质专业化的“双师型”教师队伍，为建设具有中国特色、世界水平的现代职业教育体系提供强有力的师资保障。

目前，我国共有60余所高校正在开展职教师资培养，但由于教师培养标准的缺失和培养课程资源的匮乏，制约了“双师型”教师培养质量的提高。为完善教师培养标准和课程体系，教育部、财政部在“职业院校教师素质提高计划”框架内专门设置了职教师资培养资源开发项目，中央财政划拨1.5亿元，系统开发用于本科专业职教师资培养标准、培养方案、核心课程和特色教材等系列资源。其中，包括88个专业项目、12个资格考试制度开发等公共项目。该项目由42家开设职业技术师范专业的高等学校牵头，组织近千家科研院所、职业学校、行业企业共同研发，一大批专家学者、优秀校长、一线教师、企业工程技术人员参与其中。

经过三年的努力，培养资源开发项目取得了丰硕成果。一是开发了中等职业学校88个专业（类）职教师资本科培养资源项目，内容包括专业教师标准、专业教师培养标准、评价方案，以及一系列专业课程大纲、主干课程教材及数字化资源；二是取得了6项公共基础研究成果，内容包括职教师资培养模式、国际职教师资培养、教育理论课程、质量保障体系、教学资源中心建设和学习平台开发等；三是完成了18个专业大类职教师资资格标准及认证考试标准开发。上述成果，共计800多本正式出版物。总体来说，培养资源开发项目实现了高效益：形成了一大批资源，填补了相关标准和资源的空白；凝聚了一支研发队伍，强化了教师培养的“校—企—校”协同；引领了一批高校的教学改革，带动了“双师型”教师的专业化培养。职教师资培养资源开发项目是支撑专业化培养的一项系统化、基础性工程，是加强职教教师培养培训一体化建设的关键环节，也是对职教师资培养培训基地教师专业化培养实践、教师教育研究能力的系统检阅。

自2013年项目立项开题以来，各项目承担单位、项目负责人及全体开发人员做了大量深入细致的工作，结合职教教师培养实践，研发出很多填补空白、体现科学性和前瞻性的成果，有力推进了“双师型”教师专门化培养向更深层次发展。同时，专家指导委员会的各位专家以及项目管理办公室的各位同志，克服了许多困难，按照两部对项目开发工作的总体要求，为实施项目管理、研发、检查等投入了大量时间和心血，也为各个项目提供了专业的咨询和指导，有力地保障了项目实施和成果质量。在此，我们一并表示衷心的感谢。

编写委员会

2016年3月

教育部高等学校中等职业学校教师培养教学指导委员会

项目专家指导委员会

前　言

为了全面提高职教师资的培养质量，在“十二五”期间，教育部、财政部在职业院校教师素质提高计划的框架内专门设置了职教师资培养资源开发项目，系统开发用于职教师资本科专业的培养标准、培养方案、核心课程和特色教材等资源，目标是形成一批职教师资优质资源，不断提高职教师资培养质量，完善职教师资培养体系建设，更好地满足现代职业教育对高素质专业化“双师型”职业教师的需要。

本书是教育部、财政部职业院校教师素质提高计划职教师资培养资源开发项目的能源与动力工程专业项目（VTNE018）的核心成果之一。以职业教育专业教学论的视角，我们编写了这本针对能源与动力工程专业职教师资培养的特色教材，力求遵循职教师资培养的目标和规律，将理论与实践、专业教学与教育理论知识、高等学校的培养环境与职业学校专业师资的实际需求有机地结合起来，聚焦于培养职教师资本科学生的职业综合能力。本书是能源与动力工程职教师资本科专业培养的必修课教材，也是该专业的核心课程教材。本书的编写思路是：突破传统教材的模式，按照学生的学习习惯，从“理论学习到实际装置组成，再到技能操作”，实现理论与认识统一，原理与技能统一，力求增强教学内容的实用性和针对性，并能让学生有效地利用这些知识体系进行后续专业知识的学习，并循序渐进地发展到职业能力。其具体特点如下：

1. 着眼于行业中经常使用的制冷技术原理，既为学生在专业课学习方面提供切实的帮助，又为其走向社会实践应用打下基础；以提高学生的分析能力和相应的素质修养为目标，努力实践“不求全面、崇尚实用”的编写宗旨。书中的制冷技术原理内容都是在编者结合多年实际教学效果及学生应用的基础上筛选而来的，能够面向社会、面向行业发展、面向学生，具有很强的针对性和实用性。

2. 力求使制冷技术原理的呈现做到脉络清晰，重点突出，体系简约，在学生原有认知结构的基础上，依据学习规律，相关内容在不同章节中存在内在的逻辑联系，以核心知识（基本概念、制冷技术原理、重要的制冷装置和操作）为支撑和连接点，循序渐进、螺旋上升地组织学习内容，形成结构化的教材体系。

3. 以阶段性和过程性综合进行教学评价，课程的评价既有操作技能评价，也有阶段性成果（考试）记录、全过程课程考核评价。注重培养学生对知识的理解能力、运用能力和实际操作能力，充分体现评价的导向功能、激励功能。

本书由郑州轻工业大学能源与动力工程学院金听祥任主编，李改莲任副主编。参加编写的人员有郑州轻工业大学金听祥（绪论、第1章、第5章）、李改莲（第2章、第3章）、胡春霞（第4章、第5章）、郑州市电子信息工程学校孟凡超（第6章）。本书的编写得到了职教师资培养资源开发项目专家指导委员会刘来泉研究员、姜大源研究员、吴全全研究员、张元利教授、韩亚兰教授和沈希教授等专家学者的悉心指导和帮助。陕西科技大学曹巨江教授对本书的编写给予了大力支持。郑州市电子信息工程学校的陈清顺老师对本书提出了许多宝贵意见和建议。时阳教授提供了大量的教学资料，使得本书内容更加丰富和翔实。在此向他们表示衷心的感谢！

由于编者的知识水平和专业能力有限，书中难免有疏漏和不当之处，恳请使用和阅读本书的读者予以批评指正。

编　者

目　录

操作应用篇

目　录

操作应用篇

制冷技术原理篇

绪　论

0.1　制冷

制冷是指用人工的方法在一定的时间和一定的空间内，将被冷却对象的温度降至环境温度以下，并保持这一低温。它是运用制冷原理、方法以及制冷机械设备来获得低温的一种应用技术。

从热力学观点分析，热量不能自发地由低温物体传至高温物体。所以，制冷与冷却不同，冷却过程中热量自发地从高温传给低温，如一杯白开水放在空气中会自然冷却，开水的热量就自发地传给了其周围的空气。而制冷是将低温环境的热量传给高温环境，这一过程不能自发进行，因此要实现制冷，就必须有消耗较高位势能量的补偿过程，即消耗外界能量作为补偿的过程。

按温度区域可以把制冷分成四个研究领域：

120K（-153℃）~常温	普通制冷
20K（-253℃）~120K（-153℃）	深度制冷
0.3K（-272.85℃）~20K（-253℃）	低温制冷
<0.3K（-272.85℃）	超低温制冷

普通制冷应用最广泛，遍布人类生活和生产活动的各个方面。普通制冷是本门课程的研究对象。

深度制冷主要应用于空气的分离与液化、低温生物的保存与研究，是低温技术原理与装置课程的研究对象。

低温制冷与主要应用于科学研究和空间技术。超低温制冷则主要应用于低温物理、基本粒子等物理学研究。

0.2　制冷技术的研究内容和理论基础

制冷技术是一个概括用语，其研究内容主要为以下几个方面：

（1）制冷原理　研究获得低温的方法和有关的机理以及与之相应的制冷循环，应用热力学的观点和方法分析制冷循环和它的应用，对各类制冷循环的结构和能效转换点进行分析，为提高制冷机的循环效率奠定基础；对制冷循环及其中各过程进行计算；研究制冷剂的性质，从而为制冷机选择合适的制冷剂。

（2）制冷设备　研究实现制冷循环并满足使用要求的各种热交换器、节流机构及辅助设备，主要是它们的结构、原理、性能以及加工工艺流程等。

（3）制冷装置　研究各种制冷装置的性能、结构、系统流程组织、设备配套及优化、隔热等问题，实现最佳运行效果、提高装置的效率、节约能源、强化装置和设备的可靠性和安全性。

制冷原理所研究的逆向循环中的热能与其他形式能量的转换问题，不同位势热能的转换问题都离不开热力学关于能量转换的基本规律。在制冷设备和制冷装置的研究和设计中，主要研究能量的传递和流体的流动，需要应用热工与流体力学基础的基本理论。在制冷压缩机的研究分析中，需要综合应用热工与流体力学基础的知识。因此，研究制冷技术必须具备坚实的热工与流体力学基础知识。同时，制冷技术的发展又不断充实和完善着这些基础学科。

除此之外，在制冷技术中还需要应用化学、电工与电子技术、工程力学等学科的基础理论。综上所述，制冷技术是各基础学科理论的综合应用与延伸，它与低温技术已广泛应用于工农业各个部门及各科学领域。

0.3 制冷机械与装置

实现制冷所需的各机器与各设备的结合体称为制冷机或制冷系统。

制冷机中所使用的工作介质称为制冷剂或制冷工质。工质在系统内循环流动，同时与外界发生能量交换，不断地从被冷却环境中吸收热量，又向外界环境释放热量。为了实现制冷，所消耗掉的能量多为机械能、电能、热能、太阳能等。由于温度范围的不同，所使用的机器设备与工质、所采用的制冷方法均有很大的区别。

制冷机与用冷设备的组合称为制冷装置。制冷技术的应用与制冷装置是密不可分的。

制冷装置有很多种类。人们可以使用不同类型的制冷机来提供冷量。但由于不同的制冷机有不同的应用范围，所以不同使用目的的制冷装置，通常使用不同类型的制冷机。

制冷装置的种类主要依据使用目的不同来划分。但这仅是大致划分，而且分类并不严格，实际上还有很多其他制冷装置。随着制冷技术的发展，制冷装置越来越多，分类也越来越模糊了。制冷装置大致上分为以下几类。

（1）食品冷冻冷藏用制冷装置　在食品冷链中，冷链开端、运输、末端三个主要环节都需要用到制冷装置。

食品冷链的开端，主要有生产冷库（土建冷库和组合冷库）和冻结设备（隧道速冻机、螺旋速冻机、板式速冻机、真空冻干机、搁架排管、冻结箱等）。

食品冷链的运输，主要有铁路机械保温车、干冰保温车、冷藏汽车、保温汽车、冷藏船、冷藏集装箱等。

食品冷链的末端，主要有电冰箱（冷藏箱、冷冻箱、冷藏冷冻箱）、冷藏陈列柜、冰淇淋机、小型块冰机等，可用于家庭、商店、饭店、宾馆、食堂、医院等场所。

（2）空气调节用制冷装置　空气调节用制冷装置包括集中空调用制冷装置和空调器两类，前者指集中空调的冷源和蓄冷装置，后者有房间空调器、单元空调器、机房空调器、恒温恒湿机、去湿机等类型，以保证室内具有适宜的温湿度。对于家用制冷器具，在安全性能指标方面具有很高要求。在我国，家用制冷器具是指制冷量为14kW及其以下的空调器，容积在$1m^3$及其以下的冷藏箱、冷冻箱和冷藏冷冻箱。

（3）建筑工程用制冷装置　建筑工程用制冷装置是指在浇灌混凝土、隧道挖掘等场合应用的制冷装置，经常通过制冷来冻结土壤，制造冻土围墙来防止进水，或增加土壤的抗压强度。这类制冷装置通常是大型成套设备，主要用于大型混凝土构件的冷却、复杂地质条件的地下掘进等。

(4) 工、农业用制冷装置　工业用制冷装置用于一些特定的生产工艺过程。在一些场合，工业用制冷装置就是生产工艺设备，如空分装置、LGN设备、干冰设备等，生产过程所用的原料就是制冷剂。在另一些场合，制冷装置仅为生产工艺提供必要的条件，原料不是制冷剂，制冷机提供的冷量冷却原料、半成品，如冷冻切削的冻结、精密机床的液压系统、啤酒发酵罐的冷却、空气的冷冻除湿、冷处理设备等。另外，还有制冰装置和制干冰装置，如盐水制冰装置、桶式快速制冰机、片冰机、板冰机、制干冰设备与气体液化装置等。农业用制冷装置主要用于良种（农作物、优良种畜的精液）的低温保存、人工气候育秧室、微生物除虫、粮食储藏、人造雨雪以及化肥生产等。

(5) 低温实验装置　低温实验装置是指用于教学、科研以及做产品低温性能实验的装置，主要用来研究物质或设备在低温下的性能，检查产品在低温条件下的性能指标。如低温环境实验室、低温生物显微镜、红外探测仪冷却器、低温恒温水浴冷却器、冰点仪等。

(6) 低温生物医学装置　用于医疗目的的制冷装置主要有低温手术器械、低温理疗设备、低温切片刀、低温杜瓦、药品及疫苗的低温保存装置、超快速玻璃化低温保存装置等，其中许多应用了半导体制冷技术。

(7) 低温军事装备　低温军事装备是指用于军事目的的制冷装置。主要有瞄准仪、夜视仪、制导器等用的冷却器，高寒地区使用的武器的低温环境模拟试验、空间模拟试验、湿热试验、盐雾试验等中的试验装置。另外，红外遥感技术所需的70~120K的低温往往通过斯特林制冷机、脉冲管制冷机、辐射制冷装置来实现；空间远红外观测则需要2K以下的温度，往往通过超流氦制冷技术来实现。

0.4 制冷技术的发展简史

人工制冷的方法是随着工业革命而开始的。1748年，英国人柯伦发现了乙醚在真空下蒸发会产生制冷效应，但他没有将此结果用于任何实际的应用。1755年，爱丁堡的化学教授库仑利用乙醚使水结冰，他的学生布拉克从本质上解释了融化和汽化的现象，提出了潜热的概念，发明了冰量热器，标志着现代制冷技术的开始。

1831年，美国人波尔金斯制成了第一台用乙醚做制冷剂的手摇式压缩制冷机，并正式向英国呈递了专利申请（NO. 6662），这是蒸气压缩式制冷机的雏形，其重要进步就是实现了闭合循环。

1844年，美国人戈里发明了第一台空气压缩式制冷机，这是世界上第一台制冷和空调用的空气制冷机，于1851年获得美国专利。

1858年，美国人尼斯取得了冷库设计的第一个专利，从此商用冷藏技术得到了发展。

1859年，法国人卡列设计制造出了第一台氨吸收式制冷机，并申请了原理专利。

1872年，美国人波义耳发明了氨压缩机；1874年，德国人林德发明了世界上第一台氨制冷机；1881年，世界上第一座冷库在伦敦和波士顿建成，从此氨系统在工业上获得了普遍的应用。

1910年左右，马里斯·莱兰克在巴黎发明了蒸气喷射式制冷系统。

在各种形式的制冷机中压缩式制冷机发展较快，1918年，美国工程师布兰发明了第一台家用电冰箱；1919 年，美国芝加哥建起了第一座空调电影院，空调技术开始得到应用。随着制冷机形式的不断发展，制冷剂的种类也不断增多，相继使用的制冷剂有空气、二氧化碳、乙醚、氯甲烷、二氧化硫、氨等。

1929 年，美国通用电气公司成功开发出了全封闭压缩机，米杰里发现了卤代烃制冷剂 R12，从此蒸气压缩式制冷机得以飞速发展。

进入 20 世纪后，制冷技术进入实际应用时期，混合制冷剂的开发、回热式除湿循环的发明、空气源热泵的出现，以及随后出现的半导体制冷、声能制冷、磁制冷等技术都标志着现代制冷工业进入了飞速发展的时代。

目前，鉴于全球节能的迫切需要和环境保护的重大需求，同时受微电子、计算机物联网、新型材料和其他相关工业领域的促进，制冷行业在技术上更需要突破性的进展。

我国的低温研究工作从 20 世纪 50 年代末开始。1956 年在大学设置制冷学科，1967 年制成蒸气喷射制冷机，1977 年开始设计制造压缩机。自新中国成立以来，制冷行业同其他行业一样从无到有，继而飞速发展。目前，我国制冷空调行业已具有品种比较齐全的大、中、小型制冷空调产品系列，许多产品已经进入国际市场，制冷产品已出口到五大洲 60 多个国家和地区。21 世纪，我国的制冷空调事业将更加飞速地发展。

第1章 制冷的基本方法与循环

【学习目标】

了解制冷的基本方法；掌握蒸气压缩制冷系统的各种循环。

【教学内容】 1.1 液体汽化制冷

1.2 蒸气压缩制冷循环

1.3 双级压缩制冷循环

1.4 复叠式制冷循环

1.5 应用非共沸混合制冷剂的制冷循环

【重点与难点】 本章的学习目的是使学生了解制冷的基本方法，本章的重点、难点问题如下：

1）液体汽化制冷属于相变制冷的范畴，其制冷循环由汽化、升压、液化、降压四个过程组成。

2）蒸气压缩制冷循环是本章学习的重点内容，它的基本工作过程是压缩、冷凝、节流、蒸发。其制冷设备主要包括压缩机、冷凝器、节流阀、蒸发器。在学习该循环时，其热力计算过程以及过冷、过热和回热循环的热力计算都是重点内容。为了保证实际制冷机能够更稳定地工作，在四大部件的基础上又添加了辅助设备。实际制冷循环与基本循环的区别以及循环的简化也是一个难点。

3）双级压缩制冷循环和复叠式制冷循环是在单级蒸气压缩制冷循环基础上的改进，这又是本章的一个难点。

【学时分配】 14学时。

制冷技术的主要功能是将能量从低温环境传送到高温环境。实现制冷的方法很多，按照所采用工程技术的不同大致可分三大类：一是通过制冷剂循环来实现制冷（机械式），主要方法有蒸气压缩式制冷循环、吸收式制冷循环、吸附式制冷循环、蒸气喷射式和空气膨胀式制冷循环；二是通过分子能量的相互作用来实现制冷，主要有脉管式和涡流管式；三是通过电效应、磁效应和声效应来实现制冷，主要有热电制冷、磁制冷、热声制冷和磁流体制冷等方式。在普冷的范围内，最常用的制冷方法是液体汽化制冷和蒸气压缩式制冷等。本章着重讨论的就是这几种制冷方法。

1.1 液体汽化制冷

在上述制冷方法中，应用最多的一类是液体汽化制冷。

由热力学可以知道，在一个密闭的容器中，如果仅存在某一物质的液体和气体（即某

一物质的液体处于密闭容器中，容器中除了此种液体和其自身蒸发产生的蒸气以外，无任何其他液体或气体)，那么，在一定的温度和压力条件下，气、液两相将达到平衡。此时的液体称为饱和液体，气体称为饱和蒸气。在饱和状态下，介质所具有的压力为饱和压力，温度为饱和温度。饱和压力与饱和温度的关系是一一对应、完全相关的，即任意一个饱和温度都有一个且仅有一个与之对应的饱和压力。如饱和温度升高，则饱和压力随之升高；如饱和温度降低，则饱和压力也随之降低。即其中一个参数变化，另一个也相应改变，这种关系称为饱和温度与饱和压力的关系，简称 p-T 关系。

如果此容器是绝热的，当从此容器中抽走一部分饱和蒸气时，压力就会下降，同时温度也下降。相反，如向容器中再压入一些饱和蒸气，则压力将上升，温度随之提高。

如果维持容器及其中的介质温度不变，当从容器中抽走一部分饱和蒸气时，液体就必然要再汽化一部分，以产生饱和蒸气来维持平衡。液体汽化时需要吸收汽化热，而这一热量来自系统外部。在液体汽化制冷中，正是利用其汽化时吸收潜热这一特性，使被冷却物体降温，或者维持在低于环境温度的某一低温。例如，在电冰箱中，制冷剂在蒸发器中汽化，吸收食品的热量，使食品的温度降低。空调器也是利用制冷剂在蒸发器中汽化，吸收室内空气的热量，从而使室内空气维持在环境温度以下。

为了使上述过程能够连续地进行下去，必须不断从容器中抽走蒸气，再不断将液体补充到容器中去。如把抽走的蒸气凝结下来，成为液体后再送入容器中，就能满足过程连续这一要求。从容器中抽走的蒸气，如想直接凝结成液体，所需冷却介质的温度将比液体的蒸发温度还要低。利用饱和温度随饱和压力的升高而升高这一原理，将蒸气的压力提高，使蒸气压力高于常温下的饱和压力，就能实现常温下凝结。这样，制冷剂在低温低压下蒸发，产生制冷效应；而在常温高压条件下凝结，向环境或冷却介质放出热量。液体汽化制冷原理如图 1-1 所示。

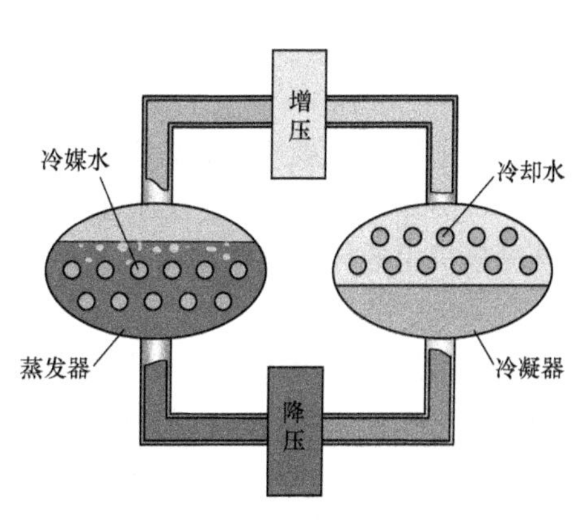

图 1-1　液体汽化制冷原理图

由此可知，液体汽化制冷循环应由液体汽化、蒸气升压、蒸气液化和液体降压四个过程组成。蒸气压缩制冷、吸收制冷、吸附制冷等制冷方法的循环都具备这四个过程。

1.2　蒸气压缩制冷循环

蒸气压缩式制冷机有单级和多级压缩以及复叠式等不同形式。蒸气压缩制冷机是目前应用最广泛的一种制冷机。这种制冷机的结构较紧凑，其容量可以是大、中、小、微型，以适应不同应用场合的需要。其能达到的制冷温度范围较广，可从环境温度至-150℃，且在整个普冷温度范围内具有较高的循环效率。本章讨论制冷的一些基本概念和蒸气压缩制冷循环的各种形式。本章是全课程的重点。

1.2.1　单级蒸气压缩制冷机的基本组成

单级蒸气压缩制冷机是指制冷剂蒸气由蒸发压力经过一次压缩，压力即升高到冷凝压力的制冷机，单级制冷机一般可以制取-40℃以上的低温。单级蒸气压缩制冷机由压缩机、冷凝器、节流机构、蒸发器四个基本部件组成，如图 1-2 所示。

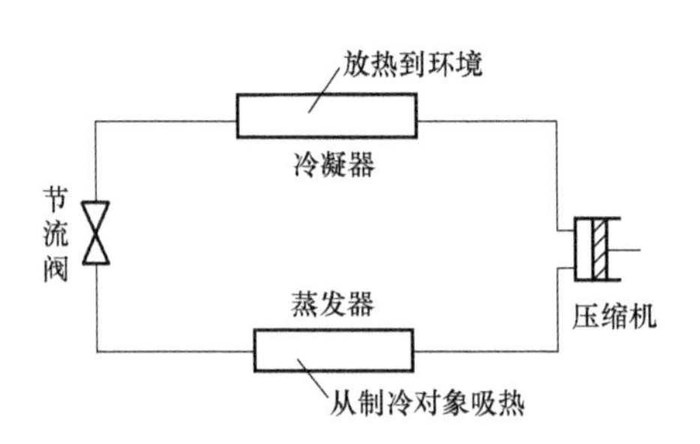

图 1-2 单级蒸气压缩制冷机基本组成

(1) 压缩机　其作用是压缩并输送制冷剂蒸气；将低压制冷剂蒸气从蒸发器中抽出，升压后送入冷凝器，维持冷凝器和蒸发器中的压力。根据热力学第二定律，压缩机所消耗掉的功起了补偿作用，压缩机是整个系统的“心脏”，它使制冷剂不断在系统中循环，完成制冷目的。

(2) 冷凝器　其作用是使高压制冷剂蒸气与高温热源进行热交换，使制冷剂凝结成液体。冷凝器是放出热量的设备。

(3) 节流机构　其作用是将制冷剂降压并调节制冷剂的循环流量。由于节流机构的作用，制冷剂压力由冷凝压力下降到蒸发压力，维持冷凝和蒸发所需的压力条件；并使制冷剂流量受到限制，与压缩机输气量相平衡。

(4) 蒸发器　在蒸发器中，制冷剂液体汽化成为蒸气，其作用是对低压制冷剂液体与低温热源进行热交换。蒸发器是吸收热量，为被冷却对象提供冷量的设备。它是实现制冷的部件。

以上四个部件是蒸气压缩制冷机的基本部件，缺少其中任何一个部件，制冷机都不能正常工作。在实际的制冷机中，还有油分离器、回热器、干燥过滤器等辅助设备，这些设备的作用是提高机组的运行性能，或保证系统正常运行和提高可靠性，对制冷原理的本质没有影响。

1. 单级蒸气压缩制冷机的理论循环及其工作过程

为了能应用热力学理论对单级蒸气压缩制冷机的实际过程进行分析，提出了简化基本循环的方法，称为理论循环。理论循环是在忽略一些复杂因素，在理论条件下构造出的模型。理论循环基本参数的分析结果，可作为实际制冷机性能分析的基础。这些假设的理论条件是：

1）制冷剂的冷凝温度等于高温热源的温度，蒸发温度等于低温热源的温度，且冷凝温度与蒸发温度恒定不变。

2）在制冷系统中，除节流膨胀产生压力降外，无任何其他流动阻力损失。

3）压缩过程为等熵过程。

4）在节流过程中，流速变化可以忽略不计。

5）除换热设备外，与外界无任何热交换。

6）制冷剂是纯净的。

单级蒸气压缩制冷理论循环在 p-h 图（纵坐标采用对数坐标）及 T-s 图上的表示如图 1-3 所示。其冷凝温度和蒸发温度分别为 t_k 和 t_0，冷凝压力和蒸发压力分别为 p_k 和 p_0。

由热力学第一定律，对于在控制容积内状态变化的工质有

$$dq = dh + dc^2/2 - dw \tag{1-1}$$

式中，q 是热量（kJ/kg）；h 是比焓（kJ/kg）；c 是流速（m/s）；w 是比功（kJ/kg），dw 前

的负号表示外界向系统输入功。

根据理论条件，可以对理论循环的各个工作过程进行分析。

（1）压缩过程 0-2　0-2 表示制冷剂在压缩机中的压缩过程，对于理论循环为等熵过程，点 0 为吸入的低压饱和蒸气状态点，点 2 为排出的过热蒸气状态点。

因为 $ds=0$，$dq=0$，$dc=0$

故
$$dh=dw_0,\quad w_0=h_2-h_0$$

式中，w_0 是单位理论功，在 T-s 图上用面积 0-2-3-4-0 表示，在 p-h 图上为线段 0-2 的长度。

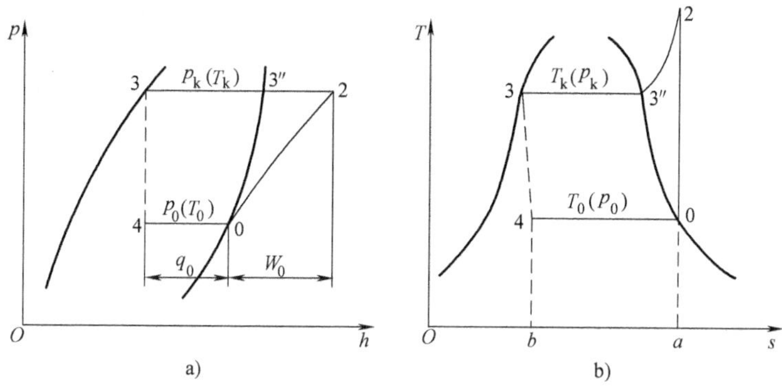

图 1-3　单级蒸气压缩制冷理论循环

a）p-h 图　b）T-s 图

（2）冷凝过程 2-3　冷凝过程由两段组成，压缩机排出的制冷剂过热蒸气进入冷凝器后，首先被冷却成饱和蒸气，即过程 2-3″，此时存在传热温差；然后饱和蒸气被冷凝成饱和液体，即过程 3″-3，此凝结过程无传热温差；制冷剂压力不变，始终是与 t_k 对应的饱和压力 p_k。

因为
$$dw=0,\quad dc=0$$

故
$$dq=dh,\quad q_k=h_2-h_3$$

式中，q_k 是单位冷凝负荷，在 T-s 图上用面积 a-2-3-b-a 表示，在 p-h 图上用线段 2-3 的长度表示。

（3）节流过程 1-4　制冷剂在节流过程中温度由 t_k 下降至 T_0，压力由 p_k 下降至 p_0，焓值基本不变。节流后制冷剂状态进入湿蒸气区，根据理论循环的假定近似有 $dw=0$，$dc=0$，$dq=0$，故

$$dh=0,\quad h_3=h_3$$

即这一过程的起点和终点处于同一条等焓线上。

（4）蒸发过程 4-0　在蒸发过程中，制冷剂在 T_0、p_0 保持不变的情况下发生汽化，吸收汽化热，而所吸收的热量来自被冷却对象。

因为
$$dw=0,\quad dc=0$$

故
$$dq=dh,\quad q_0=h_0-h_4=h_0-h_3$$

式中，q_0 是单位制冷量，在 T-s 图上用面积 0-4-b-a-0 表示，在 p-h 图上用线段 4-0 的长度表示。

2. 理论循环的热力计算

为了说明循环的性能，可通过对循环各点的状态参数进行计算得出性能指标，这样的计算即为热力计算。

（1）单位制冷量 q_0（kJ/kg） 单位制冷量又称单位质量制冷量，其定义为 1kg 的制冷剂在一次循环中所制取的冷量，即

$$q_0 = h_0 - h_4 = h_0 - h_3 \tag{1-2}$$

单位制冷量也可表示为汽化热 r_0（kJ/kg）和节流后的干度 x_4 的关系

$$q_0 = r_0(1 - x_4) \tag{1-3}$$

由上式可知，制冷剂的汽化热越大，节流后的干度越小，即节流后形成的蒸气越少，循环的单位制冷量越大。

（2）单位容积制冷量 q_v（kJ/m^3） 单位容积制冷量定义为按吸入状态计，压缩机每吸入单位容积的制冷剂，蒸气所能获得的制冷量，即

$$q_v = \frac{q_0}{v_0} = \frac{h_0 - h_3}{v_0} \tag{1-4}$$

（3）单位理论功 w_0（kJ/kg） w_0 表示在理论循环中，制冷压缩机每压缩并输送 1kg 制冷剂，蒸气所消耗的功。由于在节流过程中 $dw = 0$，因此，压缩机所消耗的单位理论功即为循环的单位理论功

$$w_0 = h_2 - h_0 \tag{1-5}$$

（4）单位冷凝负荷 q_k（kJ/kg） 单位冷凝负荷是指 1kg 制冷剂在一次循环中向高温热源放出（即在冷凝器中放出）的热量，它包括显热和潜热两部分，即

$$q_k = (h_2 - h_3'') + (h_3'' - h_3) = h_2 - h_3 \tag{1-6}$$

根据热力学第一定律，有

$$q_k = q_0 + w_0 \tag{1-7}$$

（5）制冷系数 ε_0 制冷系数的物理意义为：在循环中，每消耗单位功可获得的制冷量。其定义式为

$$\varepsilon_0 = \frac{q_0}{w_0} \tag{1-8}$$

对于理论循环，有

$$\varepsilon_0 = \frac{q_0}{w_0} = \frac{h_0 - h_3}{h_2 - h_0} \tag{1-9}$$

制冷系数是制冷循环的一个重要指标。在给定冷凝温度和蒸发温度的条件下，制冷系数越大，就表示循环的经济性越好。冷凝温度越高，则蒸发温度越低，制冷系数就越小。

（6）热力完善度 η 热力完善度的定义为

$$\eta = \frac{\varepsilon}{\varepsilon_c} \tag{1-10}$$

式中，ε_c 是逆卡诺循环的制冷系数；ε 是某一制冷循环的制冷系数。

对于理论循环，有

$$\eta = \frac{\varepsilon_0}{\varepsilon_c} = \frac{h_0 - h_3}{h_2 - h_0} \frac{T_k - T_0}{T_0} \tag{1-11}$$

制冷系数和热力完善度都是用来评价循环经济性的指标，但它们的物理意义不同；制冷系数随循环的工作温度的变化而变化，用来比较相同热源温度下循环的优劣；热力完善度则表示循环接近可逆循环的程度，可以用来评价不同种类、不同热源温度下的循环。

1.2.2　液体过冷、吸气过热及回热循环

单级压缩制冷理论循环是蒸气压缩式制冷机最基本、最简单的循环。在工程实际中，为了改善循环的运行性能，可对影响循环性能的主要因素进行考虑，从而对理论循环进行修正，修正方法主要有节流前液体过冷、吸入蒸气过热、采用回热等。在讨论这些循环时，对于理论循环所用的理想条件，仅对修正所涉及的部分条件进行修正，其他部分仍按理论循环的理想条件进行分析。

1. 液体过冷循环

分析理论循环的 p-h 图可以发现，液体制冷剂节流后产生的闪发蒸气越少，循环的单位制冷量就越大。进一步分析理论循环的 p-h 图还可以发现，如能进一步降低液体制冷剂节流前的温度，即可减小节流后制冷剂的干度。

使节流前制冷剂的温度低于同一压力下的冷凝温度的过程称为液体过冷，简称过冷。二者的温度差称为过冷度，具有过冷的循环称为过冷循环。

图 1-4 所示为过冷循环在 p-h 图和 T-s 图上的表示，图中 3-3′ 为液体制冷剂的过冷过程，3′-4′为节流过程，其余过程与理论循环相同。图中 0-2-3′-4′-0 为过冷循环，而 0-2-3-4-0 为与之对应的理论循环。

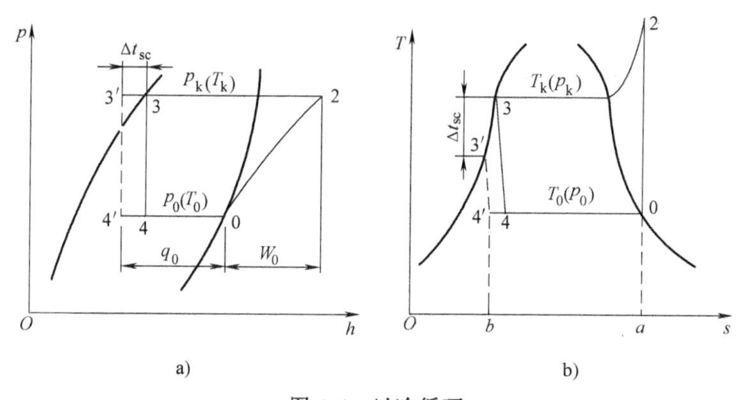

图 1-4　过冷循环

a）p-h 图　b）T-s 图

与理论循环相比，过冷循环的性能变化及计算如下。

节流前液体温度 $t_3' < t_3$，则

（1）液体过冷度 Δt_{st}（℃）

$$\Delta t_{sc} = T_3 - T_3' \tag{1-12}$$

（2）单位制冷量 q_{0sc}（kJ/kg）

$$q_{0sc} = h_0 - h_3' > q_0 = h_0 - h_3 \tag{1-13}$$

（3）单位制冷量的增加值 Δq_{0sc}（kJ/kg）

$$\Delta q_{0sc} = h_3 - h_3' \tag{1-14}$$

(4) 单位容积制冷量 q_{vsc} (kJ/m³)

$$q_{vsc}=\frac{q_{0sc}}{v_0}>q_v=\frac{q_0}{v_0} \tag{1-15}$$

(5) 单位容积制冷量增加值 Δq_{vsc} (kJ/m³)

$$\Delta q_{vsc}=\frac{h_3-h_3'}{v_0} \tag{1-16}$$

(6) 单位功 w_{0sc} (kJ/kg)

$$w_{0sc}=h_2-h_0=w_0 \tag{1-17}$$

(7) 单位冷凝负荷 q_{ksc} (kJ/kg)

$$q_{ksc}=(h_2-h_3')>q_k=(h_2-h_3') \tag{1-18}$$

(8) 单位过冷负荷 q_{sc} (kJ/kg)

$$q_{sc}=h_3-h_3' \tag{1-19}$$

(9) 制冷系数 ε_{sc}

$$\varepsilon_{sc}=\frac{q_0+\Delta q_{sc}}{w_0} \tag{1-20}$$

即

$$\begin{aligned}\varepsilon_{sc}&=\frac{h_0-h_3'}{h_2-h_0}\\&=\frac{h_0-h_3}{h_2-h_0}+\frac{h_3-h_3'}{h_2-h_0}\\&=\varepsilon_0+\Delta\varepsilon_{sc}>\varepsilon_0\end{aligned} \tag{1-21}$$

其中

$$\varepsilon_0=\frac{q_0}{w_0}=\frac{h_0-h_3}{h_2-h_0}$$

(10) 制冷系数的增量可表示为

$$\Delta\varepsilon_{sc}=\frac{c_1\Delta t_{sc}}{w_0} \tag{1-22}$$

式中，c_1 是液体制冷剂的平均比热容 [kJ/(kg·℃)]。

由此可知，采用液体过冷后可使循环的制冷系数提高，过冷度越大，制冷系数的增量也越大。过冷度的大小取决于冷凝系统的设计和制冷剂与冷却介质之间的温差。一般情况下，冷凝器出水温度比冷凝温度低3~5℃，冷却水在冷凝器中的温升为3~8℃，因而冷却水进口温度比冷凝温度低6~13℃，这就足以使制冷剂出口温度达到一定的过冷度。

实现液体过冷有两条途径，其一是增设过冷器，其二是在冷凝器中过冷。如采用过冷器实现过冷，则需增加设备，需要温度低于冷凝温度的冷却介质，还要消耗一定的机械功来输送冷却介质。因此，用这种途径实现液体过冷，热力完善度和技术经济指标不一定能提高。此时，应进行技术经济性分析，来确定是否采用过冷以及过冷度的大小。

在冷凝器中也可以实现液体过冷。在工程中，常使冷凝器最下面的部分充满制冷剂，使制冷剂液体有一定过冷度。当然，此时冷却介质进入冷凝器的温度必须低于冷凝温度，循环的条件与理论循环的条件存在偏差。

2. 吸气过热循环

在被压缩机吸入之前，制冷剂蒸气的温度高于同一吸入压力所对应的制冷剂饱和温度，二者的温差称为过热度，吸入蒸气过热简称过热，具有过热的循环称为过热循环。实际循环中，压缩机很少吸入饱和状态的蒸气，为了不将液滴带入压缩机，通常制冷剂液体在蒸发器中完全蒸发后仍然要继续吸收一部分热量，这样它在达到压缩机之前就处于过热状态。

图 1-5 所示为过热循环在 p-h 图及 T-s 图上的表示。图中 1-2′-2-3-4-0-1 为过热循环，其中 0-1 为吸入蒸气的过热过程，其余各过程与理论循环的对应过程相同。图中的 0-2-3-4-0 为与之对应的理论循环。

压缩机吸入温度与蒸发温度之差称为过热度（℃），即

$$\Delta t_{sh} = T_1 - T_0 \tag{1-23}$$

当过热发生在被冷却空间内部，即制冷剂蒸气过热所吸收的热量来自被冷却空间或被冷却物体时，产生了有用的制冷效果，称为有效过热。如过热发生在被冷却空间之外，即过热时制冷剂蒸气所吸收的热量来自环境，没有产生制冷效果，则称为无效过热。有效过热和无效过热对循环性能产生的影响不同。

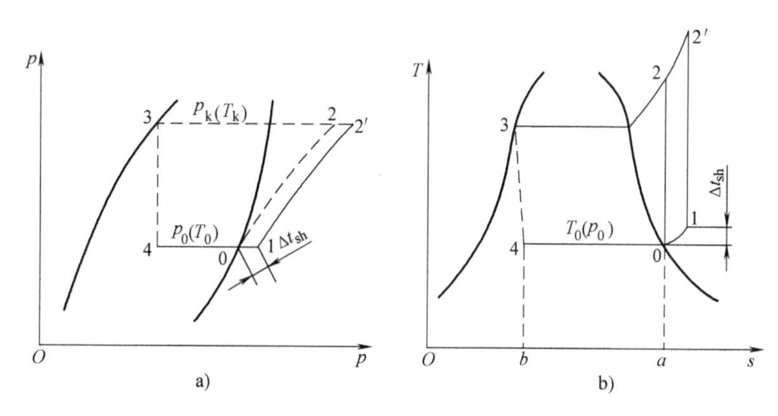

图 1-5　过热循环

a）p-h 图　b）T-s 图

（1）无效过热

无效过热时，过热循环与理论循环相比，其性能变化如下。

1）吸气温度

$$T_1 = T_0 + \Delta t_{sh} > t_0 \tag{1-24}$$

2）排气温度

$$T_2' > T_2 \tag{1-25}$$

3）吸气比体积

$$v_1 > v_0 \tag{1-26}$$

4）单位制冷量 q_{0sh}（kJ/kg）

$$q_{0sh} = h_0 - h_3 = q_0 \tag{1-27}$$

5）单位容积制冷量 q_v（kJ/m^3）

$$q_v = \frac{q_{0sh}}{v_1} < \frac{q_0}{v_0} \tag{1-28}$$

6）单位理论功 w_{0sh}（kJ/kg）

$$w_{0sh} = h_2' - h_1 > w_0 = h_2 - h_0 \tag{1-29}$$

7）单位冷凝负荷 q_{ksh}（kJ/kg）

$$q_{ksh}=h_2'-h_3>q_k=h_2-h_3 \tag{1-30}$$

8）制冷系数

$$\varepsilon_{sh}=\frac{q_{0sh}}{w_{0sh}}<\varepsilon_0=\frac{q_0}{w_0} \tag{1-31}$$

由此可见，当过热为无效过热时，对循环性能是不利的。而且单位容积制冷量的减小意味着对于一台给定的压缩机，制冷量将减小。因此，应尽可能减少无效过热。但在工程实际中，或多或少都存在无效过热，不可能完全避免。

（2）有效过热　如过热为有效过热，则循环性能变化如下所述。当然，此时循环偏离了理论循环中被冷却物体温度等于蒸发温度这一理想条件。在循环性能中，吸气温度、排气温度、单位理论功、单位冷凝负荷的变化同无效过热时完全一样。

1）单位制冷量 q_{0sh}（kJ/kg）

$$q_{0sh}=h_1-h_3>q_0=h_0-h_3 \tag{1-32}$$

2）单位制冷量增加量 Δq_{0sh}（kJ/kg）

$$\Delta q_{0sh}=h_1-h_0 \tag{1-33}$$

3）单位容积制冷量。由于吸气比体积和单位制冷量均增大，单位容积制冷量（kJ/m^3）的变化不能直接判断，则

$$q_v=\frac{q_{0sh}}{v_1}=\frac{q_0+\Delta q_{0sh}}{v_0+\Delta v_{sh}} \tag{1-34}$$

4）制冷系数 ε_{sh}。由于单位制冷量与单位理论功均增大，制冷系数的变化也不能直接判断，则

$$\begin{aligned}\varepsilon_{sh}&=\frac{q_{0sh}}{w_{0sh}}\\&=\frac{(h_0-h_4)+(h_0-h_0)}{w_0+\Delta w_0}\\&=\frac{q_{0sh}+\Delta q_{0sh}}{w_0+\Delta w_0}\end{aligned} \tag{1-35}$$

有效过热时，单位容积制冷量与制冷系数随过热度的变化而变化，其变化关系与制冷剂的种类有关。对于一些制冷剂，随过热度的增加，单位容积制冷量与制冷系数均增大；而对于另一些制冷剂，随过热度的增加，单位容积制冷量与制冷系数均减小。这一点与下面要讨论的回热循环完全一样。

由于无效过热对循环性能有不利影响，且蒸发温度越低，其不利影响越显著，所以在工程实际中，常采用一部分有效过热来减小无效过热的影响。

在工程实际中，是否采用过热不仅要考虑对循环性能的影响，还要考虑压缩机是否会吸入湿蒸气、压缩机输气系数随过热度的变化如何改变、压缩机内的润滑油是否会冻结等多个因素。因此，通常希望吸入蒸气有一定过热度，以使吸气中可能夹带的液滴汽化，从而避免压缩机液击；使压缩机机体温度不太低，避免润滑油冻结；同时使压缩机的输气系数有所提高。对吸入蒸气过热度大小的限制主要取决于排气温度。

吸入蒸气过热度对压缩机输气系数的影响，可参考制冷压缩机的有关教材。吸入蒸气过

热度对整台制冷机性能的影响，可将单位容积制冷量与制冷系数的变化，代入下节要讨论的制冷机性能中，即可得出结论。

3. 回热循环

使节流前的制冷剂液体与离开蒸发器的制冷剂蒸气进行热交换，在液体过冷的同时使蒸气过热，这种方法称为回热。具有回热的循环称为回热循环，进行回热热交换的设备称为回热器。

图 1-6 所示为回热循环制冷机系统流程图。离开冷凝器的制冷剂液体在回热器中被低压制冷蒸气所冷却，成为过冷液体再进行节流。由蒸发器出来的制冷剂蒸气被高压制冷剂液体加热后，成为有较大过热度的过热蒸气，再被压缩机吸入。

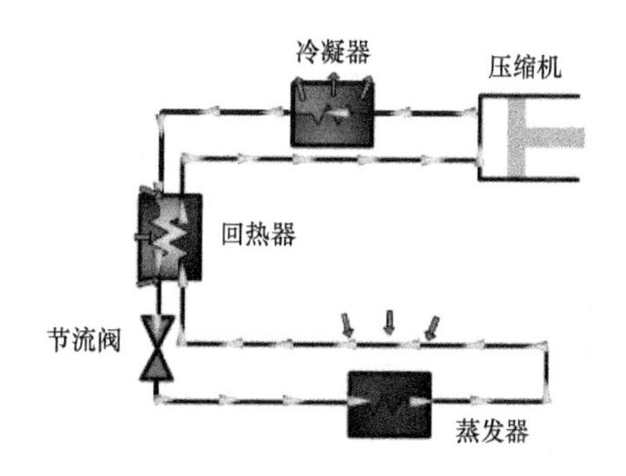

图 1-6　回热循环制冷机系统流程图

图 1-7 所示为回热循环在 p-h 图及 T-s 图上的表示，图中 0-1 为低压蒸气在回热器中的加热过程，3-3′为高压液体在回热器中的冷却过程。

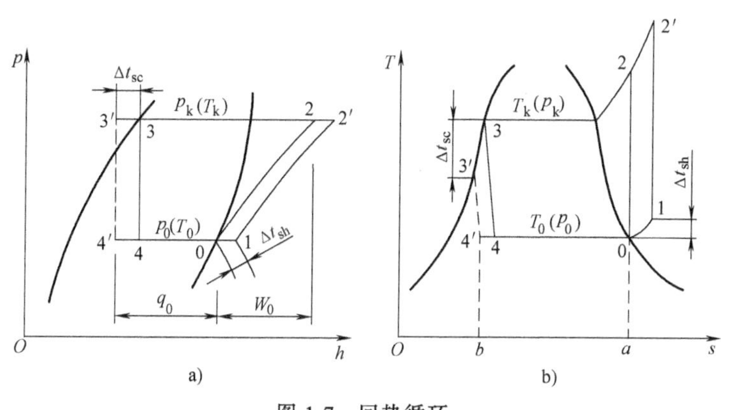

图 1-7　回热循环

a）p-h 图　b）T-s 图

在忽略回热器与环境之间发生热交换的条件下，液体过冷所放出的热量等于蒸气过热所吸收的热量，即

$$h_3-h_3'=h_1-h_0=q_r \tag{1-36}$$

与相同冷凝温度和蒸发温度的理论循环相比，对回热循环的性能变化可进行如下分析。

（1）单位制冷量 q_{0r}（kJ/kg）

$$q_{0r}=h_0-h_3'=h_1-h_3>q_0 \tag{1-37}$$

（2）单位容积制冷量 q_{vr}（kJ/m^3）

$$q_{vr}=\frac{q_{0r}}{v_1} \tag{1-38}$$

（3）单位理论功 w_{0r}（kJ/kg）

$$w_{0r}=h_2'-h_1>w_0=h_2-h_0 \tag{1-39}$$

（4）单位冷凝负荷 q_{kr}（kJ/kg）

$$q_{kr}=h_2'-h_3>q_k=h_2-h_3 \tag{1-40}$$

（5）制冷系数 ε_r

$$\varepsilon_r=\frac{q_{0r}}{w_{0r}} \tag{1-41}$$

（6）单位制冷量增量　回热循环相对于理论循环的性能变化与有效过热的过热循环是完全一样的。过热所吸收的热量转化成制冷量，使单位制冷量增大，其增量 Δq_{0r}（kJ/kg）为

$$\Delta q_{0r}=h_3-h_3'=h_1-h_0=c_p\Delta t_{sh} \tag{1-42}$$

式中，c_p 是蒸气的平均比定压热容；Δt_{sh} 是过热度。

（7）单位理论功增量　单位理论功也增大了，其增量 Δw_{0r}（kJ/kg）为

$$\Delta w_{0r}=w_{0r}-w_0=(h_2'-h_1)-(h_2-h_0) \tag{1-43}$$

（8）吸入比体积　吸入比体积 v_1（kg/m^3）同时增大，即

$$v_1=v_0+\frac{v_0\Delta t_{sh}}{T_0} \tag{1-44}$$

对于一定的蒸发温度 T_0 来说，部分制冷剂采用回热后，单位容积制冷量和制冷系数均增大，循环的性能得到改善，在实际应用中可采用回热。这类制冷剂主要有 R290、R502、R744、R134a 等。对于不满足上述条件的制冷剂，如 R717 等，在实际应用中不应采用回热。

在工程实际应用中是否采用回热，还应考虑以下因素，这些因素均属于实际循环范围。由于采用回热后，压缩机吸气温度上升，必然导致压缩终温升高，选用回热时须考虑过热度 Δt_{sh} 不要过大，以使压缩终温低于制冷剂的允许使用温度。当蒸发温度很低时如压缩机吸入饱和蒸气，会使压缩机中的润滑油冻结，因此必须采用回热循环。

在工程实际中应权衡上述各因素，具体分析后做出决定。小型卤代烃制冷装置一般不单设回热器，而是将高压供液管和回气管包扎在一起，以起到回热的效果。

1.2.3　单级压缩制冷实际循环

1. 实际循环

实际的制冷机工作时与理论循环有很大的差别，各种实际因素对制冷机的工作性能均有影响。这些影响使得实际制冷机工作循环不再是理论循环，而是实际循环。

实际循环与理论循环主要有以下差别。

（1）压缩非等熵　实际压缩过程并非等熵过程，在压缩过程的开始阶段，制冷剂蒸气温度低于压缩腔温度，蒸气吸收热量；当压缩过程接近终了时，制冷剂温度高于压缩腔温度，蒸气放出热量。因此，实际压缩过程不是一个理想过程，而是一个过程指数不断变化的多变过程。此外，蒸气在压缩机内部有流动阻力，压缩机存在机械摩擦以及内部泄漏，所以还有机械损失。

（2）传热有温差且集态改变非等温　在冷凝器中，冷却介质的温度须低于冷凝温度；在蒸发器中，被冷却物体的温度须高于蒸发温度；而且制冷剂在冷凝器和蒸发器中流动存在阻力，使制冷剂的冷凝和蒸发过程并非等压过程，故饱和温度会有所变化。同时，制冷剂与冷却介质和被冷却物体之间的换热也并非恒温差换热。

（3）流动有阻力　制冷剂流过热交换器、管路和除节流机构外的其他设备时均存在摩

擦损失，使压缩机吸气压力低于蒸发压力，排气压力低于冷凝压力，摩擦产生的热量又减小了制冷量。

（4）存在杂散热交换损失　制冷剂在流过节流机构与蒸发器之间的管路、节流机构、蒸发器与压缩机之间的管路时，其温度较外界低，热量会从环境传到制冷剂中，使制冷量减小。

（5）存在不凝性气体　实际制冷机中或多或少地存在着空气等在常温下不可能凝结的气体，减小了制冷剂与冷凝器换热面的接触，使冷凝压力升高。

综上所述，实际循环的压缩、冷凝、节流和蒸发过程均存在有各种各样的损失，在分析时应对每一个过程中的每一个因素仔细考虑。

图1-8所示为实际循环在p-h图及T-s图上的表示。图中4-1为蒸发过程，压力逐步降低，饱和温度也逐步下降；$1—1_a$是在蒸发器至压缩机之间的管道以及在压缩机吸气道内的加热过程，压力降低，温度上升；$1_a—2_a$为压缩过程；$2_a—c$为在压缩机排气道内以及压缩机至冷凝器之间的管道内的冷却过程，压力与温度均下降；$c—3$为冷凝过程，压力与饱和温度均有所下降，但下降幅度小于蒸发过程；3—4为节流过程，漏热使焓值有所上升，流速增大又使焓值有所下降，在分析循环时可认为焓值基本不变。

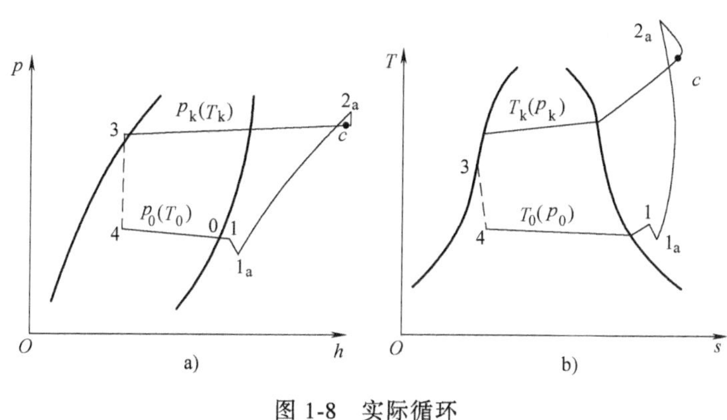

图1-8　实际循环

a）p-h图　b）T-s图

由于实际循环的每一个过程均非准静态过程，无法在T-s图及p-h图上准确描述，因此，上述图示只是近似的。由于实际循环如此复杂，以至于无法定量描述和计算，在工程上对实际循环做了如下简化。

1）以压缩机的排气压力（压缩机机体排气阀处的压力）为冷凝压力，以压缩机的吸气压力（压缩机机体吸气阀处的压力）为蒸发压力，同时认为冷凝温度和蒸发温度为定值（在应用非共沸混合制冷剂的循环中仅与浓度变化有关）。

2）将压缩过程简化，先用等熵过程计算后再用效率修正。

3）仍认为节流前后制冷剂焓值不变。

4）压缩机吸气过热和节流前制冷剂液体过冷均在等压条件下进行，过热和过冷可单独或同时存在，同时存在时不一定有回热得到。

5）不考虑不凝性气体的影响。

经过这样的简化，实际循环如图1-9所示。其中$1—2_s$为等熵压缩过程，$1—2_a$为修正得出的实际压缩过程。循环可利用 p-h 图进行计算，由此简化而产生的误差并不大。

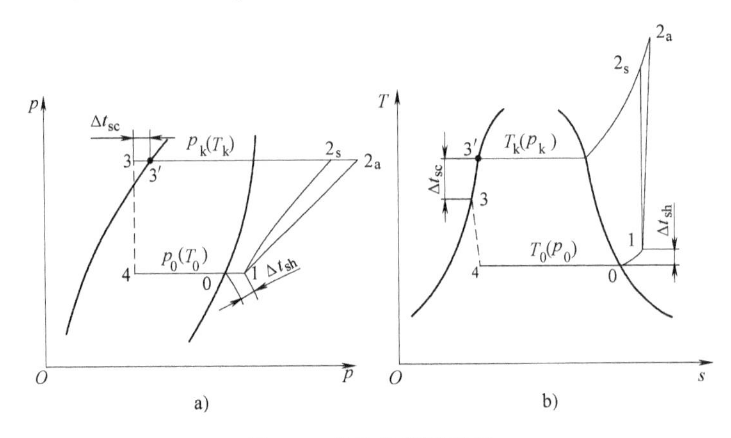

图 1-9　简化的实际循环

a）p-h 图　b）T-s 图

2. 实际循环的性能计算

可按以下步骤计算实际循环的性能。

（1）压缩比 π_a

$$\pi_a = p_k p_0 \tag{1-45}$$

（2）单位制冷量　如过热为有效过热或有回热产生，则单位制冷量（kJ/kg）为

$$q_{0a} = h_1 - h_3 \tag{1-46}$$

如为无效过热，则

$$q_{0a} = h_0 - h_3 \tag{1-47}$$

（3）单位容积制冷量 q_{va}（kJ/m^3）

$$q_{va} = \frac{q_{0a}}{v_1} \tag{1-48}$$

（4）单位理论功 w_0（kJ/kg）

$$w_0 = h_2 - h_1 \tag{1-49}$$

以上三步计算与理论循环一样

（5）单位容积理论功 w_v（kJ/m^3）

$$w_v = \frac{w_0}{v_1} \tag{1-50}$$

（6）单位指示功 w_i（kJ/kg）

$$w_i = \frac{w_0}{\eta_i} \tag{1-51}$$

式中，η_i 是指示效率，由压缩机计算得出。

（7）排气状态点　排气状态点由冷凝压力 p_k 和 2_a 点的焓值 h_{2a} 得出，其中 h_{2a}（kJ/kg）为

$$h_{2a}=h_1+w_i=h_1+\frac{h_2-h_1}{\eta_i} \tag{1-52}$$

（8）单位冷凝负荷（kJ/kg）　如无回热器，则单位冷凝负荷为

$$q_{ka}=h_{2a}-h_3 \tag{1-53}$$

如有回热器，则单位回热负荷与单位冷凝负荷分别为

$$q_{ra}=h_1-h_0 \tag{1-54}$$

$$q_{ka}=h_{2a}-h_3' \tag{1-55}$$

（9）制冷系数

$$\varepsilon_{0a}=\frac{q_{0a}}{w_0} \tag{1-56}$$

$$\varepsilon_{ia}=\frac{q_{0a}}{w_i} \tag{1-57}$$

计算制冷机性能时，有两种给定条件。第一种是给定制冷机的制冷量，此时先计算以下三步。

制冷机质量循环量 q_m（kg/s）为

$$q_m=\frac{Q_0}{q_0} \tag{1-58}$$

式中，Q_0 是制冷机的制冷量（kW）。

压缩机实际输气量 V_a（m^3/s）为

$$V_a=q_m v_1=\frac{Q_0 v_1}{q_0}=\frac{Q_0}{q_v} \tag{1-59}$$

压缩机理论输气量 V_h（m^3/s）为

$$V_h=\frac{V_a}{\lambda}=\frac{Q_0}{q_V\lambda} \tag{1-60}$$

式中，λ 是输气系数，由压缩机计算得出。

第二种是给定压缩机理论输气量，此时有

$$V_a=V_h\lambda \tag{1-61}$$

$$q_m=\frac{V_a}{v_1} \tag{1-62}$$

$$Q_0=q_m q_0=\frac{q_0 V_a}{v_1}=q_v v_0 \tag{1-63}$$

在工程实际中，通常先按第一种条件计算所需压缩机的理论输气量，选定压缩机型号

后，再按第二种条件计算所选定压缩机的制冷量。

压缩机理论功率 P_0（kW）为

$$P_0 = q_m w_0 \tag{1-64}$$

压缩机指示功率 P_i（kW）为

$$P_i = \frac{P_0}{\eta_i} = \frac{q_m w_0}{\eta_i} \tag{1-65}$$

压缩机轴功率 P_s（kW）为

$$P_s = \frac{P_i}{\eta_m} = \frac{P_0}{\eta_i \eta_m} \tag{1-66}$$

式中，η_m 是机械效率，由压缩机计算得出。

压缩机电机输入功率 P_e（kW）为

$$P_e = \frac{P_s}{\eta_{mo}} = \frac{P_0}{\eta_i \eta_m \eta_{mo}} = \frac{P_0}{\eta_e} \tag{1-67}$$

式中，η_{mo} 是电机效率。

如无回热器，则冷凝器热负荷 Q_{ka}（kW）为

$$Q_{ka} = q_m q_{ka} = \frac{Q_0(h_{2a} - h_3)}{q_0} \tag{1-68}$$

如有回热器，则回热器与冷凝器热负荷分别为

$$Q_{ra} = q_m q_{ra} = q_m(h_1 - h_0) \tag{1-69}$$

$$Q_{ka} = q_m q_{ka} = \frac{Q_0(h_{2a} - h_3')}{q_0} \tag{1-70}$$

以性能系数表示单位轴功率制冷量

$$\mathrm{COP} = \frac{Q_{0a}}{P_s} \tag{1-71}$$

以能效比表示单位电功率制冷量

$$\mathrm{EER} = \frac{Q_{0a}}{P_e} \tag{1-72}$$

实际制冷循环用于很多场合，图 1-10 所示为几种典型的单级实际制冷机系统。

1.2.4 制冷机的性能与工况

一台制冷机在使用过程中，由于使用地区和环境等外部工作条件的不同，其蒸发温度和冷凝温度是不可能始终保持不变的。由热力学原理可知，当工作温度发生变化时，制冷机的性能将发生变化。本节分析的基本条件是制冷机的种类、结构、尺寸以及制冷剂的种类均为一定，只考虑工作温度一个变化因素。

由于在冷凝温度和蒸发温度变化时，理论循环性能变化的趋势与制冷机性能的变化趋势一致，因此本节讨论冷凝温度和蒸发温度变化时，理论循环性能的变化，所得出的结论对于实际循环和实际制冷机完全适用。

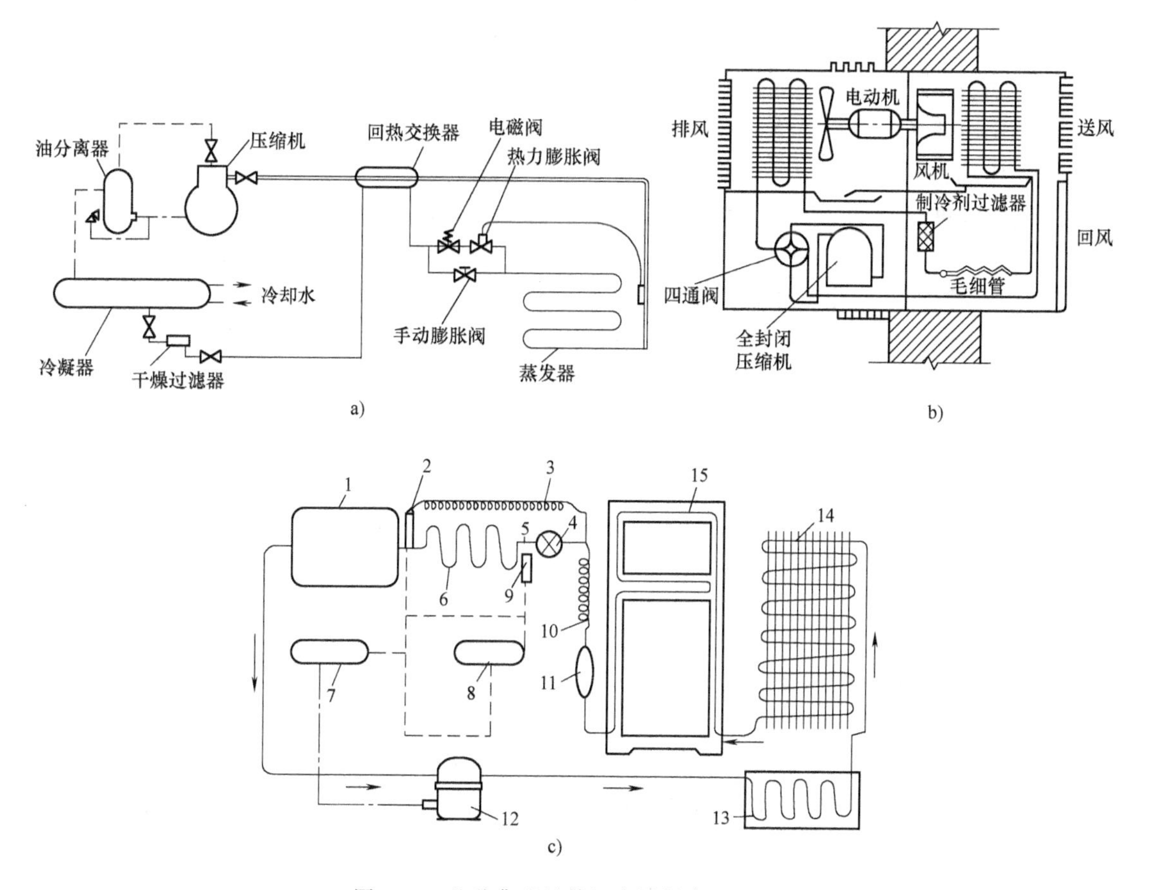

图 1-10　几种典型的单级实际制冷机系统

a）冷水机组制冷机系统　b）热泵型窗式空调器制冷机系统　c）双门直冷式双温双控电冰箱的制冷系统

1—冷冻室蒸发器　2—冷冻室感温包　3—第三毛细管　4—电磁切换阀　5—第二毛细管　6—冷藏室蒸发器　7—冷冻室温控器　8—冷藏室温控器　9—冷藏室感温包　10—第一毛细管　11—干燥过滤器　12—压缩机　13—副冷凝器　14—主冷凝器　15—防露管

1. 冷凝温度 T_k 变化对理论循环性能的影响

图 1-11 所示为在蒸发温度 T_0 不变、冷凝温度 T_k 升高时，理论循环性能的变化情况。当 T_k 升高到 T'_k时，循环由 1—2—3—4—1 成为 1—2′—3′—4′—1。比较这两个循环可以看出以下差异。

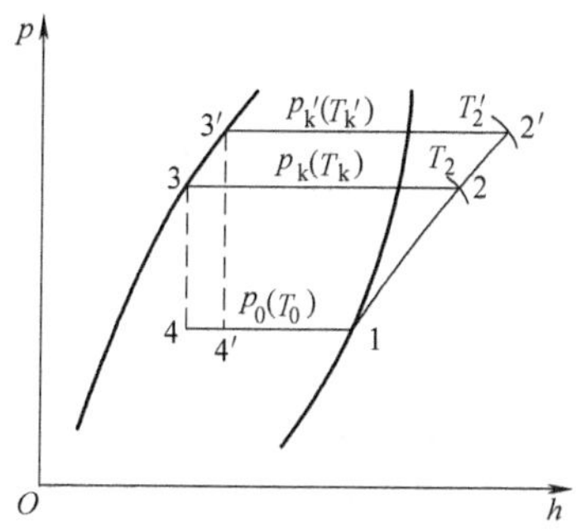

图 1-11　T_0 不变、T_k 升高时理论循环的性能变化

1）单位制冷量减小，即 $q'_0=h_1-h'_4<q_0=h_1-h_4$。

2）单位理论功增大，即 $w'_0=h'_2-h_1>w_0=h_2-h_1$。

3）吸气比体积 v_1 不变。

4）单位容积制冷量减小，即 $q'_v=q'_0/v_1<q_v=q_0/v_1$。

5）单位容积理论功增大，即 $w'_v=w'_0/v_1>w_v=w_0/v_1$。

6）单位冷凝负荷增大，即 $q'_k=h'_2-h_3>q_k=h_2-h_3$。

7）排气温度由 T_2 升高到 T'_2。

8）制冷系数下降，即 $\varepsilon_0'=q_0'/w_0<\varepsilon_0=q_0/w_0$。

9）压缩比上升，即 $\pi'=p_k'/p_0>\pi=p_k/p_0$。

10）如忽略压缩机输气系数的变化，则制冷剂质量循环量不变，即 $m'=m=\lambda V_h/v_1$

11）制冷系统制冷量下降，即 $Q_0'=q_m q_0'<Q_0=q_m q_0$

12）压缩机理论功率增大，即 $P_0'=q_m w_0'>P_0=q_m w_0$

当蒸发温度 T_0 不变、冷凝温度 T_k 下降时，理论循环性能的变化与上面所讨论的变化恰好相反。

2. 蒸发温度 T_0 变化对理论循环性能的影响

图 1-12 所示为在冷凝温度 T_k 不变、蒸发温度 T_0 下降时，理论循环性能的变化情况。当 T_0 下降到 T_0' 时，循环由 1—2—3—4—1 成为 1′—2′—3—4′—1′。比较这两个循环可以看出以下差异。

1）单位制冷量减小，即 $q_0'=h_1'-h_4'<q_0=h_1-h_4$。

2）单位理论功增大，即 $w_0'=h_2'-h_1'>w_0=h_2-h_1$。

3）吸气比体积 v_1 增大，即 $v_1'>v_1$。

4）单位容积制冷量减小，即 $q_v'=q_0'/v_1'<q_v=q_0/v_1$。

由于 q_0 与 v_1 均发生变化，随 t_0 的下降，q_v 下降很快，远比 T_k 上升的影响显著。

5）排气温度由 t_2 升高到 t_2'。

6）单位容积理论功。在 w_0 增大的同时，v_1 也增大。当蒸发温度由常温开始下降时，w_0 增大得较快，而 v_1 增大得较慢，单位容积理论功 w_v 增大；当增大到一个极大值后，蒸发温度再下降，w_0 增大得较慢，而 v_1 增大得较快。

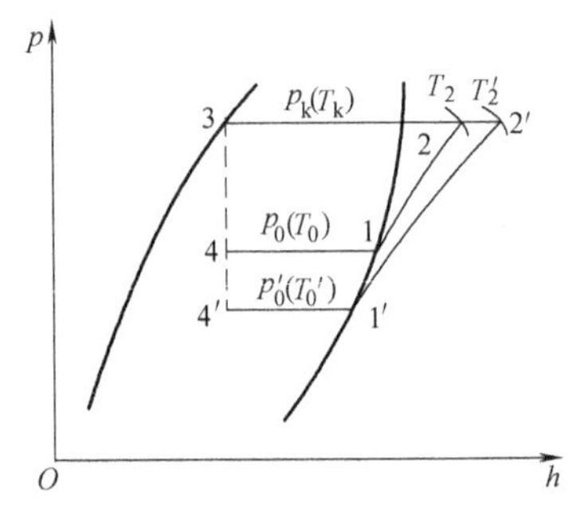

图 1-12　T_k 不变、T_0 下降时，理论循环的性能变化

对不同的制冷剂和空气进行计算，可知：当压缩比 $p_k/p_0=2.79\sim3.11$ 时，单位容积理论功 w_v 达到极大值。

7）单位冷凝负荷增大，即 $q_k'=h_2'-h_3>q_k=h_2-h_3$。

8）制冷系数下降，即 $\varepsilon_0'=q_0'/w_0'<\varepsilon_0=q_0/w_0$。

9）压缩比上升，即 $\pi'=p_k/p_0'>\pi=p_k/p_0$。

10）即使不计输气系数的变化，制冷剂质量循环量也减小，即 $q_m'=\lambda V_h/v_1'<q_m=\lambda V_h/v_1$。

11）制冷系统制冷量下降，即 $Q_0'=q_m'q_0'<Q_0=q_m q_0$

12）压缩机理论功率。由 $P_0=\lambda V_h w_v$ 可知，当 $p_k/p_0\approx3$ 时，$P_0=P_{0max}$。

这一特性对选择压缩机的电机功率具有重要意义。压缩机从开始起动到正常运转，通常需要越过最大功率点。值得注意的是，对于常用的各种制冷剂，$(p_k/p_0)_{P_0=P_{0max}}=\kappa^{(k-1)/\kappa}$ 的变化范围并不大。

当冷凝温度 T_k 不变、蒸发温度 T_0 上升时，理论循环性能的变化趋势与上面所讨论的变化趋势恰好相反。

3. 制冷机的性能曲线

对于一台具体给定的制冷机，可用试验的方法，将不同冷凝温度和蒸发温度时的制冷量、压缩机轴功率（或电机输入功率）、电机运转电流、制冷剂质量循环量等各性能指标表示在图上，此图称为性能图，如图 1-13 所示。如采用列表的方法，即可得性

能表。

由于压缩机的性能对制冷机性能的影响最大，在工程实际中，最常用的方法是用试验方法得出压缩机性能图，各压缩机生产商通常给出的性能图如图 1-14 所示。

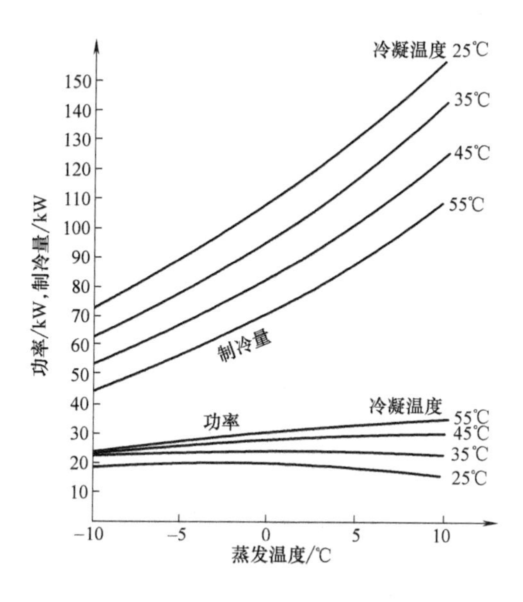

图 1-13　制冷机性能曲线

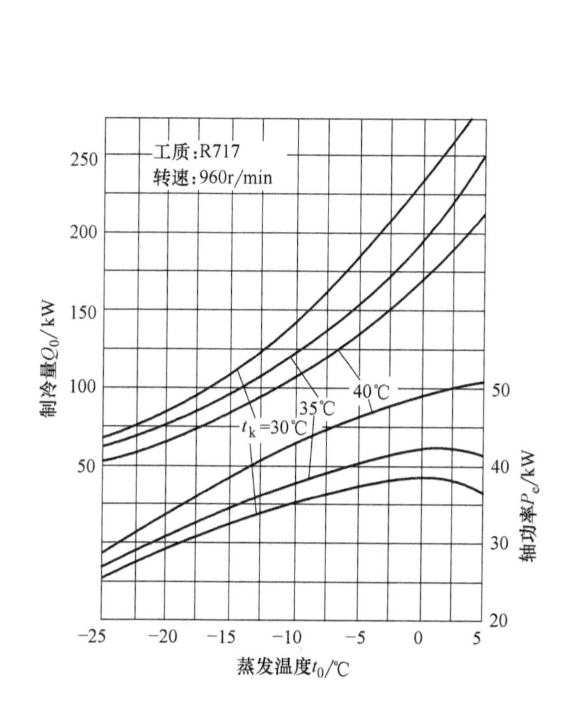

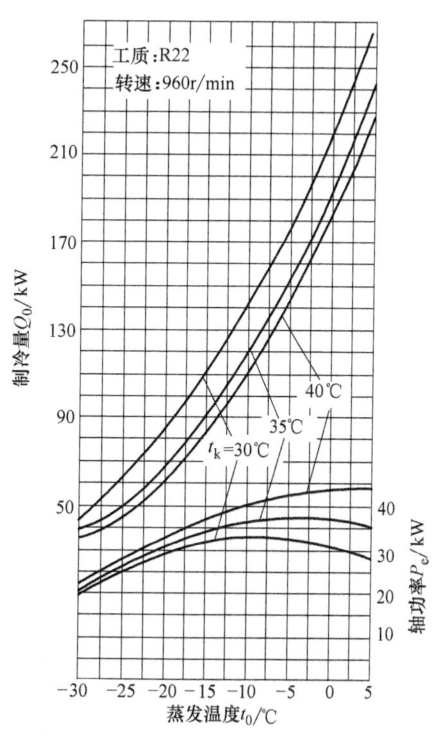

图 1-14　制冷压缩机性能曲线

4. 制冷机工况

工况是指制冷机工作时的温度条件。由于制冷机的性能随制冷剂种类、冷凝温度和蒸发温度的变化而改变。因此，在说明一台制冷机的制冷量、功率消耗等性能指标时，必须说明制冷剂种类、冷凝温度、蒸发温度等条件。在这些条件中，温度条件是最重要的，这些温度条件即为工况。

从所针对的使用场合来区分，工况有使用工况、设计工况、标准规定的试验工况三类。使用工况是指制冷机实际运行时的工作条件。设计工况是指设计者选取的设计条件，设计工况通常选取试验工况。试验工况是标准规定的、在试验或检验制冷机时的工作条件，试验工况应尽可能符合使用工况或者比使用工况更苛刻。

由于制冷压缩机是制冷机最主要的部件，它对制冷机性能的影响也最大，所以制冷压缩机试验工况中制冷机工况中最主要的一部分。我国对制冷压缩机规定了一系列试验工况，现行的相应标准有：

GB/T 10079—2001《活塞式单级制冷压缩机》

GB/T 18429—2001《全封闭涡旋式制冷压缩机》

GB/T 19410—2008《螺杆式制冷压缩机》

GB/T 27940—2011《制冷用容积式单级制冷压缩机并联机组》

JB/T 5446—1999《活塞式单级双级制冷压缩机》

国外常用小型压缩机的试验工况见表 1-1。

表 1-1　国外常用小型压缩机的试验工况　（单位：℃）

工况		Tecumeseh（美国泰康）公司	Danfoss（丹麦丹佛斯）公司
低温用	蒸发温度范围	-30～-7	-40～-5
	蒸发温度	-23.3	-25
	冷凝温度	54.4	55
	吸气温度	32.2	32
	过冷温度	32.2	32
高温用	蒸发温度范围	-15～10	-10～15
	蒸发温度	7.2	5
	冷凝温度	54.4	55
	吸气温度	35.0	32
	过冷温度	46.1	32

我国标准中规定有标准工况、名义工况、考核工况、最大功率工况、低吸气压力工况（最大压差工况）等工况条件。

名义工况就是铭牌工况，制冷压缩机出厂时所标注的制冷量就是此工况下的数据。

考核工况用来考核制冷压缩机的制冷量、电动机（轴）输入功率、能效比或性能系数（单位功率制冷量），并作为性能比较的基准。如无特别规定，还用来作为噪声指标的测试基准。

最大功率工况用来考核制冷压缩机升电压（110%）和降电压（90%）起动性能以及电动机功率配用。对于吸气不经电动机的半封闭压缩机，还用来考核电动机绕组温升。

低吸气压力工况（最大压差工况）用来考核制冷压缩机的低温性能和排气温度。对于吸气不经电动机的半封闭压缩机，还用来考核电动机绕组温升。

标准规定的各种工况，对于不同的制冷剂有不同的数值。如规定了 R22、R404a、R134a、R407c、R410a 和 R717 等制冷剂的数值，每种制冷剂又有高温和低温两种使用温度范围。

表 1-2 中列出了我国容积式制冷压缩机及机组的名义工况。表 1-3 所列为热泵型压缩机及机组的名义工况。表 1-4 所列为房间空调器的名义工况。

表 1-2　我国容积式制冷压缩机及机组的名义工况

<table>
<tr><th>类别</th><th colspan="2">工况序号</th><th>蒸发温度/℃</th><th>冷凝温度/℃</th><th colspan="2">吸气温度/℃</th><th>液体温度/℃</th><th colspan="2">机组型式</th></tr>
<tr><td rowspan="2">高温</td><td colspan="2">1(1A)</td><td>7(7.2)</td><td>55(54.4)</td><td colspan="2">18(18.3)</td><td>50(46.1)</td><td colspan="2" rowspan="2">所有型式</td></tr>
<tr><td colspan="2">2</td><td>7</td><td>43</td><td colspan="2">18</td><td>38</td></tr>
<tr><td rowspan="3">中温</td><td rowspan="2">3</td><td>(3A)</td><td rowspan="2">-7
(-6.7)</td><td rowspan="2">49
(48.9)</td><td rowspan="2">18</td><td>(4.4)</td><td rowspan="2">44(48.9)</td><td rowspan="2">所有型式</td><td>(全、半封闭)</td></tr>
<tr><td>(3B)</td><td>(18.3)</td><td>(开启式)</td></tr>
<tr><td colspan="2">4</td><td>-7</td><td>43</td><td colspan="2">18</td><td>38</td><td colspan="2">所有型式</td></tr>
<tr><td rowspan="3">低温Ⅰ</td><td colspan="2">5(5A)</td><td rowspan="2">-23
(-23.3)</td><td>55(54.4)</td><td colspan="2">32(32.2)</td><td>32(32.2)</td><td colspan="2">全封闭</td></tr>
<tr><td colspan="2">6(6A)</td><td>49(48.9)</td><td colspan="2">5(4.4)</td><td>44(48.9)</td><td colspan="2" rowspan="2">所有型式</td></tr>
<tr><td colspan="2">7</td><td>-23</td><td>43</td><td colspan="2">5</td><td>38</td></tr>
<tr><td rowspan="2">低温Ⅱ</td><td rowspan="2">8</td><td>(8A)</td><td rowspan="2">-40</td><td rowspan="2">35(40.6)</td><td rowspan="2">-10</td><td>(4.4)</td><td>30</td><td rowspan="2">所有型式</td><td>(全、半封闭)</td></tr>
<tr><td>(8B)</td><td>(18.3)</td><td>(40.6)</td><td>(开启式)</td></tr>
</table>

表 1-3　热泵型压缩机及机组的名义工况

<table>
<tr><th colspan="2">项目</th><th>工况序号</th><th>蒸发温度/℃</th><th>冷凝温度/℃</th><th>吸气温度/℃</th><th>液体温度/℃</th><th>环境温度/℃</th></tr>
<tr><td rowspan="3">空气源类</td><td>制冷</td><td>1(1A)</td><td>7(7.2)</td><td>55(54.4)</td><td>18(18.3)</td><td>50(46.1)</td><td rowspan="4">35</td></tr>
<tr><td>高温制热</td><td>2(2A)</td><td>-1(-1.1)</td><td>43(43.3)</td><td>10</td><td>38(35)</td></tr>
<tr><td>低温制热</td><td>3(3A)</td><td>-15</td><td>35</td><td>-4(-3.9)</td><td>30(26.7)</td></tr>
<tr><td>水源类</td><td>制冷与制热</td><td>4(4A)</td><td>7(7.2)</td><td>49(48.9)</td><td>18(18.3)</td><td>44(40.6)</td></tr>
</table>

表 1-4　房间空调器的名义工况

<table>
<tr><th colspan="2" rowspan="3">类别</th><th colspan="2" rowspan="3">工况序号</th><th colspan="2">室内机组/℃</th><th colspan="8">室外机组/℃</th></tr>
<tr><th colspan="2">进风</th><th colspan="4">风冷</th><th colspan="2">蒸发冷却</th><th colspan="2">水冷却</th></tr>
<tr><th>干球</th><th>湿球</th><th colspan="2">干球</th><th colspan="2">湿球</th><th>干球</th><th>湿球</th><th>进口</th><th>出口</th></tr>
<tr><td colspan="2">制冷</td><td colspan="2">1
(1A)</td><td>27</td><td>19.5
(19.0)</td><td colspan="2">35</td><td colspan="2">24</td><td>35</td><td>24</td><td>—
(30)</td><td>—
(35)</td></tr>
<tr><td rowspan="2">热泵</td><td>高温</td><td rowspan="2">2</td><td>(2A)</td><td rowspan="2">21
(20)</td><td rowspan="2">(12)</td><td rowspan="2">7</td><td>(7)</td><td rowspan="2">6</td><td>(6)</td><td colspan="4" rowspan="2">—</td></tr>
<tr><td>低温</td><td>(2B)</td><td>(2)</td><td>(1)</td></tr>
</table>

1.3 双级压缩制冷循环

为了获得较低的制冷温度，在单级压缩循环的基础上发展出了双级压缩。双级压缩制冷机所能达到的最低蒸发温度主要取决于制冷剂的临界温度、冷凝压力、蒸发压力，压缩机所能达到的压缩比、排气温度等因素。

1.3.1 采用双级压缩制冷的原因

要突破单级压缩制冷不可能获得较低制冷温度的限制，首先要克服的技术障碍是压缩机的压缩比不可能很大以及压缩终温过高的问题。

制冷剂的冷凝温度由环境介质温度决定，冷凝温度一定时，冷凝压力就是一定的。如欲使蒸发温度降低，则蒸发压力就降低。此时压缩比 $\pi=p_k/p_0$ 就增大，导致输气系统变小，实际输气量减少，制冷机压缩过程的不可逆性增大，即实际压缩过程偏离等熵程度增大，使制冷压缩机的效率下降，实际耗功增大，制冷系数下降，制冷量下降。由于容积式压缩机都有一定的余隙容积，当压缩比增大到一定数值以后，余隙容积中残留的气体在膨胀时会一直膨胀到压缩腔最大容积，使压缩机不能吸气，压缩机运转但不制冷。同时，在冷凝温度不变的条件下，蒸发温度的降低将使排气温度上升，有可能超过允许的排气温度。由于排气温度过高，会使制冷压缩机的润滑油变稀，黏度下降，从而导致制冷压缩机的润滑条件恶化，引起制冷机运行困难。蒸发压力过低还会使空气渗入系统，造成系统故障。另外，压比增大也会使得循环中的节流损失增大，节流后的制冷剂干度增大。

一般的开启式活塞压缩机，其单级压缩比为 8~13 。当制冷剂为 R717 时，因其等熵指数较大，因此压缩比应较小，通常 $\pi\leqslant8$。对于大多数卤代烃，其等熵指数较小，故 $\pi\leqslant10$。小型半封闭和全封闭压缩机的压缩比可更大一些，可使用到 $\pi\approx13$。在通常的环境温度下，使用中温制冷剂、单级压缩制冷可获得-40~10℃的低温。

为了在通常的冷凝压力下获得较低的蒸发温度，可将多台压缩机串联起来，以克服压缩比不足的困难，提高压缩机的效率。同时采用中间冷却，以消除压缩终温的限制。这样，循环就成为多级压缩制冷循环。采用单级压缩和两级压缩的对比如图 1-15 所示。图 1-15a 所示为单级压缩制冷循环，要得到更低的制冷温度，蒸发压力下降，压缩机制冷量减小，吸入比体积增大，压缩终温升高，有可能超过允许温度，导致系统整体不能运行。图 1-15b 中的冷凝温度和蒸发温度与图 1-15a 相同，第一台压缩机把制冷剂压缩到中间压力后排出气体，先进行冷却，然后进入第二台压缩机压缩到冷凝压力，蒸气排出。这样就能实现单级压缩不能完成的循环，即为两级压缩制冷循环。

多级压缩制冷所能获得的蒸发温度为-70~-30℃，压缩的级数主要取决于每一级压缩的排气温度。如再想降低制冷温度，就要受到制冷剂临界温度、冷凝压力、蒸发压力等因素的制约，而多级压缩制冷无法解决这些问题。

综上所述，当一种制冷剂可以满足冷凝压力不过高、蒸发压力不过低的要求，而压缩机的压缩比不能满足要求以及压缩终温过高时，应采用多级压缩制冷循环。多级制冷系统相当于将多台压缩机串联起来组成制冷系统。

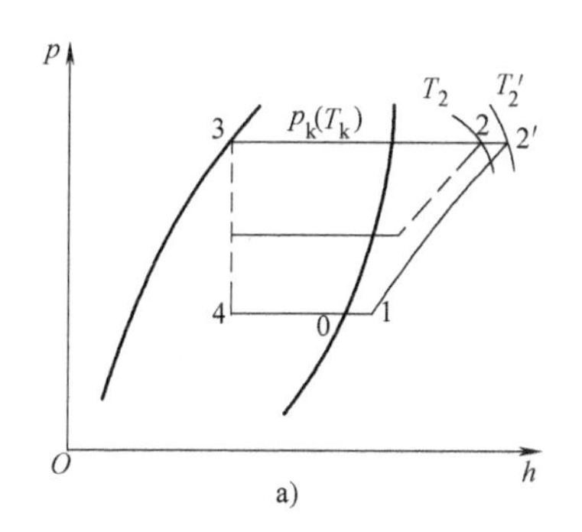

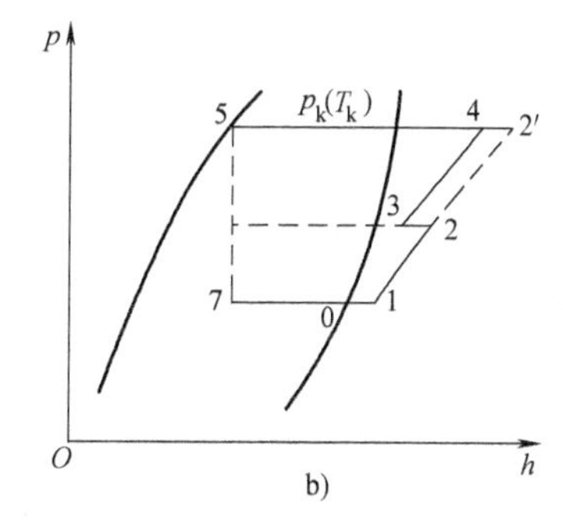

图 1-15　单级和两级压缩对比
a）冷凝温度不变，降低蒸发温度后单级压缩的循环变化
b）冷凝温度不变，降低蒸发温度后采用两级压缩的循环变化

1.3.2　典型的几种双级压缩制冷循环

两级压缩制冷是将来自蒸发器的低压制冷剂蒸气先经低压级压缩机压缩到中间压力 p_m，然后再由高压级压缩机压缩到冷凝压力。这样既获得了较低的蒸发温度，又将每一级压缩机的压缩比控制在了合理的范围内。两级压缩制冷循环系统可由两台压缩机（低压级压缩机和高压级压缩机）、两台冷凝器（冷凝器和中间冷却器）、一台蒸发器和相应的辅助设备（如膨胀阀、油分离器、各种阀门）等组成。

两级压缩制冷循环按其节流和中间冷却方式的不同可分为以下五类：

1）一级节流中间完全冷却循环。

2）一级节流中间不完全冷却循环。

3）一级节流中间不冷却循环。

4）两级节流中间完全冷却循环。

5）两级节流中间不完全冷却循环。

一级节流是指进入蒸发器的制冷剂是由冷凝压力直接节流降压到蒸发压力。其优点为节流前过冷度较大，可以利用其较大的压力差实现远距离或高位差供液，便于调节。目前，大多数两级压缩制冷循环的节流方式是一级节流。

两级节流是指进入蒸发器的制冷剂先由冷凝压力节流降压到中间压力，再由中间压力节流降压到蒸发压力。由于高压制冷剂液体先由冷凝压力节流降压到中间压力，产生的湿蒸气在中间冷却器分成两部分：少部分饱和液体提供中间冷却所需冷量成为蒸气，与节流闪发蒸气混合；大部分中间压力下的饱和液体则再一次节流，由中间压力节流降压到蒸发压力，然后进入蒸发器。这样，节流进入蒸发器的制冷剂干度较小，减少了节流过程中的不可逆损失。

中间完全冷却是指将低压级压缩机的排气冷却成饱和蒸气，即高压级压缩机吸入中间压力下的饱和蒸气。

中间不完全冷却循环是指将低压级压缩机的排气进行冷却，使其温度降低，但并未达到饱和蒸气状态，仍是过热蒸气，即高压级压缩机吸入中间压力下的过热蒸气。

两级压缩制冷循环采用中温中压制冷剂，具体采用哪一种中间冷却方式——取决于制冷剂的种类。前面章节分析过，对于单级压缩循环，R502 等制冷剂采用回热循环有利，压缩机应吸入过热蒸气；而 R717 等制冷剂采用回热循环不利，压缩机应吸入饱和蒸气。根据此道理，对于两级压缩循环可以得出如下结论：对于 R502 等制冷剂，应采用中间不完全冷却循环；而对于 R717 等制冷剂，则应采用中间完全冷却循环；R22 介于两者之间，可以采用中间不完全冷却循环，也可以采用中间完全冷却循环。在冷藏运输装置中，为了尽可能地简化系统与设备，在压缩终温不过高的条件下，可以采用中间不冷却循环。

在两级压缩一级节流循环中，如在中间冷却器中，对即将节流进入蒸发器的高压制冷剂流体再进行一次过冷，然后再节流进入蒸发器，则称为流体再过冷。由于流体过冷对循环总是有利的，因此在两级压缩一级节流循环中，总是采用流体再过冷。

在本章的讨论中，假定制冷剂在离开冷凝器时已经有一定过冷度了。

1. 两级压缩一级节流中间完全冷却循环

两级压缩一级节流中间完全冷却循环的系统原理图及循环在 *p-h* 图上的表示如图 1-16 所示。在这种循环中，状态点 5 的制冷剂过冷液体离开冷凝器后分成两部分：一部分经中间冷却器再过冷到状态点 7，经节流阀 A 节流进入蒸发器，蒸发后被低压级压缩机吸入，状态点为点 1，质量流量为 q_m；另一部分制冷剂的质量流量为 $q_{m_h}-q_{m_1}$，经节流阀 B 节流进入中间冷却器，成为状态点 6 的湿蒸气；中间冷却器中的制冷剂液体与来自低压级压缩机状态点 2 的过热蒸气混合，将过热蒸气冷却成饱和蒸气，同时吸收液体再过冷的热量，液体也蒸发成饱和蒸气，状态点为点 3，接着一起被高压级压缩机吸入，此时质量流量为 q_{m_h}。

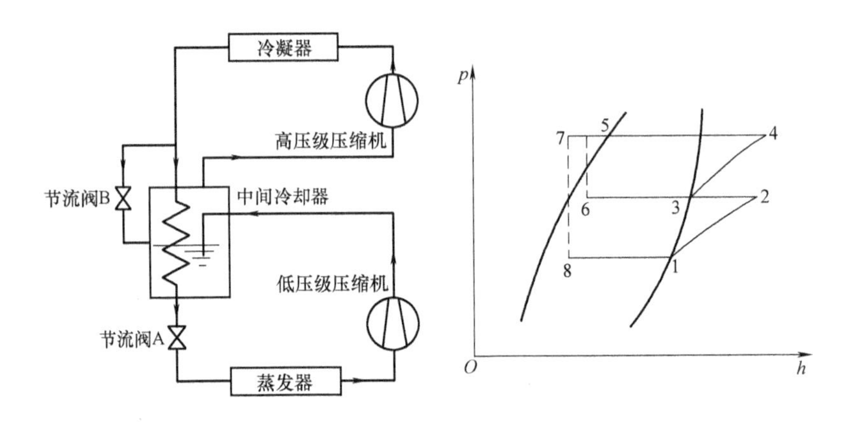

图 1-16　两级压缩一级节流中间完全冷却循环

因点 3 为饱和蒸气，由中间冷却器的热平衡关系式

$$q_{m_1}h_7+q_{m_h}h_3=(q_{m_h}-q_{m_1})h_5+q_{m_1}h_2+q_{m_1}h_5$$

可得高压级压缩机与低压级压缩机质量流量（kg/s）的关系为

$$q_{m_h}=q_{m_1}\frac{h_2-h_7}{h_3-h_5} \tag{1-73}$$

点 7 的状态由中间冷却器中再冷却盘管冷端传热温差 t_7-t_6 来确定，一般可取 $t_7-t_6=3\sim5℃$。

图 1-17 所示为冷库用双机两级压缩一级节流中间完全冷却的氨制冷机实际系统图。图 1-18 所示为间接制冷单机两级压缩氨制冷机实际流程。

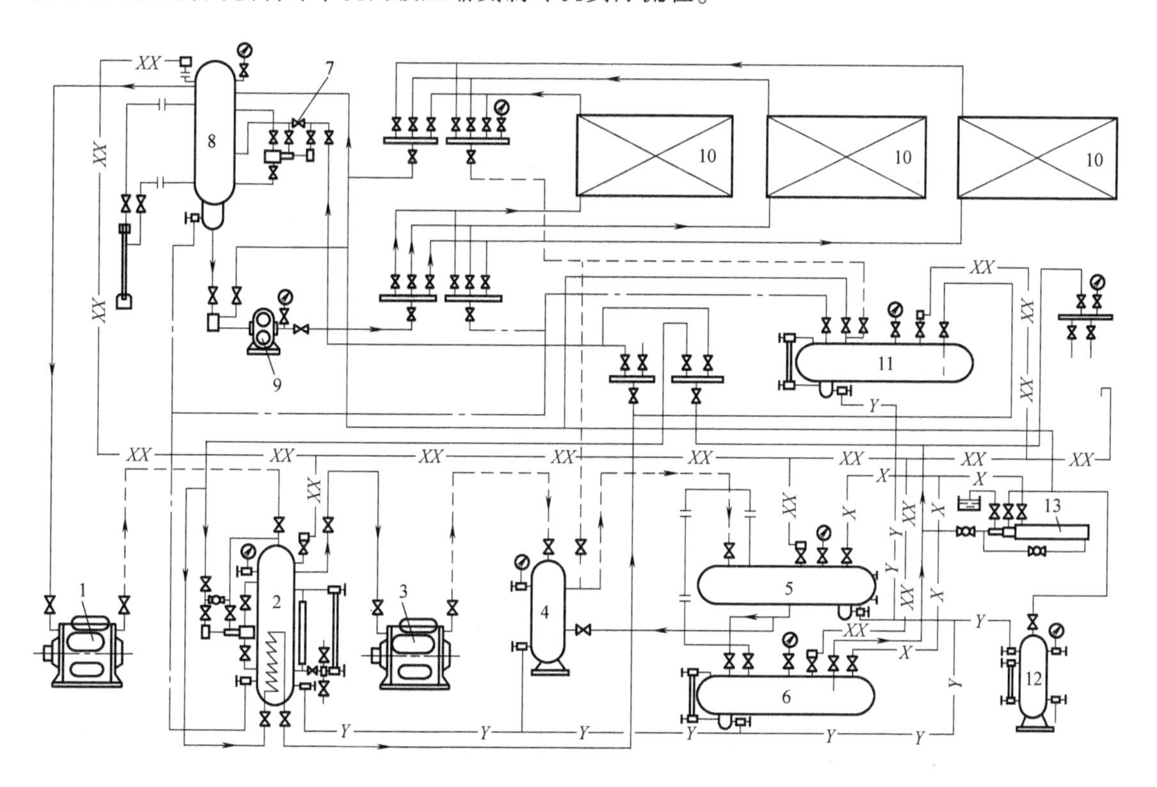

图 1-17　双机两级压缩一级节流中间完全冷却的氨制冷机实际系统图

1—低压级压缩机　2—中间冷却器　3—高压级压缩机　4—氨油分离器　5—冷凝器　6—高压储液器　7—调节器　8—气液分离器　9—氨泵　10—蒸发排管（或冷风机）　11—排液桶　12—集油器　13—空气分离器

2. 两级压缩一级节流中间不完全冷却循环

两级压缩一级节流中间不完全冷却循环的系统原理图及循环在 p-h 图上的表示如图 1-19 所示。在这种循环中，状态点 5 的制冷剂过冷液体离开冷凝器后分成两部分：一部分经中间冷却器再过冷到状态点 7，经节流阀 A 节流进入蒸发器，蒸发后被低压级压缩机吸入，状态点为点 1，质量流量为 q_{m_1}；另一部分制冷剂的质量流量为 $q_{m_h}-q_{m_1}$，经节流阀 B 节流进入中间冷却器，成为状态点 6 的湿蒸气；中间冷却器中的制冷剂液体吸收液体再过冷的热量，蒸发成饱和蒸气，状态点为点 6′，然后流出中间冷却器；由中间冷却器来的制冷剂饱和蒸气与来自低压级压缩机的过热蒸气混合后，一起被高压级压缩机吸入，此时质量流量为 q_{m_h}。

由中间冷却器的热平衡关系式

$$(q_{m_h}-q_{m_1})h_5+q_{m_1}h_5=(q_{m_h}-q_{m_1})h'_6+q_{m_1}h_7$$

可得高压级压缩机与低压级压缩机质量流量（kg/s）的关系为

$$q_{m_h}=q_{m_1}\frac{h'_6-h_7}{h'_6-h_5} \tag{1-74}$$

点 7 的焓值仍按中间冷却器中再冷却盘管冷端传热温差 $t_7-t_6=3\sim5$℃来确定。点 3 的焓

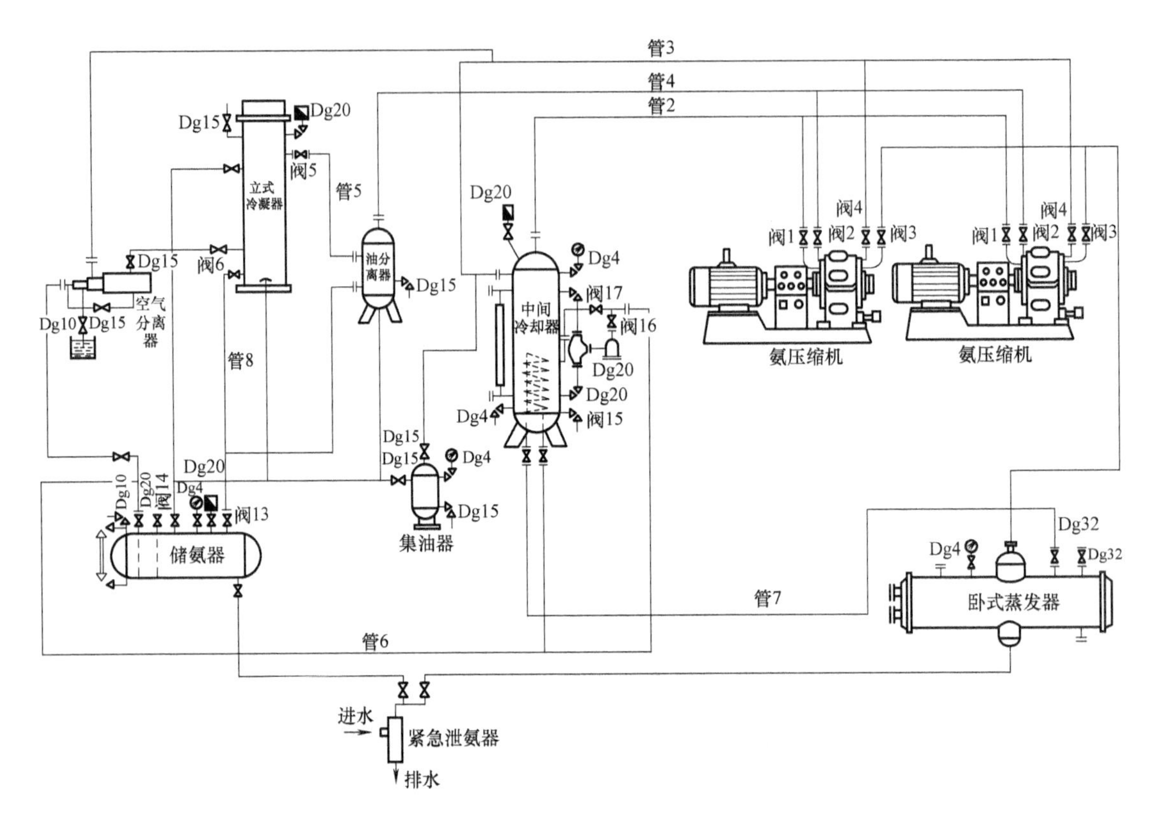

图 1-18 间接制冷单机两级压缩氨制冷机实际流程

注：本系统冷凝温度 30℃，蒸发温度-35℃，压缩机型号 S8-12.5 型，采用立式冷凝器、卧式壳管式蒸发器，被冷却空间使用载冷剂系统。

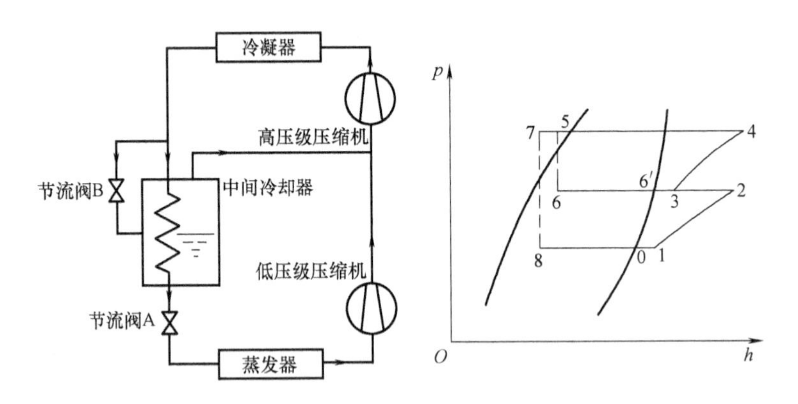

图 1-19 两级压缩一级节流中间不完全冷却循环系统原理图

值由混合过程的热平衡关系

$$(q_{m_h}-q_{m_l})h_6'+q_{m_l}h_2=q_{m_h}h_3$$

将式（1-74）代入，可得出

$$h_3=h_6'+\frac{(h_6'-h_5)(h_2-h_6')}{h_6'-h_7} \tag{1-75}$$

图 1-20 所示为采用不完全冷却的卤代烃两级压缩制冷系统图。

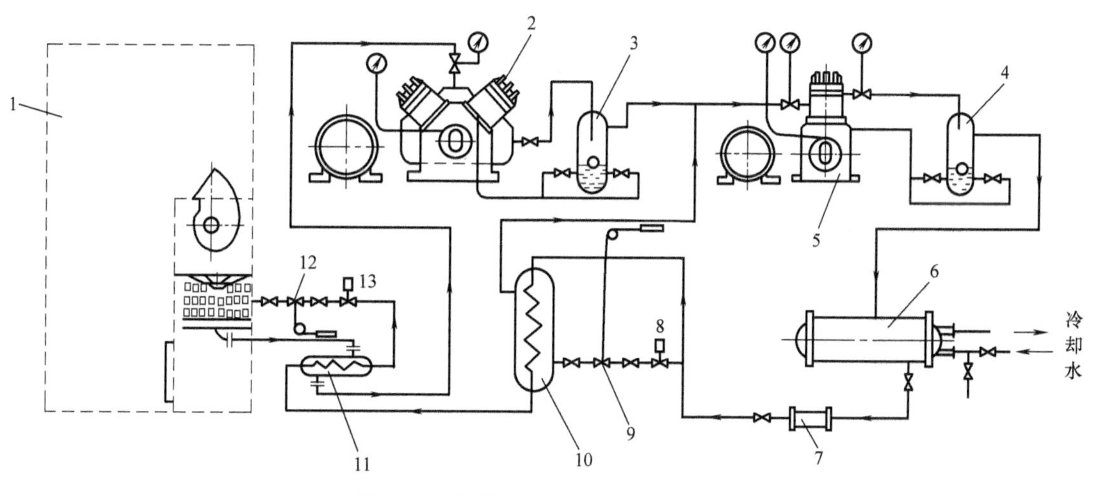

图 1-20　卤代烃两级压缩制冷系统图

1—空气冷却器　2—低压级压缩机　3、4—油分离器　5—高压级压缩机　6—冷凝器　7—干燥过滤器
8、13—电磁阀　9、12—热力膨胀阀　10—中间冷却器　11—热交换器

3. 两级压缩两级节流中间完全冷却循环

两级压缩两级节流中间完全冷却循环的系统原理图及循环在 p-h 图上的表示如图 1-21 所示。在这种循环中，状态点 5 的制冷剂过冷液体离开冷凝器后，经节流阀 B 节流进入中间冷却器，成为中压中温的湿蒸气；在中间冷却器中制冷剂分成两部分：下部状态点 6 的制冷剂液体一部分经节流阀 A 节流进入蒸发器，蒸发后被低压级压缩机吸入，状态点为点 1，质量流量为 q_{m_1}；另一部分制冷剂液体与闪发蒸气的质量流量为 $q_{m_h}-q_{m_1}$。其中，制冷剂流体与来自低压级压缩机状态点 2 的过热蒸气混合，将过热蒸气冷却成饱和蒸气，同时吸收液体再过冷的热量，也蒸发成饱和蒸气，状态点为点 3，它们一起被高压级压缩机吸入，此时质量流量为 q_{m_h}。

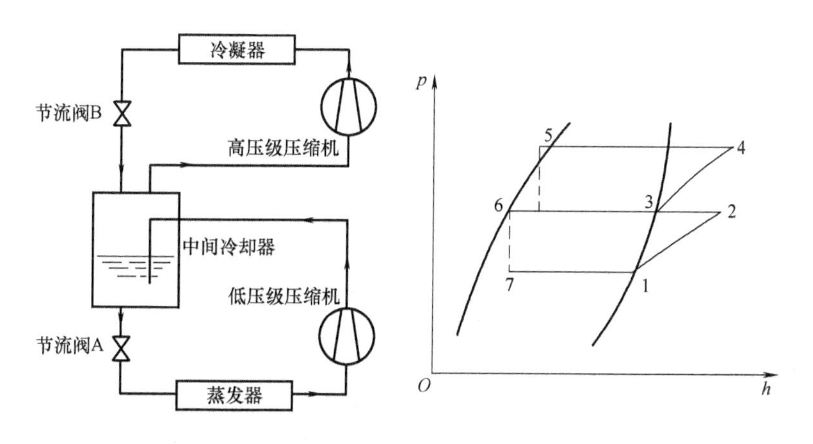

图 1-21　两级压缩两级节流中间完全冷却循环

因点 3 为饱和蒸气，由中间冷却器的热平衡关系式

$$q_{m_1}h_2+q_{m_h}h_5=q_{m_h}h_3+q_{m_1}h_6$$

可得高压级压缩机与低压级压缩机质量流量（kg/s）的关系为

$$q_{m_h}=q_{m_l}\frac{h_2-h_6}{h_3-h_5} \tag{1-76}$$

4. 两级压缩两级节流中间不完全冷却循环

两级压缩两级节流中间不完全冷却循环的系统原理图及循环在 *p-h* 图上的表示如图 1-22 所示。这种循环与两级压缩两级节流中间完全冷却循环的区别是，中间冷却器中的制冷剂液体吸收液体再过冷的热量，蒸发成饱和蒸气，与节流闪发蒸气一起流出中间冷却器；由中间冷却器来的制冷剂饱和蒸气与来自低压级压缩机的过热蒸气混合后，一起被高压级压缩机吸入。

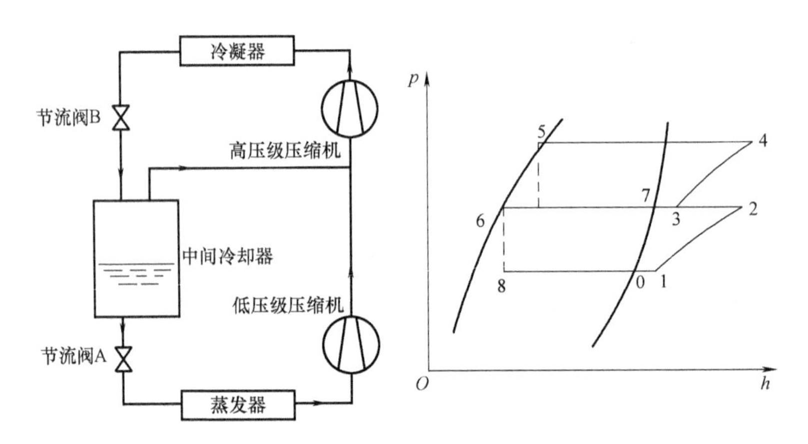

图 1-22　两级压缩两级节流中间不完全冷却循环系统原理图

由中间冷却器的热平衡关系式

$$q_{m_h}h_5=(q_{m_h}-q_{m_l})h_7+q_{m_l}h_6$$

可得

$$q_{m_h}=q_{m_l}\frac{h_7-h_6}{h_7-h_5} \tag{1-77}$$

点 3 的焓值由上式和混合过程的热平衡关系

$$(q_{m_h}-q_{m_l})h_7+q_{m_l}h_2=q_{m_h}h_3$$

得出

$$h_3=h_7+\frac{(h_7-h_5)(h_2-h_7)}{h_7-h_6} \tag{1-78}$$

两级压缩制冷系统的中间冷却器可以有一些改进，于是两级压缩制冷循环也发生变化。

这种循环的制冷系统由带有中间注液口的压缩机、冷凝器、两个节流装置、蒸发器以及气液分离器组成，其原理图及循环在 *p-h* 图上的表示如图 1-23 所示。

在这种制冷系统中，冷凝器排出的高压制冷剂液体大部分流过经济器后降温为过冷液体，然后经过主节流装置 D 节流到蒸发压力，进入蒸发器中蒸发吸热，质量流量为 q_m；少部分经注液节流装置 E 节流到中间压力，成为湿蒸气，经过经济器吸收液体过冷放出的热量，最后经中间注流口喷射进入压缩腔，质量流量为 q_y。压缩机吸入蒸发器中的低压制冷剂蒸气，经第一段压缩后达到中间压力，成为过热蒸气；过热蒸气与喷射进压缩腔的湿蒸气

混合，其中的液体蒸发，过热蒸气被冷却，过热度减小，再进行第二段压缩。

在 p-h 图中，1—2 为压缩机吸入低压蒸气压缩至中间压力的第一段压缩过程，2—3 与 6—3 为压缩机中的过热蒸气在中间压力下与喷射入的湿蒸气混合的过程，3—4 为混合后的蒸气继续压缩至冷凝压力的第二段压缩过程，5—6 与 5′—7 为高压制冷剂液体分别节流到中间压力和蒸发压力的两个节流过程。

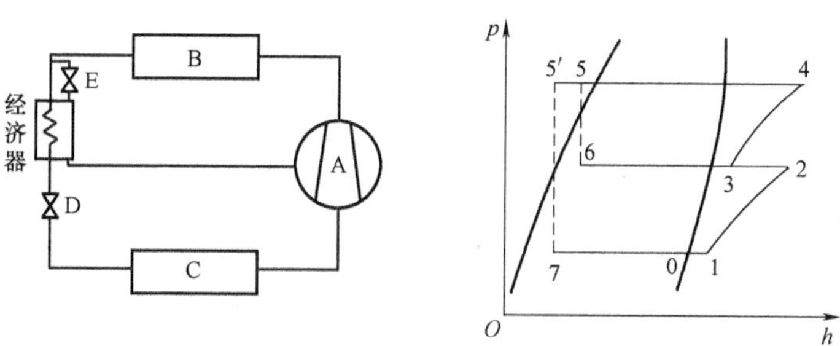

图 1-23　中间注液循环的系统原理图及循环在 p-h 图上的表示

A—压缩机　B—冷凝器　C—蒸发器　D—主节流装置　E—注液节流装置

在中间注液循环中，点 3 的过热度可大可小，但其状态必须是过热蒸气，即循环是中间不完全冷却循环。如点 3 为饱和蒸气，则在变工况工作时，有可能进入湿气区，从而造成液击。

与无中间冷却的单级压缩制冷循环相比，中间注液循环的优点是在相同制冷量的条件下，冷凝负荷较大，同时压缩终温较低，压缩机的容积效率得以提高。

中间注液循环的缺点为两个节流装置互相限制，且均为脉动工作，脉动频率与压缩机转速相同。在设计时，须仔细计算其流量并通过试验加以验证。采用中间注液循环的制冷系统设备简单、体积小，并取消了带有自由液面的中间冷却器，在热泵型空调器、移动式制冷装置以及大中型氨制冷系统等场合得到了广泛的应用。

1.4　复叠式制冷循环

复叠式制冷机是将制冷机串联起来，由两个或两个以上的部分组成，使用两种或两种以上的制冷剂。复叠式制冷机的每部分都是一台制冷机，称为一个元，每一个元有单独的冷凝温度和蒸发温度。使制冷机结合起来的连接部件是冷凝蒸发器。复叠式制冷机的每两个部分用一台冷凝蒸发器连接起来，它既是较高温度部分的蒸发器，又是较低温度部分的冷凝器。温度最高一级的冷凝器是复叠式制冷机的冷凝器，温度最低一级的蒸发器是复叠式制冷机的蒸发器。因此，它能满足最低温度级的制冷机在较低蒸发温度下有合适的蒸发压力，同时最高温度级的制冷机在环境温度下有合适冷凝压力的要求。

根据所需制冷温度的不同，复叠式制冷系统的形式及循环也不同，见表 1-5。

表 1-5　复叠式制冷系统的形式

所需制冷温度/℃	复叠式制冷系统的形式
>-80	两个单级压缩制冷系统复叠
-110~-80	一个单级压缩制冷系统与一个两级压缩制冷系统复叠
-150~-110	三个单级压缩制冷系统或两个单级压缩制冷系统与一个两级压缩制冷系统组成三元复叠式制冷系统

1.4.1 采用复叠式制冷的原因

对于采用氨、R134a 或 R22 等制冷剂的蒸气压缩制冷循环，尽管采用多级压缩获得了更低的制冷温度，但受制冷剂本身物理性质的限制，能够达到的最低蒸发温度仍有一定的限制。例如，所需冷凝温度 $t_k=50℃$、$t_0=-80℃$，如使用中温制冷剂 R22，则蒸发压力应为 $p_0=10.5kPa$，而此压力不足以打开压缩机吸气阀；如采用低温制冷剂 R170，则临界温度 $t_c=32.1℃$，低于冷凝温度，不可能凝结。再如，氨的凝固点为 -77.7℃，要获得 -70 ~ -60℃ 的低温，就不能用氨等中温制冷剂。

制冷剂有高温低压、中温中压和低温高压之分，各种制冷剂又具有不同的热物理特性。为了获得很低的蒸发温度，会遇到下面的问题。例如，采用饱和压力适中的制冷剂，即采用中温制冷剂，可以满足冷凝压力不过高的要求，但此时蒸发压力过低，一方面空气渗入系统的机会增多；另一方面，过低的蒸发压力会使吸入比体积过大，使压缩机的制冷量过小，而当压力低于某一限度后，蒸发压力与压缩腔内压力之差将不足以打开吸气阀。如果采用饱和蒸气压力较高的制冷剂，即采用低温制冷剂，虽然可以满足蒸发压力不过低的要求，但此时冷凝压力过高，压缩机及冷凝器将非常笨重、庞大，而且还有可能产生冷凝温度高于制冷剂的临界温度，使得制冷剂不能冷凝。这时，可以采用加设人造冷源，降低其冷凝温度，即采用另一台制冷机来冷凝低温制冷剂。因此，将两台或多台使用不同制冷剂的制冷机串联起来，构成了复叠式制冷机，解决了为获得更低的制冷温度，一种制冷剂不能满足冷凝压力不过高、蒸发压力不过低，且临界温度高于环境温度的问题。

1.4.2 复叠式系统与循环

本节以典型的制冷系统与循环为例，来介绍两元复叠式制冷系统及其循环。复叠式制冷系统有很多形式，其他形式的系统可用类似的方法进行分析。

复叠式制冷机可制取的低温范围是相当广泛的，至于是采用两个单级压缩循环的组合，或一个单级压缩循环和一个两级压缩循环的组合，还是三个单级压缩循环的组合，主要取决于所需制冷温度。不同组合的复叠式制冷循环所能制取的低温见表 1-6。

表 1-6 不同组合复叠式制冷循环的组合形式与制冷温度和制冷剂种类的关系

最低蒸发温度	制冷剂	制冷循环形式
-80℃	R22/23	R22 单级或两级压缩+R23 单级压缩
	R507/23	R507 单级或两级压缩+R23 单级压缩
	R290/23	R290 两级压缩+R23 单级压缩
-100℃	R22/23	R22 两级压缩+R23 单级或两级压缩
	R507/23	R507 两级压缩+R23 单级或两级压缩
	R22/1150	R22 两级压缩+R1150 单级压缩
	R507/1150	R507 两级压缩+R1150 单级压缩
-120℃	R22/1150	R22 两级压缩+R1150 两级压缩
	R507/1150	R507 两级压缩+R1150 两级压缩
	R22/23/50	R22 单级压缩+R23 单级压缩+R50 单级压缩
	R507/23/50	R507 单级压缩+R23 单级压缩+R50 单级压缩

1. 两个单级压缩制冷系统复叠

图 1-24 所示为−80℃复叠式制冷系统的系统原理图以及循环在 *T-s* 图上的表示，图中采用了将两个循环分别在两张 *T-s* 图上的表示后叠放在一起的表示方法。

此复叠式制冷机可用于低温箱，其箱内温度为−80℃，蒸发温度为−90℃，高温级采用简单饱和循环，低温级采用回热循环。高温级可采用中温制冷剂 R134a 或 R404a，低温级可采用低温制冷剂 R23 或 R170。

对两个单级压缩制冷系统复叠而成的复叠式制冷机进行分析时，应分别对两个单级压缩制冷系统进行分析，具体分析方法与分析单级压缩制冷系统完全相同。

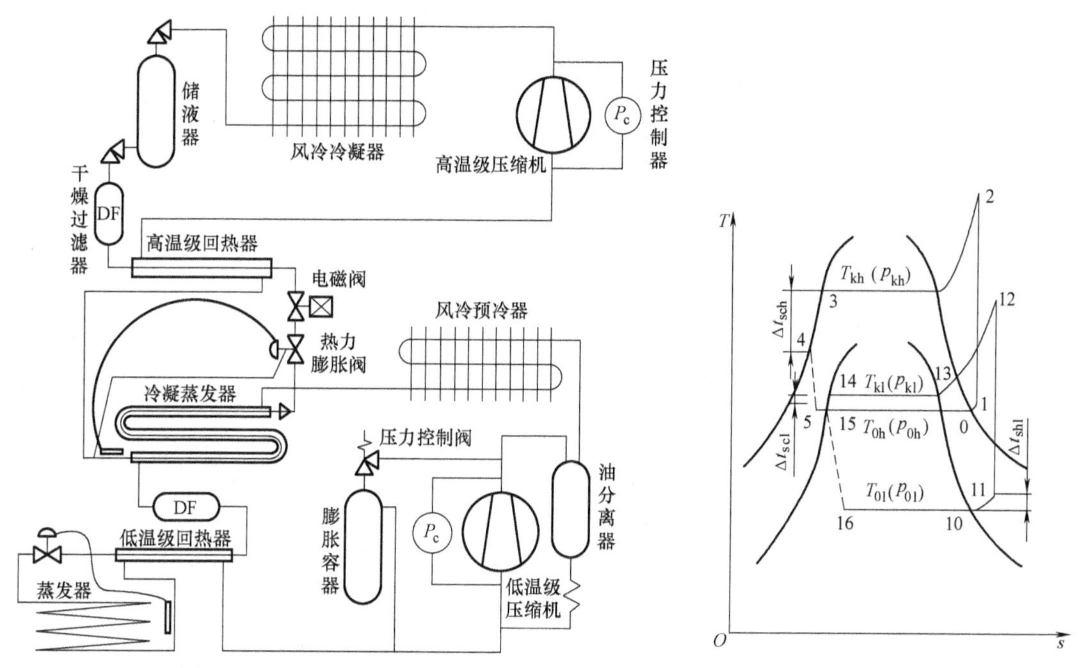

图 1-24　−80℃复叠式制冷系统的系统原理图以及循环在 *T-s* 图上的表示

如高、低温级采用其他形式的单级压缩制冷循环，则分析方法与以上分析完全相同。图 1-25 所示为复叠式制冷应用在 D-8 型低温箱中的实际循环。

2. 一个单级压缩制冷系统与一个两级压缩制冷系统复叠

一个单级压缩制冷系统与一个两级压缩制冷系统组成的复叠式制冷机可以获得−110~−80℃ 的低温，相应的蒸发温度可达−120~−90℃。

图 1-26 所示为−100℃制冷系统原理图。它的高温部分采用两级压缩一级节流中间不完全冷却循环，制冷剂为 R22；低温部分采用回热循环，制冷剂为 R14 或 R1150。设计工况参数为 t_{kh}（高温部分冷凝温度）= 35℃，t_{km}（高温部分液体过冷温度）= −35℃，t_{0h}（高温部分蒸发温度）= −66℃，t_{kl}（低温部分冷凝温度）= −59℃，t_{0l}（低温部分蒸发温度）= −105℃。

由于两级压缩系统的变工况性能不如单级压缩系统，所以在由一个单级压缩制冷系统与一个两级压缩制冷系统组成的复叠式制冷机中，两级压缩系统作为高温部分还是作为低温部分，应对具体问题进行分析后决定。另外，在分析计算此类系统时，应对单级压缩制冷系统与两级压缩制冷系统分别进行分析，计算方法与由两个单级压缩制冷系统组成的复叠式制冷机相同。

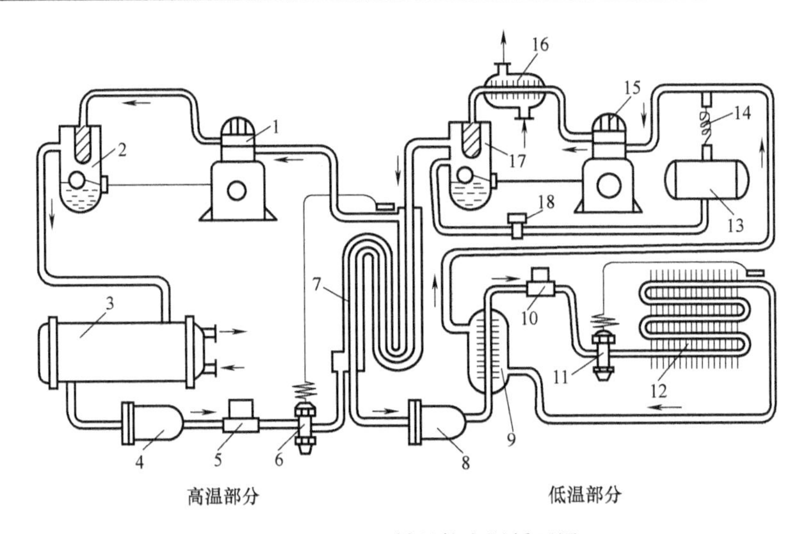

图 1-25　D-8 型低温箱实际循环图

1—高温压缩机（R22）　2、17—油分离器　3—冷凝器　4、8—过滤器　5、10—电磁阀　6、11—热力膨胀阀　7—冷凝蒸发器　9—回热器　12—蒸发器　13—膨胀容器　14—毛细管　15—低温压缩机（R13）　16—预冷器　18—单向阀

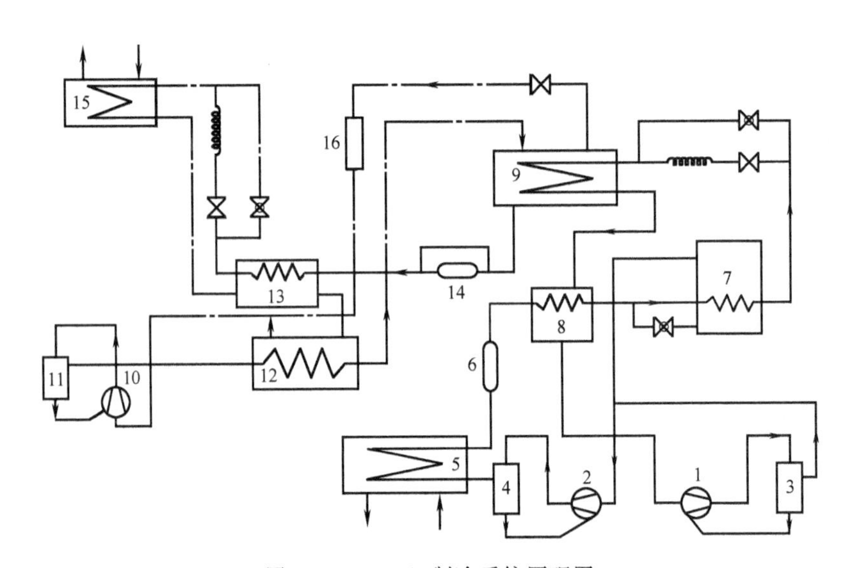

图 1-26　-100℃制冷系统原理图

高温部分：1—低压级压缩机　2—高压级压缩机　3、4—油分离器　5—冷凝器　6—干燥过滤器　7—中间冷却器　8—回热器　9—冷凝蒸发器

低温部分：10—压缩机　11—油分离器　12—气气回热器　13—气液回热器　14—干燥过滤器　15—蒸发器　16—膨胀容器

例如，生产干冰时，若采用三级压缩循环，则冷凝温度必须低于 30℃，且此时冷凝压力高达 7.35MPa，导致设备庞大。为了克服以上缺点，可采用复叠式制冷。

根据 CO_2 冷凝压力的不同，生产干冰用的复叠式制冷系统分为低压方案和中压方案。低压方案为由一个作为高温部分的两级压缩氨制冷系统与一个作为低温部分的单级压缩 CO_2

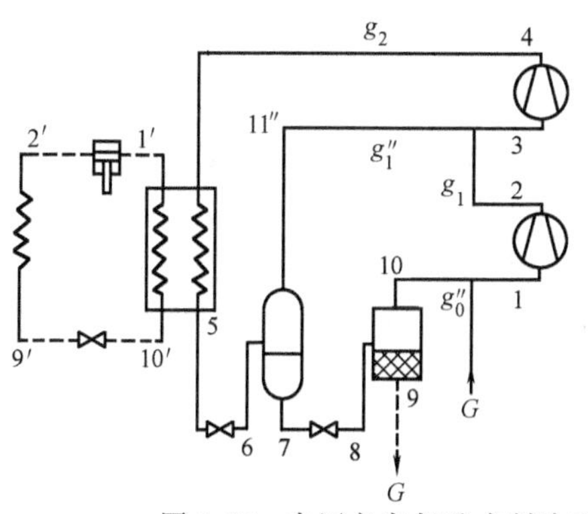

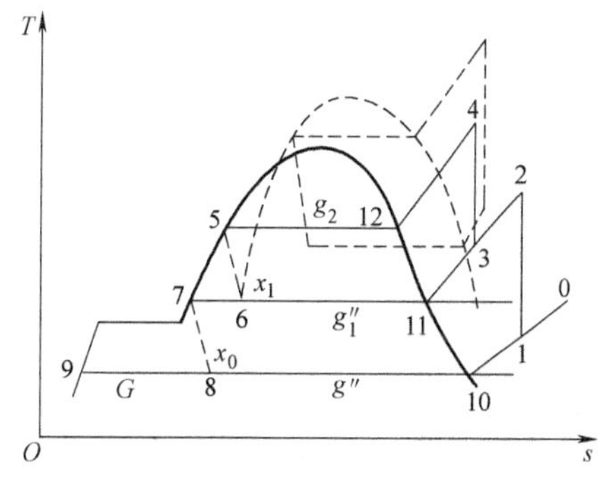

图 1-27 中压方案复叠式制冷系统原理图及其循环在 T-s 图上的表示

G—干冰生产量或补气量 g_1—低压级压缩机制冷剂 CO_2 流量 g_2—高压级压缩机制冷剂 CO_2 流量

g''—气液分离器饱和蒸气 CO_2 流量 $g_1+g''=g_2$

制冷系统组成的复叠式制冷机。中压方案为由一个作为高温部分的单级压缩氨制冷系统与一个作为低温部分的两级压缩 CO_2 制冷系统组成的复叠式制冷机。图 1-27 所示为生产干冰用的中压方案复叠式制冷系统原理图及其循环在 T-s 图上的表示。

3. 三元复叠式系统

为了获得更低的制冷温度，可以采用三元复叠式制冷系统。三元复叠式制冷系统可以是三个单级压缩制冷系统复叠，也可以是一个两级制冷系统与两个单级制冷系统复叠，还可以是两个两级压缩制冷系统与一个单级制冷系统复叠。其低温部分的制冷剂可以是 R1150、R14 或 R50 。

图 1-28 所示为-120℃低温装置低温部分的系统原理图，它是在二元复叠式制冷系统的基础上增加一级，并用冷凝蒸发器连接起来的。

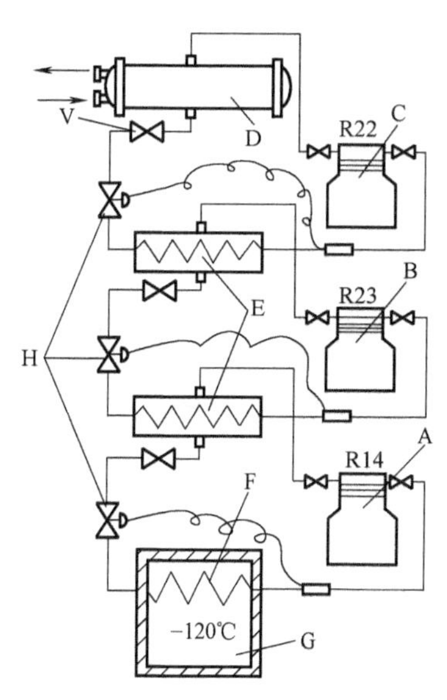

图 1-28 -120℃低温装置低温部分的系统原理图

A—低温级压缩机 B—中温级压缩机 C—高温级压缩机

D—水冷却器 E—冷凝蒸发器 F—蒸发器 G—低温室

H—热力膨胀阀 V—截止阀

1.5 应用非共沸混合制冷剂的制冷循环

1.5.1 非共沸混合制冷剂的应用及其循环的特点

为了改善制冷机的性能，可以应用非共沸混合制冷剂。对于蒸气压缩式制冷机，应用非共沸混合制冷剂，可以使循环在实际的、非等温的热源条件下接近劳伦兹循环。

由传热学可知，在制冷机的冷凝器、蒸发器和其他热交换器中，不可避免地存在着传热温差。由工程热力学可知，为了减小由传热温差带来的不可逆损失，制冷剂与换热介质之间应保持尽可能小的传热温差。对于蒸气压缩式制冷机来说，冷却介质与被冷却介质的热容量均为有限值，在传热过程中介质温度要发生变化。所以，除极少数情况外，蒸气压缩式制冷机的两个热源均为变温热源。

由于逆卡诺循环的两个换热过程为等温过程，在变温热源条件下，逆卡诺循环将无法形成。在这种情况下，如应用非共沸混合制冷剂，利用其在等压条件下相变时温度不断变化这一特性，以与劳伦兹循环相同的工作过程进行，可使制冷剂冷凝温度及蒸发温度的变化趋势与冷却介质温度及被冷却介质温度的变化趋势相同或相反，则冷凝温度与冷却介质温度之间的传热温差 Δt_{hm}、蒸发温度与被冷却介质温度之间的传热温差 Δt_{lm} 均较小，在极限情况下可以为零。与以逆卡诺循环具有相同工作过程的循环相比，与劳伦兹循环相同工作过程的循环制冷量增大了 ΔQ_0，循环功减小了 $\Delta W=\Delta L_1+\Delta L_2$，所以循环效率提高了。

应用非共沸混合制冷剂的制冷循环有以下特点：

1）可以提高循环的热力完善度。在相同热容、相同温度的热源条件下，如在原制冷剂中加入一些高沸点组分，则传热温差将减小，制冷系数提高。

2）可以提高单位容积制冷量。在相同热容、相同温度的热源条件下，如在原制冷剂中加入一些低沸点组分，则压缩机吸入的制冷剂蒸气比体积将减小，单位容积制冷量增大。

3）可以减小压缩比。采用分凝循环，可用单级压缩循环的压缩比获得复叠式制冷机的制冷温度。

1.5.2 单级压缩基本循环

应用非共沸混合制冷剂单级压缩基本循环的制冷机，其系统组成与应用单一制冷剂时完全相同，如图 1-29 所示。该循环与应用单一制冷剂单级压缩制冷理论循环的区别在于，混合制冷剂在变温下冷凝和蒸发。

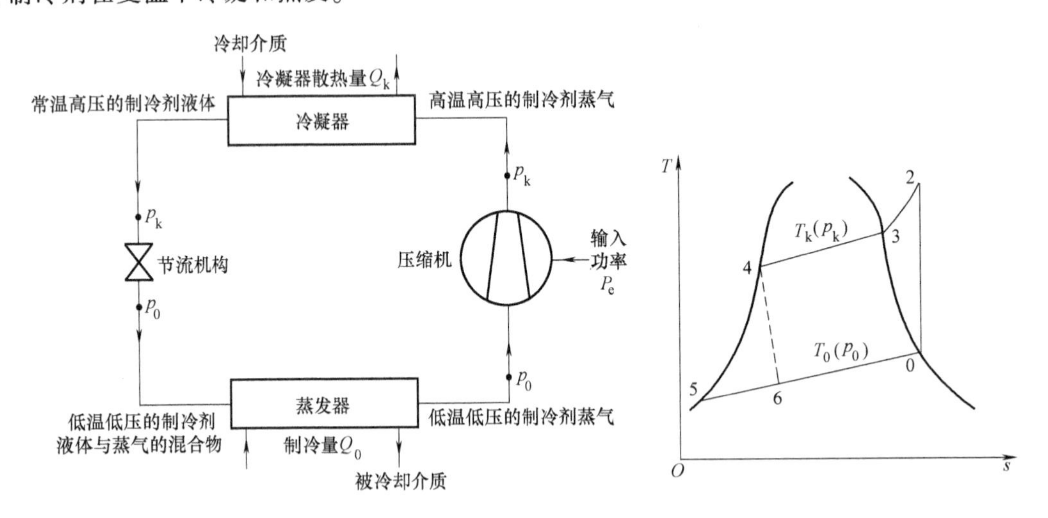

图 1-29　基本循环的系统组成与 *T*-*s* 图

应用非共沸混合制冷剂的单级压缩基本循环常用于由高温制冷剂和中温制冷剂组成的混合制冷剂的制冷系统。由于其压力不太高、压比不太大，符合一般压缩机的使用要求。

在由中温制冷剂和低温制冷剂所组成混合制冷剂的制冷系统中，由于加入了低温制冷剂，如使用非共沸混合制冷剂的单级压缩基本循环，会导致冷凝压力过高、压比太大，超出压缩机的使用范围。此时，即需要采用分凝循环。图 1-30 所示为非共沸混合制冷剂的单级

压缩单级分凝循环制冷机的系统原理图。

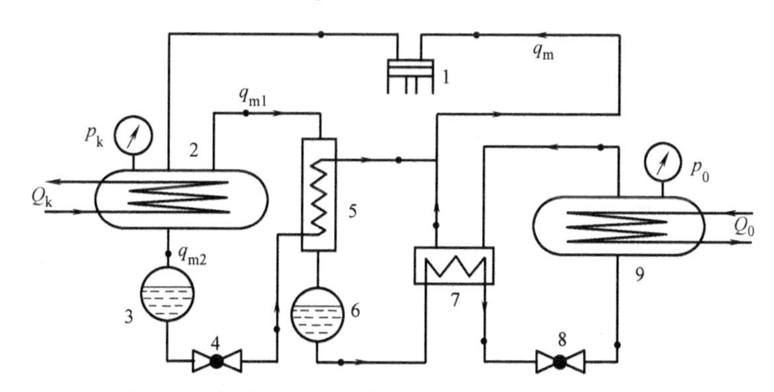

图 1-30　单级压缩单级分凝循环制冷机的系统原理图

1—制冷压缩机　2—水冷凝器　3—中温制冷剂储液器　4—中温制冷剂节流装置　5—蒸发冷凝器
6—低温制冷剂储液器　7—回热器　8—低温制冷剂节流装置　9—蒸发器

第2章 常用制冷工质及其性质

【学习目标】 了解制冷剂的选用原则及制冷剂各种性质；了解各种常用制冷剂。

【教学内容】 2.1 制冷剂演化过程；

2.2 制冷剂的选用原则；

2.3 环境影响指标

2.4 制冷剂的热力性质

2.5 制冷剂的化学性质与实用性质

2.6 制冷剂溶解性质

2.7 常用制冷剂

2.8 载冷剂简介

2.9 润滑油简介

【重点与难点】 本章的学习目的是使学生了解制冷剂的性质和应用，本章的重点、难点问题如下：

1）制冷剂的选用原则、环境问题、制冷剂的性能及命名等属于重点问题。

2）常用制冷剂的性质和应用是学习的难点。

【学时分配】 6学时。

制冷剂是制冷系统中传递能量、实现循环的工作介质，简称工质。制冷剂在蒸发器内吸收被冷却物质（水、空气、食品等）的热量，发生汽化而实现制冷，在压缩机内消耗机械能被压缩成高温高压气体，在冷凝器中与冷却介质发生热交换，放出热量而冷凝成为液体，然后通过节流降压成为低压液体再提供给蒸发器，实现循环制冷。除热电制冷器外，其余各种制冷机都需要使用制冷剂。制冷剂的性质关系到制冷装置的性能、安全等重要环节，因此，有必要对制冷剂的种类、性质以及选择要求做基本了解。在本章中，以蒸气压缩制冷机所使用的制冷剂为主进行讨论。

2.1 制冷剂的演化过程

制冷工质的演化过程与制冷技术的发展历史密不可分，大体可分为三个时代。

第一代制冷剂是指使用在19世纪30年代至20世纪30年代的一切工质，如1830s的橡胶馏化物、二乙醚；1840s的甲基乙醚；1850s的水/硫酸、酒精、氨/水；1860s的粗汽油、二氧化碳、氨、甲基胺、乙基胺；1870s的甲基酸盐、二氧化硫、甲基氯化物、氯乙烷；1890s的硫酸与碳氢化合物；1900s的溴乙烷；1910s的四氯化碳、水蒸气；1920s的异丁烷、丙烷、二氯乙烷异构体、汽油、三氯乙烷、二氯甲烷等。这些制冷剂中有天然工质，也有化

合物，有些可燃，有些则有毒。

第二代制冷剂是指使用在 20 世纪 30 年代至 20 世纪 90 年代的一切工质。第一次世界大战后，制冷业得到大力发展，1926 年，Thomas Midgley 认为制冷业需要安全和易获得的新制冷剂，他与助手发现了四氟化碳，虽然氟本身有毒，但含氟的化合物无毒。在元素周期表中，排除不稳定、有毒、惰性、高沸点元素，剩下 8 种元素。随后自 1931 年起，一系列氟利昂制冷剂，如 1931 年的 R12、1932 年的 R11、1933 年的 R114、1934 年的 R113、1936 年的 R22、1945 年的 R13、1955 年的 R14、1961 年的 R502 相继得到商业化应用。这些制冷工质性能优良、无毒、不燃、能适应不同工作温度范围，大大改善了制冷机的性能，几乎风靡整个制冷领域。直到 20 世纪 80 年代氟利昂造成的环境问题被公认之前，制冷剂的发展几乎达到了相当完善的地步。随着臭氧层被破坏、温室效应、酸雨、生物多样性减少全球四大环境问题的出现，制冷剂进入了划时代发展阶段。

第三代制冷剂是指 20 世纪 90 年代以后的替代及环保制冷剂，即 R407C、R410A、HCFC-123、HFC-134a、HFC 混合制冷剂、NH_3、碳氢化合物 HCs 及其混合物制冷剂、HCFC 混合制冷剂以及天然制冷剂水、空气、CO_2 等重新被利用起来。

2.2 制冷剂的选用原则

在蒸气压缩式制冷机中，理想的制冷剂共性要求主要有以下几点：

1）应是环境可接受物质，即应对环境无破坏作用或破坏作用轻微。

2）要有较高的临界温度。由于临界温度是制冷剂可以加压液化的最高温度，临界温度低的制冷剂在常温或普通低温下有可能不会液化，此时将需要温度很低的冷却介质；另外，如果在节流前的温度接近临界温度时，制冷剂的汽化热很小，那么节流损失就会很大，循环的经济性将很差。因此，希望制冷剂的临界温度比环境温度高得多。

3）要有合适的饱和蒸气压。在制冷循环中，其蒸发压力最好不低于大气压，以避免空气漏入制冷系统内部；其冷凝压力也不应太高，通常应低于 2.5MPa，以免压缩机和冷凝器等设备过于庞大；同时，冷凝压力与蒸发压力之比不应过大，以免压缩终温过高，从而提高压缩机的容积效率；冷凝压力与蒸发压力之差应尽可能小，以降低对压缩机强度的要求。

4）凝固温度要低，以免制冷剂在蒸发温度下凝固，可适当增大制冷循环的工作范围。

5）等熵指数要小，这样可使压缩过程耗功减少，降低压缩终温，提高压缩机容积效率，同时对压缩机润滑也有好处。

6）液体比热容要小，这样在节流时液体降温放出的热量少，节流产生的闪发蒸气量小，节流损失较小。

7）汽化热要大，以获得较大的单位制冷量，同时节流后的干度较小。

8）有较好的物理化学性质。黏度和密度要小，以减少流动阻力损失，降低能耗，缩小管径，减少材料消耗；传热性好，这样可提高热交换器的传热系数，减小传热面积，减少材料消耗；化学稳定性和热稳定性好，不燃烧、不爆炸、无毒，不腐蚀常用工程材料、与润滑油不发生化学反应，在使用温度下不分解、不变性。

9）来源广，易制取。这些因素影响着制冷系统成本和运行费用，若制冷剂价廉、易得，则可提高制冷装置的经济性。

除了以上共性要求以外，不同形式的制冷系统和制冷压缩机对制冷剂还有一些特定要求。例如，离心式压缩机要求使用相对分子质量较大的制冷剂，以便提高级压比，减少级数；小型制冷系统的制冷剂与润滑油应能相互溶解，以便利用回气夹带回油来简化系统；要求全封闭和半封闭式制冷压缩机的制冷剂电绝缘性能好等。

但无论何种制冷剂，都是某些方面较优，而又难免存在不足，完全满足上述各种要求的制冷剂并不存在。因此，应根据工程实际要求，首先满足主要要求，对于不足之处则采取措施加以弥补，从而找出最佳方案。

由于制冷剂种类繁多，为了书写和表达方便，国际上统一规定了制冷剂的简化代号，可用的每种制冷剂均有唯一的、国际统一的代号，代号与种类是相关的。常用制冷剂按组成区分，有单一制冷剂和混合制冷剂；按化学成分区分，有有机制冷剂和无机制冷剂。

1. 单一制冷剂

单一制冷剂是指用作制冷剂的物质在化学上是单一的、纯净的物质，不包括溶液或其他混合物，包括无机化合物、卤代烃、碳氢化合物和乙醚及其氟代物等。

无机化合物类制冷剂绝大部分是自然界中存在的物质，主要有以下各种。

H_2(R702)　He(R704)　Ne(R720)　N_2(R728)　O_2(R732)　Ar(R740)

NH_3(R717)　H_2O(R718)　CO_2(R744)　N_2O(R744a)　SO_2(R764)　空气(R729)

无机化合物制冷剂的编号规则为R7××，其中××表示相对分子量的整数部分。对于相对分子量整数部分相同的物质，在后面加英文字母来区别。

卤代烃是指碳氢化合物的卤族元素衍生物，分为链烷烃的卤族元素衍生物和环烷烃的卤族元素衍生物两大类，所含的卤族元素为氯、氟、溴等。其中饱和碳氢化合物的卤族元素衍生物即卤代烷；不饱和碳氢化合物的卤族元素衍生物即卤代烯烃；环状饱和碳氢化合物的卤族元素衍生物即卤代环烷。卤代烃类制冷剂的化学式通式为 $C_mH_nF_xCl_yBr_z$。

链烷烃的卤族元素衍生物制冷剂编号规则为 $R(m-1)(n+1)(x)B(z)$；链烯烃的卤族元素衍生物制冷剂编号规则为 $R1(m-1)(n+1)(x)B(z)$；环烷烃的卤族元素衍生物制冷剂编号规则为 $RC(m-1)(n+1)(x)B(z)$。如制冷剂中无Br，则在编号中不出现B（z）项；对于同分异构体，在后面加英文字母来区别。

碳氢化合物又分饱和碳氢化合物和不饱和碳氢化合物两类。碳氢化合物的化学式通式为 C_mH_n，制冷剂的编号规则与卤代烃相同。编号中，如（$n+1$）不止一位数字，则取个位，并将（$m-1$）项的数字改为6。

在饱和碳氢化合物中，用作制冷剂的有甲烷（CH_4　R50）、乙烷（CH_3CH_3　R170）、丙烷（$CH_3CH_2CH_3$　R290）、丁烷（$CH_3CH_2CH_2CH_3$　R600）以及异丁烷［$CH(CH_3)_3$　R600a］。

在不饱和碳氢化合物中，可用作制冷剂的主要是烯烃，有乙烯（CH_2CH_2　R1150）、丙烯（CH_3CHCH_2　R1270）等。此外，可在制冷用隔热材料中用作发泡剂的是环戊烷［$(CH_2)_5$］。

乙醚（$C_2H_4OHC_2H_5$　R610）及其氟代物（HFE），如（$C_4H_3F_7O$）等是研究中的制冷剂，这类制冷剂目前还没有达到实用阶段。

2. 混合制冷剂

混合制冷剂有共沸混合制冷剂和非共沸混合制冷剂两类，共沸混合制冷剂的编号为R5××，非共沸混合制冷剂的编号为R4××，其中××为按命名先后顺序该混合制冷剂的序号。同样组分、不同配比的非共沸混合制冷剂，在编号后面加英文字母来区别。

在工程习惯上，也常按标准沸点将制冷剂分成高温用、中温用和低温用三类。标准沸点在0℃（$p_c \leqslant 0.3\text{MPa}$）以上的称为高温制冷剂，如R21等，应用在热泵、工艺低温水等场合；标准沸点为-60~0℃（$0.3\text{MPa} < p_c < 2\text{MPa}$）的称为中温制冷剂，如R22、R717、R502、R1270、R290等，它们应用在制冰、冷藏、工业生产过程；标准沸点在-60℃（$p_c \geqslant 2\text{MPa}$）以下的称为低温制冷剂，如R170、R503、R1150等，低温制冷剂应用在低温试验等场合。但也有研究人员以-46℃为限来分的，目前还没有统一的规定。

2.3　环境影响指标

自1974年，莫林纳（M. J. Molina）和罗兰（F. S. Rowland）提出臭氧层问题以来，大量的研究和大气实测数据表明，臭氧层问题已经非常严重。目前，臭氧层被破坏问题已成为全球性环境问题。

2.3.1　根据环保观点的命名

根据对臭氧层的作用，美国杜邦公司首先提出了卤代烃类物质新的命名方法，并已为全世界所接受。

1. CFC

CFC表示全卤化氯（溴）氟化烃类物质。这类物质不含氢原子，对臭氧层的破坏作用和温室作用均很强、化学性质稳定、大气寿命长。目前，排放到大气中的消耗臭氧物质的多为此类，常用的制冷剂也多属此类。已经排放到大气层中的CFC对环境造成的破坏可能要经过数百年才能消除，也可能是不可逆损害。这类物质作为制冷剂使用已经被禁止了。

2. HCFC

HCFC表示含氢的氯氟化烃类物质。这类物质对臭氧层的破坏作用和温室作用均较CFC类物质弱，由于含氢，其化学性质不如CFC类物质稳定，因此大气寿命也缩短了。这类物质虽然对环境的破坏较CFC类小，但如长期大量向大气中排放，也将产生严重后果。这类物质目前可以作为短期过渡制冷剂使用。

3. HFC

HFC表示含氢无氯的氟化烃类物质。这类物质由于不含氯和溴，对臭氧层不产生破坏作用，温室作用也较弱，而且由于含氢，大气寿命较短。这类物质虽然对环境的破坏较小，但因其不是自然界中存在的物质，如长期大量向大气中排放，也许会产生令人意想不到的后果。这类物质可以作为长期过渡制冷剂使用。

2.3.2　消耗臭氧物质对环境的破坏作用

CFC制冷剂绝大部分都含有氯或溴。这类制冷剂的热力性能良好、毒性低或无毒、有数十年应用经验、技术成熟；但由于其中含氯或溴，会给大气环境造成很大破坏。这类物质称为消耗臭氧物质。

大气中的 O_3 主要分布在平流层的中部，距地面25~40km处。在自然平衡的条件下，大气中 O_3 的生成速率与分解速率是平衡的，O_3 的浓度主要与太阳活动及季节有关。其浓度每年秋季开始下降，冬末春初达到最低；每年春季开始上升，夏末秋初浓度较高。

太阳辐射中包含的波长为0.20~0.28μm的α紫外线和波长为0.28~0.32μm的β紫外线对地球生物有强烈的杀伤作用，而平流层中 O_3 的吸收带恰在这两个波段，从而阻止了这两个波段的紫外线到达地面。

含有氯或溴的消耗臭氧物质一经排放到大气中，会逐步上升到平流层。在那里，紫外线的辐射会将其中的氯和溴分解出来，形成氯离子或溴离子。以氯为例，氯离子与 O_3 作用后，会将 O_3 中的一个氧夺走，使臭氧成为氧，即

$$Cl+O_3 \rightarrow ClO+O_2$$

从而使 O_3 丧失了对α、β紫外线的吸收能力。而生成的氧化氯极不稳定，又能与大气中的游离氧相互作用，重新生成氯离子和氧分子，即

$$ClO+O \rightarrow Cl+O_2$$

这样的循环链式反应使得Cl不断地与 O_3 起作用，一个Cl可以破坏近 10^5 个 O_3 分子，其导致 O_3 分解的速率远大于合成速率，致使大气中的 O_3 不断减少。

由于 O_3 浓度的下降，到达地面的紫外线，特别是β紫外线将显著增加。至1995年，高纬度地区上空 O_3 的浓度已下降了50%以上。

消耗臭氧将对人类生活造成很大的危害：如臭氧减少10%，皮肤癌的发病率将上升26%；使人体免疫力降低；粮食作物减产，品质下降；海洋浮游生物、贝类等大量死亡；海洋生物食物链基本环节断失等。除此以外，消耗臭氧物质还会造成温室效应，为此，1987年在加拿大蒙特利尔召开了专门的国际会议，签署了《控制破坏臭氧层物品的蒙特利尔协定》(以下简称《蒙特利尔协议》)。我国于1992年正式加入修订后的《蒙特利尔协议》，并将完全停止和生产CFC类制冷剂的日期提前到了2007年7月1日。目前，全世界共有80多个国家签署了《蒙特利尔协议》。

2.3.3 对环境影响的评价指标

为了评价各种物质对大气中臭氧的作用，主要应用以下指标。

(1) 相对臭氧耗损潜能ODP　ODP是Ozone Depletion Potential的缩写，为一相对值，以R11的ODP为1。ODP表述了物质对 O_3 的破坏能力，从环保角度看，ODP越小越好。根据目前的水平，认为ODP值小于或等于0.05的制冷剂是可以接受的。

(2) 温室效应潜能GWP　GWP是Global Warming Potential的缩写，也为一相对值，以 CO_2 的GWP为1。GWP表述了物质对温室效应的影响能力，从环保角度看，GWP越小越好。

(3) 大气寿命　大气寿命是指物质在大气中稳定存在的时间。大气寿命越短，对环保越有利。

常用制冷剂的环保命名及其对臭氧的作用指标见表2-1。

表 2-1　常用制冷剂的环保命名及其对臭氧的作用指标（参考值）

类别	代号	环保命名	ODP	GWP	大气寿命/年
CFC	R14	CFC14	0	10500	—
	R500	CFC500	0.605	4300	—
	R502	CFC502	0.221	4700	—
	R503	CFC503	0.599	—	—
	R504	CFC504	0.207	—	—
	R505	CFC505	0.642	—	—
	R506	CFC506	0.387	—	—
HCFC	R22	HCFC22	0.04~0.06	1810	15~23
	R123	HCFC123	0.013~0.022	120	—
	R124	HCFC124	0.016~0.024	609	—
	R141b	HCFC141b	0.07~0.11	315	—
	R142b	HCFC142b	0.05~0.06	2310	21~27
HFC	R32	HFC32	0	670	—
	R125	HFC125	0	3500	20~24
	R134	HFC134	0	—	20~40
	R134a	HFC134a	0	1430	8~11
	R143a	HFC143a	0	4470	—
	R152a	HFC152a	0	1124	2~3
	R404a	HFC404a	0	3395	—
	R407c	HFC407c	0	1800	—
	R410a	HFC410a	0	2100	—
	R507	HFC507	0	2965	—

2.4　制冷剂的热力性质

制冷剂的热物理性质是其最重要的性质，是进行制冷循环和换热计算时必不可少的基本参数。

制冷剂的热力性质可以通过热力学参数之间的关系来描述。这些关系通常表示成两种形式：第一种是基于实验的热力性质表与图；第二种是以少数实验点为基础的参数关系式。用参数关系式计算出数值后，也可列成表或作图，目前绝大部分图表均是这样得出的。制冷剂最常用的热力性质表是饱和液体及蒸气表、过热蒸气表，最常用的热力性质图是 p-h 图、T-s 图。

由于制冷剂的焓和熵是相对数值，在使用热力性质表和图时，应注意焓和熵的基准问题，不同单位制的图表有不同的基准，不是同一套的图表也可能用不同的基准。不同的图表在同一压力和温度下的焓和熵值不同，但任意两个状态下焓和熵的差值相同。在制冷计算中，各计算值实际上均以焓和熵的差值表示，并不要求得到绝对数值。因此，在工程设计中，应尽可能使用同一套图表，如需多套图表联合使用，应注意修正基准值。

在国际单位制图表中，以 0℃ 的饱和液体为基准点，基准点的焓和熵值为基准值，其数值为

$$h_{10}=200.00\text{kJ/kg}\quad s_{10}=1.000\text{kJ/(kg}\cdot\text{K)}$$

在工程单位制的图表中，仍以 0℃ 的饱和液体为基准点，而焓和熵的基准值成为

$$h_{10}=100.00\text{kcal/kg}\quad s_{10}=1.000\text{kcal/(kg}\cdot\text{K)}$$

在英制图表中，以-40℃ 的饱和液体为基准点，焓和熵的基准值为

$$h_{10}=0.00\text{BTU/lb}\quad s_{10}=0.00\ \text{BTU/(lb}\cdot\text{F)}$$

2.4.1 *p-h* 图

p-h 图即压焓图，如图 2-1 所示。它以压力为纵坐标，以比焓为横坐标。为了缩小图的尺寸，提高图的精度，压力坐标取为对数坐标，因而坐标系为单对数坐标系。

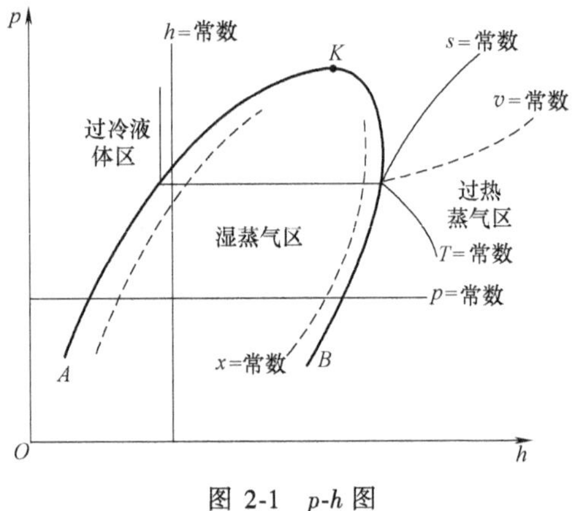

图 2-1　*p-h* 图

图中 K 点为临界点。K 点左边的粗实线 A 为饱和液体线，当工质的状态落在线 A 上的任一点时，表示工质为饱和液体，即 $x=0$。K 点右边的粗实线 B 为饱和蒸气线，当工质的状态落在线 B 上的任一点时，表示工质为饱和蒸气，即 $x=1$。饱和液体线与饱和蒸气线将图分成三个区域：饱和液体线的左边为过冷液体区，当工质的状态落在该区内的任一点时，表示工质为过冷液体；饱和液体线与饱和蒸气线之间为湿蒸气区，状态落在该区内的工质为饱和液体与饱和蒸气的混合物，即气液共存，该区域内的任一点，表示工质的平均状态；饱和蒸气线的右边为过热蒸气区，当工质的状态落在该区内的任一点时，表示工质为过热蒸气。

图中共有六种等参数线簇：

1）等压线 p，与横坐标平行。

2）等焓线 h，与纵坐标平行。

3）等温线 t，在湿蒸气区与等压线重合；在过热蒸气区为左上至右下的曲线，图上以细实线绘出；由于液体为不可压缩流体，其焓值基本上仅取决于温度，而与压力和比体积基本无关，在过冷液体区，等温线基本与等焓线重合。

4）等熵线 s，仅在过热蒸气区标出，为左下至右上的曲线，其斜率较大，图上以细实线绘出；

5）等容线 v，仅在过热蒸气区标出，为左下至右上的曲线，其斜率较小，图上以虚线绘出；

6）等干度线 x，仅存在于湿蒸气区，图上以虚线绘出。

2.4.2 *T-s* 图

T-s 图即温熵图，如图 2-2 所示。它以温度为纵坐标，以比熵为横坐标。

与 *p-h* 图相同，*T-s* 图上也表示出临界点 K、饱和液体线 A 和饱和蒸气线 B，这两条曲线

也将图分成三个区域，图中画出了六种等参数线簇：

1）等温线 t，与横坐标平行的细实线。

2）等熵线 s，与纵坐标平行的细实线。

3）等压线 p，在湿蒸气区与等温线重合；在过热蒸气区为左下至右上的曲线，图上以细实线绘出；在过冷液体区，等压线密集于饱和液体线附近，可近似地以饱和液体线代替。

4）等焓线 h，为左上至右下的曲线，在过热蒸气区较平坦，图上以细实线绘出。

5）等容线 v，仅在过热蒸气区标出，为左下至右上的曲线，其斜率较大，在图上以虚线绘出。

6）等干度线 x，仅存在于湿蒸气区，图上以虚线绘出。

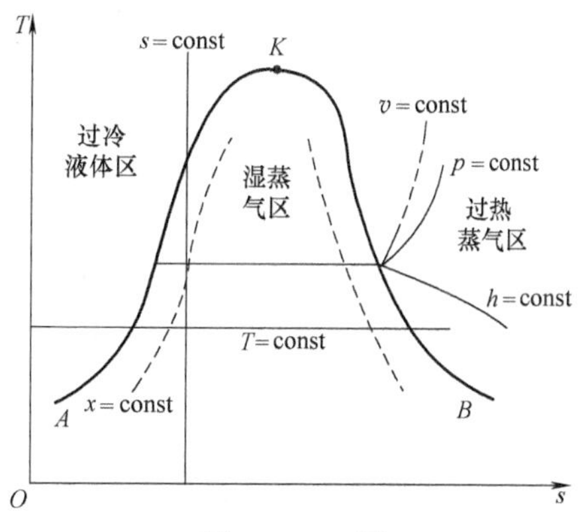

图 2-2　T-s 图

2.4.3　基本热力性质和热物性参数

制冷剂的热力性质包括标准沸点、临界温度、压缩性系数、特鲁顿数等。

标准沸点 T_s 是指标准大气压（101325Pa）下的蒸发温度，通常称为沸点。标准沸点与工质的分子组成情况有关。

临界温度 T_{cr} 是指物质不可能加压液化的最低温度。当温度在临界温度以上时，无论压力为多少，也不可能使气体物质液化。

物质的临界温度与标准沸点有一定联系，对于大多数物质有

$$\frac{T_s}{T_{cr}} \approx 0.6 \tag{2-1}$$

压缩性系数 Z 又称压缩因子。对于制冷剂过热蒸气，如引入压缩性系数，则状态方程可表示为

$$pv = ZRt \tag{2-2}$$

于是压缩性系数为

$$Z = \frac{pv}{RT} = \frac{v}{RT/p} = \frac{v}{v_{id}} \tag{2-3}$$

式中，p 是压力（kPa）；v 是实际比体积（m^3/kg）；R 是气体常数［kJ/(kg·K)］；T 是温度（K）；v_{id} 是理想气体的比体积（m^3/kg）。

在工程设计中，压缩因子可用查图法得出，也可用近似计算的方法得出。

在计算制冷循环时，需首先知道制冷剂的热物性参数。目前，越来越多地利用计算机来计算制冷剂的热力参数，这样可缩短循环和系统热力计算的时间，还可实现制冷系统的计算机模拟和优化。计算方法为国际制冷学会（IIR）和美国采暖、制冷、空调工程师协会（ASHRAE）在计算传统的卤代烃制冷剂时所推荐的方法。主要热物性参数有比热容、饱和液体密度、饱和蒸气压、潜热、焓、熵、等熵指数、黏度、热导率、表面张力等。

部分单一制冷剂的基本性质汇总于表 2-2 中。

表 2-2　部分单一制冷剂的基本性质

代号	名称	分子式	相对分子质量	标准沸点 t_s/℃	凝固温度 t_b/℃	临界温度 t_{cr}/℃	临界压力 p_{cr}/MPa	临界比体积 v_{cr}/(m³/kg)	等熵指数 κ (101.1kPa)
R14	四氟甲烷	CF_4	88.01	-128.0	-184.0	-45.5	3.75	1.58	1.22
R21	一氟二氯甲烷	$CHFCl_2$	102.92	8.9	-135.0	178.5	5.166	1.915	1.12
R22	二氟一氯甲烷	CHF_2Cl	86.48	-40.84	-160.0	96.13	4.986	1.905	1.194
R23	三氟甲烷	CHF_3	70.01	-82.2	-155	25.9	4.68	1.942	1.19
R32	二氟甲烷	CH_2F_2	52.02	-51.2	-78.4	59.5	5.782	2.381	—
R50	甲烷	CH_4	16.04	-161.5	-182.8	-82.5	4.65	6.17	1.31
R123	三氟二氯乙烷	$C_2HF_3Cl_2$	152.9	27.9	-107	183.8	3.67	1.818	1.09
R125	五氟乙烷	C_2HF_5	—	-48.1	-103	66.015	3.629	1.761	—
R134a	四氟乙烷	$C_2H_2F_4$	102.0	-26.2	-101.0	101.1	4.06	1.942	1.11
R143	三氟乙烷	$C_2H_3F_3$	84.04	-47.6	-111.3	73.1	3.776	2.305	—
R152a	二氟乙烷	$C_2H_4F_2$	66.05	-25.0	-117.0	113.5	4.49	2.74	—
R170	乙烷	C_2H_6	30.06	-88.6	-183.2	32.1	4.933	4.7	1.18
R290	丙烷	C_3H_8	44.1	-42.17	-187.1	96.8	4.256	4.46	1.13
R600	正丁烷	C_4H_{10}	58.08	-0.6	-135.0	153.0	3.530	4.29	1.13
R600a	异丁烷	—	—	-11.73	-160	135.0	3.645	4.236	—
R717	氨	NH_3	17.03	-33.35	-77.7	132.4	11.52	4.13	1.32
R718	水	H_2O	18.02	99.985	0	374.12	21.2	3.0	1.33
R729	空气	—	28.97	-194.3	—	-140.7	3.772	1.867	1.40
R744	二氧化碳	CO_2	44.01	-78.52	-56.6	31.0	7.38	2.456	1.295
R1150	乙烯	C_2H_4	28.05	-103.7	-169.5	9.5	5.06	4.62	1.22
R1270	丙烯	C_3H_6	42.08	-47.7	-185.0	91.4	4.61	4.28	1.15

2.5　制冷剂的化学性质与实用性质

在选择制冷剂以及管理和操作制冷设备时，必须考虑制冷剂的化学性质以及与之密切相关的实用性质，有时这些因素会是选择制冷剂的主要依据。

2.5.1　制冷剂的相对安全性

制冷剂的安全性能对使用者和公共安全至关重要，制冷剂的毒性、燃烧性和爆炸性是评价制冷剂安全程度的主要指标。大部分工业化国家和地区，均规定了最低安全程度的标准。

美国国家标准 ANSI/ASHRAE 34—2013 将制冷剂的毒性根据其允许暴露量划分为两个等级：A 类为根据确定时间加权平均阈限值（TLV-TWA）或类似指标所用的数据，在质量分数小于或等于 400×10^{-6} 时，未发现该制冷剂有毒性；B 类为根据确定时间加权平均阈限值（TLV-TWA）或类似指标所用的数据，在质量分数小于或等于 400×10^{-6} 时，发现该制冷剂有毒性。时间加权平均阈限值（TLV-TWA）是指根据 8h 工作日和 40h 工作周的时间加权平均浓度，几乎全部工人可以日复一日地暴露在这种状态下而无不良反应。ANSI/ASHRAE

34—2013 对制冷剂毒性的划分见表 2-3。

美国保险商实验室（UL）根据豚鼠在制冷剂作用下造成损害的时间来划分制冷剂毒性等级，共 6 个基本等级，从 1~6 级毒性递减；相邻两个等级之间还用 a、b、c 做了细分，见表 2-4。

美国国家标准 ANSI/ASHRAE 34—2013 将制冷剂的燃烧性分成三类。1 类为在 101kPa 和 18℃的空气中试验时，该制冷剂未显示火焰蔓延。2 类制冷剂的燃烧性下限在 101kPa 和 21℃时高于 0.10kg/m³ 且燃烧热小于 19kJ/kg。3 类制冷剂的特点是燃烧性好，在 101kPa 和 21℃时，其燃烧性下限小于或等于 0.10kg/m³ 或燃烧热大于或等于 19kJ/kg。部分制冷剂的燃烧性和爆炸性指标见表 2-3。

表 2-3　部分制冷剂的相对安全性指标

代号	ANSI 安全分级	UL 毒性分级	燃点/℃	爆炸极限		最大爆炸压力/bar	达到最大压力所需时间/s
				体积分数(%)	质量浓度/(g/m³)		
R50	A3	5b	645	4.9~15.0	33~93	—	0.018
R170	A3	5b	530	3.3~10.6	39~156	8.43	—
R290	A3	5b	510	2.3~9.5	42~174	—	—
R600	A3	5	490	1.6~6.5	45~203.5	7.4	0.027
R600a	A3	5b	—	1.4~8.4	43.5~204	—	—
R717	B2	2	1170	16~25	110~192	4.42	0.175
R1150	A3	—	540	3.0~25	35~298	—	—
R1270	A3	—	455	2.5~11.1	35~194.5	—	—

注：1bar=0.1MPa。

表 2-4　UL 毒性划分

毒性等级	制冷剂气体在空气中的体积分数(%)	停留时间/min	危害程度
1	0.5~1	5	致死或重创
2	0.5~1	30	致死或重创
3	2~2.5	60	致死或重创
4	2~2.5	120	致死或重创
5	20	120	有一定危害
6	20	120	不产生危害

制冷剂的燃烧性和爆炸性以如下几个指标来评价。

燃点：制冷剂蒸气与空气混合后能产生闪火并继续燃烧的最低温度。

爆炸极限：有两种表示方法，一种是指制冷剂蒸气在空气中能产生爆炸的体积分数范围，另一种是指制冷剂蒸气在空气中能产生爆炸的质量浓度范围。

最大爆炸压力：制冷剂蒸气与空气的混合物，当爆炸前压力为 0.1MPa 时，爆炸后可产生的最大压力。

达到最大压力所需时间：从爆炸开始到达到最大压力所经历的时间。

2.5.2　制冷剂的化学稳定性

在正常的使用条件下，制冷剂一般是化学稳定的。但如存在特定催化剂，则制冷剂会发生水解或分解。在使用条件下，制冷剂也会与某些金属或非金属产生相互作用。

纯氨对钢无腐蚀作用。纯氨对铝、铜及铜合金有不强的腐蚀作用，但已超出材料的许用范围。在含水的情况下，氨对铜以及除磷青铜外的铜合金有强烈的腐蚀作用。

大部分卤代烃对镁及含镁超过2%（质量分数）的铝镁合金有腐蚀作用。当含有水时，卤代烃会水解成酸性物质，对金属有腐蚀作用，且此时其与油的混合物能溶解铜。卤代烃与某些材料接触时会分解，依催化作用由强至弱排列依次为：银、锌、青铜、铝、铜、镍铬不锈钢、镍铁合金、铬。R30（二氯甲烷）与铝接触会分解生成易燃气体并会发生剧烈爆炸，故而R30系统中严禁使用铝。卤代烃对天然橡胶和树脂有很强的溶解作用，对绝大部分塑料、合成橡胶和树脂有极强的膨润作用，会使塑料、合成橡胶和树脂变软、膨胀，最后起泡破坏。因此，与卤代烃接触的密封和绝缘材料应采用耐氟材料，如氯丁橡胶、丁腈橡胶、尼龙、聚四氟乙烯、改性缩醛绝缘漆等。

烃类与一般金属无相互作用。大部分烃类制冷剂对非金属材料的作用与卤代烃相似，但弱得多，有时可以不予考虑。

2.5.3 制冷剂的热稳定性

衡量制冷剂热稳定性最重要的性能指标是热分解温度与最高使用温度。

热分解温度是制冷剂在热作用下开始发生分解的温度，制冷剂R22与铁接触，在温度达到550℃时发生分解，产生H_2、F、光气；氨在250℃下发生分解，产生N_2、H_2。

最高使用温度是制冷剂在与润滑油共存的环境中，在有金属存在的条件下，能够长期稳定工作的温度。最高使用温度限制了压缩机的排气温度。R22、R502、R717等制冷剂的最高使用温度为150℃，R134a的最高使用温度为130℃。

2.5.4 制冷剂的电绝缘性

在全封闭与半封闭压缩机中，因制冷剂与电动机线圈相接触，故要求制冷剂有良好的电绝缘性能。电绝缘性能通常用以下两个指标衡量。

1. 电击穿强度

电击穿强度表示物质抗电击穿的能力。试验时，把彼此有一定距离（通常是1cm）的两个电极置于气态或液态制冷剂中，并在电极上加一电压并逐步升高，当极间刚刚开始击穿放电时，极间电压除以极间距离的值即为电击穿强度，常用单位为kV/cm。部分制冷剂气体在100kPa、0℃条件下以及部分制冷剂液体的电击穿强度见表2-5。

表2-5 部分制冷剂的电击穿强度 （单位：kV/cm）

代号	R717	R14	R21	R22	R30	R170	R290
气体	31	38	—	170	226	26.2	170
液体	—	—	122	120	—	—	—

需要注意的是，微量杂质（如灰尘、金属屑粉）的存在、含水或在真空条件下，均会使制冷剂电击穿强度显著下降。

2. 电阻率

电阻率为制冷剂在边长为1cm的立方体相向面间的电阻，电导率为其倒数，常用单位为1/(Ω·cm)。氨液在18℃时的电导率为1×10^{-7}1/(Ω·cm)；R22在22℃时的电导率为

$1.1\times10^{-8}1/(\Omega\cdot cm)$。与电击穿强度相同，微量杂质（如灰尘、金属屑粉）的存在、含水或水蒸气，均会使制冷剂的电阻率显著下降，即电导率显著上升。

2.6 制冷剂的溶解性质

与制冷剂有关的溶解性能包括溶油性与溶水性。

1. 溶油性

在大多数压缩机中，制冷剂与润滑油的相互接触是不可避免的，压缩机的排气中也不可避免地会夹带有润滑油。为了使带入系统的润滑油返回压缩机，制冷系统必须考虑回油问题。制冷剂与润滑油相互溶解的程度不同，系统采用的回油方式也应不同。

如制冷剂与润滑油相互溶解，则在冷凝器或储液器中，润滑油与制冷剂不能分离。在这种情况下，可采用夹带回油的方法，即采用较高的回气流速将润滑油从蒸发器夹带回压缩机。

如制冷剂与润滑油相互不溶解，则进入冷凝器或储液器中的润滑油必须分离出来。否则，如润滑油进入节流机构，有可能凝固在节流机构中，形成“油堵”。在这种情况下，系统中必须设有油分离器，采用分离回油的方法。

制冷剂的溶油性对热交换器的性能有相当影响。当制冷剂在蒸发器中含有润滑油且与润滑油相互溶解时，通常会增强换热作用。当制冷剂与润滑油相互不溶解时，润滑油会在热交换器中形成油膜，从而增大换热热阻。

若制冷剂与润滑油相互溶解，则会稀释润滑油，改变其润滑特性。此时，需使用黏度较大的润滑油，使其稀释后的黏度符合润滑要求。

制冷剂的溶油性也将影响压缩机的起动控制方式，如制冷剂与润滑油能相互溶解，且压缩机壳体内为制冷剂低压气体，则起动时应先加热润滑油，释放出制冷剂。以避免在起动时，由于压力的降低使溶解度减小，大量的油形成泡沫，充满壳体，一方面会使在压缩机壳体下部起润滑作用的润滑油油量不足，另一方面会使液体进入压缩腔而造成液击。如制冷剂与润滑油相互不溶解，或压缩机壳体内为制冷剂高压气体，则无此问题。

制冷剂与润滑油的溶解度主要取决于制冷剂和润滑油的种类，与矿物润滑油及烷基苯润滑油几乎不互溶的制冷剂有 R717、R23、R134a、R404a、R507 等；与矿物润滑油及烷基苯润滑油部分互溶的制冷剂有 R22、R152、R502 等；与矿物润滑油及烷基苯润滑油完全互溶的制冷剂有 R21、R500 等。与脂类润滑油互溶的制冷剂有 R134a、R404a、R507 等。

制冷剂与润滑油溶解度随温度的变化而改变，对大部分卤代烃制冷剂和矿物润滑油来说，存在一转变温度，在此温度之上时为完全互溶；当温度低于转变温度时为部分互溶，且溶解度随温度的降低而减小。图 2-3 所示为 SUNISO 3GS 润滑油与 R22 的溶解曲线。

不含 Cl 的卤代烃难溶于矿物润滑油或烷基苯润滑油，这类制冷剂与脂基润滑油、氨基润滑油和聚烯醇类润滑油相互溶解。这类制冷剂与脂基润滑油的溶解度常有两个转变温度，当温度高于较高的转变温度或低于较低的转变温度时为部分互溶；如介于两个转变温度之间，则为完全互溶，如图 2-4 所示。

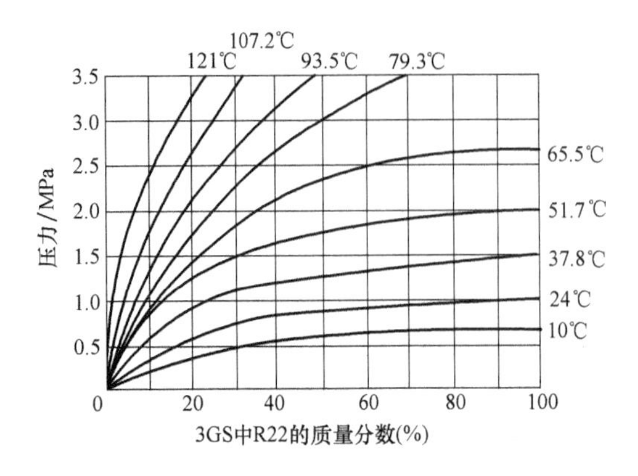

图 2-3　SUNISO 3GS 润滑油与 R22 的溶解曲线

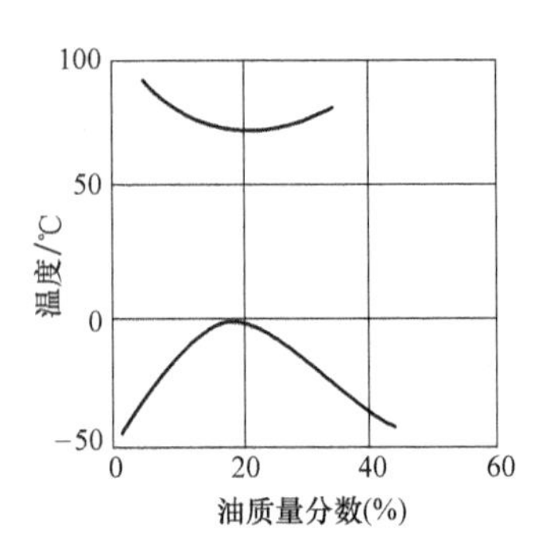

图 2-4　脂类润滑油与 R134a 的溶解度

2. 溶水性

卤代烃和烃类物质都很难溶于水，氨与低醇则易溶于水。对于难溶于水的制冷剂，若系统中的含水量超过制冷剂中水的溶解度，则系统中存在游离态的水。当制冷温度达到 0℃ 以下时，游离态的水便会结冰，从而堵塞节流装置或其他狭窄通道，这种冰堵现象将使制冷剂无法正常工作。对于溶水性强的制冷剂，尽管不会出现上述冰堵问题，但制冷剂溶于水后会发生水解作用，生成的物质对金属材料会有腐蚀性，并会降低电绝缘性能（如含 Cl 的卤代烃水解后生成盐酸）。所以，制冷系统中必须严格控制含水量，使其不超过规定的限制值。R22 的最大允许含水量（质量分数）为 596×10^{-6}，R134a 的最大允许含水量为 40×10^{-6}，R600a 的最大允许含水量为 60×10^{-6}。

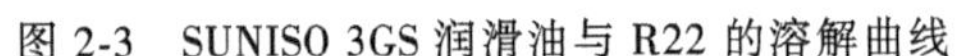

2.7　常用制冷剂

2.7.1　氨（NH_3　R717）

氨是具有较好的热力性质和热物理性质的中温制冷剂。氨液的密度为 681.8kg/m^3，标准蒸发温度为-33.3℃，凝固温度为-77.7℃。它在常温和普通低温范围内压力适中，工作范围比 R22 大 20%。氨的汽化热大（-15 ℃，1312.4 kJ/kg），单位容积制冷量大，黏度小，流动阻力小，密度小，传热性能好。氨的压缩终温较高，所以压缩机气缸要采取冷却措施。此外，氨的价格低廉，且易于获得，所以它在 19 世纪 60 年代就开始被作为制冷剂应用。虽然它在 20 世纪 30 年代后曾被 CFC 代替（此时几乎仅在中国使用），但由于其 ODP 值和 GWP 值均为 0，是自然界中存在的物质，现在重新成为良好的 CFCs 替代制冷剂。

氨无色，具有强烈的刺激性气味，极低浓度的氨蒸气便会强烈刺激人的眼睛和呼吸器官。当氨蒸气在空气中的体积分数为 0.5%~0.6 %时，人在其中停留 30min 即会中毒。氨液或高浓度的氨蒸气进入眼睛或接触皮肤会引起严重灼伤，人处于氨蒸气体积分数在 4%以上的空气中会引起黏膜灼伤。因此，人在处于高浓度氨气氛中时，应对五官等进行防护；如身体的任何部位直接接触了氨液或高浓度的氨蒸气，须立即用大量清水冲洗。

氨能与水以任意比例互溶，形成氨水溶液，在-50℃以上时水不会析出冻结，所以氨制冷系统不必设置干燥过滤器。但存在水时会加剧对金属的腐蚀，氨水主要对锌、铜、青铜以

及其他铜合金（磷青铜除外）有较强的腐蚀性，因此氨系统中不允许使用这些材料。同时含水会使制冷量减小，所以氨中的水的质量分数不得超过 0.2%。

氨与矿物润滑油的溶解度很小，进入热交换器的润滑油会在传热表面成为油膜形成附加热阻，在系统中润滑油会积存在容器和热交换器底部，需定期放油。

在空气中氨的体积分数达到 11%以上时可以点燃，体积分数为 16%～25%时可爆。如果系统中氨所分离的游离氢积累到一定浓度，遇空气会引起强烈爆炸。采用氨作为制冷剂时，车间内氨蒸气的浓度不允许超过 0.02g/L。在居民区、商业区用氨做制冷剂的制冷机，单机充注量应小于 50kg，并应加设防护设施。

常用的防护措施有机房配备事故风机，当有泄漏时，机房事故风机将自动开启，将氨蒸气排出机房之外，不过机房事故风机控制装置的所有电触点均应设在机房外部不与氨蒸气接触的地方；另外，应设置氨浓度探测装置，当空气中氨浓度达到一定限度时发出信号；还可以将制冷机封入防护罩中，泄漏时集中引出，然后引入燃烧器燃烧。

氨主要用于低温领域，它已经发展得非常完善，国内大中型冷库用氨做制冷剂的比较多。

2.7.2　卤代烃

1. R22

R22 属 HCFC 类，根据《蒙特利尔协议》，发展中国家可使用 R22 至 2020 年。R22 主要用于空调器、冷水机组等需要较大单位容积制冷量，但压缩比不高的场合。

R22 是比较安全的制冷剂，其饱和蒸气压与氨近似，标准蒸发温度为-40.8℃，凝固温度为-160℃，单位制冷量与氨差不多。R22 的压缩终温比氨低，但仍属于高压缩终温的制冷剂，故用于高压比场合时，压缩机需强制冷却。

R22 无色、无味、无毒、不燃不爆，当遇明火时，R22 将分解并产生有剧毒的光气，因此有 R22 的场合严禁明火。R22 的溶水性很弱，0℃时水在 R22 中的质量溶解度仅为 0.06%，系统中含水较多时将引起冰堵和镀铜现象。因此在向系统充注前，R22 中的质量含水量应小于 2.5×10^{-5}；如蒸发温度低于 0℃，则系统中应设置干燥过滤器。R22 与矿物润滑油有限互溶，质量含油量为 15%时，转变温度约为 10℃。在制冷系统的高压侧，R22 与润滑油完全互溶；在低压侧，R22 与润滑油有分层现象，下层为 R22，上层为润滑油，应仔细考虑回油问题。通常系统中设有油分离器，且蒸发器为干式蒸发器，制冷剂在蒸发器管内和回气管内的流速应大于最小回油流速。

R22 对除镁及镁的质量分数大于 2%的铝镁合金之外的金属无腐蚀作用。其对有机材料的膨润作用极强。系统中密封材料应使用氯乙醇橡胶、丁腈橡胶、聚四氟乙烯等，封闭压缩机的电动机绕组采用 QF 改性缩醛漆包线、QZY 聚酯亚胺漆包线等。

2. R134a

R134a 属 HFC 类，分子式为 $CH_2F—CF_3$，气体常数 $R=81.4881629\times10^{-3}$kJ/(kg·K)。它可用来替代 R12 等制冷剂，其 ODP=0，GWP=1430。R134a 液体、气体的热导率都优于 R12，其沸点为-26.26℃，凝固点为-96.6℃，是用于电冰箱、汽车空调等高压缩比场合的中温制冷剂。

R134a 无色、无味、基本无毒、不燃不爆、使用安全，它对臭氧层没有破坏作用，但其温室效应潜能为0.3，在这一点上，它对环境不友好。当遇明火时（370℃以上），R134a与R22一样将分解并产生有剧毒的光气，因此有R134a的场合也严禁明火。R134a的溶水性比R22小得多，因此在向系统充注前R134a中的质量含水量应小于1.5×10^{-5}，如蒸发温度低于0℃，则系统中应设置干燥过滤器。R134a与矿物润滑油不互溶，与脂基润滑油、氨基润滑油和聚烯醇润滑油互溶。在制冷系统的低压侧，R134a与润滑油完全互溶；在高压侧，R22与润滑油有分层，出现“白浊”现象，但不影响节流和回油。蒸发器通常使用干式蒸发器，制冷剂在蒸发器管内和回气管内的流速应大于最小回油流速。

R134a的性质与R12接近，其饱和蒸气压比R22低，单位容积制冷量比R22小，压缩终温比R22低，属于低压缩终温的制冷剂，用于高压比场合时，压缩机不一定需要强制冷却。

R134a对金属和非金属的作用与R22相似，系统中的密封材料应使用氯乙醇橡胶、氢化丁腈橡胶、聚四氟乙烯等。

2.7.3 烷烃

烷烃类的共同点是基本不溶于水，且与水不发生化学作用，不腐蚀金属，价廉易得，易燃易爆，与矿物润滑油互溶而使润滑油的黏度降低，能溶于醇、醚等有机溶剂中。烷烃对高分子有机材料有溶解和膨润作用，但远比卤代烃弱。

这类制冷剂常作为石油化工行业制冷装置的制冷剂，既是工艺原料和产品，又是制冷剂。在使用中，应保持系统压力高于大气压，以防空气渗入引起爆炸。

R170（乙烷，C_2H_6）的沸点为-88.8℃，凝固点为-183℃，应用于蒸发温度为-90～-60℃的场合，常用于LNG中的分凝式系统，并可作为复叠式制冷机低温级的制冷剂。由于其相对分子质量小，适用于容积型压缩机。

R290（丙烷，C_3H_8）的沸点为-42.07℃，凝固点为-187.7℃，应用于蒸发温度为-50～-25℃的制冷系统，与R22相似。由于其相对分子质量小，适用于容积型压缩机。R290的等熵指数较小，压缩终温较低，具备替代R22的基本条件。R290有微毒，在有氧条件下分解开始温度为460℃。R290为轻烃，易燃易爆，常用在LNG中的分凝式系统、两级和多级压缩系统、复叠式系统的高温级。系统设计应注意密封，应尽可能减少充注量，在充罐、维修场所应注意保持良好的通风。

R1270（丙烯，C_3H_6）的沸点为-47.7℃，凝固点为-185℃，其临近温度、沸点等主要热力学性质与R22相近，适合作为替代工质，而汽化潜热更大、传热特性更优，且过热对其有利。作为自然工质，其来源广泛，易于获得，价格低廉，还能很好地同现行普遍使用的润滑油和材质等兼容。在循环特性方面，R1270的饱和压力偏高，而R290的容积制冷量偏低，值得注意的是，碳氢工质自身的易燃性极易引发安全风险，这在一定程度上限制了其应用。在欧洲和亚洲一些国家，R290和R1270等碳氢工质已在热泵等中得到良好应用，其易燃性导致的安全风险得到了较好的控制，并且性能也令人满意。

R600a（异丁烷，i-C_4H_{10}）的沸点为-11.73℃，凝固点为-160℃，可用于蒸发温度为-25～-5℃的制冷系统，与R12的应用范围相同，常用在单级压缩制冷系统，如电冰箱等。由于其等熵指数较小，单级压比可较大。R600a为轻烃，有一定的毒性，毒性级别为A3，易燃易爆。且由于饱和蒸气压低，其蒸发压力常低于大气压力，既要防止空气进入系统，也要防止R600a泄漏出来。同时，其电绝缘强度要求较一般系统高，以免产生电火花引起爆

炸。如用于家用制冷器具，其充注量应不大于 120g。R600a 与矿物油能很好地互溶，不需要价格昂贵的合成润滑油。

2.7.4　常用混合制冷剂

由于单一制冷剂在品种和性质上的局限性，使得制冷剂可选择的范围较小，混合制冷剂则有较大的选择余地。按定压下聚集态改变时热力学特性的不同，混合制冷剂有共沸和非共沸两种。

1. 共沸混合制冷剂

共沸混合制冷剂是作为制冷剂使用的共沸溶液。共沸混合溶液的 t-x 图如图 2-5 所示，其等压饱和液线与等压饱和气线有一重合点 E，此重合点即共沸点。共沸点处溶液的浓度称为共沸浓度，温度称为共沸温度。当此溶液的浓度为共沸浓度时，在等压下聚集态改变过程中，温度不发生变化，且气相浓度与液相浓度相同。在共沸浓度下，溶液共沸温度仅与饱和压力有关，溶液的特性与单一物质相同。

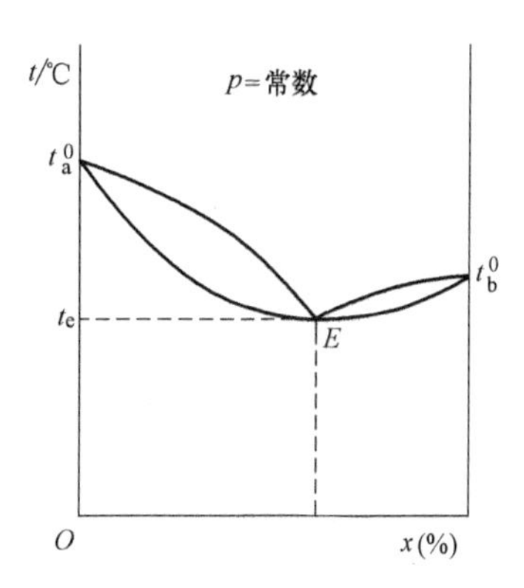

图 2-5　共沸混合溶液的 t-x 图

共沸混合制冷剂一般是具有最低沸点的共沸溶液，即其沸点低于任一组分，或者说在相同温度下，其饱和蒸气压高于任一组分。这意味着共沸混合制冷剂的单位容积制冷量大于其任一组分。

配制共沸混合制冷剂的主要目的是调配制冷剂性质。共沸混合制冷剂的性质取决于其组分的性质：不可燃组分对溶液性质的影响是抑制了可燃性；稳定性好的组分对溶液性质的影响是增强了稳定性；溶油性好的组分对溶液性质的影响是提高了溶液与润滑油的溶解度；相对分子质量大的组分对溶液性质的影响是降低了压缩终温。表 2-6 所列为部分共沸制冷剂的基本性质。

表 2-6　部分共沸制冷剂的基本性质

代号	组成	质量成分	相对分子质量	标准沸点 t_s/℃	凝固温度 t_b/℃	临界温度 t_{cr}/℃	临界压力 p_{cr}/MPa	临界比体积 v_{cr}/(m³/kg)	等熵指数 k (101.1kPa)
R500	R12/R152a	73.8/26.2	99.30	-33.3	-158.9	105.5	4.30	2.008	1.27
R501	R12/R22	25/75	93.10	-43.0	—	100.0	—	—	—
R502	R22/R115	48.8/51.2	111.64	-45.6	—	90.0	4.26	1.788	1.133
R503	R13/R23	59.9/40.1	-87.24	-88.7	—	19.49	4.168	—	1.21
R504	R32/R115	48.2/51.8	79.20	-57.2	—	66.1	4.844	—	1.16
R505	R12/R31	78/22	—	-32	—	—	—	—	—
R506	R31/R114	55.1/44.9	—	-12.5	—	—	—	—	—
R507	R125/R143a	50/50	98.90	-46.7	-118.5~-116.5	70.9	3.79	0.002	—
R508a	R-23/116	39.0/61.0	100.10	-87.6	—	—	—	—	—
R508b	—	—	95.36	-87.4	—	14.0	3.93	—	—

2. 非共沸混合制冷剂

非共沸混合制冷剂是作为制冷剂使用的非共沸溶液。非共沸溶液的 t-x 图如图 2-6 所示，其等压饱和液线与等压饱和气线构成典型的鱼形曲线。

在等压下聚集态改变过程中，温度将随着聚集态的改变而发生变化。等浓度线与等压饱和液线的交点所对应的温度为溶液的泡点，等浓度线与等压饱和气线的交点所对应的温度为溶液的露点，露点与泡点之差称为溶液的沸程。而且气相浓度与液相浓度不相同，气相中易挥发组分的浓度较高，液相中难挥发组分的浓度较高。

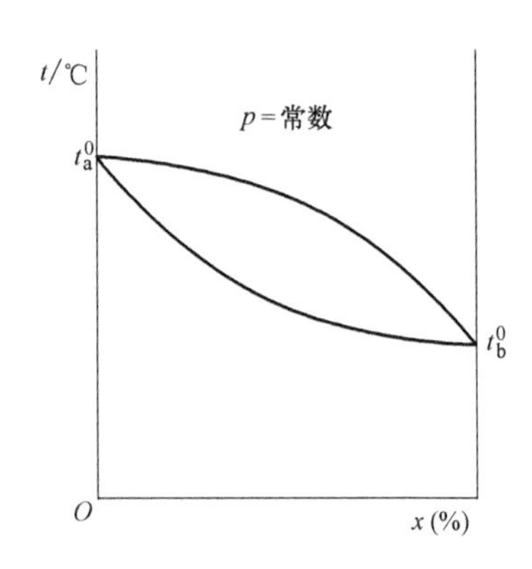

图 2-6　非共沸混合溶液的 t-x 图

在一高沸点组分中加入部分低沸点组分时，组成的非共沸混合制冷剂可获得比高沸点组分大的单位容积制冷量；在一低沸点组分中加入部分高沸点组分时，组成的非共沸混合制冷剂可获得比低沸点组分高的性能系数。

各组分的性质对非共沸混合制冷剂的影响与共沸混合制冷剂相同。

有一些非共沸混合制冷剂的露点与泡点非常接近，称为近共沸混合制冷剂。由于近共沸混合制冷剂与共沸混合制冷剂的特性接近，通常将近共沸混合制冷剂作为共沸混合制冷剂的替代物使用。表 2-7 所列为部分非共沸制冷剂的基本性质。

表 2-7　部分非共沸制冷剂基本性质

代号	组成	质量配比	相对分分子质量	标准沸点 t_s/℃	温度滑移/℃	临界温度 t_{cr}/℃	临界压力 p_{cr}/MPa	临界比体积 v_{cr}/(m^3/kg)	ODP	GWP (CO_2=1)
R401a	R22/R124/R152a	53/34/13	94.44	-33.1	5	108.0	4.6	—	0.03	1025
R401b	R22/R124/R152a	61/28/11	92.84	-34.7	4.8	106.1	4.68	—	0.04	1120
R401c	R22/R124/R152a	33/28/11	101.04	-28.4	—	112.7	4.37	—	—	—
R402a	R22/R290/R125	38/2/60	—	-49.2	1.6	—	—	—	0.02	2650
R404a	R125/R134a/R143a	44/4/52	97.6	-46.5	0.5	72.1	3.732	0.002064	0	3395
R407c	R32/R125/R134a	25/52/23	86.2	-43.4	—	86.2	4.62	0.001961	0	1800
R410a	R32/R125	45/55	72.58	-52.5	0.1	72.13	4.926	0.002045	0	2100
R410c	R32/R125	50/50	—	—	—	—	—	—	—	—

注：表中的标准沸点是指压力为标准大气压（101.325kPa）时的饱和温度。

3. 常用混合制冷剂简介

（1）R404a　R404a 是一种三元近共沸混合制冷剂，商品名为 HP62（美国）或 FX70（欧洲）。其组成成分为 R125/R143a/R134a，质量配比为 44/52/4。R404a 的相对分子质量为 97.6，临界温度为 72.1℃，临界压力为 3.73MPa，标准沸点为 -46.5℃，它的温度滑移小，约为 0.5℃故可用于满液式蒸发器。R404a 已被用于 -60～-25℃的制冷温度范围，如低温冷库、速冻机等装置的制冷系统。

R404a 的冷凝压力较 R22 要高，约为其 1.2 倍。但由于等熵指数较小，压缩终温较 R22 低。用 R404a 替代 R502 时，其 COP 约比 R502 低 8%。R404a 与酯类润滑油互溶，在 60℃

以下与矿物润滑油不互溶，在 60℃以上与矿物润滑油部分互溶。

（2）R407c　R407c 是三元非共沸混合制冷剂，其组分为 R32 /R125/ R134a，质量配比为 25/52/23。沸点温度为-43.4℃，露点温度为-36.1℃，蒸发过程温度滑移大约 7.3℃，可替代 R22 用在空调器中，它低毒，ODP 为 0，GWP 仅为 0.05，属于安全制冷剂。其单位容积制冷量位于 R22 和 R410a 之间，即 R22 <R407C < R410a，其 COP 值与 R22 非常接近，原来用 R22 的制冷设备改用 R407c 后，要更换润滑油，调整制冷剂充注量及节流元件，可以用在中东地区等干热环境。

（3）R410a　R410a 是近共沸混合制冷剂，由 R32 与 R125 组成，质量配比为 50/50。R410a 不燃烧、不爆炸，标准沸点为-51.6，温度滑移仅为 0.2℃左右，其 ODP=0，GWP=2340。R410a 可用于制冷温度为-55～10℃的家用制冷器具，如空调器、除湿机等。

R410a 的单位容积制冷量大约是 R22 的 1.4 倍，相同温度下的饱和蒸气压大约是 R22 的 1.6 倍。R410a 的 COP 计算值较低，但由于在相同制冷量下，其容积循环量约为 R22 的 70%，流动阻力较小，在相同的制冷系统中，应用 R410a 比用 R22 时 COP 反而有所提高。

（4）R507　共沸制冷剂 R507 由 R125/R143a 组成，商品名为 AZ-50，质量配比为 50/50，相对分子质量为 98.9，临界温度为 70.9℃，临界压力为 3.79MPa，标准沸点为-46.7℃。R507 可用于-60～-25℃的制冷温度范围，如低温冷库、速冻机等装置的制冷系统，与 R404a 基本相同。

用 R507 替代 R502 时，其 COP 约比 R502 低 10%，不足之处是其 GWP 值相当高。

2.8　载冷剂简介

在间接冷却的制冷装置中，被冷却物体或被冷却空间的热量是通过中间介质传递给制冷剂的，此中间介质被称为载冷剂。在制冷装置中，蒸发器向载冷剂输出冷量，载冷剂向末端设备输出冷量。

在制冷装置中使用载冷剂可以将制冷系统集中于一处，从而简化制冷系统，便于生产和安装；使制冷系统的密封和检修较易进行，便于运行管理；减少制冷剂充注量；减少制冷剂的泄漏；便于控制和分配制冷量。但是，在制冷装置中使用载冷剂增加了蒸发器与载冷剂、载冷剂与末端设备之间的两个传热温差；增加了载冷剂系统，使装置更复杂，造价提高。

2.8.1　载冷剂的种类与选用原则

载冷剂的种类很多，凡是凝固温度低于蒸发温度、沸腾温度高于常温的物质均可作为载冷剂，常用的载冷剂有以下几类。

1. 载冷剂的种类

（1）水和空气　水是最常用的载冷剂，其价格低廉、传热性能好、热容量大，常用于蒸发温度高于 0℃的场合，如集中空调、食品工业等。如制冷系统中有防冻结保护机构，也可用于蒸发温度高于 2℃的场合。用空气做载冷剂的优点是空气到处都有，容易取得，不需要复杂的设备；但空气的比热容小，只有利用空气直接冷却时才用它，在冷藏库中，就是利用库内空气做载冷剂来冷却食品的。

（2）盐水　各种盐类的水溶液。

（3）有机化合物　通常是有机化合物的水溶液。

2. 载冷剂的选用原则

1）不污染环境。应是环境可接受物质，最好是天然物质。

2）有合适的凝固温度和沸腾温度。凝固温度应低于蒸发温度，沸腾温度应高于可能达到的最高温度，即在使用温度范围内应保持液态。

3）比热容大。在传递一定冷量的条件下，比热容大的物质流量就小，从而可减小循环泵的功率以及管路材料消耗，提高系统的运行经济性。另一方面，当冷量和流量一定时，比热容大则温差小。

4）有较好的物理化学性质。密度小，密度小的流体可使循环泵的功率减小；黏度小，黏度小则流动阻力小；化学稳定性好，载冷剂应在使用温度范围内不分解、不发生物理和化学性质的改变，不与氧起化学反应，不腐蚀设备和管道，不燃烧、不爆炸，无毒、对人体无害。

5）价格低廉，易于获得。

2.8.2 盐水

常用盐水为氯化钠（NaCl）、氯化钙（$CaCl_2$）和氯化镁（$MgCl_2$）的水溶液，其共晶温度和最低使用温度见表 2-8。

表 2-8 常用盐水的共晶温度和最低使用温度

名　称	$NaCl\text{-}H_2O$	$CaCl_2\text{-}H_2O$	$MgCl_2\text{-}H_2O$
共晶温度/℃	-21.2	-55	-17
使用温度/℃	≥-18	≥-45	≥-10
共晶浓度（质量分数，%）	23	32	—

盐水的温度-浓度平衡图如图 2-7 所示，图中 E 为共晶点，它将曲线 BEG 分为两段，其中 BE 段为析冰线，EG 段为析盐线。从图中可以发现，当盐水中盐的浓度低于共晶浓度时，随着盐水浓度的增大，起始凝结温度不断下降；当浓度高于共晶浓度时，随着盐水浓度的增大，起始凝结温度反而不断上升。

盐水的比热容随浓度的增大而减小，密度随浓度的增大而增大，热导率随浓度的增大而减小，运动黏度随浓度的增大而增大。

由于以上原因，使用盐水作为载冷剂时，其浓度一定要小于共晶浓度。否则，盐水浓度高，会使耗盐量增大，溶液密度增大，流动阻力和泵功率也会增大，而载冷剂的凝固温度反而会升高。

$NaCl\text{-}H_2O$、$CaCl_2\text{-}H_2O$ 和 $MgCl_2\text{-}H_2O$ 对金属材料有腐蚀作用，使用时溶液的 pH 值应调节至 8.0~8.5。酸碱调节剂常用氢氧化钠（NaOH）、氢氧化钾（KOH）和氯化氢（HCl）。在 $NaCl\text{-}H_2O$、$CaCl_2\text{-}H_2O$ 中添加的缓蚀剂通常是（带有两个结晶水的）重铬酸钠（$Na_2Cr_2O_7 \cdot 2H_2O$），添加量为每 m^3 质量分数为 23%的 $NaCl\text{-}H_2O$ 中添加 3.2kg 的重铬酸钠，每 m^3 质量分数为 32%的 $CaCl_2\text{-}H_2O$ 中添加 2kg 的重铬酸钠。如添加前盐水为中性（pH =7），则应先调节 pH 值。添加缓蚀剂时，每加入 1kg 的重铬酸钠，应加入 0.27kg 的氢氧化钠。配制时须注意，重铬酸钠不得接触人体。

2.8.3 有机载冷剂

常用的有机载冷剂为醇类及其水溶液。

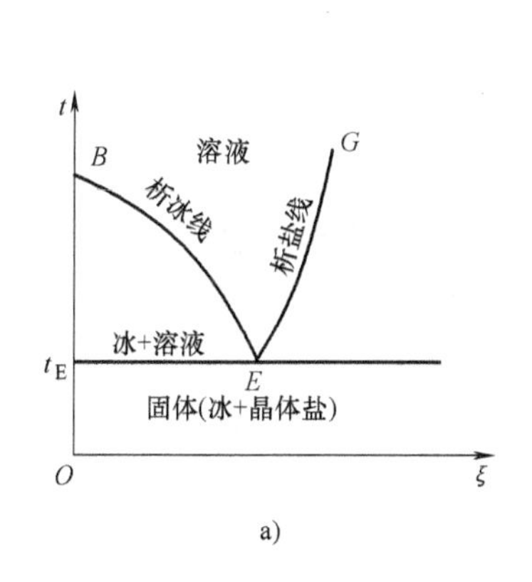

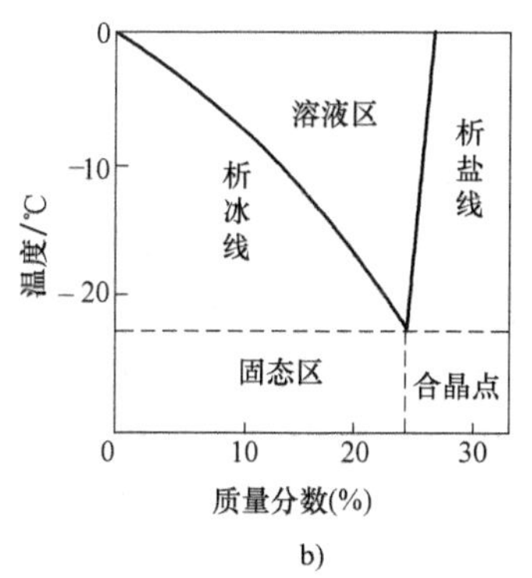

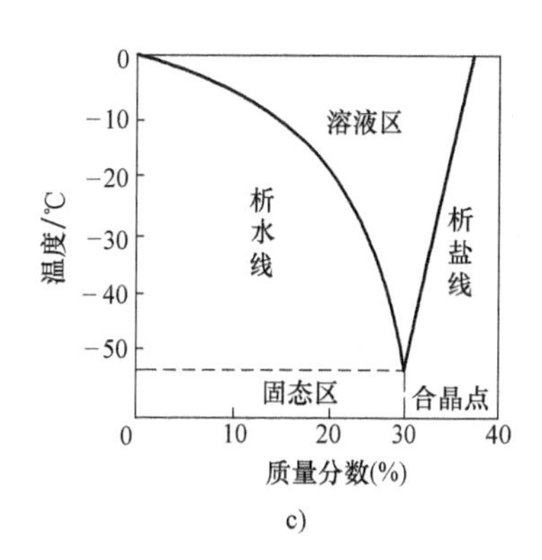

图 2-7　盐水的温度-质量分数平衡图

a）溶液的相平衡图　b）氯化钠水溶液　c）氯化钙水溶液

甲醇（CH_3OH）的相对分子质量为 32.042、凝固温度 t_b = −97.65℃，标准沸点 t_s = 64.65℃，临界温度 t_{cr} = 512.6℃。甲醇有很强的毒性，较高浓度的甲醇蒸气会使人失明。

乙醇（C_2H_5OH）的相对分子质量为 46.069、凝固温度 t_b = −114.05℃，标准沸点 t_s = 78.355℃，临界温度 t_{cr} = 516.2℃。乙醇无毒，可食用。

甲醇与乙醇均易燃爆，其比热容均较小，这两种醇可完全互溶，也均可与水完全互溶。甲醇用于−90℃以上的工业及试验等用途的制冷装置，乙醇用于食品、酿酒工业的制冷装置。

乙二醇（$OHCH_2CH_2OH$）的相对分子质量为 62.07，凝固温度 t_b = −13℃，标准沸点 t_s = 78.35℃。作为载冷剂使用时，乙二醇的纯度应高于 99.5%。当质量分数为 46.4%时，乙二醇水溶液的凝固温度最低，为−33℃，比热容 c_p = 3.203kJ/(kg·℃)。乙二醇水溶液不可以与食品直接接触，常用于低温空调、工艺冷却等场合。

丙三醇（$CH_2OHCHOHCH_2OH$）即甘油，其相对分子质量为 92.09，t_b = −18.2℃，标准沸点 t_s = 290℃。当质量分数为 70%时，丙三醇水溶液的凝固温度最低，为−37.8℃，比热容 c_p = 2.051kJ/(kg·℃)。丙三醇水溶液无毒，是制作化妆品及药品的原料，可以与食品直接接触，常用于食品工业等场合。

2.9　润滑油简介

制冷装置中使用的润滑油又叫冷冻机油。冷冻机油用于润滑制冷压缩机的各摩擦副，它是保证压缩机能够长期高速有效运行的关键。在工作时，有一部分冷冻机油通过制冷压缩机的气缸随制冷剂一起进入冷凝器、膨胀阀和蒸发器，这就要求冷冻机油不仅具备一般润滑剂的特性，还应适应制冷系统的特殊要求，对制冷系统不应产生不良影响。为了确保制冷系统的正常运行，冷冻机油必须具备优良的与制冷剂共存时的化学稳定性、极好的与制冷剂的互溶性、良好的润滑性、优良的低温流动性、无蜡状物和絮状分离、不含水、不含机械杂质和优良的绝缘性能。可见，制冷系统对冷冻机油的性能要求很严格。因此，冷冻机油是制冷系统专用的一种润滑油，绝不能用普通润滑油来替代。

制冷机用润滑油在制冷压缩机中的功能如下：

1）润滑相互摩擦的零件表面，使摩擦表面完全被油膜分隔开来，从而降低压缩机的摩擦功，减少摩擦热和零件的磨损。

2）带走摩擦热量，使摩擦零件的温度保持在允许范围内，起到冷却作用。冷冻机油冷却不足会引起压缩机温度过高，排气压力过高，制冷系数降低，甚至会烧坏压缩机。

3）使活塞环和气缸壁面间、轴封摩擦面等密封部分充满润滑油，起到密封作用。

4）润滑油不断冲洗摩擦表面，带走金属摩擦表面的磨屑，减少磨损。

5）对于带卸载-能量调节装置的压缩机，利用润滑油的油压作为控制卸载机构的液压动力。

选择润滑油时，应考虑润滑油的低温性能、在40℃时的黏度、与可互溶的制冷剂混合后黏度的降低程度、压缩机的形式、运行工况等因素。

2.9.1 润滑油的种类

制冷机润滑油主要分为天然矿物油和人工合成油两大类。

天然矿物油简称矿物油，它是从石油中提取的润滑油。它根据所含主要成分的不同，又分为石蜡基油和环烷基油。矿物油长期以来是制冷机应用的主要润滑油品种，它们只能溶解在极性较弱或无极性的制冷剂中，如R600a等。

人工合成油简称合成油或聚酯油（POE和PAG）。其中，POE油不仅能良好地用于HFC类制冷剂系统中，也能用于烃类制冷剂系统；PAG油则可用于HFC类、烃类及氨作为制冷剂的系统中。人工合成油是按照特定制冷剂的要求，用人工化学方法合成的润滑油，以弥补矿物油难以与极性制冷剂互溶的缺陷。因此，合成油有较强的极性，能溶解在极性较强的制冷剂中，如R134a、R407和R717等。近些年来开发出的合成油有多种，主要有能用于R22和R502的烷基苯；适用于R134a和以R32为基本组分的混合制冷剂的多元醇酯类油和聚乙二醇，前者又称聚酯油，用POE表示，后者称为聚醇类油，已经商品化的聚烷基乙二醇（PAG）不仅适用于R134a，也适用于R22的制冷系统。

2.9.2 冷冻机油的性质要求

在制冷系统中，润滑油与制冷剂直接接触，不可避免地会有一部分润滑油与制冷剂一起进入系统中流动，温度变化也比较大。对冷冻机油的性质要求如下。

（1）黏度　冷冻机油要有一定的黏度，它不仅决定油的润滑性能，还会影响压缩机的性能、摩擦零件的冷却、磨损以及压缩机的气密性。黏度太大，会增加摩擦功率和摩擦热；黏度太小，则难以建立油膜，将恶化软化性能。压缩机的转速越高，所使用冷冻机油的黏度应越大。实际使用中，一般低速立式双缸压缩机可使用L-DRA15号冷冻机油；中速和高速多缸压缩机应使用L-DRA22号和L-DRA32号冷冻机油；某些高速重载压缩机的发热量大，油温高，机体温度也高，最好使用L-DRA46号或L-DJRA68号冷冻机油。

（2）凝固点　冷冻机油在制冷系统循环流动过程中，应保持流体状态，若出现凝固，就失去了作用，因此，其凝固点应足够低。冷冻机油的凝固点一般应低于-50℃，至少应比制冷剂的使用蒸发温度低5~10℃。

（3）引火点　排气温度很高，引火点的高低决定着是否会引起着火，润滑油的引火点应比排气温度高15~30℃。

(4) 絮点　低温下将润滑油装入烧瓶中，放入制冷装置，温度降低，润滑油变稠；温度再下降，将出现针状（实际是针状石蜡析出）；温度继续下降，则出现针状连接，形同棉花，此时的温度就是絮点。压缩机的吸气温度要高于所有润滑油的絮点，否则冷冻机油将析出石蜡，从而造成堵塞。所选润滑油的絮点要低于蒸发温度。

(5) 化学稳定性好　冷冻机油与制冷剂相互溶解，循环于整个制冷系统，在温度较高的部件中，不能发生分解、氧化等化学反应。同时，冷冻机油与金属管道、密封材料接触，不能产生具有腐蚀作用的物质。另外，冷冻机油应不含水分以及不凝性气体。

(6) 总酸值　总酸值越小越好，因为酸值过大会腐蚀金属。以 0 为中性，润滑油的总酸值与添加剂有关。

(7) 电绝缘强度　电绝缘强度越大越好，最好不低于制冷剂的绝缘强度，通常要求击穿电压大于 2500V。

(8) 含水量　要求含水量小于 20×10^{-6}。

国内常用冷冻机油见表 2-9，国外性能较好的几种冷冻机油见表 2-10。

表 2-9　国内常用的冷冻机油

代号	40℃时的运动黏度 ν_{40}/($10^{-6}m^2/s$)	开口闪点/℃	凝点/℃
HD-N15	13.5~16.5	≥150	-40
HD-N22	19.8~24.2	≥160	-40
HD-N32	28.8~35.2	≥160	-40
HD-N46	41.4~50.6	≥170	-40
HD-N68	61.2~74.8	≥180	-35

表 2-10　国外性能较好的几种冷冻机油

牌号		SUNISO 1GS	SUNISO 2GS	SUNISO 3GS	SUNISO 4GS	SUNISO 5GS	DAPHNE CF-32
黏度/(mm^2/s)	40℃	12.3	18.9	29.5	54.9	94.6	—
	100℃	2.70	3.44	4.31	5.97	7.78	—
密度(15℃)/(g/cm^3)		0.894	0.902	0.909	0.915	0.921	0.8706
引火点/℃		160	168	178	188	208	—
发火点/℃		—	—	188	200	—	—
总酸值		0.01	0.01	0.01	0.01	0.01	—
苯胺点/℃		72.8	73.5	75.4	79.8	80.4	—
倾点/℃		-47.5	-45	-40	-35	-27.5	—
絮状凝结点/℃		-54	-54	-53	-46	-35	-70
含水量(10^{-6})		≤20	≤20	≤20	≤20	≤20	—
绝缘强度/kV		—	—	45	45	45	45

第3章　制冷设备

【学习目标】

掌握制冷系统的基本组成和结构及其在系统中的作用。

【教学内容】 3.1　制冷压缩机

3.2　冷凝器

3.3　蒸发器

3.4　节流机构

3.5　辅助设备

【重点与难点】 本章的学习目的是使学生了解制冷系统的基本组成，本章的重点、难点问题如下。

1）制冷压缩机是制冷系统中的核心部件，它的种类繁多，其性能好坏直接影响到制冷机组的运行，是本章学习的重点，也是难点问题。

2）冷凝器和蒸发器都属于热交换器，应用中应注意各种形式各自的特点，这部分内容也是本章学习的重点。

3）节流机构虽然结构相对简单，但也属于制冷四大部件之一，其中膨胀阀相关内容最为重要。

4）辅助设备的作用是使制冷机组稳定工作，不同的制冷设备，其需要的辅助设备也各不相同，辅助设备的选取是学习的重点。

【学时分配】 18学时。

3.1　制冷压缩机

制冷压缩机是制冷机（制冷装置）中最主要的设备，通常称为制冷机中的主机，其他设备称为辅机。压缩机的作用是：

1）从蒸发器中吸出蒸气，以保证蒸发器内有一定的蒸发压力。

2）提高蒸气压力，以创造在较高温度下冷凝的条件。

3）输送制冷剂，使其完成制冷循环。

压缩机的种类很多，按工作原理可分为两大类：容积型与速度型，如图3-1所示。容积型压缩机是靠工作腔容积的改变来实现吸气、压缩、排气的过程。往复式（活塞式）和回转式压缩机属于此类。速度型压缩机是靠高速旋转的工作叶轮对蒸气做功，使压力升高，并完成输送蒸气的任务。离心式和轴流式压缩机属于此类。

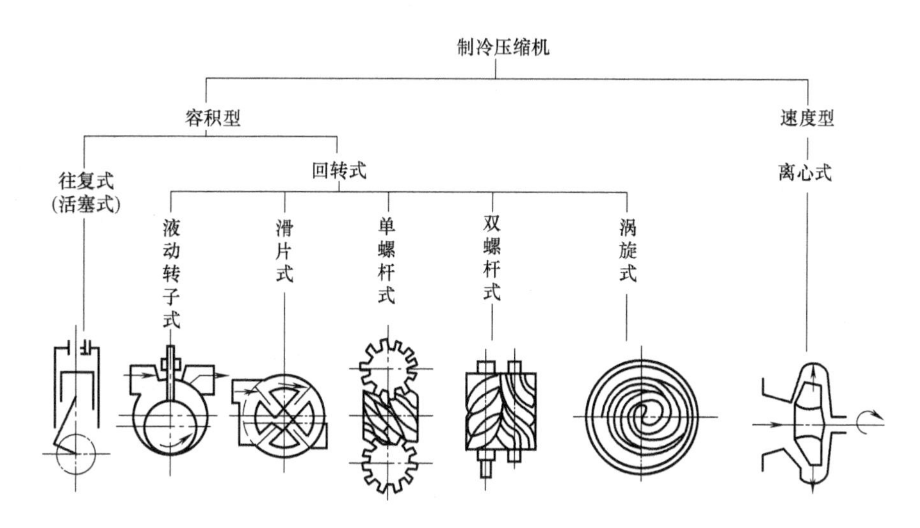

图 3-1 制冷压缩机的分类与结构示意图

3.1.1 往复式压缩机的种类及形式

1. 往复式压缩机分类

往复式压缩机又称活塞式压缩机，其种类和形式较多，而且有多种不同的分类方法，常见的有下列几种。

(1) 按制冷量的大小分类　按照我国国家标准 GB/T 10079—2001 的规定，配用电动机功率≥0.37kW，气缸直径<70mm 的为小型压缩机；气缸直径为 70～170 mm 的为中型压缩机。国产多缸新系列产品均属于中小型压缩机，大型的多为非系列产品。例如，8AS25 型制冷压缩机，其气缸直径为 250mm，当蒸发温度为-15℃、冷凝温度为 30℃时，制冷量约为 1160kW。

(2) 按压缩机的级数分类　压缩机按级数可分为单级和多级（一般为两级）压缩机。单级压缩机是指制冷剂蒸气由蒸发压力到冷凝压力只经过一次压缩，它适用于进、排气压力比不太大的场合；两级压缩机的制冷蒸汽需经过两次压缩。一般两级制冷压缩可由两台压缩机来实现，也可由一台压缩机来实现，后者称为单机双级制冷压缩机。

(3) 按电动机与压缩机的组合形式分类　按电动机与压缩机的组合形式不同，压缩机可分为开启式与封闭式两种。其中封闭式又可分为半封闭式和全封闭式两种形式。

开启式压缩机曲轴的输入端伸出机体，压缩机和电动机分为两体，之间用联轴器或传动带连接传动。这时需要在曲轴伸出端设置轴封，以防止制冷剂泄漏和外界空气的渗入。开启式压缩机多应用于制冷量较大的场合，NH_3、制冷量较大的氟利昂压缩机多为开启式。

半封闭式压缩机的机体和电动机外壳连成一体，构成密闭的机身，但为了便于检修活塞和气阀，把气缸盖制成可以拆卸的。这种形式不需要轴封装置，所以封闭性好。

全封闭式压缩机壳体的接缝在出厂时需焊牢，平时不能拆卸。这样减轻了压缩机的重量，而且不需要轴封装置。但由于不易拆卸，修理不便，因此对机器零部件的加工和装配质量要求较高。

全封闭式压缩机由于电动机在气态制冷剂中运行，所以要求电动机的绕组必须采用耐制冷剂侵蚀的漆包线制成。此外，不宜采用有爆炸危险的制冷剂，所以制冷剂均为氟利昂。

（4）按气缸的布置形式分类　对于开启式与封闭式压缩机，按气缸布置形式不同。可分为卧式、立式和角度式三种类型。

卧式压缩机的气缸轴线呈水平，这种形式在大型制冷机中较为多见，在全封闭式制冷机中也有采用的。其制冷量大，转速低（$n=200 \sim 300\mathrm{r/min}$），材料消耗大，占地面积大。

立式压缩机的气缸轴线垂直布置，考虑到压缩机结构的紧凑性、运转平稳性及振动的大小，以双缸直立式为常见形式。

角度式压缩机的气缸轴线呈一定的夹角布置，有V型、W型和S型（扇形）等类型。V型有2缸和4缸之分；W型有3缸和6缸之分；S型可以有4缸和8缸之分。角度式布置能够使压缩机结构紧凑、体积和占地面积小、转速高、噪声和振动小、运转平稳等，因此为现代中小型高速多缸压缩机所广泛采用。

全封闭压缩机的气缸水平布置，有1、2、3、4缸之分；气缸的布置有单列式（1缸）、并列式（B）（2缸）、V式（2缸）、Y式（3缸）和X式（4缸）。

（5）按蒸气在气缸内的流动情况分类　按蒸气在气缸内流动情况不同，压缩机可分为顺流式和逆流式。

顺流式压缩机的机体由曲轴箱、气缸体和气缸盖三部分组成。曲轴箱内装有曲轴，通过连杆机构带动活塞在气缸内往复运动。活塞为一空心的圆柱体，它的内腔与进气管相通，进气阀设置在活塞顶部。活塞向下移动时，低压气体从活塞顶部自下而上进入气缸；活塞向上运动时，缸内气体被压缩，并从上部排出气缸。可以看出，气缸内气体是由下向上顺着一个方向流动的，故称为顺流式。

逆流式压缩机的进、排气阀都设置在气缸的顶部。活塞下移时，制冷剂蒸气从顶部的一侧或四周进入气缸；活塞上移时，压缩蒸气从气缸顶部排出。制冷剂吸入和排出的路线相反，所以称为逆流式。

目前，我国中小型活塞式制冷压缩机的系列产品为高速多缸逆流式压缩机。根据气缸直径有5个系列，直径分别为50mm、70mm、100mm、125mm、170mm，再配有不同缸数，共组成22种规格，以满足不同制冷量的要求。

2. 往复式压缩机总体及主要零部件的结构

下面以8AS12.5型开启式中型制冷压缩机为例，介绍压缩机的结构。该压缩机属于10系列产品，共有8个气缸，分4列排成扇形，气缸直径为125mm，活塞行程为100mm，转速为960r/min，为R22和R717等工质通用，可以根据负荷大小进行能量调节。

该压缩机结构复杂，组合件较多，可概括为以下六部分：机体、气缸套及吸排气阀组合件、活塞及曲轴连杆机构、能量调节装置、轴封装置和润滑系统，如图3-2所示。

（1）机体　机体是活塞式制冷压缩机最大的部件，机体内有上、下两个隔板，气缸套嵌在隔板之间，这样机体内部被分为三个空间：下部为曲轴箱；中部为吸气腔，与吸气管相通；上部则与气缸盖共同构成排气腔，与排气管相通。在吸气腔的最低部位钻有回油孔，也是均压孔，它使吸气腔与曲轴箱相通，这样，不仅与吸气一起返回的润滑油可通过此孔流回曲轴箱，还可以使曲轴箱内的压力不致因活塞的往复运动而产生波动。

（2）气缸套及吸排气阀组合件　如图3-2所示，气缸套及吸排气阀组合件包括气缸套、吸气阀和排气阀等部件。吸、排气阀又分别由外阀座、内阀座、进排气阀片及阀盖、缓冲弹

簧组成。

吸、排气阀采用环形阀片。小型活塞式制冷压缩机进、排气阀多采用簧片式气阀（图 3-3），其阀片有舌形、半月形或条形簧片。

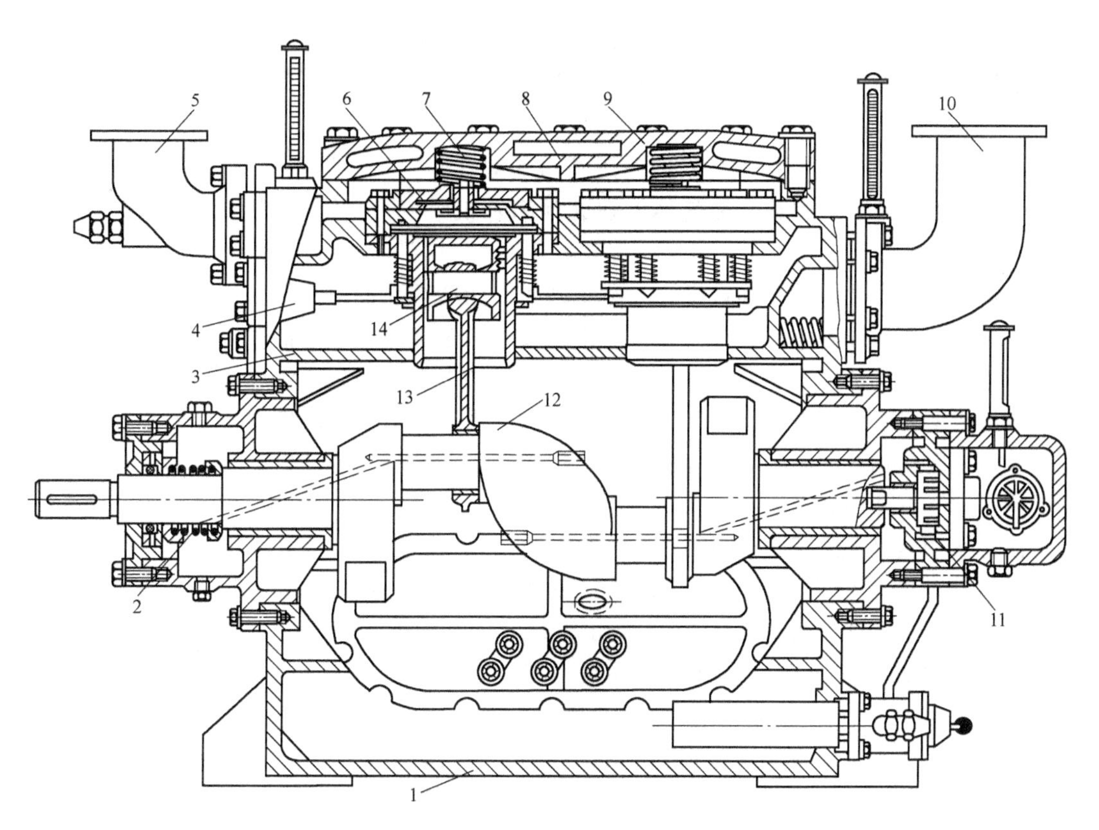

图 3-2 8AS12.5 型制冷压缩机剖视图

1—曲轴箱 2—轴封 3—吸气腔 4—油压推杆机构 5—排气管 6—气缸套及进排气阀组合件 7—缓冲弹簧 8—水套 9—气缸盖 10—进气管 11—油泵 12—曲轴 13—连杆 14—活塞

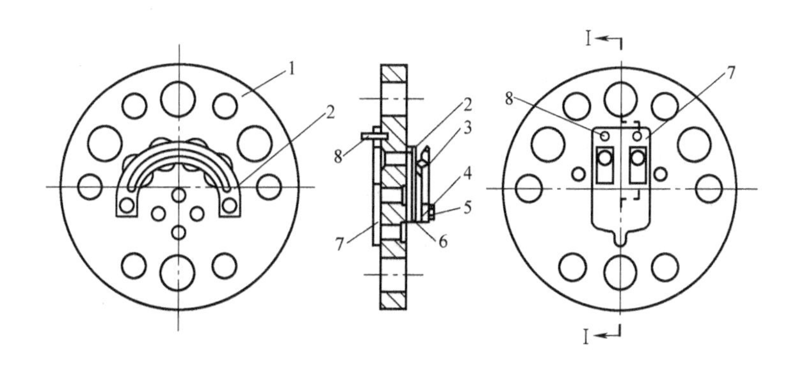

图 3-3 簧片式气阀

1—阀板 2—排气阀片 3—阀片升高限制器 4—弹簧垫圈 5—螺栓 6—弹簧片 7—进气阀片 8—销钉

簧片式气阀具有重量轻、惯性小、启闭迅速、运转噪声小、阀片与阀板间密封线寿命长等特点；但通道阻力较大，阀片挠角大，易折断，对材料和加工工艺要求较高。所以，空调用小型活塞式制冷压缩机一般不采用簧片式气阀，而采用蝶状环形阀片（图 3-4），以便增大进、排气阀的通道面积，减少进排气阻力损失，提高制冷压缩机的性能系数。

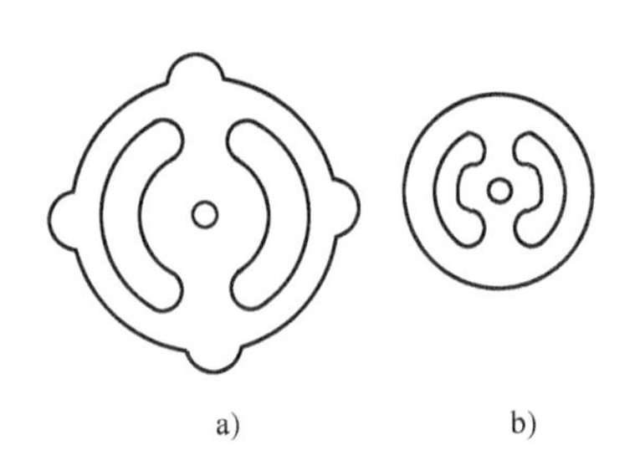

图 3-4　蝶状环形阀片

a）进气阀片　b）排气阀片

（3）活塞及曲轴连杆机构　活塞的作用是与气缸共同组成一个可变的封闭工作容积，使气体能在此封闭容积中受到压缩。

活塞多用铝镁合金铸成，其重量轻、组织细密。活塞的顶部呈凹形，要与顶部阀座形状相适应。活塞的上部开有环槽，称为环部。上部装有两道气环，以保证气缸壁与活塞之间的密封性。此外，在气环下面还装有一道刮油环，当活塞向上运动时，它起布油的作用，保证润滑充分；活塞向下运动时，刮油环将气缸壁上的润滑油刮下，其环槽中开有回油孔，被刮下的润滑油由回油孔流回曲轴箱，以减少润滑油被带走的数量。环部以下为裙部，裙部设有活塞销座，有时下部还装有活塞环。

曲轴的作用是传递能量，并通过连杆把电动机的旋转运动改变为活塞的往复直线运动，以达到压缩气体的目的。曲轴传递电动机的驱动力矩，并承受所有气缸的阻力负荷。曲轴又是润滑系统的动力源，轴身油道兼供输油用，如图 3-5 所示。多数曲轴做成曲拐式的。曲轴按曲拐的多少分为单曲拐、双曲拐，两缸以下的用单曲拐，两缸以上的用双曲拐。

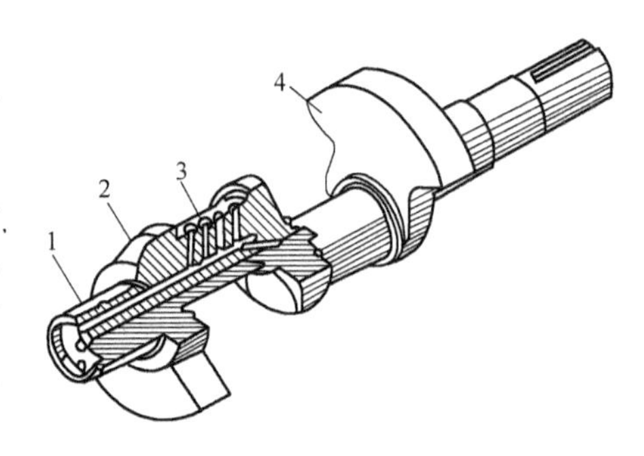

图 3-5　一种典型的曲轴

1—主轴颈　2—曲柄　3—曲柄销　4—平衡块

曲轴是压缩机中受力最严重的零件，所以必须保证强度、刚度的要求和具有耐磨损、抗疲劳的能力。曲轴一般采用球墨铸铁铸造，也可用 40 钢、45 钢或 50 钢等优质碳素钢锻造。

连杆的作用是将曲轴的旋转运动转换为活塞的往复运动，并将曲轴输出的能量传递给活塞。连杆有整体式和剖分式两种。连杆分三部分：连杆大头、连杆小头和连杆体，如图 3-6 所示。小头通过活塞销与活塞相连，一般做成整体式；大头通过曲柄销与曲轴相连，多做成剖分式；连杆的中间部分是连杆体，一般是工字形截面，也有椭圆形、长方形的。连杆体内钻孔，以输送润滑油；连杆的材料可以是球墨铸铁、可锻铸铁，也可以是 35 钢、40 钢等优质碳素钢或铝合金等。

图 3-6　连杆

（4）能量调节装置（卸载装置）　在压缩机的

使用过程中，负荷的大小是随外界条件与制冷量的需要而变化的。能量调节装置就是用来调节压缩机的制冷能力的。它可以实现在无负荷或小负荷状态下起动压缩机，以及调节压缩机的制冷量。

多缸活塞式制冷压缩机多采用卸载法调节压缩机的制冷能力，例如，8 缸制冷压缩机可以使 2 个、4 个或 6 个气缸停止工作，使压缩机的制冷能力分别为总制冷量的 75%、50%和 25%。此外，采用卸载法还可以降低起动负荷，减小起动转矩。

（5）轴封装置　开启式压缩机曲轴的一端装有油泵，另一端则通到曲轴箱外，与联轴器或带轮相连接。为了防止制冷剂蒸气由曲轴箱沿曲轴逸出，或者当曲轴箱内的压力低于大气压力时不致使空气漏入，必须装有轴封，我国开启式压缩机系列产品中广泛采用端面摩擦式轴封，这种轴封一般常用的有摩擦环式轴封和波纹管式两种类型。摩擦环式轴封的结构如图 3-7 所示。

摩擦环式轴封由固定环、活动环（摩擦环）、弹簧和密封圈等组成。弹簧和摩擦环随曲轴一起旋转，靠弹簧的作用力使摩擦环与固定环严密贴合，形成密封面，再配置两个密封圈，即可保证曲轴箱内的制冷剂不渗出。由于曲轴转速较高，摩擦环与固定环之间产生的摩擦热应及时排出，因此，轴封处需不断供入润滑油进行冷却，否则密封面会严重磨损甚至烧坏。

在小型氟利昂压缩机中，有的采用波纹管式轴封，其结构如图 3-8 所示。这种轴封的波纹管具有较大的轴向伸缩能力，由黄铜轧制而成。波纹管一端焊在压盖上，另一端焊在固定环上。波纹管式轴封的密封原理与摩擦环式轴封相同。

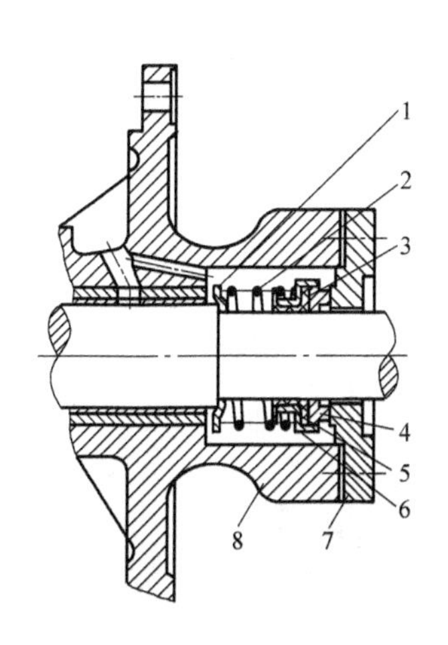

图 3-7　摩擦环式轴封的结构

1—托板　2—弹簧　3—固定环　4—摩擦环
5—橡胶密封圈　6—钢壳　7—压板　8—轴封

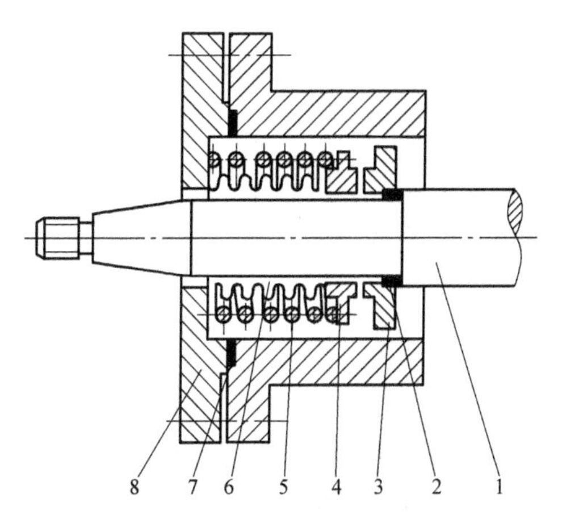

图 3-8　波纹管式轴封

1—曲轴　2—橡皮圈　3—活动环　4—固定环
5—弹簧　6—波纹管　7—垫片　8—压盖

（6）润滑系统　压缩机润滑的目的是使各摩擦面完全被油膜隔开，从而降低摩擦功的消耗，提高零部件的使用寿命；同时带走摩擦产生的热量，降低各运动部件的温度，提高压缩机的使用寿命；同时向能量调节装置提供液压油。

压缩机的曲轴箱下部存有一定数量的润滑油，通过过滤器被油泵吸入并压出，一路送到油泵端的曲轴进油孔，润滑后主轴承、连杆大小头轴承；另一路送到轴封处，润滑轴封、前主轴承和连杆大小头轴承。此外，从轴封处还引出一条油管至压缩机卸载装置，如图 3-9 所示。

活塞式制冷压缩机曲轴箱的油温应不超过 70℃。制冷能力较大的压缩机，其曲轴箱内设有油冷却器，内通冷却水，以降低润滑油的温度。此外，用于低温环境下的活塞式氟利昂制冷压缩机，曲轴箱中应设有电加热器，起动时加热箱中润滑油，以减少其中氟利昂的溶解量，防止压缩机起动润滑不良。

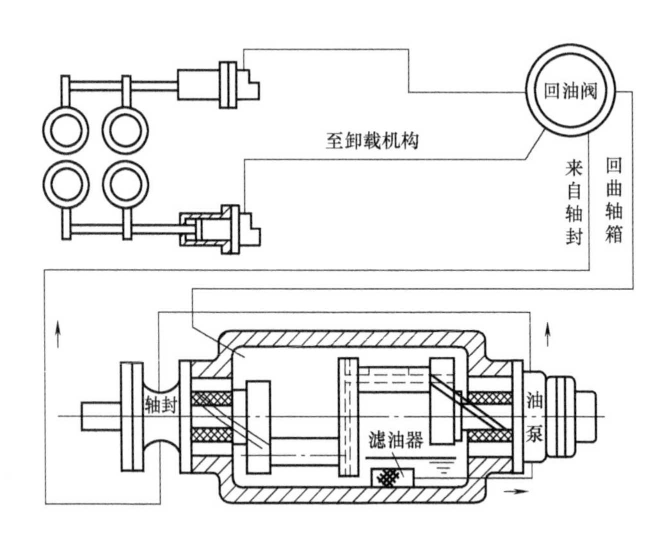

图 3-9 润滑系统示意图

活塞式制冷压缩机采用的油泵有外啮合齿轮油泵、月牙体内啮合齿轮油泵和转子式内啮合齿轮油泵。其中，转子式内啮合齿轮油泵由内转子、外转子、壳体等组成。

3. 全封闭活塞式压缩机

全封闭式压缩机组的结构相当紧凑，装配也很精细。压缩机与电动机经组合置于同一个机壳内，在机壳内充有一定量的润滑油，在机壳外装有 3 根引出连接管和 1 个电盒，从外形看呈圆形或椭圆形，如图 3-10 所示。图中工艺管为修理管，可用于打压和放制冷剂；电气配件盒内有继电器罩、连接板部件、PTC 合件、热保护器、连接导线、固定螺钉、接地螺钉；排气管连接冷凝器，输送高压制冷剂蒸气；吸气管连接蒸发器，将蒸发器送来的低压制冷剂蒸气压缩。

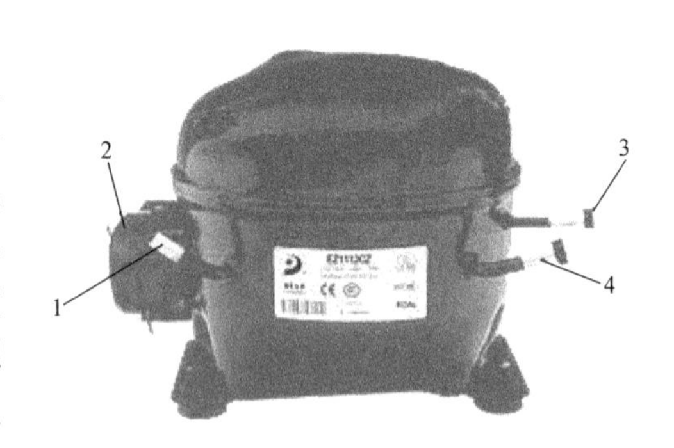

图 3-10 全封闭式压缩机外形

1—工艺管 2—电气配件盒 3—排气管 4—吸气管

全封闭式压缩机的内部结构如图 3-11 所示，活塞式制冷压缩机由曲轴、连杆、活塞、气缸以及安装在曲轴顶部的电动机等组成。

家用电冰箱中多采用此类压缩机，机体通常固定在箱体的下部，一般均采用单相 220V、50Hz 全封闭式制冷压缩机，它具有体积小、重量轻、振动小、噪声小等特点。目前多以

R134a 为制冷剂，多采用飞溅润滑，即依靠压缩机运行时飞溅起来的润滑油按设计选定的路线流过需要润滑的表面。

3.1.2　其他形式的制冷压缩机

1. 离心式制冷压缩机

离心式制冷压缩机的工作原理与容积式压缩机不同，它是依靠动能的变化来提高气体压力的。离心式压缩机由转子和定子组成，当带叶片的转子（即工作轮）转动时，叶片带动气体转动，使功传递给气体，使气体获得动能。定子部分包括扩压器、弯道、回流器、蜗壳等，它们是用来改变气流的运动方向以及把动能转变为压力能的部件。制冷剂蒸气由轴向吸入，沿半径方向甩出，故称为离心式压缩机。

在空气调节系统中，由于蒸发温度（压力）较高，压缩比较小，一般采用单级离心式压缩机，它的构造如图 3-12 所示。当蒸发温度较低，压缩比较大时，则采用多级离心式压缩机。多级离心式压缩机由多个工作轮组成，每一个工作轮与相配合的固定元件组成一级，级数越多，转速越高，所产生的能量也越大。多级离心式压缩机如图 3-13 所示。

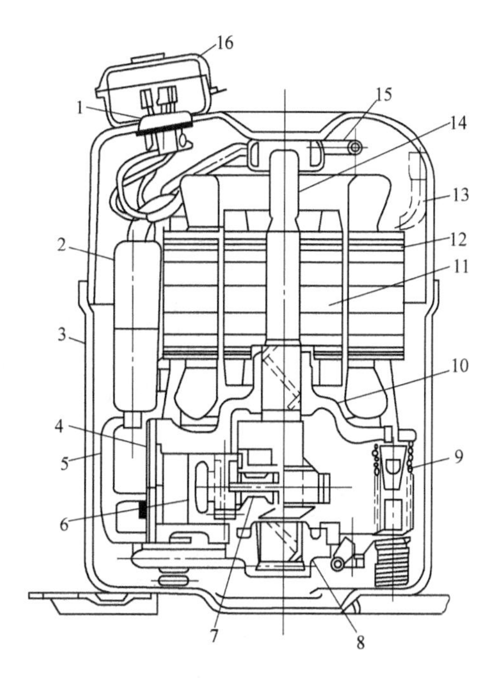

图 3-11　全封闭式压缩机结构示意图

1—密封接线柱　2—消声器油　3—壳体　4—阀板　5—阀盖　6—活塞　7—连杆　8—下轴承座　9—弹簧　10—机体　11—转子　12—定子　13—吸气管　14—曲轴　15—排气管　16—盖

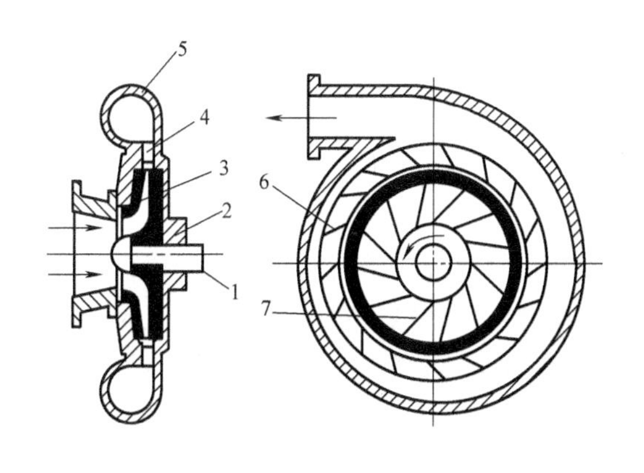

图 3-12　单级离心式压缩机

1—轴　2—轴封　3—工作轮　4—扩压器　5—蜗壳　6—扩压器叶片　7—工作轮叶片

离心式压缩机的优点：单机制冷量大，结构紧凑，外形尺寸小，重量轻；易损件少，工作可靠，维修周期长，维修费用低；运转平稳、振动小，对安装基础没有特殊要求；润滑油需求量小。缺点：气流速度高，流道中的能量损失也较大，所以效率低于活塞式制冷压缩机；对材料的强度、零部件的加工精度及制造质量要求较高，造价高；排气量较大，适用于制冷量较大的空调用制冷系统。

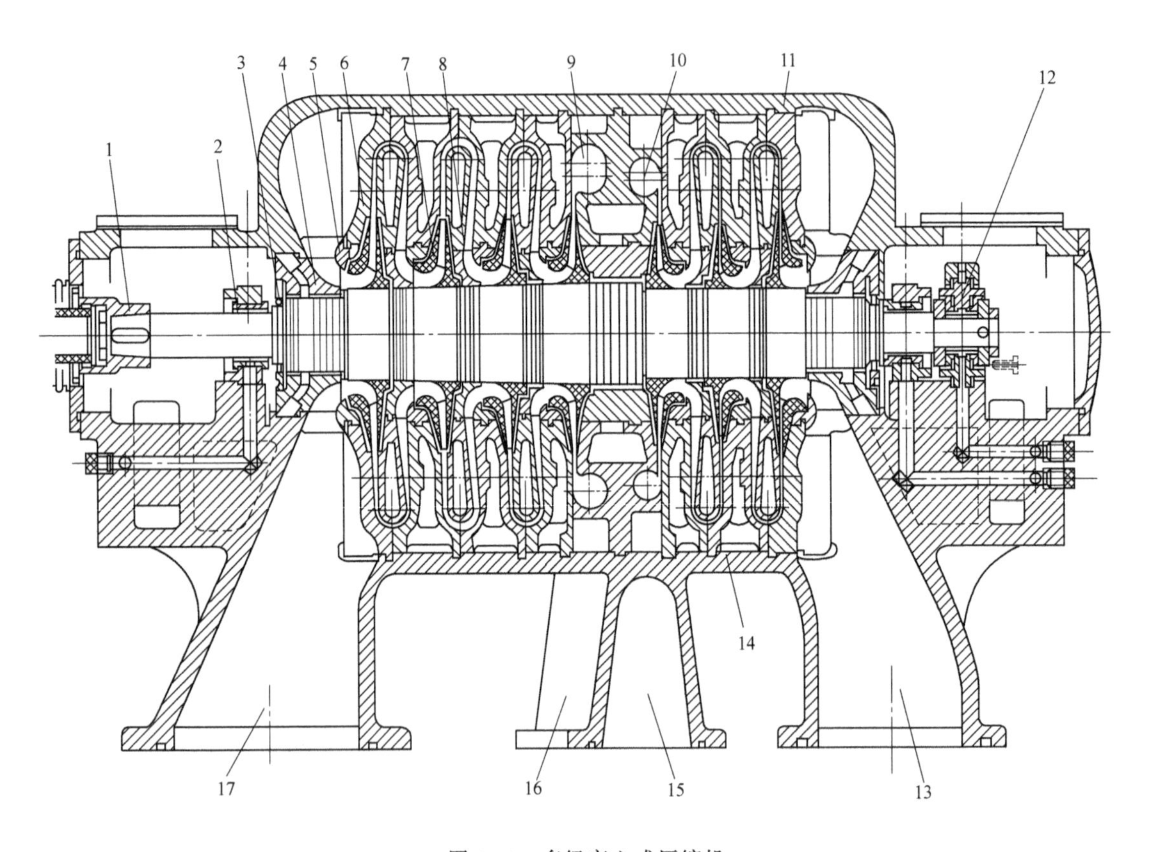

图 3-13　多级离心式压缩机

1—联轴器　2—主轴承　3—油封　4—轴封　5—轮盖密封　6—隔板　7—叶轮　8—级间轴封　9—一段排气蜗室　10—二段排气蜗室　11—上机壳　12—推力轴承　13—二段吸气管　14—下机壳　15—二段排气管　16—一段排气管　17—一段吸气管

2. 螺杆式制冷压缩机

螺杆式压缩机的应用越来越广泛，各种开启式和半封闭螺杆式压缩机已形成系列，近几年又出现了全封闭螺杆式压缩机。双螺杆压缩机简称螺杆式压缩机，它由两个转子组成，而单螺杆压缩机由一个转子和两个星轮组成，制冷和制热的输入功率范围已发展到 10~1000kW。

双螺杆式制冷压缩机的结构如图 3-14 所示，它主要由两个相啮合、旋向相反的阴、阳转子组成，阴转子为凹形，阳转子为凸形。随着转子按照一定的转速比旋转，转子基元容积由于阴、阳转子相继侵入而发生改变。侵入段（啮和线）向排气端推移，于是封闭在沟槽内的气体容积逐渐减小，压力逐渐上升，上升到一定值时，齿槽（密闭容积）与排气口相通，高压气体排出压缩机。

螺杆式压缩机具有以下优点：结构紧凑、重量轻，易损件少，运行安全可靠，检修周期

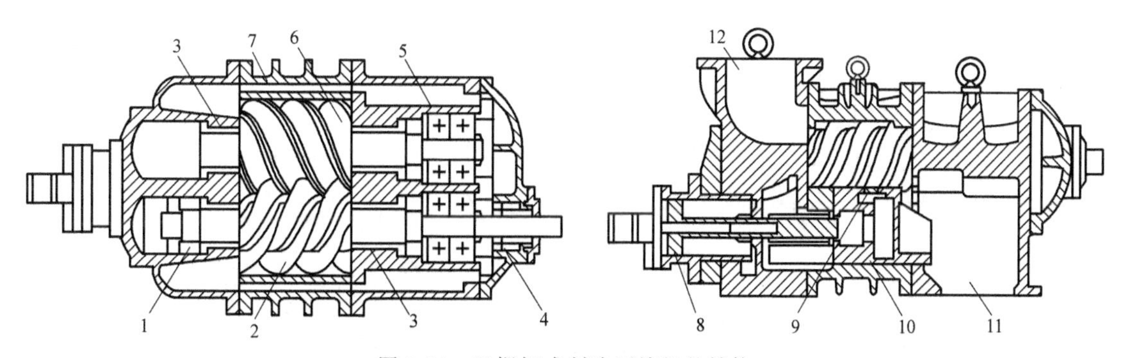

图 3-14 双螺杆式制冷压缩机的结构

1—平衡活塞 2—阳转子 3—滑动轴承 4—轴封 5—推力轴承 6—阴转子 7—机体
8—能量调节用卸载活塞 9—喷油孔 10—卸载滑块 11—排气口 12—吸气口

长，一般运行 3 万~5 万 h 才检修一次；气体没有脉动，运行平稳，对基础要求不高，不需要专门的基础；排气温度低，它几乎与吸气温度无关，而主要与喷入的油温有关，其排气温度可控制在 100℃以下；对湿行程不敏感，少量液体湿压缩没有液击的危险；容积效率较高，可在高压比下工作。缺点：单位功率制冷量比活塞式压缩机低；油处理设备复杂，要求分离效果很好的油分离器及油冷却器等设备；适用多种用途的性能比活塞式压缩机差，每台螺杆式压缩机都有固定的容积比，当实际工作条件不符合给定容积比时，将导致效率降低；噪声比较大，常需采取专门的隔声措施。

3. 滚动转子式制冷压缩机

滚动转子式压缩机是一种容积型回转式压缩机，其气缸工作容积的变化是依靠一个偏心装置的圆筒形转子在气缸内的滚动来实现的。

转子的主轴在原动机拖动下旋转时，偏心转子紧贴着气缸内壁面回转，使月牙状空间容积发生周期性变化，完成吸排气和压缩过程。转子回转一周，将完成上一工作循环的压缩和排气过程及下一工作循环的吸气过程。由于不设进气阀，吸气开始的时机和气缸上吸气孔口位置有严格的对应关系，不随工况的变化而变动。由于设置了排气阀，压缩终了的时机将随排气管中压力的变化而变动。图 3-15 所示为立式滚动转子压缩机的结构。

为了平衡压缩机转子的不平衡惯性力，目前已研制出双转子滚动转子式压缩机，该压缩机的两个气缸相差 180°对称布置，可以使负荷转矩的变化趋于平稳，图 3-16 所示为双缸全封闭滚动转子式压缩机结构示意图。

变频压缩机采用变频调速技术进行能量调节，使其制冷量与系统负荷协调变化，并使机组在各种负荷条件下都具有较高的能效比，这是 20 世纪 80 年代出现的新技术。这种调节方式具有节能、舒适、起动迅速、温控精度高以及易于实现自动控制等优点，受到世人瞩目。图 3-17 所示为交流变频全封闭滚动转子式压缩机结构图。

4. 涡旋式制冷压缩机

涡旋式制冷压缩机是 20 世纪 80 年代发展起来的一种新型容积式压缩机，它因效率高、体积小、重量轻、噪声低、结构简单且运行平稳等特点，被广泛用于空调和制冷机组中。

图 3-18 所示为涡旋式制冷压缩机的基本结构。它主要有由动涡旋体 4、静涡旋体 3、曲轴 8、机座 5 及十字连接环 7 等组成。动、静涡旋体的型线均是涡旋形，涡旋体型线的端部

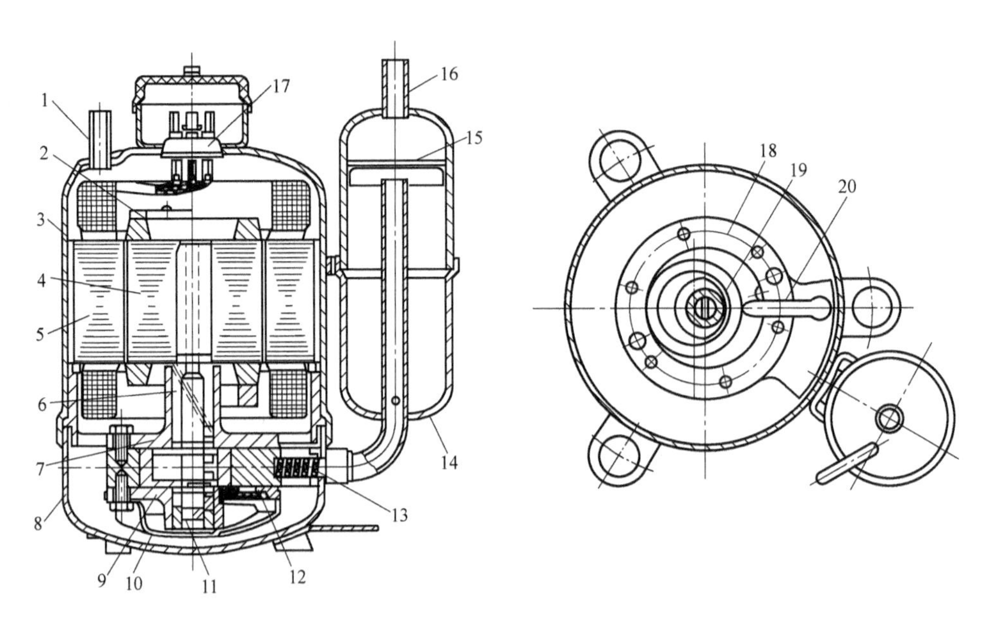

图 3-15　立式滚动转子压缩机的结构

1—排气管　2—平衡块　3—上机壳　4—电动机转子　5—电动机定子　6—曲轴　7—主轴承　8—下机壳　9—副轴承　10—壳罩　11—上油片　12—排气阀片　13—弹簧　14—气液分离器　15—隔板　16—吸气管　17—接线柱　18—气缸　19—转子　20—滑片

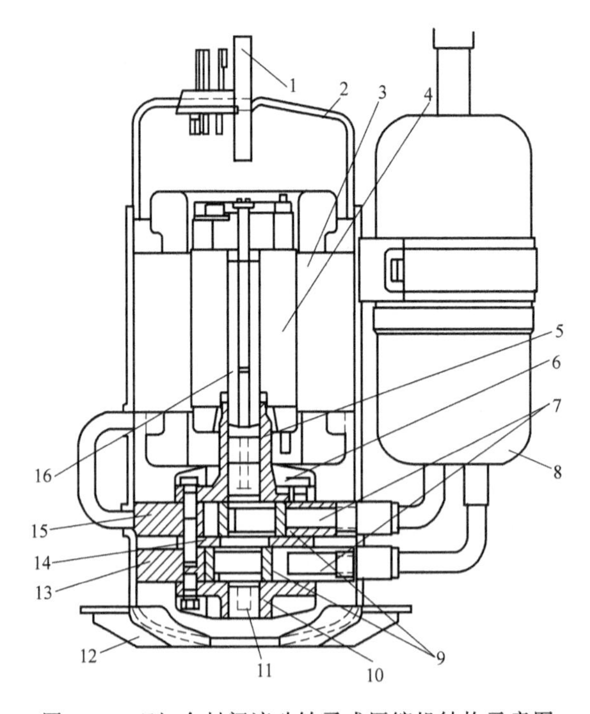

图 3-16　双缸全封闭滚动转子式压缩机结构示意图

1—排气管　2—机壳　3—定子　4—转子　5—上轴承座　6—排气消声器　7—吸气管　8—储液缓冲器　9—滚动转子　10—下轴承座　11—吸油管　12—支持架　13、15—气缸　14—中间隔板　16—曲轴

与相对的涡旋体底部相接触，于是在动、静涡旋体间形成了一系列月牙形空间，即基元容积。在动涡旋体以静涡旋体的中心为涡旋中心并以一定的旋转半径做无自转的回转平动时，外圈月牙空间便会不断向中心移动，使基元容积不断减小。静涡旋体的最外侧开有吸气孔 1，并在顶部端面中心部位开有排气孔 2，压缩机工作时，气体制冷剂从吸气孔进入动、静涡旋体间最外圈的月牙形空间中，随着动涡旋体的运动，气体被逐渐推向中心空间，其容积不断缩小而压力不断升高，直至与中心排气孔相通，高压气体被排出压缩机。

变频技术主要通过改变输入压缩机的电频率来改变压缩机转速，从而进行容量调节。当今，全封闭变频式压缩机的变频调节有交流变频和直流变频两种方式。交流变频式压缩机一般指压缩机动力采用交流异步电动机，由变频器向电动机定子侧线圈提供三相交流电流，产生回转磁场，从而在转子侧产生了二次电流，因回转磁场和二次电流产生的电磁作用而产生回转。直流变频式压缩机一般指压缩机动力采用直流无刷电动机，工作时，定子通入脉冲直流电，产生旋转磁场，与转子永久磁铁的磁场

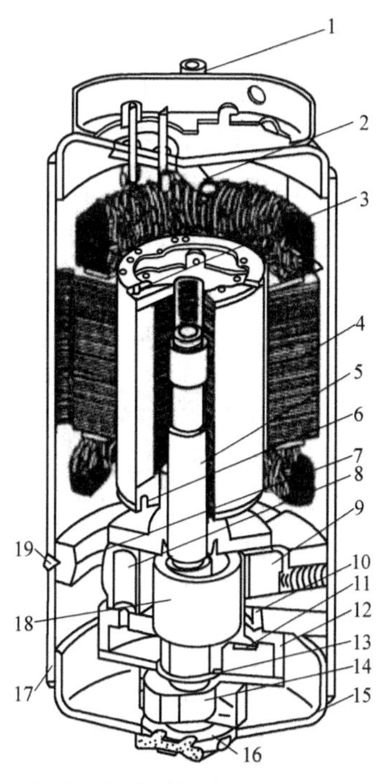

图 3-17　交流变频全封闭滚动转子式压缩机结构图

1—排气管　2—回油管　3、6—平衡孔
4—变频电动机　5—曲轴　7—气缸
8、10—消声孔　9—滑片　11—排气阀
12—消声器　13—底座　14—平衡块　15—下盖
16—磁铁　17—机壳　18—滚动转子　19—焊接点

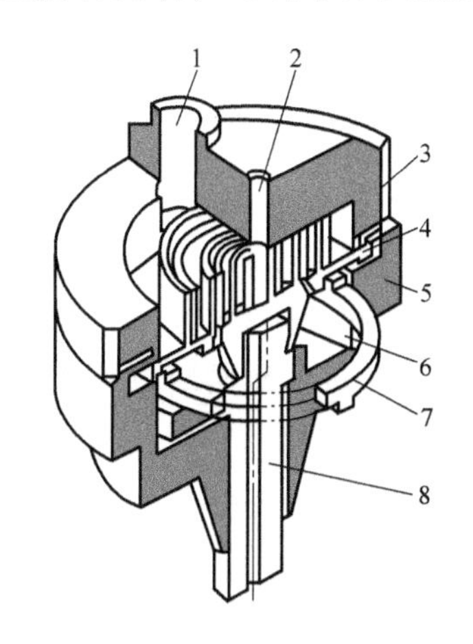

图 3-18　涡旋式制冷压缩机

1—吸气孔　2—排气孔　3—静涡旋体　4—动涡旋体　5—机座　6—背压腔　7—十字连接环　8—曲轴

相互作用，产生所需的转矩，达到一定转速。变频式压缩机调控过程平稳，软起动、软停止，对电网的冲击力小；但变频技术调控装置复杂，生产制造成本较高。

数码涡旋式压缩机的容量是通过涡旋盘的周期性啮合与脱开来改变的。当外部电磁阀关

闭时，数码涡旋式压缩机像标准型压缩机一样工作，容量达到100%；当外部电磁阀打开时，两个涡旋稍微脱离，此时压缩机无制冷剂被压缩，从而也无容量输出。以一个20s的循环周期为例，如果PWM阀（数码涡旋无级能量调节阀）关闭（涡旋盘加载）2s，打开（卸载）18s，其容量输出就是10%；如果PWM阀关闭10s，打开10s，其容量输出就是50%；如果PWM阀关闭20s，其容量输出就是100%。加载时间占循环周期的比例可以在10%~100%范围内任意改变，从而引起输出容量的改变。图3-19所示为数码涡旋式压缩机。

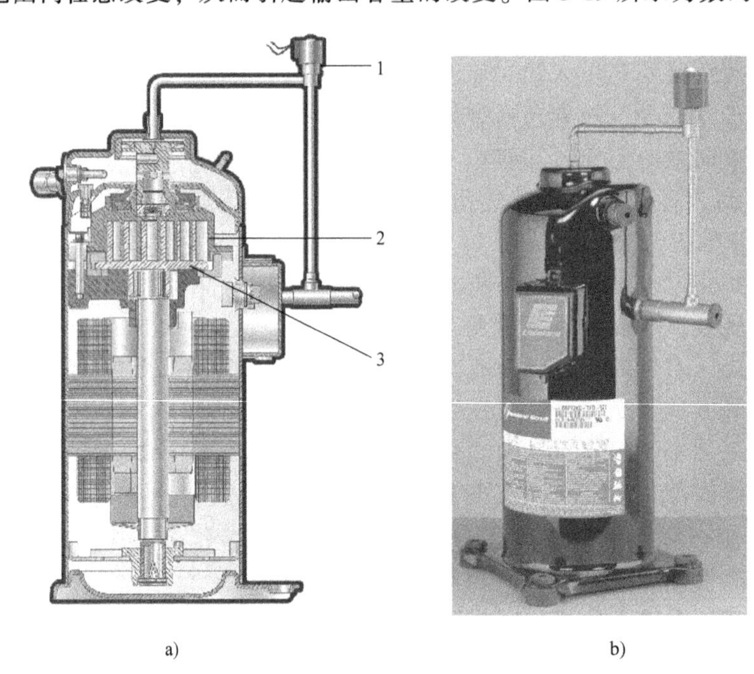

a)　　b)

图3-19　数码涡旋式压缩机

a）结构图　b）外形图

1—PWM阀　2—定涡旋盘　3—动涡旋盘

一活塞安装于顶部固定涡旋盘处，确保活塞上移时顶部涡旋盘也上移。在活塞的顶部有一调节室，通过排气孔和排气压力连通。一外接电磁阀连接调节室和吸气压力。电磁阀处于常闭位置时，活塞上下侧的压力为排气压力，一弹簧力确保两个涡旋盘共同加载。电磁阀通电时，调节室内的排气被释放至低压吸气管。这导致活塞上移，顶部涡旋盘也随之上移。该动作分隔开两涡旋盘，导致无制冷剂质流量通过涡旋盘。外接电磁阀断电再次使压缩机满载，恢复压缩操作。

3.2　冷凝器

3.2.1　概述

冷凝器的作用是将压缩机排出的过热制冷剂蒸气冷却后，再进一步冷凝成制冷剂液体，冷凝器是放出热量的设备。在冷凝器中，制冷剂放出的热量经传热壁面传递给冷却介质。

冷凝器根据其结构形式，可分为壳管式、蛇形管式、翅片管式、板带式、板翅式、板（片）式、螺旋板式等多种，目前常用的是壳管式、翅片管式和板（片）式。根据冷却介质和冷却方式的不同，冷凝器分为水冷式、风冷式、蒸发式和淋激式。

水冷式冷凝器的特点是传热效率较高、结构较紧凑，适用于大、中、小型各类制冷装置。采用水冷式冷凝器时，需要设置冷却水系统，水侧会结垢，需定期清洗。水冷式冷凝器的结构形式最多，可分为壳管式、板翅式、板（片）式、螺旋板式、套管式、壳盘管式、淋激式等。其中壳管式体积较大、重量也较重，但其耐压较高、设计较容易、制造技术成熟，故目前应用最广泛。板翅式通常为铝全钎焊结构，其传热系数较高、体积最小、重量最轻，作为冷凝器时耐压为 1.6~1.8MPa；但设计较复杂、制造成本较高、不易清除水垢。板（片）式通常为不锈钢全钎焊结构，其传热系数最高、体积较小、重量较轻，耐压为 2.8~3.2MPa；但设计复杂、制造成本最高、水垢可以化学清洗，由于其可以大幅度减小制冷机的体积和重量，目前已得到大规模应用。螺旋板式耐压较低，应用较少。套管式与壳盘管式体积大、重量重，仅适合用于小型制冷系统，正逐步被风冷式冷凝器取代。淋激式体积大、重量大、传热系数低、水垢结在管外难以清洗，目前已被淘汰。

风冷式冷凝器的特点是以空气为冷却介质，其传热系数较小，因无需接水管，无需冷却水系统，且本身造价较低，故安装使用方便灵活、制冷机成本较低，适用于中、小型和微型制冷装置和移动式制冷装置。采用风冷式冷凝器时，空气侧会积累灰尘污垢，需定期吹除。风冷式冷凝器有空气强制对流型和空气自然对流型两种类型。空气强制对流型冷凝器的结构形式有翅片管式、板带式、板翅式、板（片）式等，其中应用较多的为翅片管式和板带式。空气自由对流型冷凝器的结构形式有板管式、百叶窗式、丝管式等。

蒸发式冷凝器是利用水在管壁外蒸发吸收热量的一种冷凝器，相当于冷凝器与水冷却塔的组合。采用这种冷凝器可省去水冷却塔，但其体积大、传热系数小，且管壁外结水垢难以清除。

3.2.2　水冷式冷凝器

水冷式冷凝器已经较成熟，目前，立式壳管式冷凝器和卧式壳管式冷凝器均为定型产品。

1. 立式壳管式冷凝器

立式壳管式冷凝器常用于大、中型氨制冷系统，通常多台并联使用。立式壳管式冷凝器结构图和接管布置如图 3-20 所示。

由压缩机来的制冷剂过热蒸气由壳体上部进入立式壳管式冷凝器，在垂直管外冷却进而凝结成液体。冷凝器壳体上部设有配水箱，来自冷却水系统的冷却水先进入配水箱，经螺旋布水器流入管内，依靠重力作用沿管内壁流下，与制冷剂换热升温，最后落入冷凝器下面的落水池中。

螺旋布水器芯上有三条螺旋槽，插在冷凝管的上端，其作用是使水在冷凝管内流动时产生离心力。当水在冷凝管上半段时既向下流动，也沿管内壁做螺旋运动，使水沿管内壁分布均匀。当水流到管中部以下时，就基本只向下流动。这样的流动方式为立式降膜流动。在水向下流动的同时，空气沿管中心线向上流动，使传热稍有增强。由于空气与水的换热作用微弱，可以忽略不计。当螺旋布水器上的螺旋槽被堵塞时，管内冷却水不能维持膜状流动，一部分换热面未被浸润，传热系数大为下降。

立式壳管式冷凝器可以露天安装，节约了机房内的面积；冷却水依靠重力下流，所需压头小、耗功少；传热管为直管、冷却水开放在大气环境中，清洗水垢较方便，可以在运行中清洗水垢，还可以使用水质较差的冷却水。但是，由于立式壳管式冷凝器的冷却水温升小，因而冷却水循环量较大；水在管内分布不均匀，管内面积不能全部浸润，因此传热系数较小。所以，立式壳管式冷凝器的体积与重量均较大。

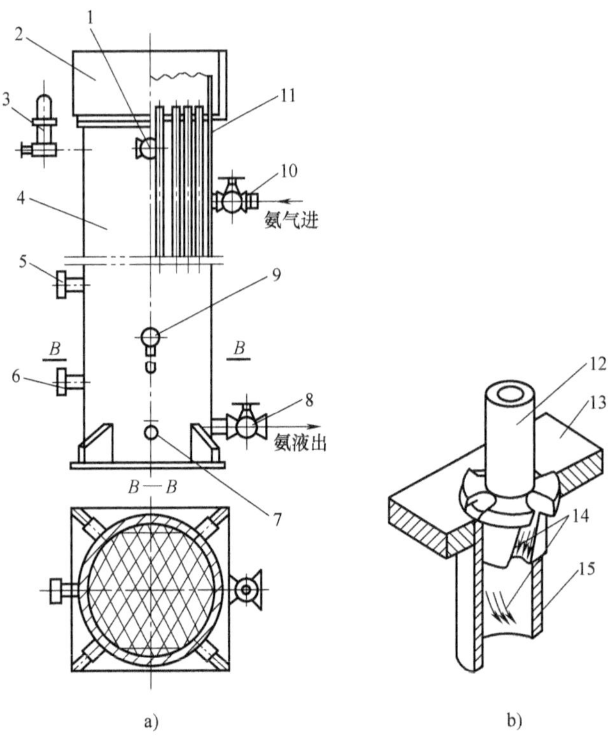

图 3-20　立式壳管式冷凝器

a）结构图　b）接管布置

1—放空气管　2—水槽　3—安全阀　4—壳体　5—平衡管　6—混合管　7—放油阀　8—出液阀　9—压力表　10—进气阀　11—传热管　12—导流管头　13—管板　14—水流方向　15—换热管

2. 卧式壳管式冷凝器

卧式壳管式冷凝器常用于大、中型氨制冷系统以及冷水机组。卧式壳管式冷凝器的外形如图 3-21 所示。冷却水在水平冷凝管内受迫对流，制冷剂的壳体内水平管簇外凝结。

图 3-21　卧式壳管式冷凝器外形

氨用卧式壳管式冷凝器管采用 $\phi25 \sim \phi32$mm 的无缝光滑钢管制成，其结构如图 3-22 所示。壳体下部设有集油包，集油包上设有放油管旋塞，壳体上部有压力表、安全阀、均压表、放空气旋塞等。一般氨用卧式冷凝器在水流速为 0.8～1.8m/s 时，传热系数 K 为 930～1160W/(m^2·K)，面积热流密度 q_F=4071～5234W/m^2，氟利昂卧式壳管冷凝结构与氨用的比较相似，传热管管束多采用轧有低肋的铜管，肋高约 1.4mm，肋节距为 1～2mm，肋化系数（外表面总面积与

管壁内表面面积之比）大于或等于 3.5。这样，可以强化氟利昂侧的冷凝传热系数。冷却介质可为海水、井水、湖水等，水可在管簇内多次往返流动，每向一端流动一次为一个“流程”，一般有 4~10 个流程。

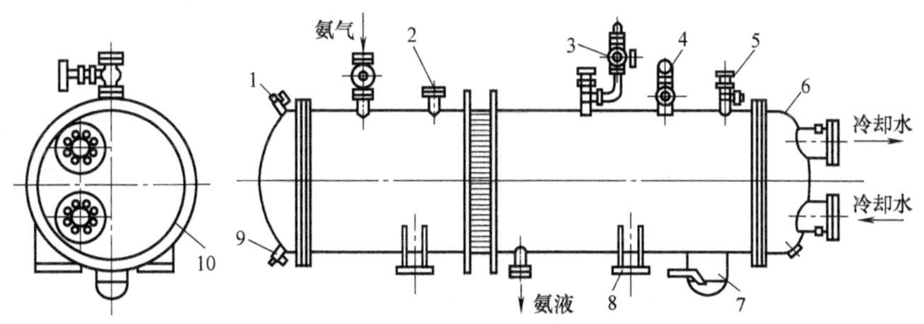

图 3-22　氨用卧式壳管式冷凝器的结构

1—放空气旋塞　2—平衡管接头　3—安全阀　4—压力表　5—放空气阀　6—端盖　7—集油包　8—支座　9—放水旋塞　10—筒体

卧式壳管式冷凝器的优点是可以安装在压缩机下面，安装较紧凑；其冷却水受迫对流，管内面积全部浸润，因此传热系数较高；冷却水温升可以较大，因而冷却水循环量较小。它的缺点是由于冷却水系统为闭式系统，不可以在运行中清洗水垢，应使用水质较好的冷却水，需要较大的维修空间来清洗水垢；水泵耗功较大。

3. 套管式冷凝器

套管式冷凝器一般应用于小型卤代烃制冷机，其结构为一根较大直径的无缝钢管内套一根或数根直径较小的铜管（光管或肋管），用弯管机弯成圆形或椭圆形的螺旋结构，如图 3-23 所示。制冷剂在套管间冷凝，冷却水在直径较小的管道内自下而上流动，呈逆流形式，传热效果较好，当水流速度为 1~2m/s 时，传热系数为 930W/($m^2 \cdot K$) 左右。另有一种结构简单，制造方便的套管式冷凝器由两种直径大小不同的直管装成同心套管，每一段套管称为一程，每程的内管与下一程的内管用 U 形肋管顺序连接，而外管则与外管互连。套管式热交换器一般适用于传热面积较小的场合，它比同样传热面积的管壳式热交换器外廓尺寸大，其结构如图 3-24 所示。

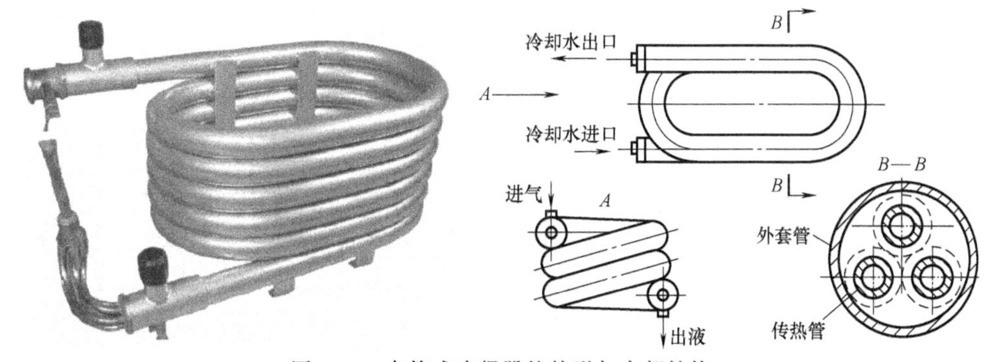

图 3-23　套管式冷凝器的外形与内部结构

3.2.3　空气强制对流风冷式冷凝器

空气强制对流风冷式冷凝器是目前应用最多、规格最多的冷凝器，其造价低、组合方便，适用于各中、小型和微型制冷系统。其中，翅片管式风冷式冷凝器主要应用于 0.3~

260kW 的制冷机组，有套片管式、穿片管式和绕片管式等结构形式，最常用的为套片管式。

1. 套片管式强制对流风冷式冷凝器的基本结构

套片管式强制对流风冷式冷凝器由翅片管簇、壳体和风机等组成，其外形图 3-25 所示。

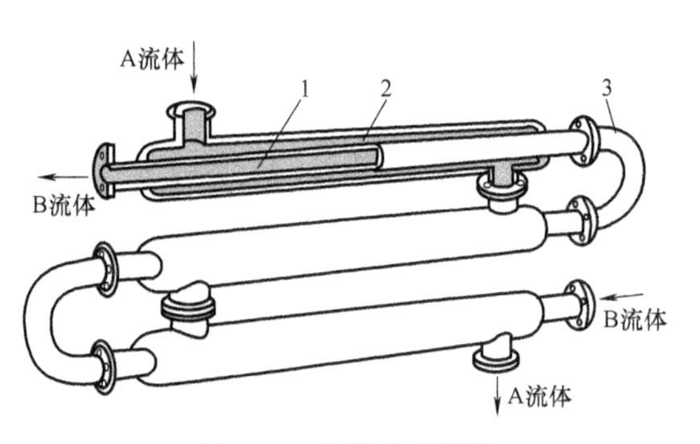

图 3-24 套管式冷凝器

1—内管 2—外管 3—U 形衬管

2. 套片管式强制对流风冷式冷凝器的基本参数

翅片管几何参数推荐值见表 3-1。当管排数为 1~2 排时，顺排与错排效果一样。当管排数较多时，等边三角形错排的传热效果较好。

对于给定的传热量和传热温差，迎面风速 w_f 越高，传热系数越高，冷凝器的换热面积、体积越小，节约了原材料，降低了造价。但迎面风速越高，空气流动阻力也越大，风机功率大，流动噪声也大。因此，应由其用途根据技术水平和经济性来确定迎面风速。对于空调器，取 $w_f=0.7\sim1.2\text{m/s}$ ；对于其他制冷装置，取 $w_f=1.5\sim3\text{m/s}$ 。

图 3-25 小型套片管式强制对流风冷式冷凝器

进风温度 t_{a1} 由环境空气参数或标准规定的名义工况决定，为已知参数。出风温度 t_{a2} 与进风温度 t_{a1} 之差称为空气温升 Δt_a，Δt_a 的取值与迎面风速、传热温差及管排数有关。对于给定的传热量和冷凝温度，所取空气温升较小时，所需风量就较小，传热温差也较大；反之，所需风量就较大，传热温差也较小。同时，空气温升越大，冷凝温度也越高。

表 3-1 翅片管几何参数（推荐值）

制冷量/kW	0.5~3	3~30	30~60	60~120	120~200	200~260
管材质	T2	—	—	—	—	—
管排数	1~3	1~4	2~4	3~5	4~8	5~8
管间距/mm	25	25	25~30	25~40	30~50	40~60
管外径(胀管前)/mm	6.35	9.52	9.52~12	9.52~16	12~19	16~25
管壁厚(胀管前)/mm	0.25~0.35	0.30~0.35	0.35~0.5	0.35~0.8	0.5~1.0	0.8~1.2
翅片材质	LF2	—	—	—	—	—
翅片厚度/mm	0.18	0.18	0.25	0.25	0.3	0.3
翅片间距/mm	1.8	1.8	1.8~2.2	1.8~4	2.2~5	2.2~4

由于空气沿流动方向不断升温，传热温差不断减小，沿空气流动方向的管排数越多，后面几排的传热量就越小。因此，管排数不宜过多，制冷量为 30kW 或以下时取 3 排，制冷量在 30kW 以上时取 4~8 排。

根据经验，管排数与空气温升之间的关系按表 3-2 中所列数值选取较合适。

3. 翅片管式强制对流风冷式冷凝器的传热过程

翅片管式强制对流风冷式冷凝器的空气换热形式为气体横向掠过翅片管簇。制冷剂的传

热过程分为三段：第一段为过热蒸气冷却段，制冷剂由过热蒸气冷却成为饱和蒸气；第二段为冷凝段，制冷剂由饱和蒸气冷凝成为饱和液体；第三段为液体冷却段，制冷剂由饱和液体冷却成为过冷液体。

表 3-2　管排数与空气温升之间的关系

管排数	1	2	3	4	>4
空气温升/℃	4~5	6~7	7~8	7~10	8~12

制冷剂在这三段中，物理性质与换热机理均不同。在第一段中，换热形式为气体在管内湍流换热；在第二段中，换热形式为水平蛇形管内凝结换热；在第三段中，换热形式为液体在管内层流换热。因此，各段的传热系数也不同。如果注意观察，可以发现：制冷剂在第一段中的传热系数比第二段小得多，但传热温差比第二段大得多，这两段的热流密度基本相同；制冷剂在第三段中的传热系数比第二段小得多，传热温差也比第二段小一些，第三段的热流密度比第二段小得多，但这一段的换热量很小，仅为总换热量的 5%左右。因此，在设计冷凝器时，可将过热蒸气冷却段和液体冷却段均看作冷凝段，按冷凝段进行计算。这样的处理使得计算大为简化。

4. 强制对流风冷式冷凝器的强化传热技术

热交换器的传热性能对整机的能耗指标有很大影响，由于热交换器的传热面积总是有限的，必然存在传热温差，产生循环的外部不可逆因素，使整机的效率受到限制。为了减少不可逆性，对热交换器的改进方法有两种：其一是通过增大传热面积来减小传热温差，但这样势必会加大整机的重量和造价；其二是强化传热过程，通过增大传热系数来减小传热温差。制冷热交换器发展的关键就是强化传热。目前，强制对流风冷式冷凝器性能的改善主要体现在两个方面：一是传热性能得到提高；二是减轻了重量。改善传热性能的主要途径是强化管内侧与管外侧的对流换热。

目前，翅片管式强制对流风冷式冷凝器的翅片节距为 1.6~2.2mm，已减小到了极限。翅片形式也从平直型发展到波纹型、条缝间断翅型，改进潜力也已不大。最近，强化管外侧对流换热的新措施是采用边缘带波纹的翅片。

边缘带波纹的翅片是在空气的入口和出口处，垂直于气流方向边缘的一段长度上轧出三角形波纹，波纹高度约 2mm，长度约 4mm。这样做的好处是翅片强度有所提高，不易出现倒片，长期使用后仍可保持翅片原有形状，延长了其使用寿命。与边缘平直的翅片管簇相比，在使用一年后，边缘带波纹的翅片管簇的传热系数约高 20%。

目前，强化管内侧对流换热的机理为：减薄冷凝流膜厚度，提高蒸气平均流速和增强蒸气的扰动。其主要措施为采用扁管和内翅管。

(1) 采用扁管　在相同的流通截面下，扁管有较大的换热面积。同时，扁管横截面上两弯曲部分的曲率半径较小，换热面积也较小；平直部分的曲率半径极大，换热面积也较大。冷凝液膜在表面张力的作用下，厚度发生变化，在弯曲部分较厚，在平直部分较薄，使较大面积上的局部传热系数有所提高。

扁管的材料有铜和铝两种，其形式分为单孔、双孔、3 孔和 5 孔等，孔形有圆形、两侧圆形中间矩形、椭圆形等。当孔为扁椭圆形时，换热效果最好。

在传热温差和空气流量相同的条件下，用扁管代替圆管，可使换热量增加 20%~40%，尺寸则减小约 15%，重量下降约 10%。

（2）采用内翅管　目前在管内形成翅片的方法有两种：第一种是管内插入翅片状插入物；第二种是拉制内翅片。

在管内可装入各种形状的插入物，常见的有平直插入物和螺旋插入物。螺旋插入物有环状扰流器的作用，可以增强被冷凝气流的扰动，图 3-26 所示为常见的几种翅片管形式。

拉制内翅片的翅片与管壁为一体，其换热效果好于翅片状插入物。试验证明，具有纵向螺旋翅的冷凝管的强化传热效果最好，其翅数为 16，翅高 h 为 1.4mm，螺距为 27mm。图 3-27 所示为两种拉制内翅片管结构。

此外，65 翅、翅高 h 为 0.15mm、螺距为 30mm 的低螺纹内翅管，其传热效果与加工性能都较好，目前得到了广泛应用。

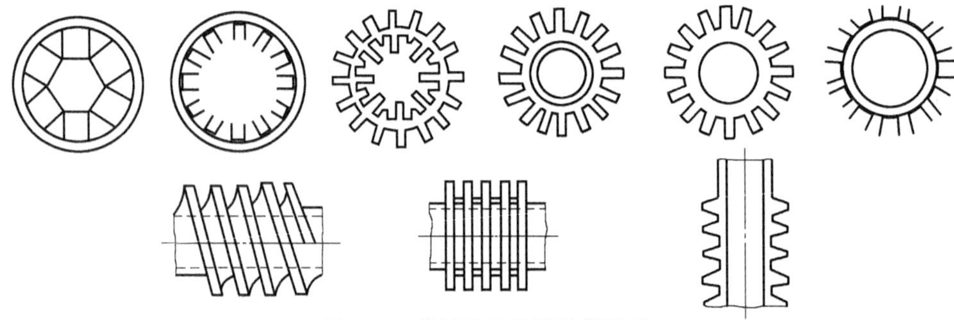

图 3-26　常见的几种翅片管形式

5. 扁管式与板翅式风冷式冷凝器的结构

扁管式冷凝器如图 3-28 所示。扁管通常为铝拉制多孔管，翅片为连续带状冲压铝翅片，扁管与翅片采用盐浴钎焊。扁管式冷凝器的传热系数较高，厚度较小，常用于汽车空调器。其传热效率比传统的管壳式冷凝器提高 20%～30%，成本则降低了约 50%。

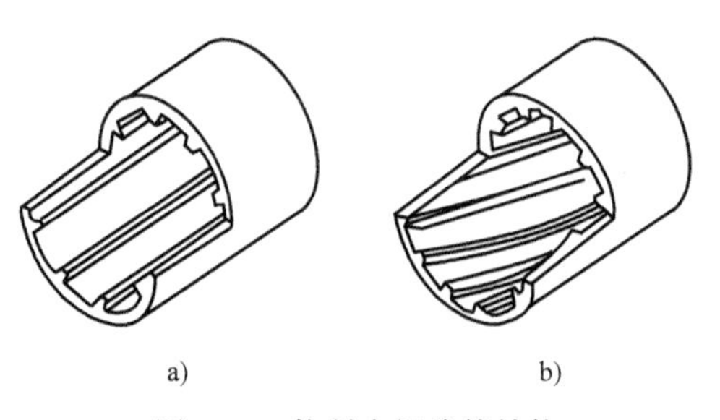

图 3-27　拉制内翅片管结构

a）直内肋管　b）螺旋内肋管

板翅式冷凝器在相邻两隔板间放置翅片、导流片以及封条组成一夹层，称为通道，其结构如图 3-29 所示，它由隔板、翅片、封条、导流板、封头组成，其中隔板为复合铝板，其芯板两面均涂有熔点较低的铝合金，所用材料均为铝。将这样的夹层通道根据流体的不同形式叠置起来，就可得到最常用的逆流、错流、错逆流板翅式冷凝器芯体。采用盐浴钎焊焊成

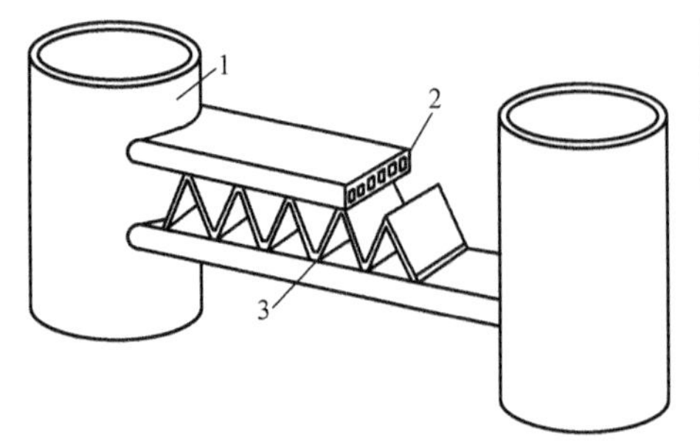

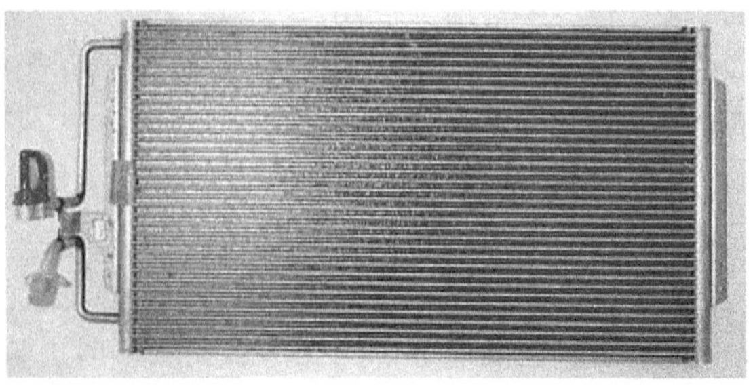

图 3-28　扁管式冷凝器

1—集流管　2—微通道扁管　3—翅片

一体，便组成板束，板束中流体的流向如图3-29所示。板束是板翅式冷凝器的核心，配以必要的封头接管支承等，用氩弧焊焊上封头，就组成了板翅式冷凝器，如图3-30所示。总的来说，板翅式冷凝器具有以下优点：传热效率高，适应性强，结构紧凑、重量轻，但容易堵塞、制造较复杂，可用于移动式制冷机。板翅式冷凝器现已广泛应用于石油化工、航空航天、电子、原子能和机械等领域。

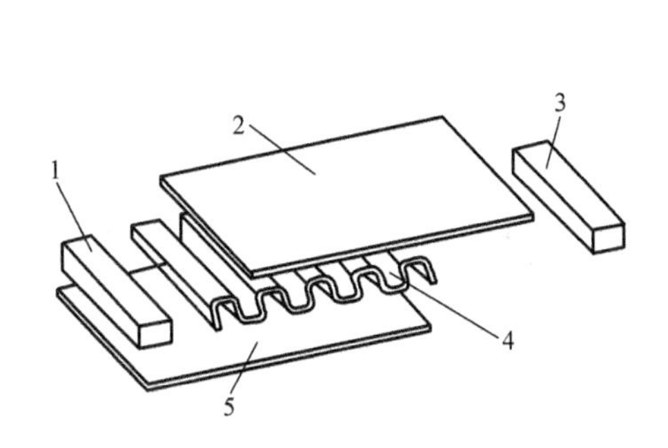

图3-29 板翅式冷凝器

1、3—封条 2、5—隔板 4—翅片

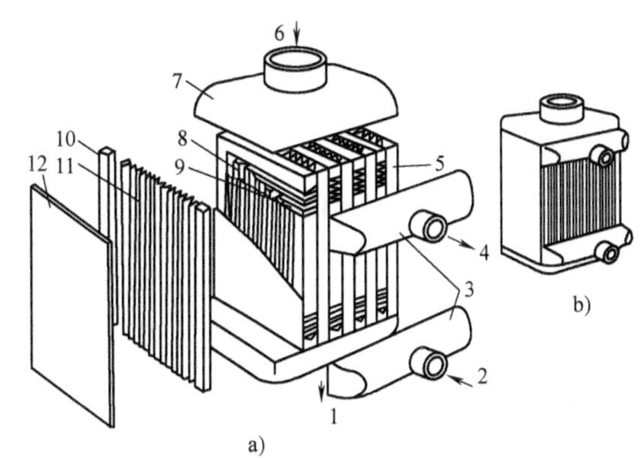

图3-30 板翅式冷凝器

a) 结构图 b) 外形图

1—A流体出口 2—B流体进口 3、7—封头

4—B流体出口 5—板束 6—A流体进口 8—分配段

9—导流片 10—封条 11—翅片 12—平板

3.2.4 空气自由对流风冷式冷凝器

空气自由对流风冷式冷凝器有丝管式、板管式和百叶窗式等几种。空气自由对流风冷式冷凝器的共同特点为结构简单，通常与制冷装置结合为一体；无需风机，传热系数很小，连同辐射换热一共为9~16W/(m^2·℃)。这类冷凝器常用于电冰箱、冷柜等小型冷藏装置。

丝管式冷凝器由两面焊有钢丝的蛇形管组成，管子水平放置，钢丝与管子相互垂直，并点焊在管子上。通常，冷凝管为邦迪管，即钢卷焊镀铜管，如图3-31a所示。

板管式冷凝器由蛇形管和钢板组成，管子水平放置，管子粘接或压紧在板上。通常，冷凝管为铜管或邦迪管，而钢板就是冰箱外壳，如图3-31b所示。

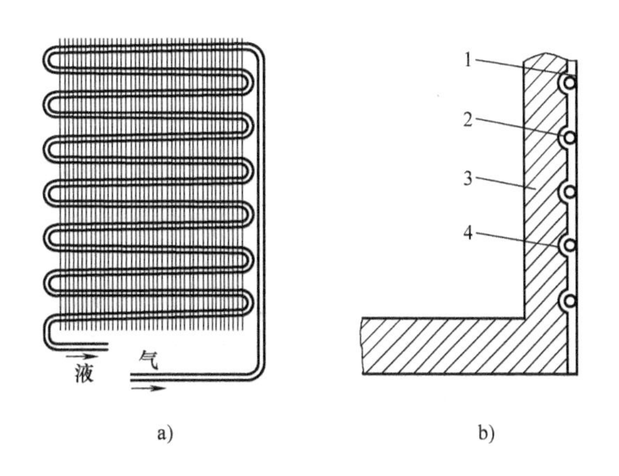

图3-31 空气自由对流风冷式冷凝器

a) 丝管式 b) 板管式

1—外板 2—冷凝管 3—隔热层 4—胶带纸密封层

1. 基本参数

由于空气自由对流传热系数和辐射传热系数均很小，所以传热温差很大。对于电冰箱等来说，可取空气温度 $t_a=32$℃，冷凝温度 $t_k=55$℃。

冷凝管外径 d_b 一般为4.76~6.35mm，钢丝直径 d_f 一般为1.3~2.3 mm，钢丝在管外两侧交错焊上。

对于丝管式冷凝器来说，钢丝间距对传热系数和换热面积有很大影响。若钢丝间距大，则换热情况好，传热系数大，但单位管长的换热面积小；钢丝间距较小时，由于空气与钢丝间黏滞力的作用，且因为自然对流边界层的波动相互干扰，流动发展得不充分，传热系数较小，但单位管长的传热面积较大。如钢丝间距 s_f 等于钢丝直径 d_f，则钢丝成为平板，成为板管式冷凝器。因此，存在一个最佳钢丝间距，使传热系数与单位管长换热面积的乘积最大。根据工程经验，最佳钢丝间距为 5~7mm，一般可取为 6mm。

管间距根据钢丝直径选取，而与管径关系不大，一般可取为 40~80mm，钢丝直径较大时取大值。

与丝管式冷凝器相似，板管式冷凝器的空气自由对流传热系数和辐射传热系数均很小，所以传热温差很大。设计时可取空气温度 $t_a=32℃$，冷凝温度 $t_k=55℃$。

冷凝管外径 d_b 一般为 4.76~6.35mm，管距一般为 40~60mm。钢板厚度 $\delta_{bp}=0.55\sim0.8$mm，通常外表面涂有 0.1~0.2mm 厚的漆层或塑层。

2. 传热计算

管与钢丝表面向空气的放热由自由对流换热和辐射换热两部分组成，为了计算方便，将二者合并计算，其当量全传热系数按空气在丝管外自由对流换热计算。冷凝传热系数按制冷剂在水平蛇形管内凝结计算。以外表面积为基准的传热系数 $K[\mathrm{W/(m^2\cdot K)}]$ 为

$$K=\frac{1}{\dfrac{1}{\alpha_{eq}}+\dfrac{F_o}{F_i\alpha_i}} \tag{3-1}$$

式中，α_{eq} 是外表面当量全传热系数 $[\mathrm{W/(m^2\cdot K)}]$；$\alpha_i$ 是冷凝传热系数 $[\mathrm{W/(m^2\cdot K)}]$；$F_o$ 是单位管长外表面积（$\mathrm{m^2}$）；F_i 是单位管长内表面积（$\mathrm{m^2}$）。

换热面积为

$$F_{of}=\frac{Q_k}{K(t_k-t_a)} \tag{3-2}$$

式中，t_a 是环境空气温度（℃）；Q_k 是冷凝器热负荷（kW）；K 是传热系数 $[\mathrm{W/(m^2\cdot K)}]$；$t_k$ 是冷凝温度（℃）。

在计算中，因用到管外壁温度，需先进行假设，用逐次迭代的方法求出管外壁温度。

影响丝管式冷凝器性能的因素很多，包括周围物体与冷凝器的距离、来自周围物体的热辐射、周围物体的黑度、冷凝器外表面的长波辐射率等。这些因素与使用条件密切相关，因此这种冷凝器设计后须经试验验证。

板管式冷凝器的各项热阻中，空气侧换热阻最大，其次是表面涂饰层热阻，而管与板材料的导热阻、制冷剂冷凝换热阻均较小，计算时可以忽略。

3.2.5 板（片）式冷凝器

板（片）式冷凝器通常称为板式冷凝器，就其自身结构而言，板（片）式冷凝器不是一种最近才出现的冷凝器。早在 1878 年，德国就授予了第一个板（片）式冷凝器专利；1886 年，法国人设计出沟道板片；1923 年，英国 APV 公司设计出铸造青铜板片，并根据板框压滤机的结构，将其组合在一起；1930 年以后，出现了用不锈钢或青铜薄板压制的波纹板片，板片周围用垫圈密封，从而使板（片）式冷凝器进入现代实用阶段。目前在制冷机组中，板式冷凝器正以极快的速度替代壳管式冷凝器。

早期的板（片）式冷凝器耐压很低，属于开启式。其耐压通常仅有0.4MPa，多用于食品、化工行业，诸如牛奶、啤酒、饮料的巴氏杀菌器，以及硫酸冷却器等。

20世纪中期，出现了半焊结构的板（片）式冷凝器，提高了其中一侧的耐压，拓展了使用范围。但由于其耐压仍较低，且密封线太长，制冷剂泄漏问题无法解决，在制冷领域一直未得到应用。

20世纪60年代，瑞典人开发出了全焊结构的板（片）式冷凝器，将其耐压提高到3MPa。经过多家企业的长期改进，其于20世纪90年代成功用于冷水机组。从此，制冷冷凝器进入一个新的换型时代。

与壳管式冷凝器相比，在制冷机组中应用板（片）式冷凝器的优点是：传热系数高，通常为壳管式的3~5倍；两侧流体以接近逆流或接近顺流的方式流动换热，在同样的流体进、出口温度条件下，对数平均温差较大；端部温差小，对于水-水冷凝器、制冷用冷凝器、制冷用蒸发器，端部温差均可小于1℃；体积小，在同样换热量、同样温差的条件下，体积仅为壳管式的1/10~1/5；重量轻，在同样换热量、同样温差的条件下，重量通常仅为壳管式的1/5；价格较低，在同样换热量、同样温差的条件下，用不锈钢制的板（片）式冷凝器价格低于壳管式；制冷剂充注量小，制冷量相同的机组，采用板（片）式冷凝器后，制冷剂充注量仅为采用壳管式时的约1/10。

板（片）式冷凝器有全焊结构和半焊结构两种形式，半焊结构仅用于氨制冷机。半焊式不锈钢板片冷凝器的水通路用密封垫片密封，氨通路板片周边用激光焊接，氨制冷剂流过的角孔采用双层氟橡胶类材料制成的垫片，其结构如图3-32所示。

图3-32 氨用板式冷凝器外形

全焊结构适用于各种制冷剂。全焊结构板（片）式冷凝器的外形及板片如图3-33所示，其内部结构和流体的流动如图3-34所示。

板（片）式冷凝器的端板用AISI304不锈钢制成，板片用AISI316不锈钢制成，板片形式均为人字形波纹片。人字形波纹夹角有60°、90°、110°、120°、140°等多种，夹角越大，传热系数越高，流动阻力也越大。不同夹角的板片交替使用，可以组合出各种不同传热系数和流动阻力的流道。相邻板片交错倒置摆放，即一个板片的波峰与另一板片的波谷相接触，波谷（也就是另一面的波峰）与另一板片的波峰相接触，形成大量接触点。冷凝器用的板片厚度通常为 0.3~0.4mm，板片节距通常为 2~3mm。

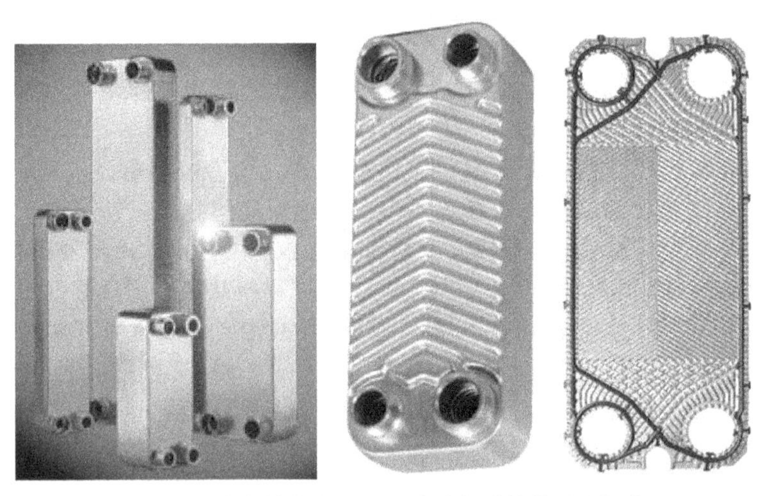

图 3-33　全焊结构板（片）式冷凝器的外形及板片

全焊式不锈钢板（片）式冷凝器没有密封垫片，各板片采用真空钎焊将接触点焊在一起。卤代烃类制冷剂用的全焊式不锈钢板（片）式冷凝器采用铜钎料，压制板片之前，先在不锈钢板上敷一层纯度为 99.9%以上的铜箔，两层材料一起压制成形。钎焊加热时铜熔化成液态，将不锈钢钎在一起。氨用全焊式不锈钢板片冷凝器采用低熔点不锈钢作为钎料。

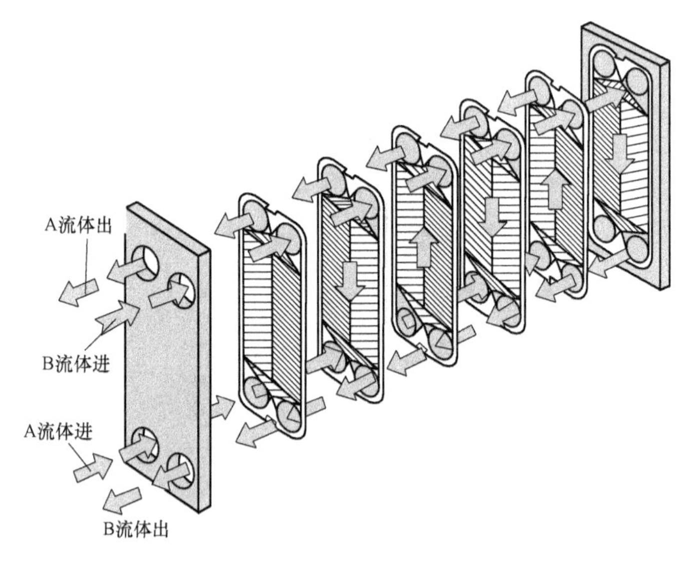

图 3-34　板（片）式冷凝器的内部结构和流体的流动

3.3　蒸发器

蒸发器的作用是使液态制冷剂吸收被冷却物体或空间的热量而汽化，即与被冷却对象进行热量交换，使被冷却物体或空间降温而实现制冷。在制冷机中，蒸发器是产生和输出冷量的设备，最终体现制冷装置的制冷作用和经济效益。

3.3.1　蒸发器的种类

蒸发器的种类很多，适用场合也不同。蒸发器的设计，就是根据不同的使用目的，进行形式选择和传热与结构计算，以达到最佳的使用效果。

1. 按被冷却对象分类

由于被冷却对象不同，蒸发器的传热方式也不同。按被冷却对象的集态，蒸发器可分为冷却固体用、冷却液体用和冷却气体用三类。

冷却固体用蒸发器与被冷却的固体直接接触，传热壁面与被冷却的固体存在导热。冷库用的搁架排管、直冷式冰箱和冷柜的冷冻室蒸发器、平板速冻机的平板蒸发器、冷冻切削加工用的蒸发器等均是冷却固体用蒸发器。

冷却液体用蒸发器中的被冷却介质是液体，传热壁面与被冷却介质之间是对流换热。冷水机组的蒸发器、盐水制冰的蒸发器等均是冷却液体用蒸发器。这类蒸发器用途广泛，种类也很多。

如蒸发器用于冷却液体载冷剂，则液体载冷剂的循环方式有开式和闭式两种。开式循环是指载冷剂与环境空气相接触，载冷剂离开蒸发器即为常压。开式循环能耗较大，载冷剂易吸收空气中的水蒸气，易进入灰尘和杂物。开式循环常用于盐水制冰、肉禽预冷等场合。闭式循环是指载冷剂密封在载冷剂系统中，仅在系统最高处有一管口与大气环境相通。闭式循环可利用重力回流，能耗较少，载冷剂不易稀释和污染；但系统初投资较多，需设膨胀容器。闭式循环常用于集中空调、工业生产中的工艺冷却等场合。

冷却气体用蒸发器中的被冷却介质是气体，传热壁面与被冷却介质之间是对流换热，主要有冷库用的冷风机、间冷式冰箱和冷柜的蒸发器、冷藏陈列柜的蒸发器、房间空调器用蒸发器等。被冷却气体可以是强制对流，也可以是自由对流，如为强制对流则需与风机配套使用。

有时，蒸发器冷却两种集态的物体，常见的是既与固体被冷却物之间存在导热，又与空气进行对流换热。例如，搁架排管就既与被冷却食品有接触，同时又冷却冷间内的空气。

2. 按结构形式分类

按结构形式不同，蒸发器可分为壳管式、壳盘管式、套管式、立管式、螺旋管式、翅片管式、光滑管排管式、板管式、板翅式、螺旋板式、板片式等类型。

壳管式、壳盘管式、套管式、螺旋板式、板片式等蒸发器均是冷却液体用蒸发器，其配套液体载冷剂系统通常是闭式系统。

立管式和螺旋管式蒸发器通常用于冷却液体，也可以用于冷却气体。如用于冷却液体，则系统通常是开式系统。

翅片管式蒸发器通常用于冷却气体，被冷却气体一般是强制对流。

光滑管排管式和板管式蒸发器可以用于单独冷却气体，也可以在冷却固体的同时又冷却气体。如用于冷却气体，则被冷却气体一般是自由对流。

板翅式蒸发器可以用于冷却气体，也可以用于冷却液体。如用于冷却气体，则被冷却气体一般是强制对流；如用于冷却液体，则其配套液体载冷剂系统通常是闭式系统。

目前，壳管式、壳盘管式、立管式、螺旋管式和光滑管排管式蒸发器的设计已经成熟，有定型产品生产；板管式、翅片管式和板翅式蒸发器的设计计算方法基本成熟，可以根据不同的使用要求进行设计；其他结构形式蒸发器的设计计算方法还在不断发展，在工程实际应用中需要参考大量文献，且需经试验验证。

3. 按制冷剂液体的充满程度分类

按液体制冷剂的充满程度，蒸发器可分为满液式和干式两种。

在满液式蒸发器中，制冷剂在管外蒸发，且存在制冷剂自由液面。由此可知，其结构必为壳管式。

在干式蒸发器中，制冷剂在较小的空间内蒸发，不存在制冷剂自由液面，其结构形式多种多样。

3.3.2 冷却液体用蒸发器

冷却液体用的蒸发器历史悠久，用途广泛，种类也很多，其中绝大部分已有定型系列产品，且应用多年。

1. 满液式蒸发器

满液式蒸发器又称为卧式蒸发器，它是一种古老的蒸发器，属于壳管式热交换器，大多以氨为制冷剂。

满液式蒸发器由壳体、封头、管簇、支架、气室、集油包等组成。节流后的制冷剂进入壳体内，在管簇外的大空间中沸腾。在正常工作的情况下，壳体与传热管之间充满制冷剂液体，仅有 2~3 排管子露出液面。载冷剂在水平管内湍流，换热时集态不发生变化。

壳体由筒体和两个管板组成，筒体与管板采用熔焊焊接。气室在筒体中间上部，内部装有挡液板，用以将夹带的液滴分离，制冷剂气体由气室上部流出。

氨用满液式蒸发器的传热管为无缝钢管，管与管板的连接采用熔焊焊接，如图 3-35 所示。卤代烃类制冷剂用满液式蒸发器的传热管多为低螺纹铜管，管与管板之间采用胀管连

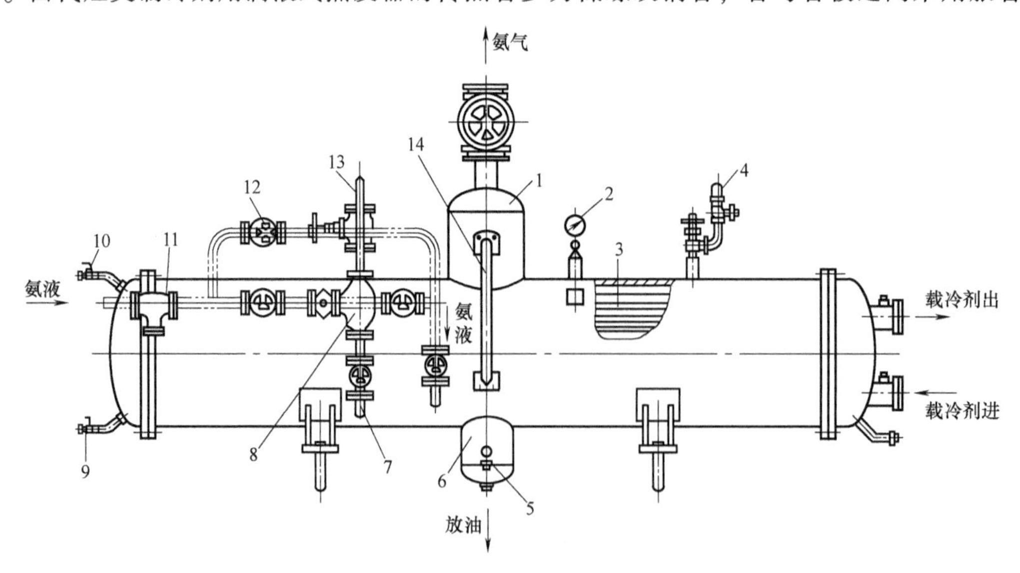

图 3-35 氨用满液式蒸发器

1—回气包 2—压力表 3—换热管束 4—安全阀 5—放油阀 6—集油包 7—液体平衡管 8—浮球阀 9—泄水旋塞 10—放气旋塞 11—过滤器 12—节流阀 13—气体平衡管 14—金属管液面指示器

接，如图 3-36 所示。

卤代烃类制冷剂用满液式蒸发器的筒体上半部约有 1/6 的高度不设传热管，而加装挡液板。其制冷剂充满高度也较低，以避免剧烈沸腾时大量泡沫进入吸气管。

集油包位于筒体中间下部，如制冷剂为卤代烃类，则不设集油包。

封头与管板用螺栓连接，中间加密封橡胶垫。封头为钢整体铸成或压成，内侧有挡板以形成转向室。

在气室和壳体上焊出一根通管，根据管外结霜的高度可判断液面位置，也可在管上装液位控制器控制液位。

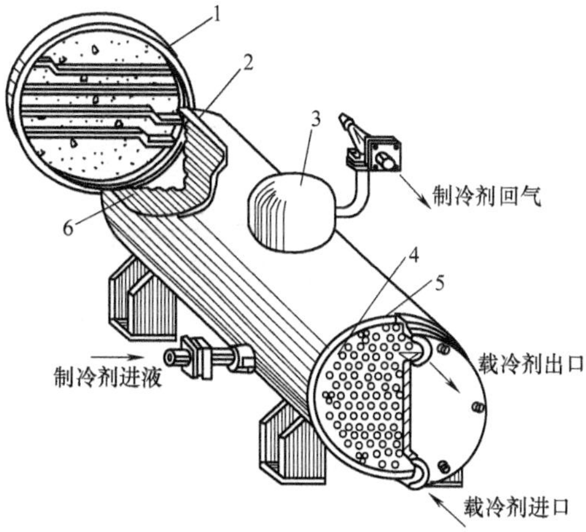

图 3-36　卤代烃类制冷剂用满液式蒸发器
1—端盖　2—筒体　3—回气包　4—管板
5—橡胶垫圈　6—换热管束

满液式蒸发器的长径比一般为 4～8。

满液式蒸发器的优点：制冷剂蒸发传热系数较大，制冷剂蒸发沿程阻力系数极小。

满液式蒸发器的缺点为：

1）制冷剂充注量极大，如用氨则安全性不符合要求，如用卤代烃则成本过高。

2）载冷剂在管内流动，当蒸发温度低于载冷剂凝固温度时容易冻结，此时会将传热管胀裂。因此，在使用中一定要注意蒸发温度不可过低，载冷剂成分是否发生变化，凝固温度是否上升。

3）静液柱影响较大，在壳体内制冷剂有一定充注高度，由于制冷剂自身重量的影响，上部与下部压力不同，使得下部蒸发温度高于上部，对于密度较大的卤代烃类制冷剂影响尤为显著。

4）不易回油，如制冷剂与润滑油互溶或制冷剂重度大于润滑油，则无法从下部回油。

5）壳体内存在自由液面，不能用于车船。

6）重量大，且为压力容器，制造成本高。

2. 干式壳管式蒸发器

干式蒸发器也属于壳管式蒸发器，大多以卤代烃为制冷剂。

干式蒸发器的基本结构如图 3-37 和图 3-38 所示，它由筒体、封头、管束、折流板及拉杆等组成。节流后的制冷剂进入封头，由封头进入管内，在水平管内沸腾。在正常工作的情况下，壳体与传热管之间充满载冷剂液体，载冷剂在管束外纵横向流动，换热时集态不发生变化。

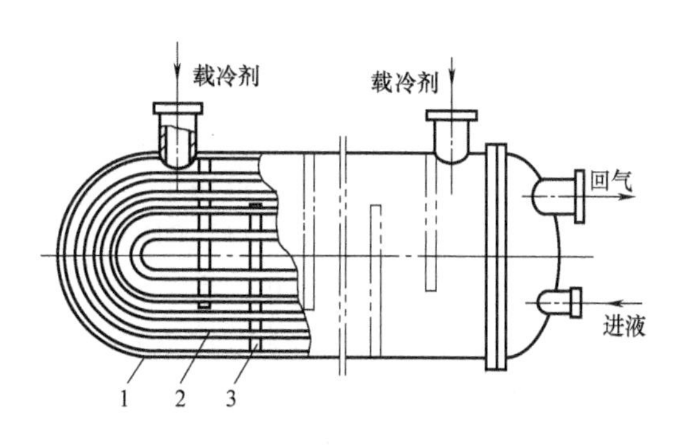

图 3-37　U 形管式干式蒸发器
1—筒体　2—换热管　3—折流板

壳体由筒体和一个或两个管板组成，筒体与管板采用熔焊焊接或螺栓连接。

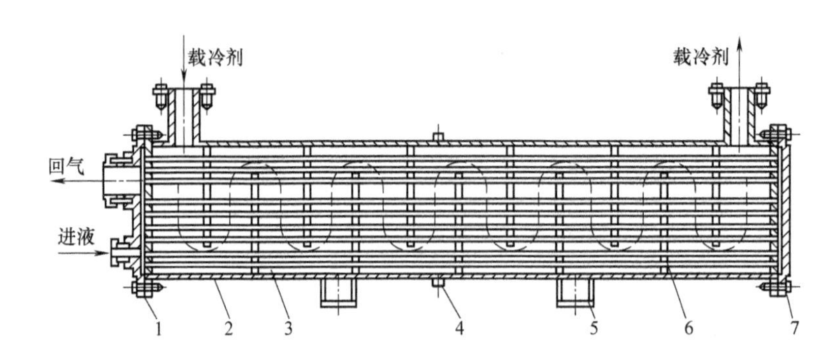

图 3-38　直管式干式蒸发器

1、7—端盖　2—筒体　3—换热管　4—螺塞　5—支座　6—折流板

管束有 U 形管式和直管式两种。U 形管式的换热管为 U 形，装在同一侧管板上，即仅有一个管板。这样换热管无热应力，在管内也无转向分层，还可将管束从壳体中抽出清洗管外污垢。但由于各组 U 形管的曲率半径不同，制造时需要多套模具。直管式的换热管为直管，安装在两侧管板上。氨用干式蒸发器的换热管为无缝钢管，管与管板的连接采用熔焊焊接。卤代烃类制冷剂用满液式蒸发器的换热管多为低螺纹铜管，管与管板之间采用胀管连接。

折流板的作用是提高载冷剂的流速，它有圆缺形和圆环形两种。折流板一般为钢制，用拉杆或定距杆固定在壳体内。

干式蒸发器用于直接膨胀式制冷系统时，管内大约仅有 30%的面积被制冷剂浸润。当制冷剂为卤代烃且含有 5%~8%的润滑油时，由于沸腾时大部分呈泡沫状，浸润面积有所加大。

在多管程的干式蒸发器中，制冷剂在封头内转向，会出现气液分层现象，使得同一管程的换热管中，仅下部的管子中有液体，而上部的管子中液体很少或没有液体。制冷剂干度越大，分层现象就越严重，这使得一部分换热管失去作用。端盖内的分层现象与转向室的型线有很大关系，圆弧形的转向室有利于湿蒸气的转向，减少了分层现象，且流动阻力较小。

在载冷剂侧，折流板外缘与筒体内壁之间有 2~3mm 的间隙，折流板管孔与传热管外径之间有 1~2mm 的间隙，这将引起内部泄漏。这种载冷剂流动短路会使载冷剂侧的传热系数下降。为了减少载冷剂流动短路，需在折流板的外缘嵌上 H 形橡胶条，同时在整个折流板上贴上一层薄橡胶板，与没有采用防漏措施相比，传热系数可提高 20%~30%。

干式蒸发器克服了满液式蒸发器的部分缺点，其优点为制冷剂充注量少；载冷剂在管外流动，不易冻结，冻结后不易损坏传热管；容易回油，制冷剂与润滑油不分离，无需从下部回油；不存在制冷剂自由液面，可用于车船；几乎没有静液柱影响。但是干式蒸发器也有自己的缺点：制冷剂在换热面上的浸润面积小，使得平均蒸发传热系数较小，在同样制冷量的条件下，干式蒸发器的换热面积比满液式的大；由于制冷剂在管内蒸发，且需转向，制冷剂蒸发沿程阻力系数和局部阻力系数均较大；重量大，制造成本高；制冷剂易由封头与管板之间的密封垫处泄漏。

3. 立管式与螺旋管式蒸发器

立管式与螺旋管式蒸发器均看成是满液式蒸发器，用于冷却液体载冷剂，且液体载冷剂为开式循环，大多数情况下载冷剂为盐水。使用立管式与螺旋管式蒸发器的制冷系统，制冷

剂通常是氨。

立管式蒸发器常与盐水箱、搅拌器配套使用于盐水制冰中。立管式蒸发器的体积庞大、重量极重，制冷剂充注量大，如图 3-39 所示。

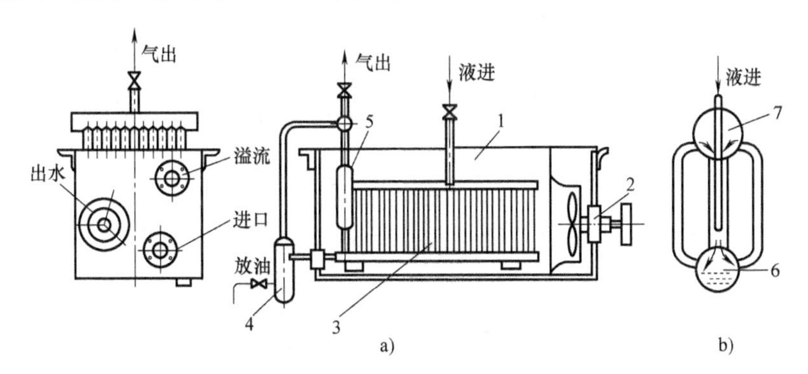

图 3-39　立管式蒸发器及其制冷剂的循环流动情况

a）立管式蒸发器结构　b）制冷剂循环流动情况

1—载冷剂容器　2—搅拌器　3—立管式（螺旋管式）蒸发器　4—集油器

5—气液分离器　6—下水平集管　7—上水平集管

螺旋管式蒸发器的换热管为单层或双层螺旋管，通常与盐水箱、搅拌器或循环泵配套使用，换热效果好于立管式蒸发器，其基本结构和系统配管外形如图 3-40 所示。与立管式蒸发器相似，螺旋管式蒸发器的体积庞大、重量极重、制造成本高、制冷剂充注量大，是一种较落后的蒸发器。螺旋管式蒸发器现已定型，因其缺点较多，难以继续发展。

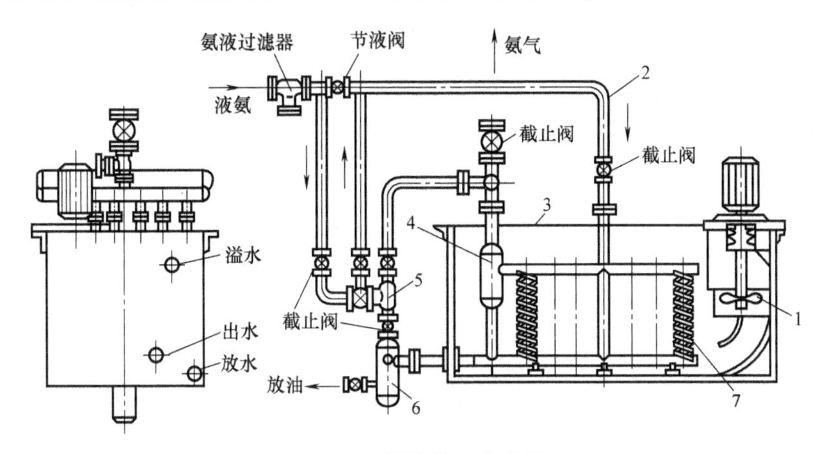

图 3-40　螺旋管式蒸发器

1—搅拌器　2—供液总管　3—水箱　4—气液分离器　5—浮球阀　6—集油器　7—螺旋管组

3.3.3　表面蒸发器

表面蒸发器是直接蒸发式强制对流冷却气体用翅片管式蒸发器的简称，其显著特点是节流后的制冷剂直接进入其中蒸发，气体在换热表面上的传热常伴随有传质。

表面蒸发器是目前数量、品种最多，用途最广泛的制冷蒸发器。制冷用表面蒸发器均为间壁式热交换器，适用于各种条件下气体的直接冷却。冷风机中的蒸发器、房间空调器的室内侧热交换器、气源热泵的室外侧热交换器等均是表面蒸发器。这些蒸发器广泛应用于冷库、冻结装置、电冰箱、舒适空调、工业空调等场合。

表面蒸发器的换热管有扁管、椭圆管、圆管等三种，其中圆管为典型结构。图 3-41 所示为套片管式蒸发器，它的结构与风冷式冷凝器相似。

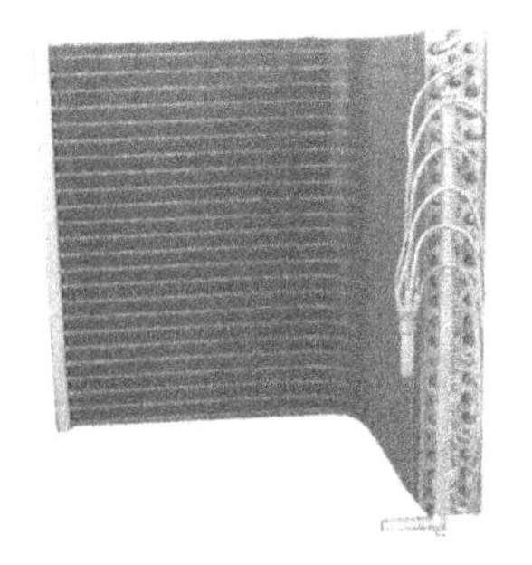

图 3-41 套片管式蒸发器

在使用圆管的表面蒸发器中，根据翅片的形成方法不同，可分为绕片管式、轧片管式和套片管式，其中套片管式为典型结构。

在套片管式表面蒸发器中，翅片形式也各不相同，有平直翅片、波纹翅片、百叶窗翅片、双向条缝翅片等形式，如图 3-42 和图 3-43 所示。

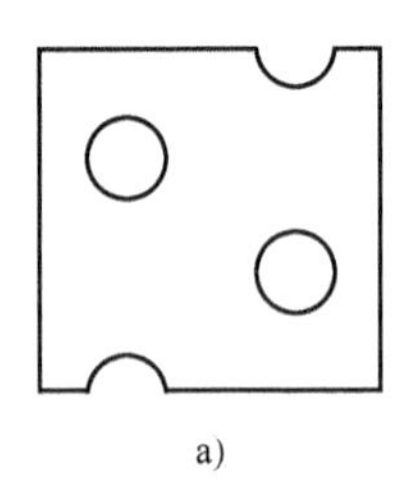

a)

b)

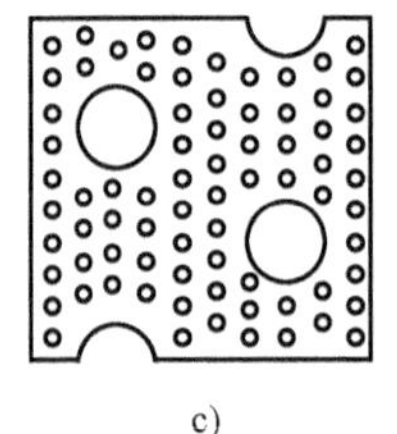

c)

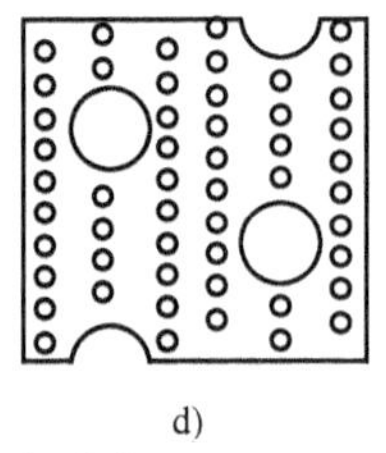

d)

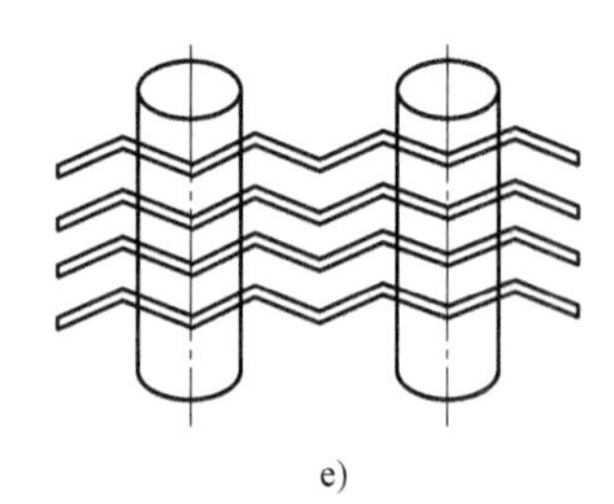

e)

图 3-42 各种套片形式

a）平直翅片 b）矩形开口翅片 c）圆孔开口翅片 d）椭圆孔开口翅片 e）波纹翅片

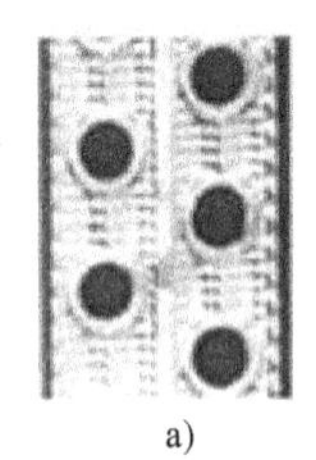

a)

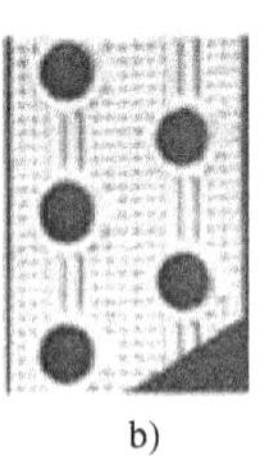

b)

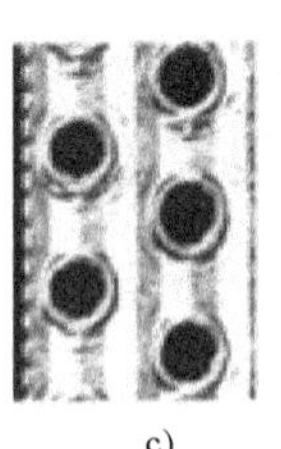

c)

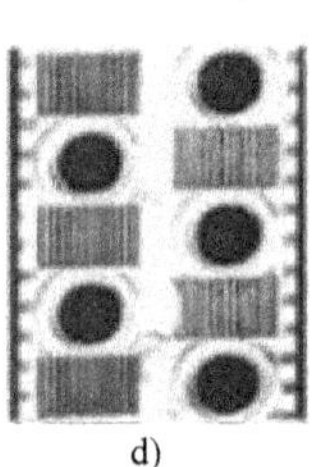

d)

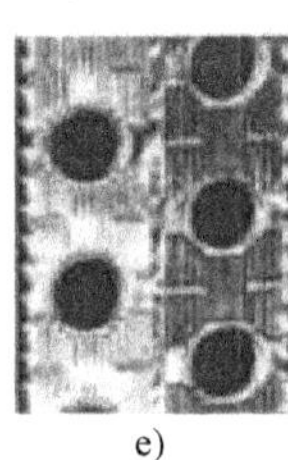

e)

f)

图 3-43 几种翅片形式

a）平板矩形百叶窗 b）波纹板弧形百叶窗 c）小翼带矩形百叶窗
d）横向皱纹板 e）点状皱纹板 f）三角形波纹板

表面蒸发器的典型结构参数见表 3-3。

表 3-3 表面蒸发器的典型结构参数

制冷剂	卤代烃		氨
蒸发温度/℃	0~25	-45~0	-40~0
管材料	T2		20 钢
管外径/mm	6.35~16	9.53~19	25~38
管壁厚/mm	0.25~0.35	0.25~0.6	2.0~3.0
管距/mm	25~40	25~50	40~80
管排数	1~4	3~8	8~16
翅片形式	套片		绕片
翅片材料	5A022		20 钢
片节距/mm	1.8~2.5	4~10	10~18
片厚/mm	0.14~0.25	0.18~0.3	0.5~1.0

1. 空气的状态变化

由于空气中含有水蒸气，空气在表面蒸发器换热表面上的传热常伴随有传质。因此，在表面蒸发器中，空气的热力过程与换热过程远比在强制对流空冷式冷凝器中复杂。

湿空气流过表面蒸发器的换热表面时，由于换热表面的冷却作用，其状态发生变化。如忽略空气流经表面蒸发器时的流动阻力，则状态变化过程为一等压过程。这样，空气各状态参数的变化取决于换热表面的温度，空气在换热表面上不同的状态变化过程如图3-44所示。

在对空气冷却过程进行分析时，可以人为地将气流分成两部分，认为当湿空气流过表面蒸发器的换热表面时，有一部分空气与翅片以及管外壁面接触，进行充分换热，其温度是换热表面温度 t_W，这一部分气流称为接触气流。另一部分气流从翅片和管形成的流道中间流过，未与换热表面接触，温度仍是初始温度 t_1，称为旁通气流。流出表面蒸发器时，接触气流与旁通气流进行充分混合。

当换热表面的温度高于或等于空气的露点温度时，接触气流与换热表面只有显热交换。在冷却过程中，空气温度降低，含湿量不变，焓减少，相对湿度升高。这样的过程是等含湿量过程，称为等湿冷却。

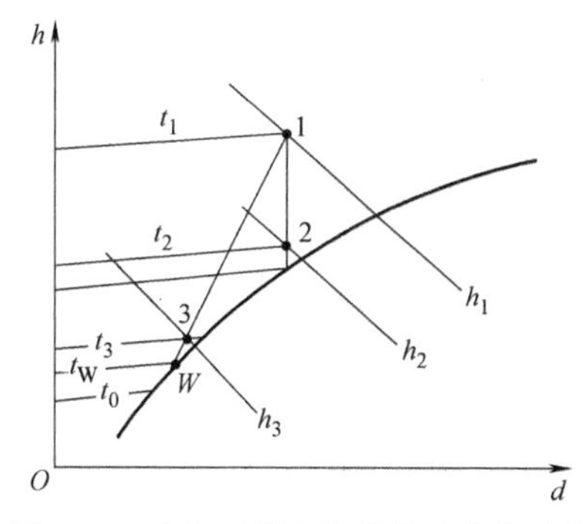

图3-44 冷却时湿空气的状态变化过程

当换热表面的温度低于空气的露点温度时，接触气流的温度也将低于露点温度，空气中所含水蒸气凝结在换热表面上，接触气流与换热表面不仅有显热交换，还有潜热交换，接触气流冷却后的状态为 t_1 等温线与饱和线的交点 W。旁通气流不参与换热，状态不变。接触气流与旁通气流进行混合的过程线是点1与点 W 的连线，混合过程的终点为点3，位于混合过程线上。在此过程中，空气温度降低，含湿量下降，焓减少，相对湿度升高，这样的过程称为减湿冷却。减湿冷却时，所处的工作条件可简称为湿工况。

减湿冷却时，如换热表面的温度高于0℃，则空气中的水蒸气在换热表面凝结为液体，称为凝露，这样的工作条件称为凝露工况。如换热表面的温度低于0℃，则空气中的水蒸气在换热表面凝华为固体，称为结霜，这样的工作条件称为结霜工况。

在凝露工况下工作的表面蒸发器，必然有空气中的水蒸气在翅片表面凝结。对于干净的铝表面，水蒸气呈珠状凝结。由于铝与水的亲合力较小，即铝分子与水分子之间的分子间力小于水分子之间的内聚力，形成的水珠与铝表面之间的接触角较小，通常为20°~50°。当水珠向下流动时，液滴直径越来越大。如两翅片的间距较小，则水珠会连在两个相邻翅片之间，形成水桥。此时空气流通截面变小，流动阻力加大，风速较大时还会产生出风带水的现象。试验表明，纯铝表面水滴的高度为2mm左右。

为了加大翅片与水分子之间的亲合力，使水蒸气在翅片表面呈膜状凝结，可以采用在翅片表面涂一层亲水涂料的方法，来加大接触角。涂亲水性涂层后，水在翅片表面由珠状流动转变为近似的膜状流动，水珠的高度降低了，即可以减小翅片间距。同时由于避免了水桥，在同样的片距下，凝露后空气和流动阻力将大为下降。

产生亲水涂层的方法有“一水氧化铝法”“水玻璃法”和“有机树脂-二氧化硅法”等多种，其中以“有机树脂-二氧化硅法”较好。这种方法采用的涂料由超细微粒的二氧化硅、有机树脂和表面活性剂组成。涂层呈微蓝色，厚度为 1~2μm ，机械强度和耐久性均较好。

对于在结霜工况下工作的表面蒸发器，希望结霜慢一些，同时希望霜颗粒与铝翅片表面接触面积尽可以小，使除霜容易，除霜时间短。

为了减小翅片与水分子之间的亲合力，使水蒸气在翅片表面呈珠状凝华，可在翅片表面涂一层憎水涂料，以减小接触角。憎水涂层用的涂料可以是有机硅系涂料等。

2. 析湿系数

在减湿冷却过程中，空气与换热表面之间单位时间的换热量 Q_0(kW) 为显换热量 Q_s 与水蒸气凝结所形成的潜换热量 Q_1 之和，称为全换热量，即

$$Q_0 = Q_s + Q_1 \tag{3-3}$$

由于水蒸气凝结增大了换热量，如以析湿系数 ξ 表示换热的增强率，则

$$\xi = \frac{Q_0}{Q_s} = \frac{Q_s + Q_1}{Q_s} = 1 + \frac{Q_1}{Q_s} \geqslant 1 \tag{3-4}$$

对于单位质量湿空气，即由单位质量干空气组成的湿空气，全换热量 q_0(kJ/kg) 为

$$q_0 = q_s + q_1 = h_{a1} - h_{a2} \tag{3-5}$$

式中，q_s 是单位质量空气的显换热量（kJ/kg）；q_1 是单位质量的潜换热量（kJ/kg）；h_{a1} 是空气进入表面蒸发器时的焓值（kJ/kg）；h_{a2} 是空气流出表面蒸发器时的焓值（kJ/kg）。

单位质量湿空气的显换热量 q_s(kJ/kg) 为

$$q_s = c_{pam}(t_{a1} - t_{a2}) \tag{3-6}$$

式中，t_{a1} 是空气进入表面蒸发器时的温度（℃）；t_{a2} 是空气流出表面蒸发器时的温度（℃）；c_{pam} 是湿空气的平均比定压热容 [kJ/(kg · ℃)]。

单位质量湿空气的全换热量的经验式为

$$q_0 = 1.0049(t_{a1} + t_{a2}) + [1.8842(d_{a1}t_{a1} - d_{a2}t_{a2}) + 2500(d_{a1} - d_{a2})] \times 10^{-3} \tag{3-7}$$

式中，d_{a1} 是空气进入表面蒸发器时的含湿量（g/kg）；d_{a2} 是空气流出表面蒸发器时的含湿量（g/kg）。

单位质量湿空气的显换热量的经验式为

$$q_s = 1.0049 + 1.8842 d_{am} \times 10^{-3}(t_{a1} - t_{a2}) \tag{3-8}$$

析湿系数可用焓与比热容表示为

$$\xi = \frac{h_{a1} - h_{a2}}{c_{pa}(t_{a1} - t_{a2})} \tag{3-9}$$

当已知空气进入和流出表面蒸发器时的状态参数以及平均含湿量时，可以求出析湿系数。在空调器工作条件下，湿空气的平均含湿量 $d_{am} \approx 6$ g/kg，析湿系数的经验式为

$$\frac{\xi = 1 + 2.46(d_{am} - d_{aw})}{t_{am} - t_{aw}} \tag{3-10}$$

当空气中的水蒸气在换热表面结霜时，析湿系数为

$$\xi = \frac{h_{am} - h_{aw} + (r_w - h_{fr})(d_{am} - d_{aw}) \times 10^{-3}}{c_{pam}(t_{am} - t_{aw})} \tag{3-11}$$

式中，h_{fr} 是霜的焓，$h_{fr} = c_{pi}t_{aw} - r_i$，$c_{pi}$ 是霜的比热容 [kJ/(kg · ℃)]，r_i 是水的固化潜热，$r_i = 334.9$(kJ/kg)。 (3-12)

霜的比热容可近似按下式计算，即

$$c_{pi} = 2.165 - 0.000269 t_{aw} \tag{3-13}$$

式中，t_{aw} 是换热壁面温度（K）。

在结霜工作条件下，可近似取 $c_{pi}=2.095\ kJ/(kg\cdot K)$，或者

$$c_{pi}=2.09t_{aw} \tag{3-14}$$

于是

$$h_{fr}=2.09t_{aw}-334.9 \tag{3-15}$$

代入式（3-11）有

$$\begin{aligned}\xi &=1+\frac{(r_w-h_{fr})(d_{am}-d_{aw})\times10^{-3}}{c_{pam}(t_{am}-t_{aw})}\\&=1+\frac{(2834.9-2.09t_{aw})(d_{am}-d_{aw})\times10^{-3}}{(1.0049+1.8842d_{am}\times10^{-3})(t_{am}-t_{aw})}\end{aligned} \tag{3-16}$$

在结霜工作条件下，湿空气的平均含湿量 $d_{am}\approx1g/kg$，因此上式分母中可以忽略，同时近似可取换热表面温度 $t_{aw}=-25℃$。代入上式可简化成为

$$\xi=1+\frac{2.87(d_{am}-d_{aw})}{t_{am}-t_{aw}} \tag{3-17}$$

表面式蒸发器的迎面风速不可过大，迎面风速过大，会造成凝露工况工作时出风带水，在结霜工况下工作时空气流动阻力过大。一般来说，凝露工况工作时，取迎面风速为1.0~2.5m/s，相应最窄截面上的流速为2~5m/s；结霜工况工作时，取迎面风速为0.8~1.6m/s，相应最窄截面上的流速为1.3~3.2m/s。

空气的温降为

$$\Delta t_a=t_{a1}-t_{a2}$$

Δt_a 由表面式蒸发器的使用要求而定，用于空调时常取 $\Delta t_a=10\sim15℃$，用于食品冷藏时取 $\Delta t_a=1\sim3℃$，用于食品冻结时取 $\Delta t_a=3\sim5℃$。

3.3.4 其他形式的蒸发器

1. 管式蒸发器

管式蒸发器的结构如图3-45所示。它是由钢管弯曲成U形盘管，用锡焊固定在铝或黄铜板框外壁表面而形成的。

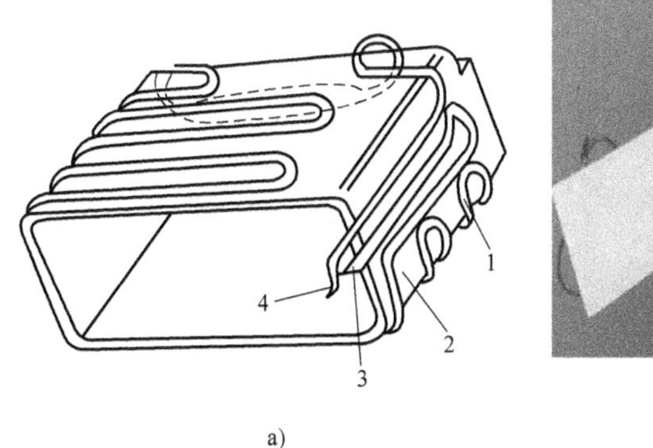

a)　　b)

图3-45　管式蒸发器的结构

a）示意图　b）实物图

1—铜板或铝板　2—铜管或铝管　3—制冷剂入口　4—制冷剂出口

2. 钢丝盘管式蒸发器

钢丝盘管式蒸发器是由钢管和钢丝敷于管体两侧并焊接固定，做成一个坚固的片状，分层敷设在冷冻室中，其结构如图 3-46 所示。

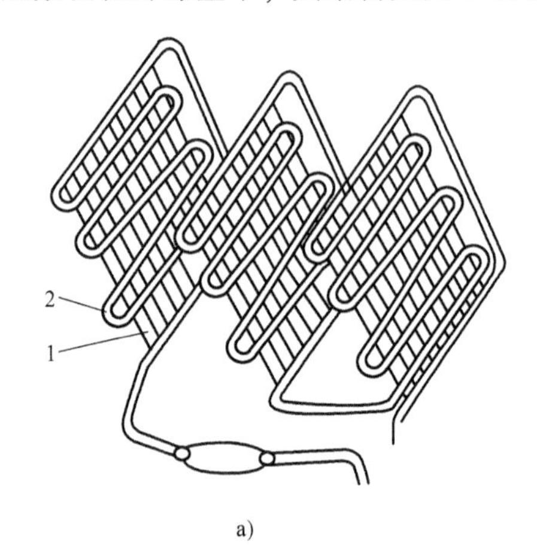

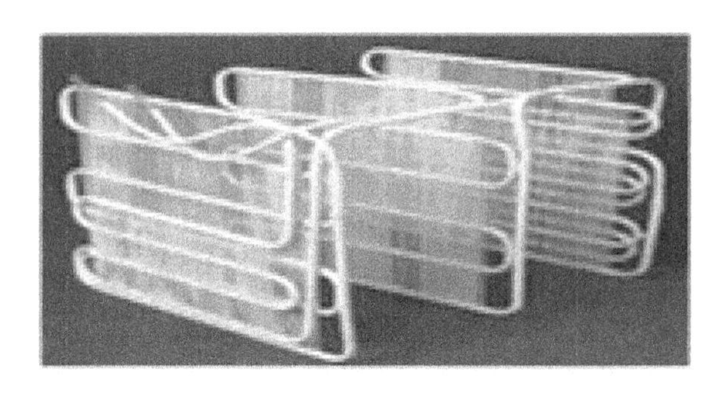

a)　　b)

图 3-46　钢丝盘管式蒸发器

a）示意图　b）实物图

1—钢丝　2—盘管

3.4　节流机构

3.4.1　节流过程

在分析制冷循环时，近似认为节流前后制冷剂的焓值不变。但在分析节流过程时，这样的假定是不适用的。设计蒸气压缩式制冷系统时，总是要求制冷剂在节流前是饱和液体或过冷度不大的过冷液体。仅在出现系统故障或设计失误时，才会出现湿蒸气节流的现象。因此，本章只讨论液体节流，且本章所说液体接近饱和液体。

在液体节流过程中，工质宏观势能下降、宏观动能增大，即压力下降、速度加快，节流后状态处于湿蒸气区，如图 3-47 所示。

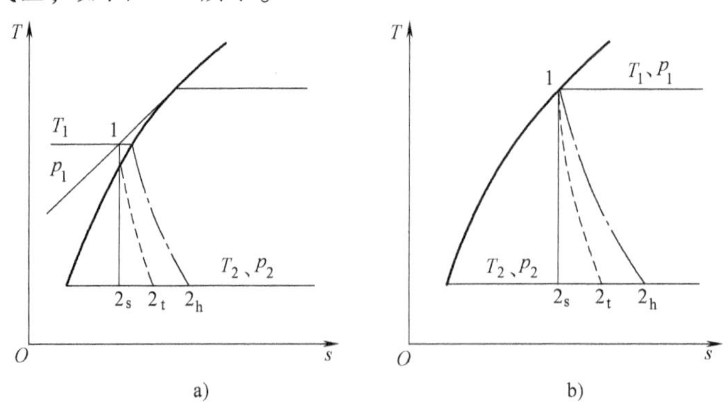

a)　　b)

图 3-47　液体节流过程

a）节流前为过冷液体　b）节流前为饱和液体

液体节流过程的特点为：

1）节流后的温度总是降低的，且节流温降与过程无关。

2）由于液体流经节流机构的时间很短，且节流机构表面积较小，换热量很小，所以无回热的节流过程可近似认为绝热过程。

3）节流过程是不可逆的，是一种实际过程，节流后工质的熵总是增大的，焓值略有减小。

节流所用的设备或元件称为节流机构。

3.4.2　节流阀的种类与应用

节流阀是最常用的节流机构，也是种类最多的节流机构，其主要种类和用途为：

（1）手动节流阀　手动节流阀是所有膨胀阀的原型和基础，通常用于试验用制冷装置、其他节流机构的备用件、制冷装置定型试验等。

（2）热力膨胀阀　热力膨胀阀是利用蒸发器出口处制冷剂过热度来控制通断和流量的节流机构，适用于各种系统。

（3）电子膨胀阀　电子膨胀阀有电磁式和电动式两类，它利用蒸发器出口处制冷剂过热度来控制通断和流量，需与单片机控制系统配套，适用于各种系统。

1. 手动节流阀

手动节流阀是最简单、最基本的节流阀，它与圆锥形通道结构的截止阀并无区别，其结构有直角式和直通式两种，与管路的连接方式有管接头、焊接和法兰连接三种。卤代烃制冷剂用的手动节流阀一般为铜制，流道公称直径为 2～8mm。氨用手动节流阀一般用铸铁和钢制成，少数为不锈钢制。目前，手动节流阀全部为定型产品。其阀芯结构多为针形和 V 形缺口两种，其结构与外形如图 3-48 和图 3-49 所示。

节流阀开启度的大小是根据蒸发器负荷的变化来调节的，通常开启度为手轮的 1/8～1/4 周，不能超过一周。否则，开启度过大，会失去膨胀作用。目前，手动节流阀只装设于氨制冷装置中，在氟利昂制冷装置中，广泛使用热力膨胀阀进行自动调节。

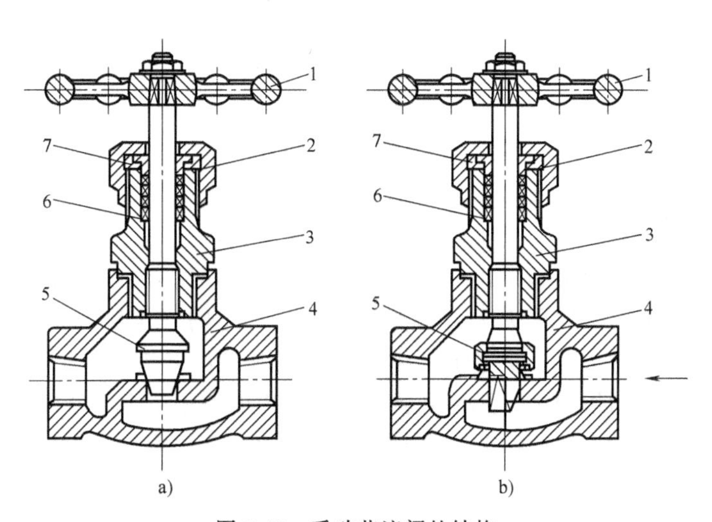

图 3-48　手动节流阀的结构

a）针形锥体阀芯　b）V 形缺口锥体阀芯

1—手轮　2—上盖　3—填料函　4—阀体　5—阀芯　6—阀杆　7—填料压盖

图 3-49　几种手动节流阀

2. 热力膨胀阀

热力膨胀阀是一种能在一定范围内自动调节流量的节流机构，它的适用范围广，是应用场合最多的节流机构。

（1）热力膨胀阀的工作原理　热力膨胀阀利用蒸发器出口处制冷剂的过热度来调节阀的开度，从而调节制冷剂流量，适用于没有自由液面的各种蒸发器，如干式壳管式蒸发器、冷却盘管蒸发器、表面蒸发器、板式蒸发器等。热力膨胀阀按其通道结构一般是圆锥阀，少数为长方形窗口滑阀，制冷剂在圆锥阀中仅能单向流动，而在长方形窗口滑阀中可以双向流动。

按膨胀阀中感应机构动力室内传力零件结构的不同，热力膨胀阀可分为薄膜式和波纹管式两种。按压力平衡结构的形式，热力膨胀阀有内平衡式和外平衡式两种。目前，常用的小型氟利昂热力膨胀阀多为薄膜式内平衡热力膨胀阀。

图 3-50 为内平衡式热力膨胀阀的工作原理和系统流程示意图。它由阀体及感应机构（包括感温包或感温毛细管、传送毛细管和膜盒），执行机构（包括膜片、推杆和阀芯），调整机构（即弹簧和调整螺钉）等部分组成。热力膨胀阀的进液管接冷凝器和出液管，出液口接在蒸发器制冷剂进口管上，感温包紧贴在蒸发器出口管上。在感温包中充有感温工质，感温工质的压力随感温包的温度而变，此压力变化通过传送毛细管传递到膜盒，膜片上部的压力随之而变。

工作时，膜片的受力情况如图 3-51 所示。主要作用力有四个：感温工质的压力 p_p，平衡压力即膜片下制冷剂的蒸发压力 p_0，弹簧弹性力所产生的当量压力 p_s，以及膜片变形时由弹性力所产生的当量压力 p_r。p_p 作用在膜片上方，是使阀开启的作用力；p_0 和 p_s 作用在膜片下方，是使阀关闭的作用力。膜片主要在这三个力的作用下上下弯曲，从而带动推杆上下移动，以调节阀的开度，从而调节制冷剂流量。p_r 很小，通常可以忽略不计。

膜片两侧工质的压差为

$$\Delta p_f = p_p - p_0 \tag{3-18}$$

当系统稳定工作时，作用于膜片的力是平衡的，即

$$p_p = p_0 + p_s \tag{3-19}$$

压差 Δp_f 取决于蒸发器出口处制冷剂的过热度，而 p_s 与弹簧的调定值及阀的开度有关。

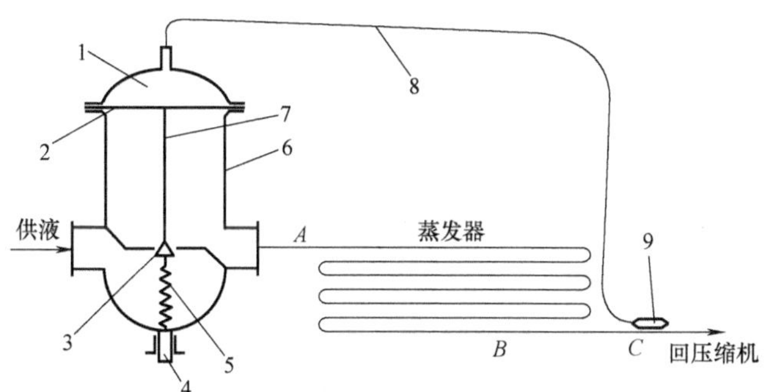

图3-50 内平衡式热力膨胀阀的工作原理和系统流程示意图

1—膜盒 2—膜片 3—阀芯 4—调整螺钉 5—弹簧 6—阀体 7—推杆 8—传送毛细管 9—感温包

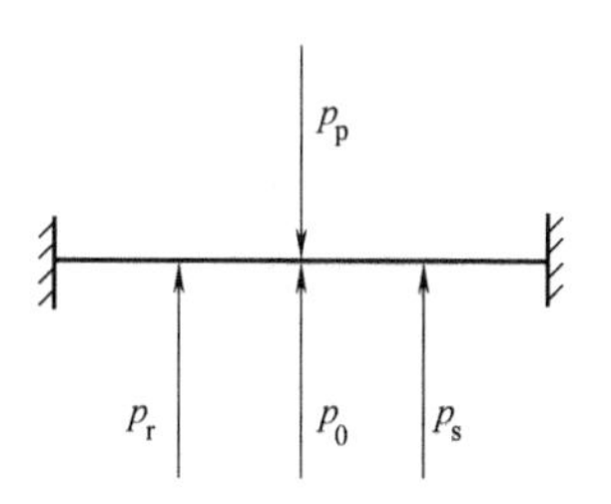

图3-51 膜片受力分析

当进入蒸发器的供液量小而热负荷大时，蒸发器出口处制冷剂的过热度增大，使 p_p 增大，Δp_f 也增大，膜片上方的作用力大于下方的作用力，迫使膜片向下弯曲，通过推杆压缩弹簧并将阀芯顶开，使阀的开度加大，供液量增加。弹簧受压后弹性力加大，膜片两侧的力在新的条件下达到平衡。反之，当蒸发器负荷小而供液量显得较多时，蒸发器出口处制冷剂的过热度减小，膜片上方的力小于下方的力，在弹簧的作用下阀门关小，供液量随之减小，此时弹簧的弹性力减小，膜片两侧的力也重新平衡。

内平衡式热力膨胀阀的平衡压力为蒸发器进口处制冷剂的蒸发压力，这使得蒸发器出口处的过热度随蒸发器内制冷剂流动阻力的增大而增大。例如，某制冷系统的制冷剂为R22，采用内平衡式热力膨胀阀节流，用于蒸发温度为-15℃、过热度为5℃的蒸发器，那么在图3-50中的 *A* 点处，-15℃的蒸发温度所对应的蒸发压力为295.7kPa。假定蒸发器无流动阻力，则制冷剂在 *B* 点处完全蒸发成为饱和蒸气，到 *C* 点处过热成为-10℃的过热蒸气，即过热度为5℃。如制冷剂在蒸发器中的流动阻力不大，假定为10kPa，则在 *C* 点处制冷剂的压力降至285.7kPa，所对应的饱和温度为-15.929℃，为了保持感温工质的压力不变，使膜片处于平衡状态，*C* 点处制冷剂的温度仍应是-10℃，过热度增大为5.929℃，制冷剂在 *B* 点之前不远处蒸发完毕，蒸发器中过热段虽有所延长，但在工程中仍可接受。如蒸发器中的流动阻力较大，假定 Δp_e=50kPa，则 *C* 点处制冷剂的压力降低至245.7kPa，所对应的饱和温度为-19.91℃，*C* 点处制冷剂的温度仍应是-10℃，以保持感温工质的压力，则过热度增大为9.91℃，制冷剂早在 *B* 点之前很远处就蒸发完毕，这就意味着蒸发器中有较多面积与过热蒸气相接触，其传热面积未得到充分利用。由于这个原因，内平衡式热力膨胀阀只适用于蒸发器中制冷剂流动阻力不大于10~15kPa的小型蒸发器。且由于饱和温度与饱和压力之间为非线性关系，蒸发温度越低，此流动阻力的许用极限值应越小。

为了避免内平衡式热力膨胀阀的缺点，对于制冷剂流动阻力大于15kPa或制冷量较大的蒸发器，应采用外平衡式热力膨胀阀，其工作原理和系统流程如图3-52所示。外平衡是指在膜片下方用隔板隔出一个密封空腔，用一根外平衡管将此空腔与蒸发器出口处连通。这样，在膜片下方作用的平衡压力是蒸发器出口处的压力，无论蒸发器中制冷剂的流动阻力是多少，蒸发器出口处的压力基本不变，变化的只是蒸发器进口处的蒸发压力，从而避免了蒸

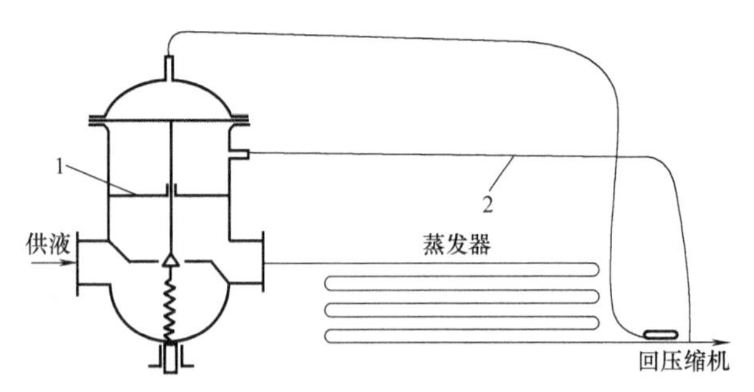

图 3-52 外平衡式热力膨胀阀的工作原理和系统流程示意图
1—隔板 2—外平衡管

发器进、出口压力不一致造成的过热度过大的问题。采用外平衡式热力膨胀阀节流，使蒸发器进、口处压力有所提高，蒸发器平均传热温差有所减小，蒸发器面积应有所增大，但吸气压力高于采用内平衡式热力膨胀阀系统的吸气压力，使能效比稍有提高。外平衡式热力膨胀阀的缺点是结构较复杂，且系统中增加了两处连接口，增加了泄漏的可能性。

有一部分热力膨胀阀不用感温包，而是将毛细管端部紧密地盘绕起来代替感温包。这类热力膨胀阀毛细管所感受的温度通常是蒸发器吸入的空气温度，用于汽车空调等装置。

（2）热力膨胀阀的结构 图 3-53 所示为典型内平衡式热力膨胀阀的结构外形，其通道结构为圆锥形，调整机构在阀的下端。图 3-54 所示为典型外平衡式热力膨胀阀的结构外形，其通道结构为圆锥支承面盘形，调整机构在阀的侧面。

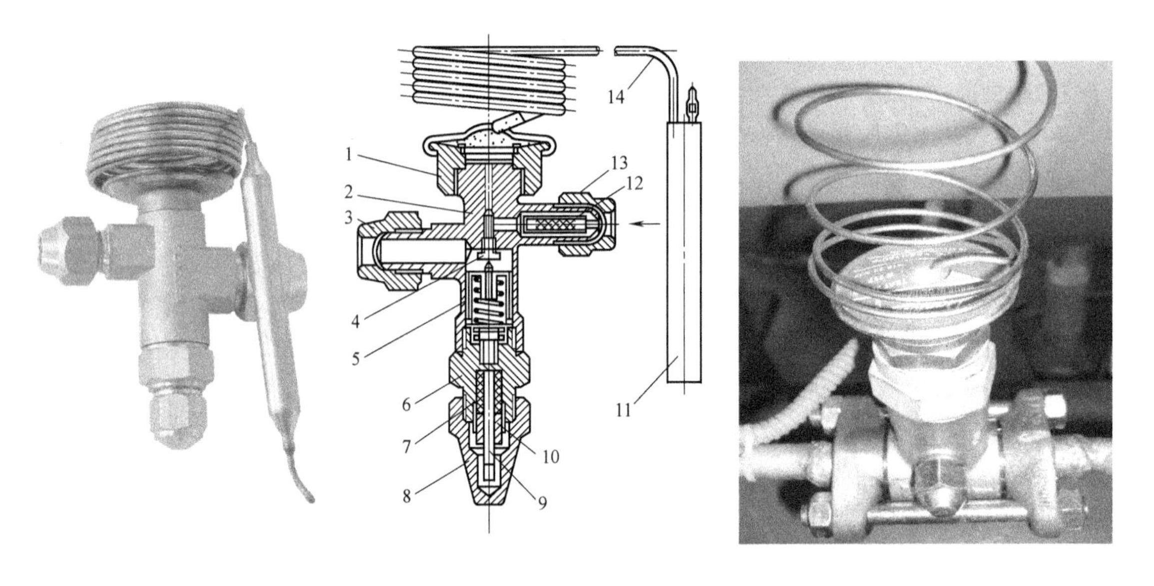

图 3-53 典型内平衡式热力膨胀阀
1—气箱座 2—阀体 3—出液管接头 4—阀座 5—阀针 6—调整螺钉 7—填料 8—阀帽 9—推杆 10—填料压盖 11—感温包 12—过滤网 13—进液管接头 14—传送毛细管

用于卤代烃制冷系统的热力膨胀阀，其推杆和阀芯采用不锈钢制成，弹簧用弹簧钢或青铜制作，调整螺钉用结构钢制作；感温包用 ϕ8mm ~ ϕ20mm 的铜管制成，传递毛细管用 ϕ2mm×ϕ0. 5mm 或 ϕ3mm×ϕ0. 75mm 铜管制成，膜片的截面形状为正弦曲线形，采用铍青铜材料制成；其他零件的材料均为黄铜。

用于氨制冷系统的热力膨胀阀，除弹簧和调整螺钉外，其他所有零件的材料均为不锈钢。膜片可以用波纹管代替，由于波纹管弹性力小且较恒定，优于膜片，所以用波纹管的热

力膨胀阀有较高的灵敏度，但体积稍大。

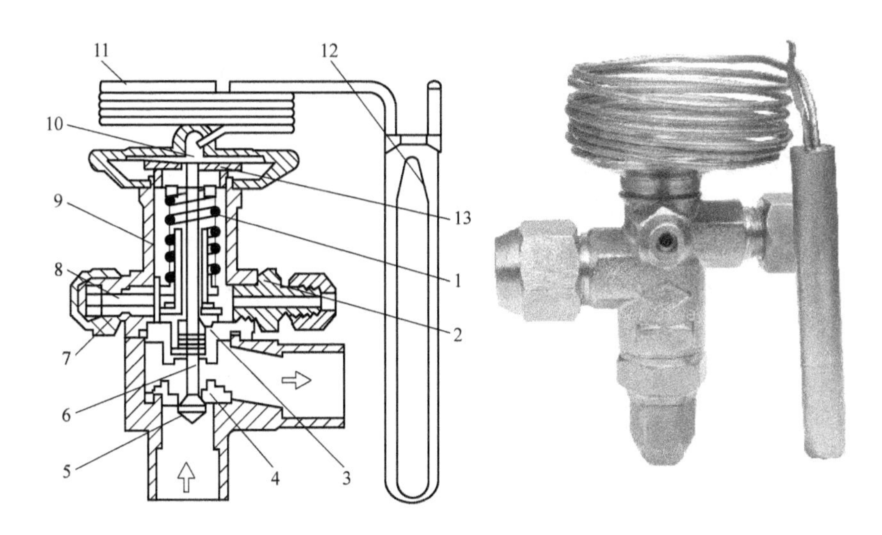

图 3-54　外平衡式热力膨胀阀

1—弹簧　2—外平衡管接头　3—密封组合体　4—阀孔　5—阀芯　6—阀杆　7—螺母
8—调节杆　9—阀体　10—压力腔　11—毛细管　12—感温包　13—膜片

（3）热力膨胀阀的选择与安装　热力膨胀阀的制冷量应与压缩机的制冷量相匹配。如热力膨胀阀的制冷量比压缩机的制冷量小得多，会造成工作时热力膨胀阀始终全开，但制冷剂流量仍小于系统设计流量，系统的自平衡特性会使冷凝压力上升，蒸发压力下降，在新的条件下达到新的平衡，其结果是制冷量与性能系数均下降。如热力膨胀阀的制冷量比压缩机的制冷量大得多，会造成工作后制冷剂流量过大，蒸发器出口处制冷剂过热度过小或没有过热度，导致阀关闭且存在液击的可能；过一段时间后蒸发器中制冷剂量减少，过热度增大，阀重新开启但流量又过大，导致过热度过小或没有过热度。如此反复振荡，造成系统工作不稳定。

一般来说，由于热惰性问题，会形成信号传递滞后，往往使蒸发器产生供液量过大或过小的超调现象。为了削弱这种超调，稳定蒸发器的工作，在实际工作工况下，在确定热力膨胀阀容量时，一般应取蒸发器热负荷的 1.2~1.3 倍。

选用热力膨胀阀时，一定要根据设计条件通过计算确定型号和制冷量，切不可直接以产品样本上的额定制冷量套用。

例　某 R22 用热力膨胀阀，当 $t_k=30℃$、$t_0=-15℃$、$t_{sc}=28℃$、$q_{01}=155.848\text{kJ/kg}$ 时，制冷量为 2.3kW。当 $t_k=50℃$、$t_0=-25℃$、$t_{sc}=45℃$、$q_{02}=138.933\text{kJ/kg}$ 时制冷量为多少（假定流量系数恒定）？

解　1）当 $t_k=30℃$、$t_0=-15℃$ 时，$p_k=1191.9\text{kPa}$，$p_0=295.7\text{kPa}$；$\rho_{28}=1181.89\text{kg/m}^3$；$\Delta p_{v1}=896.2\text{kPa}$。

2）当 $t_k=50℃$，$t_0=-25℃$ 时，$p_k=1942.4\text{kPa}$，$p_0=200.98\text{kPa}$；$\rho_{45}=1108.61\text{kg/m}^3$；$\Delta p_{v2}=1741.32\text{kPa}$。

3）制冷量为

$$Q_{02}=\frac{q_{02}\sqrt{\rho_{45}\Delta p_{v2}}}{q_{01}\sqrt{\rho_{28}\Delta p_{v2}}}Q_{01}=\frac{138.933\times\sqrt{1108.61\times1741.32}}{155.848\times\sqrt{1181.89\times896.2}}\times2.3\text{kW}=2.77\text{kW}$$

热力膨胀阀需要正确安装才能正常工作，安装时需要注意以下几点：

1）由于热力膨胀阀是单向阀，要注意正确的流向。

2）阀体垂直安装，膜盒向上。

3）感温包应水平放置或头部向下，当管径为25mm以上时，敷贴在蒸发器出口管侧面；当管径为18~22mm时，呈45°角敷贴在蒸发器出口管的斜上方；当管径为10~16mm时，呈60°角敷贴在蒸发器出口管的斜上方。另外，应使用隔热材料包扎，绝对不可随意安装在管的底部。

4）外平衡管在蒸发器出口管的接口应靠近感温包约100mm处且处在制冷剂下游，接口应在出口管顶部，以保证调节动作的可靠性。

5）焊接接口时，阀体应使用湿棉纱缠包，阀体温度不得高于150℃。

3. 电子膨胀阀

电子膨胀阀作为一种新型节流元件是高效变频空调器中普遍采用的节流元件。系统配置压力传感器、温度传感器及高精度控制器，在控制模式下反应速度快，不会产生流量波动或振荡，制冷量可以连续调节。其显著特点如下：

1）电子膨胀阀从全闭到全开状态用时仅需几秒钟，反应和动作速度快，不存在静态过热度现象，且开闭特性和速度均可人为设定，可以极小的调节量进行调节，制冷剂流量波动小，尤其适合家用变频空调器使用。

2）电子膨胀阀的适用温度低。其感温部件为热电偶或热电阻，在低温下能准确反映出过热度的变化。过热度连续可调，最小过热度可为1℃以下。在变工况条件下可维持基本恒定的过热度。

3）电子膨胀阀的过热度设定值可调。电子膨胀阀的调节作用可以彻底实现远距离控制，根据不同需要灵活调整过热度，以减小蒸发器表面和被冷却空间内环境之间的温差。与仿真逻辑控制技术相结合，可以实现前馈调节。

4）电子膨胀阀可起到节能的作用。采用电子膨胀阀控制压缩机排气温度，可以防止因排气温度的升高对系统性能产生的不利影响，同时又可省去专设的安全保护器，节约成本，节省电耗约6%。

5）阀与制冷剂种类无关，有较大的适用范围。

6）在压缩机起动和冷负荷剧烈变化时，可限制制冷剂流量，从而可防止压缩机过载和防止液击。

7）电子膨胀阀具有很好的双向流通性能，两个流向的流量系数很小，偏差小于4%。

电子膨胀阀有电磁式和电动式两种。电磁式电子膨胀阀应用模拟信号进行控制，电动式电子膨胀阀应用数字信号进行控制。由于目前微计算机和数字控制技术发展很快，电磁式电子膨胀阀基本已被淘汰，所以本节讨论的电子膨胀阀特指电动式电子膨胀阀。

电子膨胀阀是近年开发的新型节流机构，目前在冷库、冻结装置、冷水机组和变频空调器、多联机空调机组等制冷装置中，正以很快的速度替代热力膨胀阀。

电子膨胀阀是一种由微计算机直接控制的节流机构，它的出现实现了微计算机完全直接

调控制冷系统。在以前，尽管在各种制冷机上已采用微计算机控制，但由于只能实现数据检测以及控制压缩机、风机、水泵等的转速和开停，不能控制蒸发器出口处制冷剂的过热度，对制冷系统的控制不是完全直接控制。因此，制冷系统效率的提高有限。如采用电子膨胀阀节流，制冷系统的四个基本部件均由微计算机直接控制。电子膨胀阀节流与变频调速技术相结合，不仅温度、压力、时间等数据可由微计算机进行处理，压缩机、风机、水泵等可根据需要控制转速和开停，电加热器等可根据需要控制功率，而且可根据蒸发器制冷剂的过热度来控制节流机构的开度，从而调控制冷剂流量。这样可以达到节流机构与压缩机在整个变工况和变容量范围内完全匹配，使制冷剂流量、蒸发温度、压缩机转速和开停与冷负荷的变化相适应，制冷系统效率有较大提高。

电磁式电子膨胀阀依靠电磁线圈的磁力驱动针阀，其结构如图 3-55 所示。电磁线圈通电前，针阀处于全开位置，通电后受磁力的影响，针阀开度减小，其减小的程度取决于施加在线圈上的控制电压。电压越高，开度越小，经过膨胀阀的制冷剂流量也减小。

电动式电子膨胀阀根据传动装置种类的不同，有直动型和减速型两种。直动型电子膨胀阀的电动机直接带动阀芯，其结构较简单，调节较迅速，如图 3-56 所示；减速型电子膨胀阀的电动机通过减速齿轮副带动阀芯，电动机旋转力矩可较小，调节较精密，适用于制冷量较大的场合。

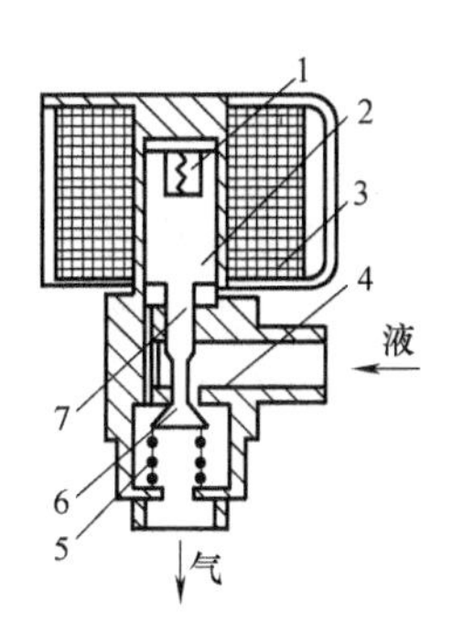

图 3-55　电磁式电子膨胀阀

1、5—弹簧　2—柱塞　3—线圈

4—阀座　6—阀针　7—阀杆

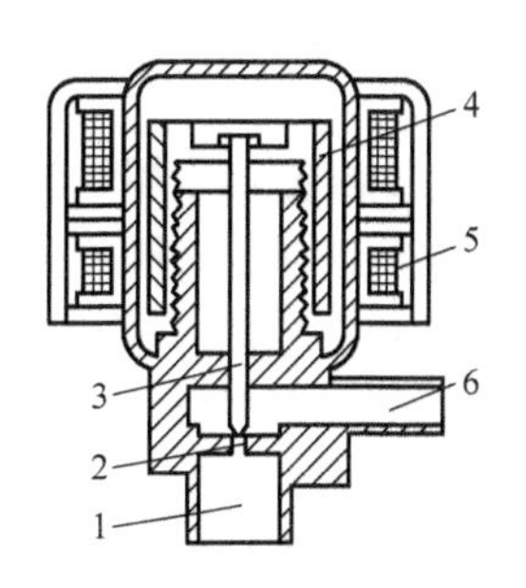

图 3-56　直动型电子膨胀阀的工作原理

1—出口　2—针阀　3—阀杆

4—转子　5—线圈　6—进口

电动机直接带动阀针做上下运动。当控制电路产生的脉冲电压作用到电动机定子上时，在线圈中产生磁力，使电动机转子转动，通过导向螺纹的作用，使转子的旋转运动转变为针阀的上下运动，从而调节针阀的开度，进而调节制冷剂的流量。

减速型电动式电子膨胀阀与直动型电动式电子膨胀阀的区别在于，其内装有减速齿轮。它的工作原理是当电动机通电后，高速旋转的转子通过齿轮组减速，再带动阀针做直线移动。由于齿轮的减速作用大大增加了输出转矩，使得较小的电磁力可以获得足够大的输出力矩，所以减速型电子膨胀阀的容量范围大。减速型电子膨胀阀的另一特点是电动机组合部分与阀体部分可以分离，这样，只要更换不同口径的阀体，就可以改变阀的容量。

减速型电动式电子膨胀阀的结构如图 3-57 所示，它由阀体、脉冲步进电动机、波纹管、传动机构和阀芯等组成。脉冲步进电动机通过传动机构带动阀芯上下移动，进行制冷剂流量的调节。

脉冲步进电动机为驱动机构，由微计算机控制，一般是四相电动机，电动机转子采用永久磁铁形成磁极。微处理器发出指令，由转换电路在各相绕组上按时序施加脉冲驱动电压，使电动机旋转。由于脉冲序列可以正反变化，脉冲步进电动机可以正反换向。

波纹管起密封作用，它将制冷剂流道与运动部分隔开，以防制冷剂泄漏。

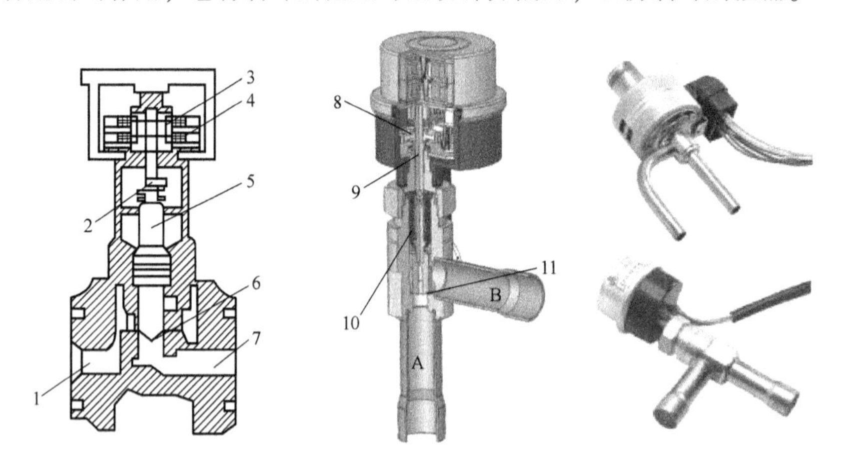

图 3-57　减速型电动式电子膨胀阀的结构

1—入口　2—减速齿轮组　3—转子　4—线圈　5—阀杆　6—阀针　7—出口
8—三级减速齿轮副　9—脉冲步进电动机　10—波纹管　11—阀芯

传动机构包括齿轮副和螺纹副，小齿轮为主动齿轮，由脉冲步进电动机带动，小齿轮带动大齿轮将转速降低。传动螺杆与大齿轮制成一体，随大齿轮旋转。由于螺套与阀体上防自转机构的作用，螺套无旋转运动。随着螺杆的旋转，螺套上升或下降，将圆周运动变换成直线运动，并带动阀芯上下移动。

电子膨胀阀通道的结构形式为圆锥阀。

电子膨胀阀用脉冲步进电动机的电路如图 3-58 所示，电子膨胀阀的调节方式通常是比例-积分-微分（PID）反馈调节方式，以减小起调量，消除静差，加速起调过程和调节过程，避免蒸发器出口处制冷剂过热度振荡。

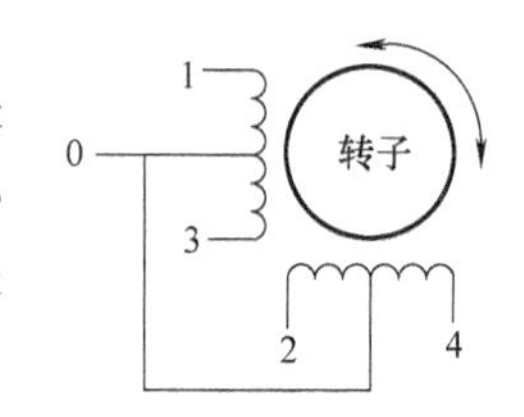

图 3-58　电子膨胀阀用脉冲步进电动机的电路

温度传感器为两个热敏电阻，一个贴在蒸发器两相段管外壁上，另一个贴在蒸发器出口管外壁上，分别检测饱和温度的过热温度，以得到过热度信号。

制冷剂在电子膨胀阀中的流向是可逆的，其流量特性基本上是线性的。

3.4.3　毛细管

本节所说的毛细管是指制冷系统中用于节流机构的等截面细铜管，其内径为 0.4~5mm，长度从 200mm 到数米不等。制冷剂在毛细管内的膨胀过程，是流体在等截面管道中有摩擦的、有或无热交换的流动过程。在此阶段中，制冷剂过冷液体先经历一个线性的压力下降过程，直到产生气泡为止，其温度不变。此后，制冷剂在经历一个非线性压力下降阶段后，其压力和温度的关系符合饱和湿蒸气状态的规律。图 3-59 所示为与毛细管长度相对应的压力和温度变化曲线。

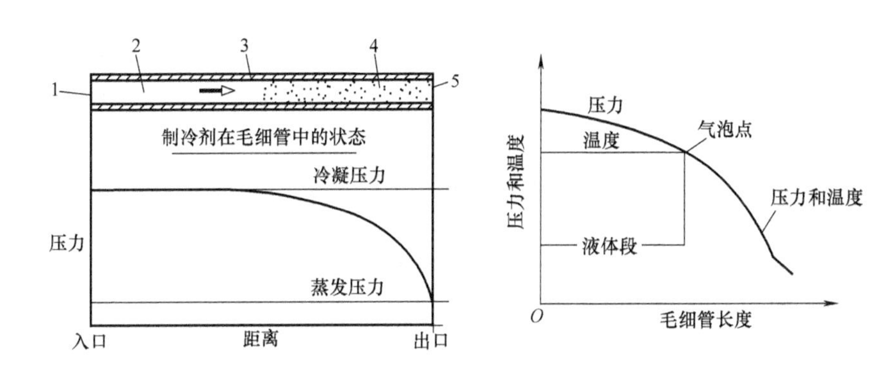

图 3-59 毛细管的节流原理

1—冷凝器出口 2—液态 3—毛细管 4—湿蒸气 5—蒸发器入口

毛细管节流是利用孔径和长度变化产生压力差，实现节流降压，控制制冷剂流量。主要用于热负荷较小的家用制冷器具中，同时要求制冷系统有比较稳定的冷凝压力和蒸发压力，如空调、冰箱等。采用毛细管作为节流机构的优点是结构简单、没有磨损、不易泄漏制冷剂、使用中无需调整、工作可靠、重量轻、价格低廉。毛细管的使用情况有多种，在不同的使用情况下，毛细管的节流过程也不完全相同。

按照与压缩机吸气管的换热情况来区分，可分为有回热和无回热两种情况。无回热毛细管的膨胀过程可近似认为是绝热膨胀，有回热毛细管的膨胀过程是放热膨胀。

按照毛细管进口处工质的状态来区分，可分为进入过冷液体、饱和液体和稍有汽化的湿蒸气三种情况。通常进入毛细管的制冷剂是过冷液体。

毛细管是不可调节的节流机构，当工况发生变化时，制冷剂流量无法相应进行调节。因此，应用毛细管节流的制冷系统的特性也与其他系统有所不同：

1）当系统停机后，毛细管不可关闭，因此，采用毛细管作为节流机构的制冷系统，停机后制冷剂在压差的作用下会全部进入蒸发器。所以对制冷剂充注量要求严格；毛细管可与压缩机的吸气管构成回热器。

2）系统的高压侧不要设置储液器，充入的制冷剂量也少，以减少停机时制冷剂的迁移量，蒸发器与冷凝器之间的压力迅速平衡，从而使压缩机下次起动时，减轻电动机的负载，防止起动时发生“液击”，这点对于全封闭式压缩机尤为重要。因此，毛细管广泛地用于由全封闭压缩机组成的、热负荷较小的家用制冷器具中。

3）制冷剂充注量应尽量与蒸发容量相匹配，必要时可在压缩机吸气管路上加装气液分离器。

4）对初选毛细管进行试验修正时，应保证毛细管的管径和长度与装置的制冷能力相吻合，以保证装置达到规定的技术性能要求。

5）毛细管内径必须均匀。由于毛细管内径较小，其通路易被堵塞，因此要防止水分和污物进入，其进口处应设置干燥过滤器。

无论用什么方法得出的毛细管长度，在工程实际应用时均需对此长度进行检验，其方法为：

1）按计算或查图得出的长度并按此长度减短和加长，共制作 5~7 根毛细管，长度间隔为 2mm，对每根毛细管进行氮气流量试验，记录氮气流量。

2）用管接头将其中一根毛细管接入制冷系统，在试验台上运行制冷装置。

3）如冷凝压力和蒸发压力均偏低，则毛细管偏长；如冷凝压力和蒸发压力均偏高，则毛细管偏短。

4）更换毛细管，重复进行试验，直至冷凝压力和蒸发压力合适、制冷量与输入功率合格，该毛细管即为合用毛细管，其长度即所需长度。

5）按合用毛细管的尺寸成批制作，每根毛细管均需进行氮气流量试验，流量与合用毛细管相差超过 4%的为不合格。

3.5 辅助设备

实际制冷机仅有四大部件是不能完全正常工作的，需要辅助设备来实现制冷剂的储存、分离与净化、润滑油的分离与收集，以及安全保护，这样才能正常工作。

3.5.1 油分离器

油分离器的作用是对制冷压缩机排出的高压蒸气中的润滑油进行分离，以保证装置安全、高效地运行。油分离器根据降低气流速度和改变气流方向的分油原理，使高压蒸气中的油粒在重力作用下得以分离。一般气流速度在 1m/s 以下，就可将蒸气中所含直径在 0.2mm 以上的油粒分离出来。通常使用的油分离器有洗涤式、过滤式或填料式、离心式和惯性式四种。

图 3-60 所示为洗涤式油分离器，这种油分离器适用于氨制冷系统，主要是利用混合气体在氨液中被洗涤和冷却来分离油的，同时还利用了降低气流速度与改变气流运动方向，油滴自然沉降的分离作用。其中洗涤和冷却作用对洗涤式油分离器的分油效率影响最大，为保证分油效果，分离器下部必须保持有一定高度的氨液，进液管至少应比冷凝器的出液管低 200~300mm。

图 3-61 所示的过滤式或填料式油分离器通常用于小型氟利昂制冷系统中。在钢板卷焊而成的筒体内装设填料层，填料层上下用两块多孔钢板固定。填料可以是陶瓷杯、金属切屑或金属丝网，以金属丝网效果最佳。当带油的制冷剂蒸气进入筒体内降低流速后，先通过填料吸附油雾，沿伞形板扩展方向顺筒壁而下，然后改变流向从中心管返回顶腔排出。分离出的油沉积在底部，再经过浮球阀或手动阀排回压缩机曲轴箱。

图 3-62 所示为离心式油分离器，它在筒体上部设置有螺旋状导向叶片，进气从筒体上部沿切线方向进入后，顺导向叶片自上而下做螺旋状流动，在离心力的作用下，进气中的油滴被分离出来，沿筒体内壁流下，制冷剂蒸气由筒体中央的中心管经三层筛板过滤后从筒体顶部排出。筒体中部设有倾斜挡板，将高速旋转的气流与储油室隔开，同时也能使分离出来的油沿挡板流到下部储油室。储油室中积存的油可通过筒体下部的浮球阀装置自动返回压缩机，也可采用手动方式回油。离心式油分离器的油分离效果较好，适用于大型制冷系统。压缩机的排气经油分离器进气管沿切线方向进入筒内，随即沿螺旋导向叶片高速旋转并自上而下流动。借离心力的作用将排气中密度较大的油滴抛在筒壁上分离出来，沿筒壁流下，沉积在筒底部。蒸气经筒体中心出气管内的多孔板引出。

图 3-63 所示为惯性式油分离器，当压缩机排出的高压制冷剂气体进入分离器后，由于

过流截面较大，气体流速突然降低并改变方向，加上进气时几层金属丝网的过滤作用，即将混入气体制冷剂中的润滑油分离出来，并向下滴落聚集在容器底部。当聚集的润滑油量达一定高度后，则通过自动回油阀回到压缩机曲轴箱内。

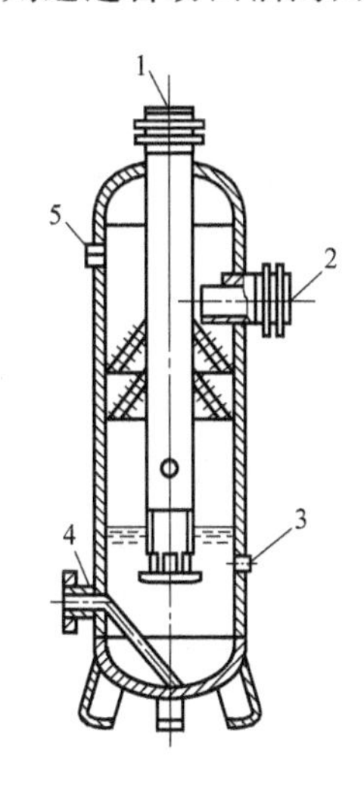

图 3-60　洗涤式油分离器

1—进气管　2—出气管　3—进液管

4—放油管　5—压力表接管

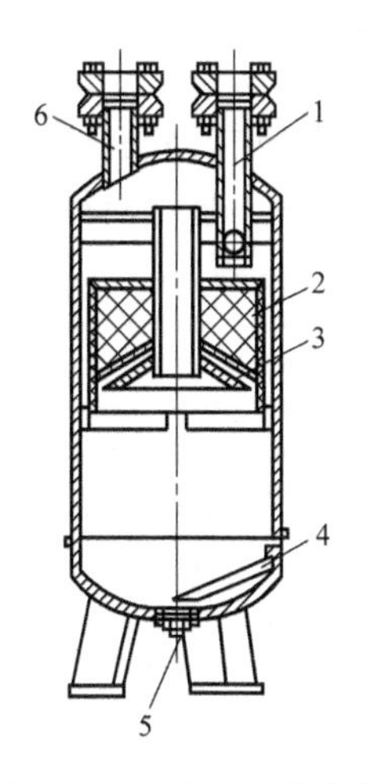

图 3-61　过滤式油分离器

1—进气管　2—填料层　3—挡板

4—放油管　5—排污口　6—出气管

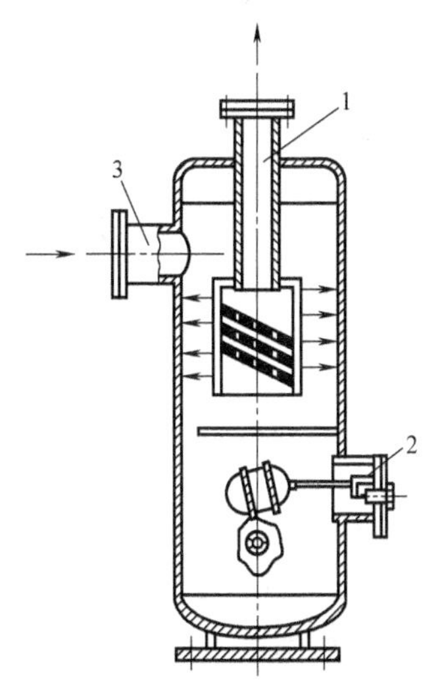

图 3-62　离心式油分离器

1—出气管　2—浮球阀　3—进气阀

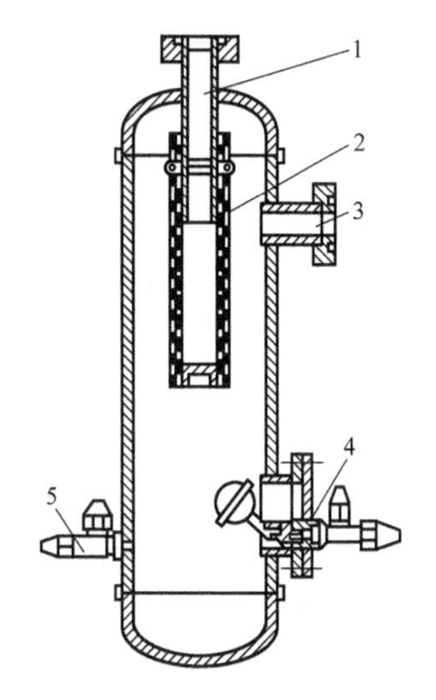

图 3-63　惯性式油分离器

1—进气管　2—滤网　3—出气管

4—浮球阀　5—手动回油阀

3.5.2　储液器

制冷装置运行时，由于工况变化或者制冷量进行调节时，系统中的制冷剂循环量将发生变化。设置储液器后，可以利用储液器平衡和稳定系统内的制冷剂循环量，使制冷装置正常运行。此外，当对制冷装置进行大修或对冷凝器、蒸发器进行检修时，可将系统中的制冷剂存于储液器内，以免产生损失或污染环境。

储液器按功能和用途不同，可分为高压储液器和低压储液器两类。高压储液器用于储存由冷凝器来的高压制冷剂液体，以适应工况变化时制冷系统中所需制冷剂量的变化，并减少每年补充制冷剂的次数。高压储液器一般为卧式，如图 3-64 所示，其上应装有液位计、压力表以及安全阀，同时应有气体平衡管与冷凝器连通，以利于液体流入储液器中。高压储液器的充注高度一般不超过筒体直径的 80%。

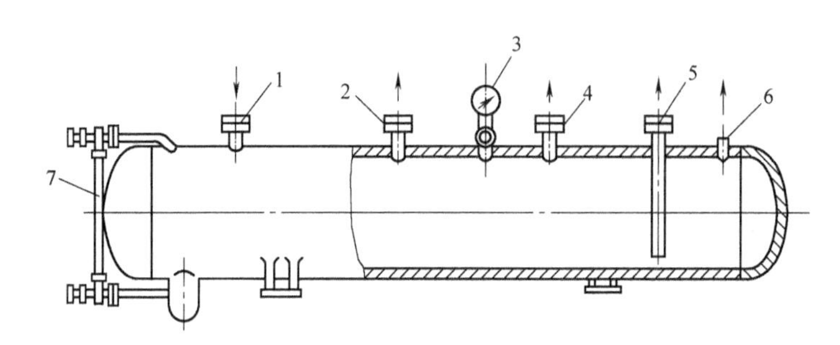

图 3-64　卧式储液器

1—进液管　2—平衡管　3—压力表　4—安全阀　5—出液管　6—放气管　7—液位管

低压储液器仅在大型氨制冷装置中使用。其结构与高压储液器相似，也需要装压力表、液位计以及安全阀等安全设备。低压储液器有各种用途，有的用于氨泵供液系统以及储存循环使用的低压氨液；有的专供蒸发器融霜或检修时排液用。

3.5.3　空气分离器

在运行过程中，系统中有时会混入空气以及其他不凝性气体。这些气体的来源如下：

1）制冷系统在投产前或大修后，因未彻底清除空气，使空气存在制冷系统中。

2）日常维修时，局部管道、设备未经抽真空就投入工作。

3）系统充氨、充氟、加油时带入空气。

4）当低压系统在负压下工作时，通过密封不严密处窜入空气。

系统中有空气带来的害处是：

1）导致冷凝压力升高。在有空气的冷凝器中，空气占据了一定的体积，且具有一定的压力，而制冷剂也具有一定的压力。根据道尔顿定律：一个容器（设备）内气体总压力等于各气体分压力之和。所以在冷凝器中，总压力为空气和制冷剂压力之和。冷凝器中的空气越多，其分压力也就越大，冷凝器总压力自然升高。

2）由于空气的存在，冷凝器传热面上形成的气体层起到了增加热阻的作用，从而降低了冷凝器的传热效率。同时，由于空气进入系统，使系统含水量增加，容易腐蚀管道和设备。

3）由于空气的存在，冷凝压力升高，会导致制冷机产冷量下降和耗电量增加。

4）如有空气存在，则在排气温度较高的情况下，遇油类蒸气，容易发生意外事故。

为了减少所排空气中制冷剂蒸气的含量，通常采用空气分离器在排放空气的同时将其中的制冷剂蒸气凝结下来予以回收。

卧式空气分离器如图 3-65 所示，它是由 4 根直径不同的无缝钢管组成的，管 1 与管 3 相通，管 2 与管 4 相通。混合气体自冷凝器来，通过混合进气阀进入管 2，氨液自膨胀阀来，进入管 1 后吸收管 2 内混合气体的热量而汽化，氨气出口经降压管接至总回气管道，则氨气被压缩机吸入。管 2 里的混合气体被降温，其中氨气被凝结为氨液流入管 4 的底部，空气不会被凝结为液体，仍以气态存在，将分离出来的空气经放空气阀放出，达到使系统内空气分离出去的目的。

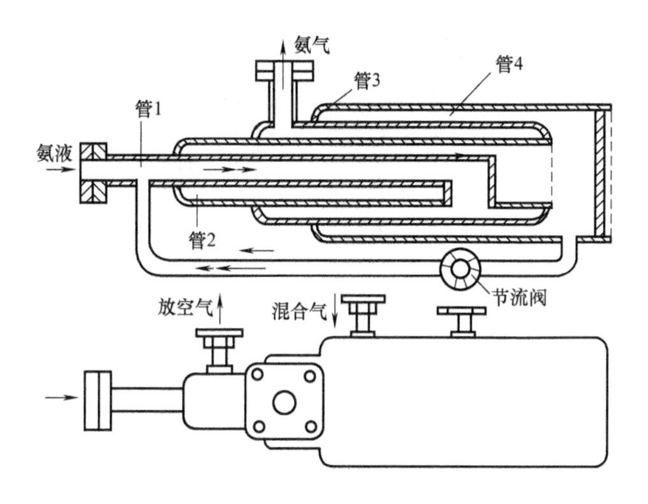

图 3-65　卧式空气分离器

3.5.4　气液分离器

气液分离器的作用是对制冷剂蒸气与制冷剂液体进行分离。气液分离器有两种，一种用于分离液氨，即用来分离蒸发器来的低压蒸气中的液滴，一般用于大、中型氨制冷装置。其中氨液分离器分为机房用分离器，用来分离蒸发器来的低压蒸气中的液滴，避免压缩机湿压缩；库房用分离器，用来分离由节流阀来的制冷剂中的闪发气体，只让氨液进入蒸发器，提高蒸发器的热交换效果，兼分配液体。另一种是用于小型氟利昂系统的分离器，有管道形和筒体形两种，如图 3-66 所示。

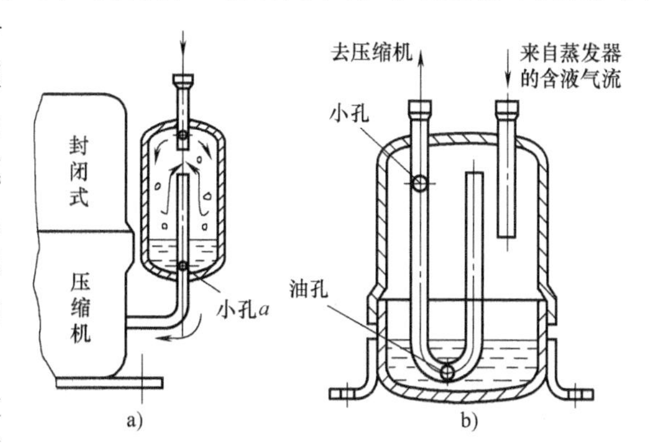

图 3-66　小型氟利昂制冷装置用气液分离器
a）管道形　b）筒体形

对于热泵型空调器，为了保证融霜过程中压缩机的可靠运行，气液分离器是不可缺少的。

气液分离器的设计筒径为

$$d=\sqrt{\frac{4M_{\mathrm{R}}v}{3600\pi w}} \tag{3-20}$$

式中，M_{R} 是制冷装置中每小时制冷剂的总循环量（kg/h）；v 是冷凝温度下液体的比体积

(L/kg)；w 是分离器内气体的流速，一般取 0.5m/s 。

3.5.5 过滤器和干燥器

过滤器用于清除制冷剂中的机械杂质，如金属屑及氧化皮等。氨用过滤器一般由 2~3 层网孔直径为 0.4mm 的钢丝网制成，氟利昂过滤器则由网孔直径为 0.1~0.2mm 的铜丝网制成。在制冷设备中，氨液过滤器装设在浮球阀、节流阀和电磁阀前的输液管道上，以防止氨中的铁锈等机械杂质进入压缩机气缸。

干燥器一般只用在氟利昂制冷机中，装在液体管路上用以吸附制冷剂中的水分。干燥过滤器中一般用硅胶或分子筛做干燥剂。干燥器一般装在节流阀之前，通常和干燥器平行设置旁通管道，以备干燥器堵塞或拆下清理时制冷机能够继续工作。在小型氟利昂制冷装置中，通常将过滤器与干燥器合为一体，称为干燥过滤器，为防止干燥剂进入管路系统中，干燥过滤器两端装有铁丝网或铜丝网、纱布和脱脂棉等过滤层。图 3-67 所示为干燥过滤器的结构。

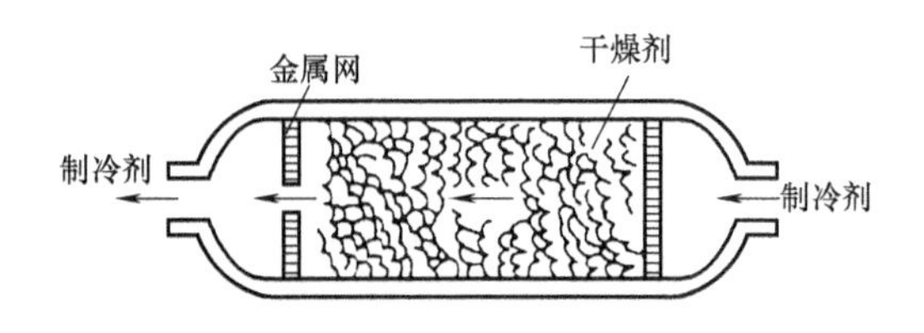

图 3-67 干燥过滤器的结构

第4章 制冷装置系统控制与保护

【学习目标】

掌握制冷装置系统控制的基本原理、控制方式与方法；了解制冷系统安全保护措施以及计算机控制。

【教学内容】 4.1 制冷装置系统控制的基本原理

4.2 继电器控制方法；

4.3 制冷系统的安全保护；

4.4 制冷系统的计算机控制

【重点与难点】 本章的内容为制冷装置系统控制与保护，学完本章内容后，学生应能够熟悉制冷设备中各种控制部件的电路，并具有处理系统中各种故障的能力。本章的重点与难点如下：

1）重点掌握各电气器件的作用、原理及使用方法，了解各器件的维护、维修方法。

2）掌握用单片机、PLC、集中控制制冷设备的原理，控制电路的组成及各种工作过程的控制方法，能对较复杂的控制电路进行较全面、系统的分析。该部分为本章的难点。

【学时分配】 6学时。

4.1 制冷装置系统控制的基本原理

制冷装置系统控制就是在制冷系统中利用自动控制规律，设置相应的传感器、控制器、执行器等自动控制元件，组成自动控制系统，对被控制的机器与设备或空间实行自动调节和自动控制。

4.1.1 自动控制系统的组成

在制冷空调系统中，为了保证整个系统正常运行，并达到要求的指标，需要对许多热工参数进行控制。温度、湿度、压力、流量和液位等热工参数，都是一般热工自动控制技术上经常遇到的被控参数。为了达到自动调节被控参数的目的，必须把具有不同功能的环节组成一个有机的整体，即自动控制系统。自动控制系统由自动控制设备和控制对象组成，它是由传感器、控制器、执行器和控制对象所组成的闭环控制系统。

所谓控制对象，是指需要控制的机器、设备或生产过程。被控参数是指所需控制和调节的物理量或状态参数，即控制对象的输出信号，如房间温度。传感器是把被控参数成比例地转变为其他物理量信号（如电阻、电流、气压、位移等）的元件或仪表，如热电阻、热电偶等。控制器是将传感器送来的信号与给定值进行比较，根据比较结果的偏差大小，按照预定的控制规律输出控制信号的元件或仪表。执行器由执行机构和调节机构组成。调节机构包括控制调节阀、控制调节风门、变频风机水泵等，它根据控制器输出的控制信号改变调节机构的调节量，对控制对象施加控制作用，使被控参数保持在给定值。

图 4-1 所示为冷库温度控制系统。冷风机置于库内，通过制冷剂蒸发提供冷量，用以平衡库内的热负荷（包括储物的释热、库内有关设备的发热量，以及由于室内外温差通过建筑围护结构传入库内的热量等）。食品冷藏要求库内温度 θ_a（受控参数）保持恒定。为此，在蒸发器的供液管上设有电磁阀（执行器），用感温包（发信器）感应库房温度 θ_a，传递压力信号 p 给温度控制器（控制器）。当库内温度上升，超过给定值的上限时，温度控制器控制电磁阀打开，供液，在蒸发器中产生制冷效应，使库温下降。当库房温度降低到超过给定值的下限时，温度控制器又控制电磁阀关闭，停止供液，中断制冷作用。如此反复，使库房温度维持在给定值附近做小范围的波动。这是一种最简单的双位控制系统，因为电磁阀的动作是间断的，所以对蒸发器供液量的调节不连续。

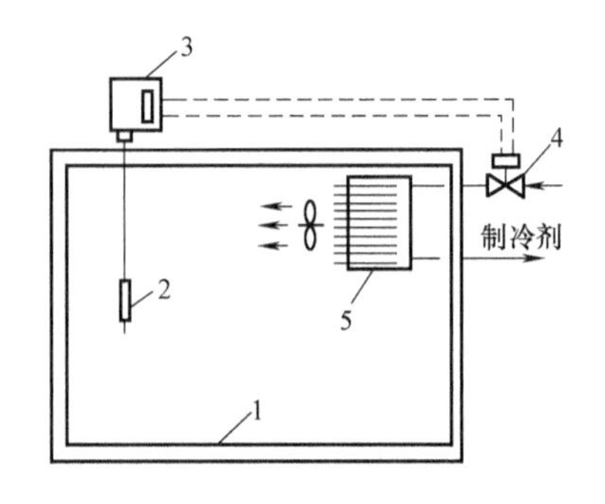

图 4-1　冷库温度控制系统

1—冷库　2—感温包　3—温度控制器

4—电磁阀　5—冷风机（蒸发器）

为了研究自动控制系统组成环节间的相互影响和信号联系，通常用自动控制系统框图来表示自动控制系统。图 4-2 为图 4-1 所示冷库温度自动控制系统的框图。控制系统中的每一个组成环节在此图上用一个方框来表示，每个方框都有一个输入信号和一个输出信号。方框间的连线和箭头表示环节间的信号联系与信号传递方向，信号可以分叉与交汇。在自动控制系统中，除给定值变化外，凡是引起被控参数发生变化而偏离给定值的外因均称为干扰作用，如上例中的室外空气温度。干扰作用通过干扰通道影响被控参数，而控制作用通过控制通道影响被控参数。

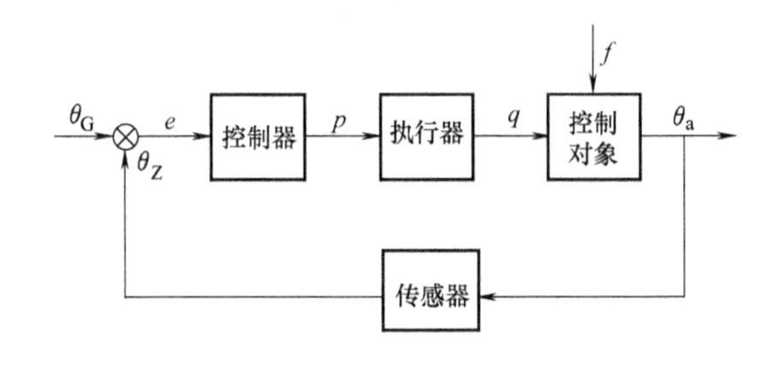

图 4-2　冷库温度自动控制系统框图

从图 4-2 可以看出，系统中的信号沿箭头方向前进，最后又回到原来的起点，形成一个闭合回路，这种系统叫闭环系统。在闭环系统中，系统的输出信号为被控参数 θ_a，它通过传感器这个环节再返回到系统的输入端，与给定值 θ_G 进行比较，这种将系统的输出信号引回到输入端的过程叫反馈。被测输出信号减弱输入信号的反馈称为负反馈，反之称为正反馈。负反馈控制具有自动修正被控参数偏离给定值的能力，其控制精度高，适应面广，是基本的控制系统。负反馈控制系统的工作原理：当干扰作用 f 发生后，被控参数 θ_a 偏离给定值，这种变化（θ_Z）被传感器测出，并送到控制器与给定值 θ_G 进行比较，得出偏差 $e=\theta_G-\theta_Z$；偏差 e 被输入控制器中，经过控制器加工运算，输出一个和偏差 e 成一定关系的控制量 p，去调节执行机构，改变输入到控制对象中的能量 q，克服干扰造成的影响，使被控参数

又趋于给定值。可见，负反馈控制的实质是以偏差克服偏差的控制过程。自动控制系统的基本功能是信号的测量、变送、比较和处理。

4.1.2　自动控制系统的分类

自动控制系统的分类方法有多种。

1. 按给定值的给定变化规律划分

(1) 定值控制系统　定值控制系统是被控参数的给定值在控制过程中恒定不变的系统，即给定值 θ_G 为常数。这种系统在制冷空调器中的应用最为普遍。

(2) 程序控制系统　程序控制系统是被控参数的给定值按照某一事先确定好的规律变化的系统，即给定值 $\theta_G=f(t)$ 为时间 t 的函数，如环境实验室中的设定温度。

(3) 随动控制系统　随动控制系统是被控参数的给定值事先不能确定，而取决于本系统以外的某一进行过程的系统，即给定值 $\theta_G=f(\theta_r)$ 为随机量 θ_r 的函数。

2. 按控制动作与时间的关系划分

(1) 连续控制系统　连续控制系统是所有参数都随时间连续变化，并且调节过程也连续的系统。

(2) 断续控制系统　断续控制系统是有一个以上的参数是开关量的系统。例如，电磁阀控制蒸发器供液，只能是开或关，不会停在中间某一位置。

除了以上两种分类方法外，还有其他分类方法，如按控制方式分为开环控制、反馈控制、复合控制等；按控制器使用的能源种类分为气动控制系统、液动控制系统、电动控制系统；按控制器的控制规律分为双位、比例（P）、比例积分（PI）、比例微分（PD）、比例积分微分（PID）控制系统等。

4.1.3　控制器的控制特性

1. 控制器或控制仪表驱动能源

空调系统中使用的控制设备驱动能源的种类见表 4-1。到 1980 年左右，空调系统中的控制设备（控制器）基本上都采用与工业装置上相似的控制设备，所以很多场合使用气动式控制器。随着微型计算机的普及，之后大多采用直接数字控制（Direct Digital Control，DDC）设备，现在已是电动式控制设备（控制器）的全盛期。电动式控制设备的缺点是驱动控制阀或控制风挡的电动机驱动力矩较小，但是，用于空调机的自动控制阀等场合不需要太大的力矩，所以即使驱动力小，使用上也没有问题。但是，用于热源系统的压力控制等场合时，因为需要较大的驱动力矩，所以电动式控制设备不太适用。这时，使用气动调节阀就是一个基本条件，但是人们不愿意仅仅为了热源的这几个调节阀而花费时间和资金来配置空气压缩机等设备。所以一般选择大力矩电动机，或者使用自力式控制阀，以解决力矩过小等问题。

表 4-1　空调系统中使用的控制设备驱动能源的种类

能源种类	电动式	气动式	自力式
优点	操作容易 可直接与 DDC 连接	驱动力矩大 耐用性好	驱动力矩大 耐用性好
缺点	驱动力矩小 耐用性差	不能直接与 DDC 连接 必须使用空气压缩机	不能积分和微分

2. 各种控制规律

（1）ON/OFF控制（双位式控制） 图4-3为一室温双位调节系统示意图，在图示双位调节系统中，当室内温度上升时，电接点水银温度计2中的水银柱随之升高，当水银柱升高到使继电器3的线圈通电时，通过其常闭接点断开而切断电磁阀4的电源，从而切断热水管路，停止供热，导致室内温度下降。当室温下降时，电接点水银温度计的水银柱下降到使继电器3的线圈断电，导致电磁阀线圈与电源接通，使热水管路中的电磁阀打开，继续供热，从而使室内温度上升。继电器和电磁阀的断续工作使室内温度不断地上下波动。由于电接点水银温度计的接点只能处于接通和断开两种状态，因此称其为两位调节器（又称双位调节器）。

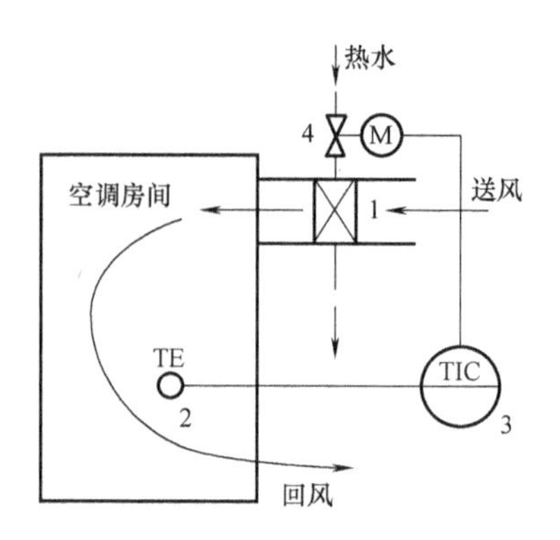

图4-3 室温双位调节系统示意图
1—热水加热器 2—电接点水银温度计 3—继电器 4—电磁阀

室内空调机或柜式空调机的控制也采用这种双位控制方式。虽然这种控制方式比较简单，但是自动控制却是从这里开始的。如图4-4所示，在ON/OFF之间设置一个动作间隙。考察图4-5所示基于电热器温度控制的例子，如果要尽量接近设定值，那么ON和OFF之间的间隙就要设置得尽量小。

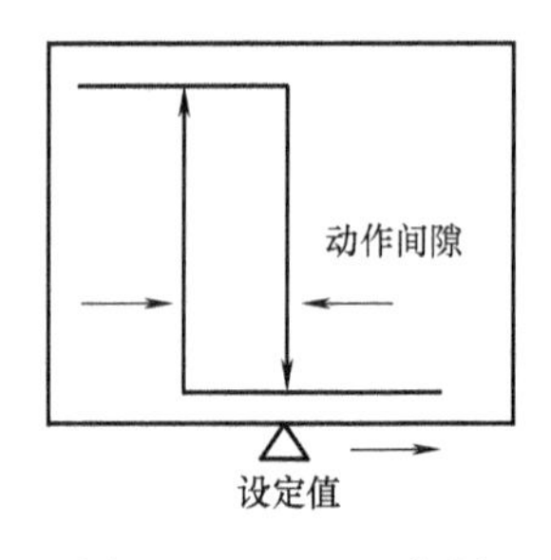

图4-4 ON/OFF控制

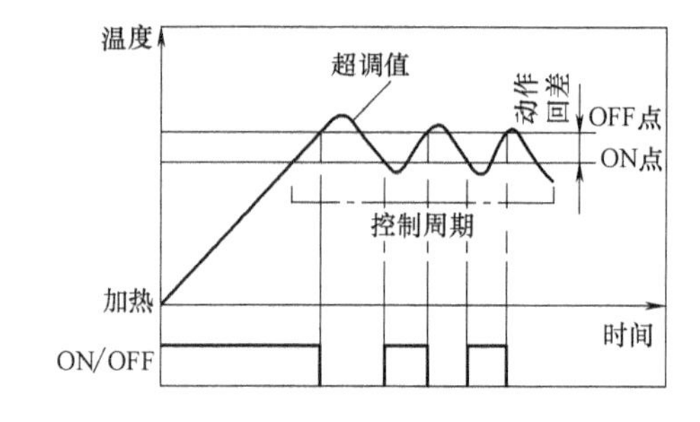

图4-5 ON/OFF控制响应曲线

动作间隙设置得越小，ON/OFF的切换频率就越高。对于加热器，ON/OFF的切换频率高，对系统没有影响；但是，对于室内空调机或柜式空调机等电力启停的场合，如果ON/OFF的切换频率过高，就可能损坏设备或缩短设备使用周期。由ON/OFF反复切换实现的控制称为循环运行。另外，即使在超过ON/OFF点的短时间内，因加热器余热等原因，也存在一个动作不能反转的状态，称其为超调。在控制对象时间常数过大等场合，超调量也大。

（2）P控制 对于空调机的冷水盘管，调节阀的输入信号是模拟信号，控制这种调节阀时，采用比例（Proportional）控制比ON/OFF控制动作间隙更小，即稳态时能够使被控制量更接近设定值。如图4-6所示，采用比例控制时需要引入比例带的概念。若温度设定值为26℃，比例带（*PB*）为2℃，则表示在25℃时阀全关，27℃时阀全开。

假定设定值为26.0℃，温度稳定在26.5℃，现在根据图4-6计算此时调节阀的开度。因为*PB*为2℃，所以增益*k*为1/2（50%），乘以0.5（PV-SV）得25%。设偏差为0℃时阀

的开度为 50%，因此控制阀开度为 25%+50%=75%。与设定值有 0.5℃的偏差（残差）。

如果期望控制更接近设定值，那么应该把比例带设定得再小些。但是，如图 4-7 所示，如果比例带过小，超调量将变大而引起振荡，导致控制发散或不稳定。相反，如果比例带过大，则残差也大，虽然保证了控制的稳定性，但是其结果将恶化。

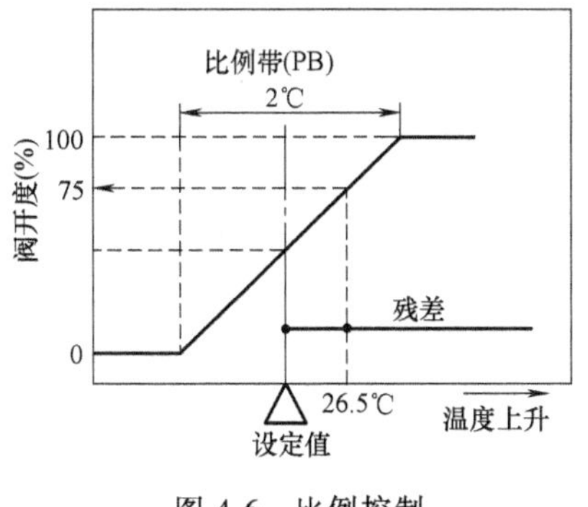

图 4-6　比例控制

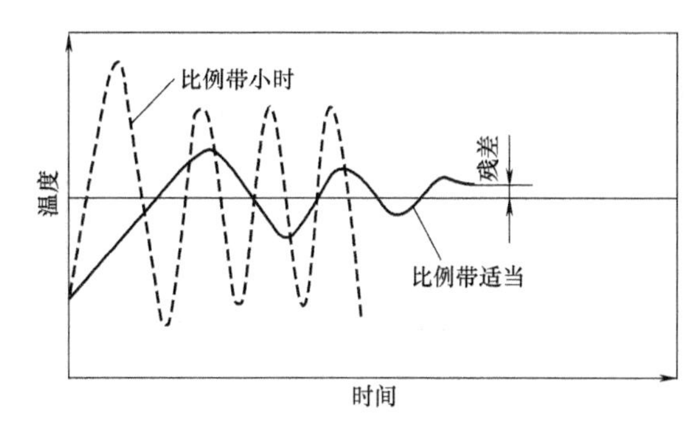

图 4-7　比例控制的响应曲线

(3) PI 控制　比例控制的缺点是存在残差，积分控制正好能够消除残差。如图 4-8 所示，只要有残差，比例带自身便会移动，直到残差变为 0。因为为了达到目标值而反复重置（比例带），所以把积分时间常数称为重置时间。采用乘以时间进行修正这个概念，正是积分作用的特征。

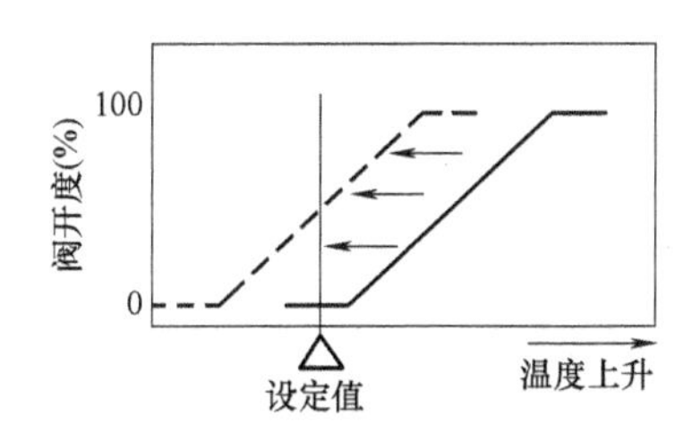

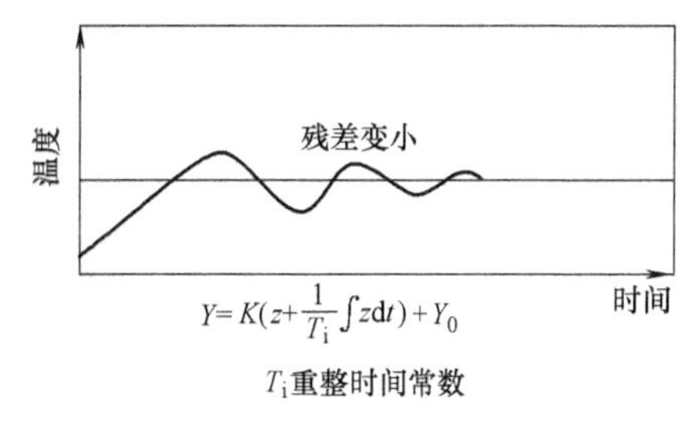

图 4-8　比例控制+积分控制

从上述分析可知，积分作用与其单独使用，不如采用比例作用和积分作用的组合。这样，如果采用 PI 控制就能够消除残差，则引入积分作用后，负荷变动小而惯性大的场合，其稳定性将变差。

(4) PID 控制　在 PID 控制中，微分作用（Differential）与输入的时间微分成比例，出现残差的初始时刻产生一个大的修正作用，可以抵消过程的大惯性。所以，微分常数 T_d 称为重整时间常数，如果再加上 PI 作用，就可以避免过冲现象（超调量小），即使对于大惯性过程，也可以保证控制系统的稳定性。图 4-9 所示为在阶跃输入下，PID 各控制作用响应曲线。

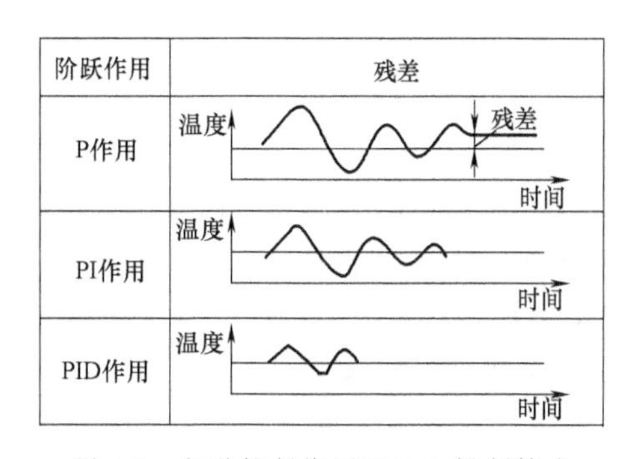

图 4-9　各种控制作用和 PID 控制算式

PID 控制算式为
$$Y = K\left(z + \frac{1}{T_1}\int z\mathrm{d}t + T_\mathrm{d}\frac{\mathrm{d}z}{\mathrm{d}t}\right) + Y_0$$

式中，T_d 是比例时间常数。

4.1.4 传感器

1. 温度传感器

制冷电子控制系统中常用的温度传感器有铂电阻型和热敏电阻型两种。按照测温场合，将铂电阻或热敏电阻探头封装后做成各种不同的形状，如图 4-10 所示。一些型号的温度传感器的用途及测量温度范围见表 4-2。

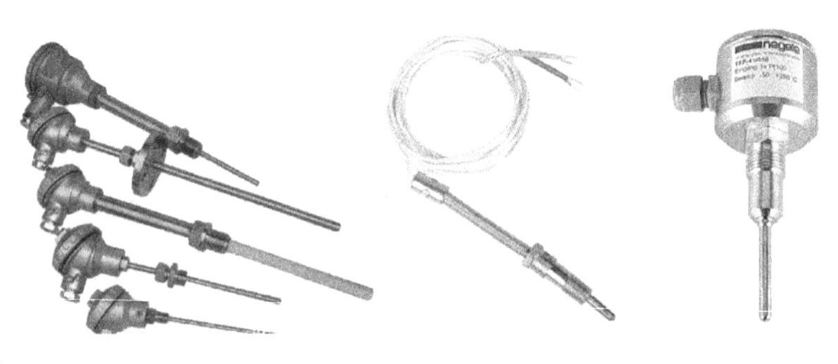

图 4-10 温度传感器的形式

铂电阻的阻值与温度呈线性变化关系，Pt1000 铂电阻温度传感器在温度为 0℃时电阻为 1000Ω，Pt1000 铂电阻的温度-电阻特性见表 4-3 所示。温度每变化 1K，铂电阻的阻值约改变 3.9Ω。表 4-2 中所列的型号中，AKS11、AKS12、AKS21 是 Pt1000 的铂电阻温度传感器。Pt1000 铂电阻温度传感器测温精确，可以在要求高精确度温度控制中，与相应的控制器配合使用。

表 4-2 温度传感器的用途及测量温度范围

型号	用　途	温度范围/℃
AKS11	表面温度和风道温度传感器	-50~100
AKS12	空气温度传感器	-40~80
AKS21A	带有夹子的表面温度传感器	-70~180
	带有屏幕电缆和夹子的表面温度传感器	-70~180
AKS21M	浸入式传感器	-70~180
AKS21W	空气温度传感器(PTC 元件)	-55~100

热敏电阻温度传感器利用热敏电阻元件的温度-阻值特性反映温度变化。热敏电阻有 PTC 和 NTC，PTC 是正温度系数的热敏电阻，NTC 是负温度系数的热敏电阻。

2. 压力传感变送器

压力传感变送器可将压力测量值转换成标准电信号。对制冷中使用的压力变送器有高精度要求，先进的传感技术可保证压力调节的高精度，这对于制冷装置能力调节的准确性与节能性十分重要（压力信号常用于制冷机能力调节的发信）。图 4-11 所示为压力变送器。

压力变送器的输出电信号与压力呈线性关系。有以下信号输出方式：一种是在变送器的测量压力量程范围内以电压信号 DC0~5V 输出，或者以电流信号 0~20mA 输出，它们的输

表 4-3　Pt1000 铂电阻的温度-电阻特性表［AKS11、AKS12、AKS21］

温度/℃	电阻/Ω	温度/℃	电阻/Ω	温度/℃	电阻/Ω	温度/℃	电阻/Ω
0	1000.0		1000.0				
1	1003.9	-1	996.1	26	1101.2	-26	898.0
2	1007.8	-2	992.2	27	1105.1	-27	894.0
3	1011.7	-3	988.3	28	1109.0	-28	890.1
4	1015.6	-4	984.4	29	1112.8	-29	886.2
5	1019.5	-5	980.4	30	1167.7	-30	882.2
6	1023.4	-6	976.5	31	1120.6	-31	878.3
7	1027.3	-7	972.6	32	1124.5	-32	874.3
8	1031.2	-8	968.7	33	1128.3	-33	870.4
9	1035.1	-9	964.8	34	1132.2	-34	866.4
10	1039.0	-10	960.9	35	1136.1	-35	862.5
11	1042.9	-11	956.9	36	1139.9	-36	858.5
12	1046.8	-12	953.0	37	1143.8	-37	854.6
13	1050.7	-13	949.1	38	1147.7	-38	850.6
14	1054.6	-14	945.5	39	1151.5	-39	846.7
15	1058.5	-15	941.2	40	1155.4	-40	842.7
16	1062.4	-16	937.3	41	1159.3	-41	838.8
17	1066.3	-17	933.4	42	1163.1	-42	835.0
18	1070.2	-18	929.5	43	1167.0	-43	830.8
19	1074.0	-19	925.5	44	1170.8	-44	826.9
20	1077.9	-20	921.6	45	1174.7	-45	822.9
21	1081.8	-21	917.7	46	1178.5	-46	818.9
22	1085.7	-22	913.7	47	1182.4	-47	815.0
23	1089.6	-23	909.8	48	1186.3	-48	811.0
24	1093.5	-24	905.9	49	1190.1	-49	807.0
25	1097.3	-25	901.9	50	1194.0	-50	803.1

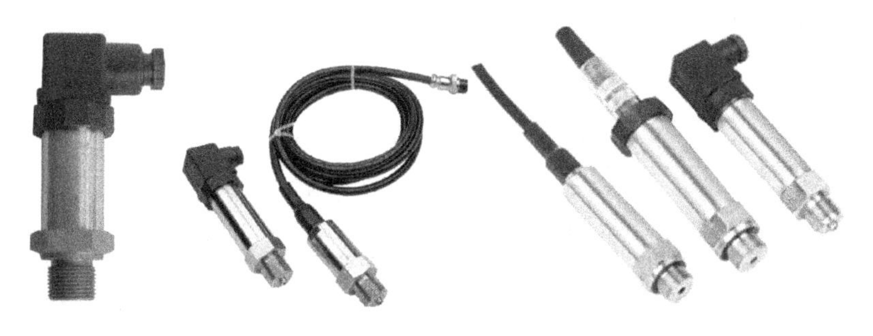

图 4-11　压力变送器

入-输出特性如图 4-12a 所示。另一种是正规化输出的压力变送器 AKS32R 型，它将压力测量值转换成线性输出信号，输出信号的最小值是实际供电电压的 10%；输出信号的最大值是实际供电电压的 90%。例如，供电电压为 5V 时的输入-输出特性如图 4-12b 所示。

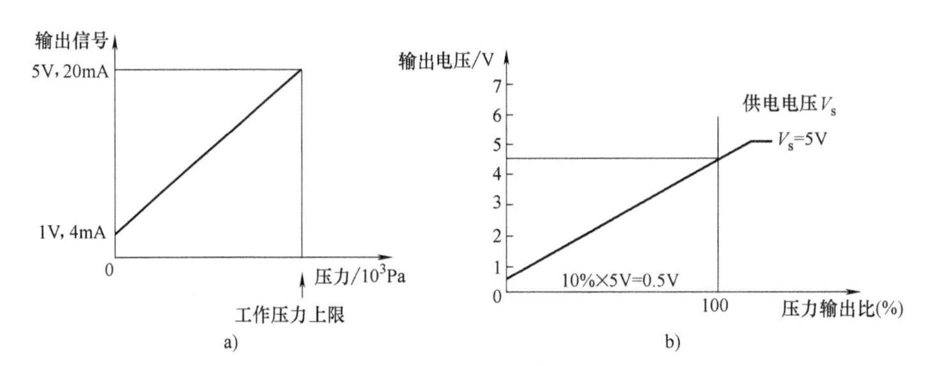

图 4-12　压力变送器特性图

a）线性输出的压力变送器特性　b）正规化输出的压力变送器特性

专为制冷装置开发的高压和低压压力变送器具有温度补偿功能，温度补偿范围与制冷剂种类有关，温度补偿范围为低压（≤1.6MPa）变送器为-30～40℃，如 R404a、R290 等；高压（>1.6MPa）变送器为 0～80℃。

大部分制冷用压力变送器与除氨以外的制冷剂相容，可防潮、防低温，允许安装在恶劣环境中（如有冰的吸气管中）；能抗冲击、振动和压力波动；不可调整，能够较长时间保持出厂时的精度，与环境温度和大气压的变化无关（这一点对于制冷系统中蒸发压力的控制十分重要）；可用于制冷、空调装置，也可用于其他过程控制和实验室。

压力变送器有不同的量程规格，其技术特性见表 4-4。

表 4-4　各种量程规格的压力变送器的技术特性

类　型	运行压力范围/10^{-1}MPa	最高工作压力/10^{-1}MPa	补偿温度范围/℃
输出电压信号(1～5V)	-1～6	33	-30～40
	-1～12	33	-30～40
	-1～20	40	0～30
	-1～34	55	0～80
	-1～34	55	0～80
输出电流信号(4～20mA)	1～5	33	-30～40
	1～6	33	-30～40
	1～9	33	-30～40
	1～12	33	-33～40
	1～40	40	0～80
	1～34	55	0～80
	0～16	40	0～80
	0～25	40	0～80

4.1.5　执行机构

执行器是制冷与空调系统的自动控制执行机构，是自动控制系统不可缺少的部分，包括蒸发压力调节阀、吸气压力调节阀、导阀、主阀、水量调节阀等。

1. 蒸发压力调节阀

蒸发压力调节阀用于需要维持蒸发压力（蒸发温度）恒定的场合，安装在蒸发器出口的管道上。

直接作用式（直动式）蒸发压力调节阀的典型结构如图 4-13 所示。它是一种受阀前压力控制的比例型调节阀。阀盘上作用着入口流体力和设定弹簧力，当蒸发压力升高时，阀开大；反之阀关小，从而使蒸发压力恒定在设定值附近。

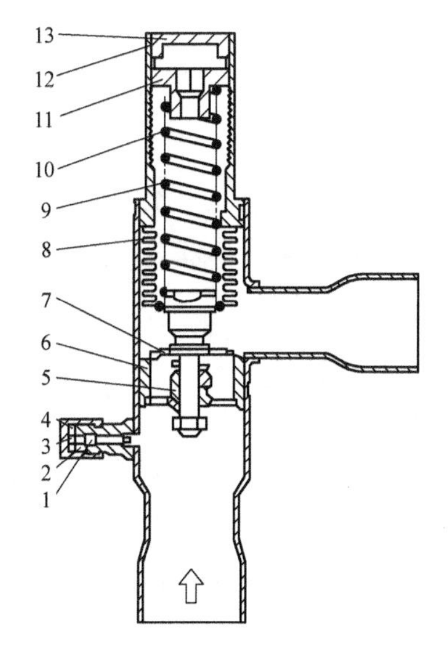

图 4-13　直动式蒸发压力调节阀（KVP 型）
1—塞子　2—密封圈　3—盖　4—压力表接头　5—阻尼机构　6—阀座　7—阀板　8—平衡波纹管　9—阀体　10—主弹簧　11—设定螺钉　12—密封垫　13—护盖

直接作用式蒸发压力调节阀的主要技术参数：氟利昂制冷剂用尺寸规格（口径）有 12mm、15mm、28mm、35mm；蒸发压力的调节范围为 0~0.55MPa；允许的最高工作温度为 60℃，最高工作压力为 1.4MPa。

控制式（或间接作用式）蒸发压力调节阀由定压导阀与主阀组成。其中定压导阀采用正恒阀，主阀采用气用常闭型，其控制原理如图 4-14 所示。

定压导阀安装在主阀的控制压力引管上，从主阀前引蒸发压力作为控制压力。当蒸发压力超过定压阀的设定弹簧力时，导阀口开启，主阀活塞上腔受到阀前较高流体压力的作用，主阀开启。蒸发压力增高，导阀口成比例开大，主阀也成比例开大，达到弹簧最大负荷时，导阀全开，主阀也全开，实现比例调节。

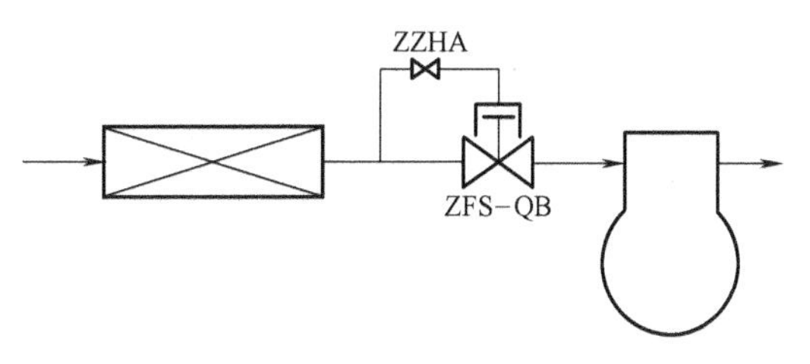

图 4-14　控制式蒸发压力调节阀的控制原理

还可以从结构上简化，将主阀的导压管做在阀体内，将导阀旋在主阀盖上，构成恒压主阀，用于蒸发压力调节。恒压主阀的结构如图 4-15 所示，将它直接安装在蒸发器出口管上。

2. 吸气压力调节阀

吸气压力调节阀用来控制压缩机吸气压力（即曲轴箱压力），防止制冷机因吸气压力过高而引起电动机过载。吸气压力调节阀安装在压缩机吸气管上，它是一种受阀后压力控制的比例调节阀。直接作用式吸气压力调节阀的结构如图 4-16 所示。

控制式（间接作用式）吸气压力调节阀可以用定压导阀与主阀结合，如图 4-17 所示那样使用。其中，定压导阀为外部导压式正恒阀 ZZHB-3 型，主阀为气用常开型。当吸气压力升高时，导阀开大，主阀关小。在比例带范围内，阀的开度与吸气压力成反比。

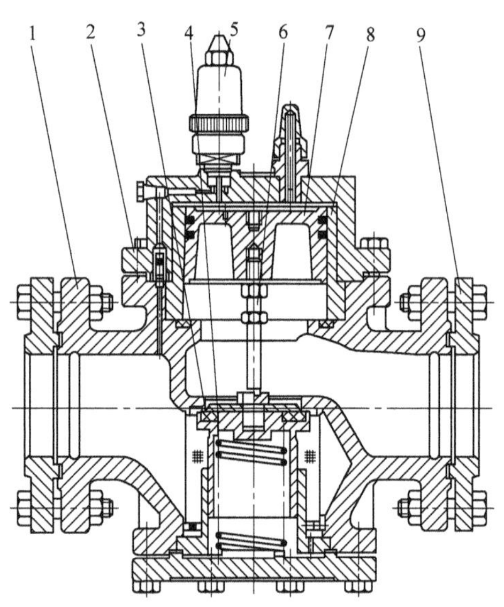

图 4-15 恒压主阀（ZZHA-80、100QB）

1—阀体 2—阀盖 3—阀芯 4—弹簧
5—正恒阀 6—活塞杆 7—活塞
8—活塞套 9—法兰

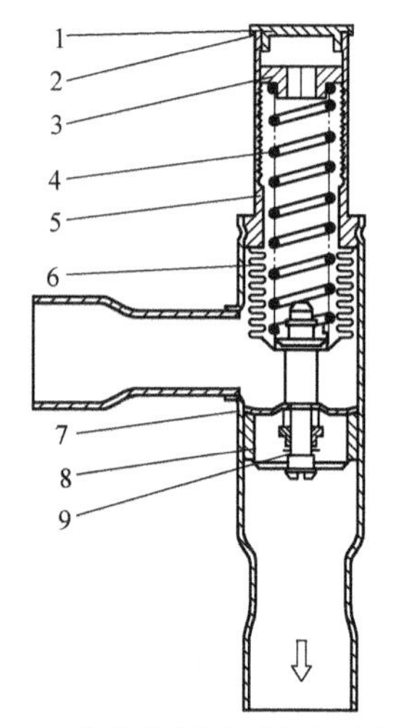

图 4-16 直接作用式吸气压力调节阀

1—护盖 2—垫片 3—设定螺钉 4—主
弹簧 5—阀体 6—平衡波纹管
7—阀板 8—阀座 9—阻尼机构

3. 导阀

导阀是主阀的控制阀，在阀件中，主阀作为单独的放大执行机构不能单独使用，必须与导阀配合使用，才能起到对制冷系统的控制作用。导阀与主阀的结合决定了组合阀的功能，导阀是控制系统中不可缺少的部件。

(1) 电磁导阀 电磁导阀是由电气信号控制而产生动作的自动阀门，为适应不同的制冷系统，电磁导阀有两通电磁导阀和三通电磁导阀。三通电磁导阀具有三个管接口，在电磁导阀的线圈通电后，三个接口的接通状态发生变化，从而起到控制液体流动方向的作用。图4-18为三通电磁导阀结构图，它主要用于有气缸卸载式能量调节功能的活塞压缩机上，将其安装在气缸卸载油路中。

(2) 恒压导阀 导阀不仅可以是电磁阀，也可以是恒压阀（压力导阀）、恒温阀（温度导阀）等。国产的ZZH系列恒压阀只作为压力导阀使用，主要用于氨和氟利昂制冷剂。ZZH系列的导阀有四种结构形式：正恒阀内部导压式、反恒阀内部导压式、正恒阀外部导压式和反恒阀外部导压式。它们与主阀结合使用，可以实现比例控制。四种恒压阀的结构如图4-19所示。ZZH系列恒压阀的技术参数见表4-5。

表 4-5 ZZH 系列恒压阀的技术参数

型号	压力可调范围/MPa	最高介质温度/℃	最低介质温度/℃
ZZHA	0~0.7	120	-40
ZZHB	0.066~0.2		
ZZHC、ZZHD	0~0.7	120	-40

导阀除了有电磁阀、恒压阀之外，压差阀、恒温阀以及热电阀都可以作为导阀使用。导阀作为主阀的控制阀，是制冷系统控制中不可缺少的阀件，导阀与主阀的组合能够产生控制功能更为丰富的阀件。

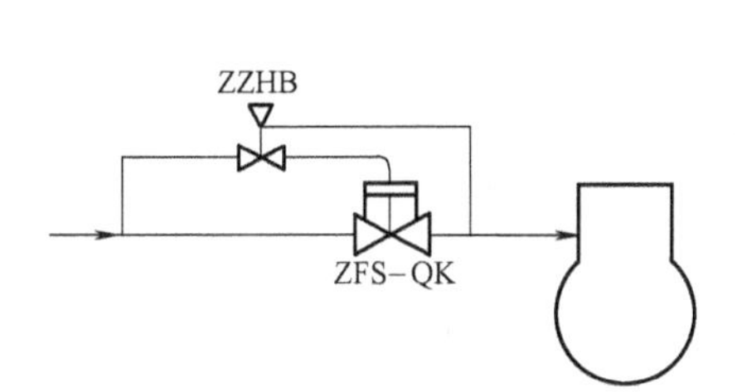

图 4-17　定压导阀与主阀组合控制吸气压力

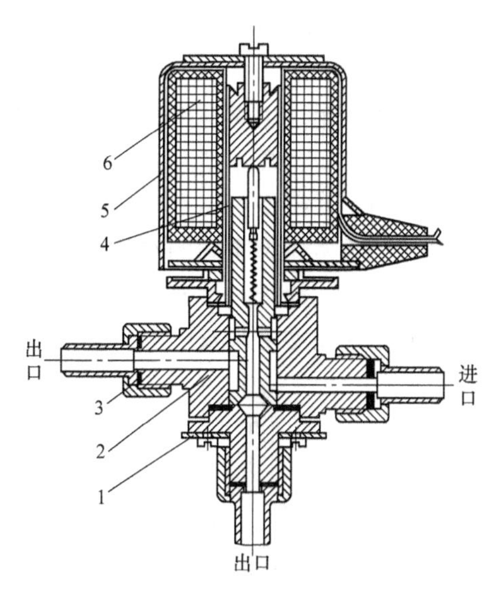

图 4-18　三通电磁导阀结构图

1—连接片　2—阀体　3—接管

4—衔铁　5—罩壳　6—电磁线圈

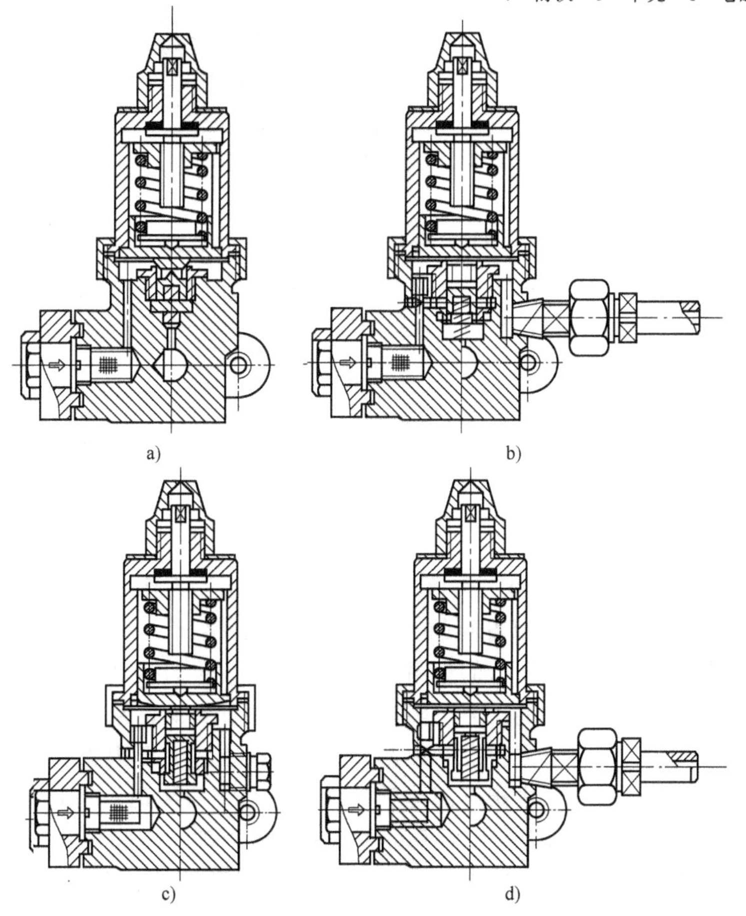

图 4-19　恒压阀的结构

a）ZZHA 型正恒阀　b）ZZHB 型正恒阀　c）ZZHC 型反恒阀　d）ZZHD 型反恒阀

4. 主阀和组合式主阀

（1）主阀的结构　主阀是导压控制型的自动阀门，它不能单独使用，必须与导阀配合使用方可发挥作用。主阀是由导阀控制，以实现其开启、关闭以及比例调节的。主阀分为液用、气用型和常闭、常开型。液用主阀用在制冷系统的液体管路中，气用主阀用在制冷系统的气体管路中；常闭型主阀在控制压力接通时打开，常开型主阀在控制压力接通时关闭。图4-20所示为液用常闭型主阀的结构，图4-21所示为气用常开型主阀的结构，它们主要由阀体、阀盖、阀芯、阀杆、活塞、主弹簧、活塞套以及法兰构成。主阀除了上述两种结构形式外，还有气用常闭型主阀及电磁主阀。

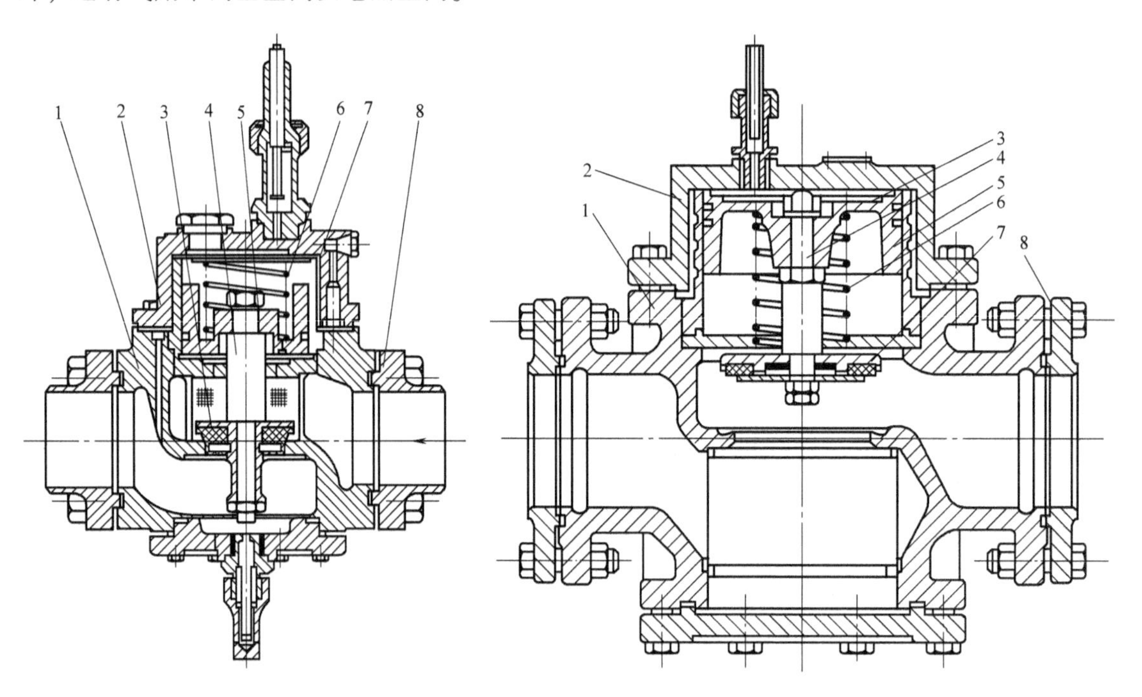

图 4-20　液用常闭型主阀的结构

（ZF5-32/50/65YB）

1—阀体　2—阀盖　3—阀芯　4—阀杆　5—活塞　6—主弹簧　7—活塞套　8—法兰

图 4-21　气用常开型主阀的结构

（ZFS-80/100QK）

1—阀体　2—阀盖　3—活塞套　4—阀杆　5—活塞　6—主弹簧　7—阀芯　8—法兰

（2）主阀的工作原理　主阀的工作原理如图4-22所示。在图4-22a中，导管未接通控制压力p'时，主阀的活塞上腔作用着阀的入口侧压力p_1，活塞上下的液体力相互平衡，活塞由于其自身的重量和其上端弹簧力的作用处于关闭状态。导管接通后，由于活塞腔上的液体被导压管接通，使得活塞上腔的压力下降为控制压力p'，此时活塞下部的液体压力应大于活塞上部的液体压力，活塞上下方存在压力差，其方向向上，此压力克服活塞本身重量及弹簧的压力，将主阀打开。另外，主阀下部有手动强开顶杆，必要时，可以在未接通压力时，手动将主阀顶开。图4-22b所示为气用常开型主阀的工作原理，控制导阀未接通时，活塞上腔中的高压气体经过平衡孔泄放，在弹簧力的作用下，活塞逐渐上移，主阀处于全开状态。当控制压力p'作用到活塞上方时，阀口由全开逐渐转为完全关闭。

（3）导阀与主阀组合　图4-23所示为单个导阀与主阀组合而成的恒压主阀的结构，它

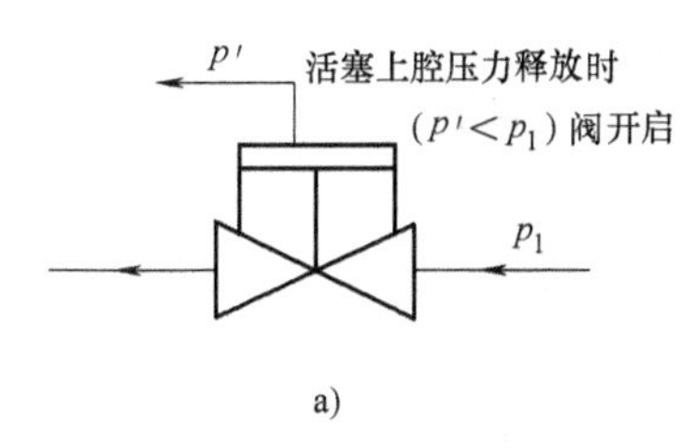

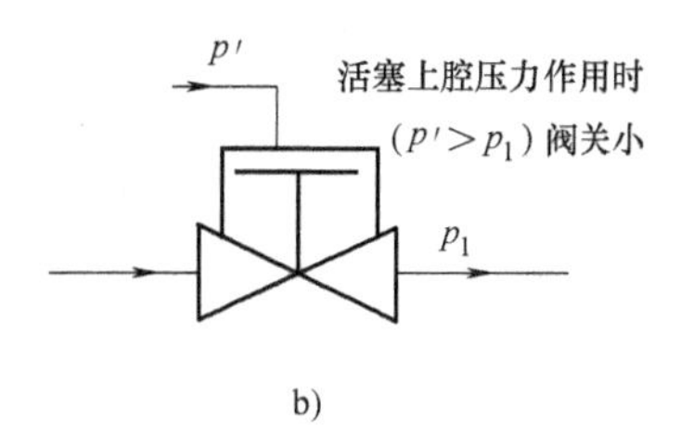

图 4-22　主阀的工作原理

a）液用常闭型主阀的工作原理　b）气用常开型主阀的工作原理

是把恒压导阀直接安装在主阀顶上而组合成的组合阀门。其工作原理是，从蒸发器蒸发出的制冷剂蒸气通过恒压导阀的入口（图示小箭头处），进入导阀的膜片下部，克服辅助弹簧 7 的压力，把导阀口打开，使制冷剂蒸气进入主阀入口，进而顶开止回阀片 14，使蒸气进入主阀上腔室，推动活塞 17 下移，使主阀芯打开一定程度。如果蒸发压力上升，导阀膜片下方受到的压力就会增大，主阀上腔室的压力也会增大，主阀活塞下移，开口增大，制冷剂流出量增多，从而使蒸发压力回到给定值。当蒸发压力低于导阀辅助弹簧 7 的设定值时，导阀关闭，此时，主阀也关闭。除了恒压主阀之外，有些溢流阀也是导阀与主阀的组合阀门。

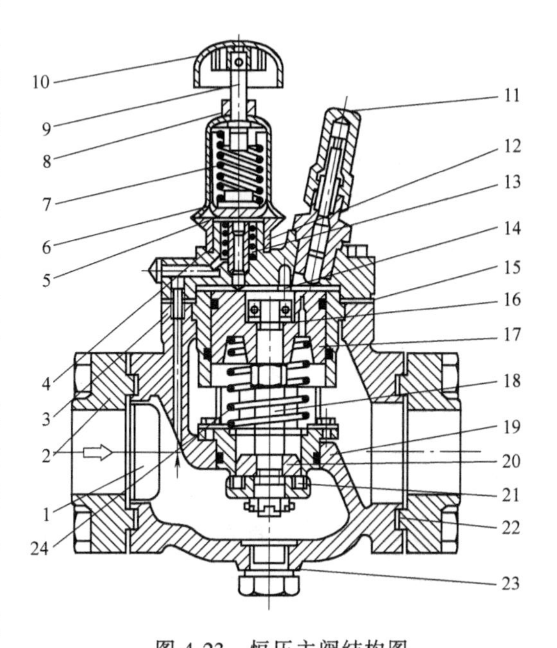

图 4-23　恒压主阀结构图

1—主过滤器　2—进口接管　3—辅助孔道　4—垫片　5—膜片　6—辅阀　7—辅助弹簧　8—密封圈　9—调节杆　10—手轮　11—手动强开机构　12—辅阀座　13—过滤板　14—止回阀片　15—垫片　16—压力平衡小孔　17—活塞　18—推杆　19—O 形圈　20—主阀芯　21—主阀板　22—垫片　23—泄放阀　24—主弹簧

图 4-24 所示为导阀联合与主阀组合使用，两个导阀和主阀组合而成的一种控制式电磁阀。左侧的电磁导阀 A 是常闭型的，右侧的电磁导阀 B 是常开型的，当两个电磁阀 A 和 B 都通电时，A 打开，B 关闭，由外接管引入的主阀入口 2 中的控制压力 p_2 进入主阀上腔，此时主阀打开。A 和 B 断电后，导阀 A 闭合，导阀 B 打开，主阀的活塞上腔与主阀出口相同，控制压力 p_2 泄压，主阀关闭。

因为这种阀是引入外部压力作为驱动力的，所以，在阀中无流体压力时也能将阀打开并维持开启状态，它属于无降压开启的控制式电磁阀，适用于制冷系统的吸气管，特别是在低蒸发温度的装置中使用，能有效防止吸气压力下降引起的制冷量减少的情况。

5. 水量调节阀

对于水冷式冷凝器，用水量调节阀调节冷却水的流量，实现冷凝压力控制。水量调节阀是比例型调节阀，它又分为温度控制的水量调节阀和压力控制的水量调节阀。

(1) 温度控制的水量调节阀　温度控制的水量调节阀以冷却水出冷凝器的温度为发信参数，其结构如图 4-25 所示。它的温包 13 安装在冷却水出口处。温包内充注感温介质，将冷凝器的出水温度信号转变为压力信号，并通过毛细管传递到波纹室 10。波纹管 11 在压力作用下变形，使顶杆 6 动作，并带动阀芯 9 移动，改变阀口开度。水温升高时，阀开大；水温降低时，阀关小。在比例带范围内，根据冷却水温度变化成比例地调节其流量，从而达到控制冷凝压力的目的。阀上的手轮 1 用来调节弹簧 4 的张力，以改变设定值。这里的主阀是导压控制型的自动阀门，它不能单独使用，必须与导阀配合使用并由导阀控制它的启闭或执行比例调节。每一种直接作用的调节阀，都可以减小尺寸规格作成导阀，再与主阀配合达到扩充容量的效果。

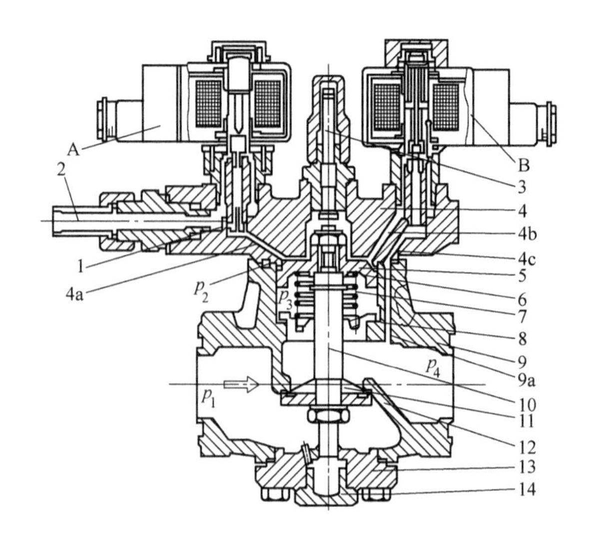

图 4-24　无压降开启的控制式电磁主阀

A—电磁导阀（常闭型）　B—电磁导阀（常开型）　1—阻尼孔　2—外接口　3—手动顶杆　4—上盖（4a、4b、4c—上盖 4 中的通道）　5—伺服活塞　6—弹簧　7—锁环　8—内衬套　9—阀体　9a—阀体中的通道　10—阀杆　11—阀芯　12—阀板　13—底盖　14—螺塞

上述温度控制的水量调节阀为直接作用式。通径在 25mm 以下的阀采用直接作用式，有 10mm、15mm、20mm、25mm 四种尺寸规格。通径在 32mm 以上的采用间接作用式。

图 4-26 所示为通径为 50~100mm 的间接作用式温度控制的水量调节阀，它由直接作用式水量调节阀与主阀组合而成。其工作原理与其他组合式阀门相同，冷却水温度发信，控制导阀阀芯 12 启闭。温度升高时导阀孔打开，主阀活塞 13 上腔的来流高压水经内部通道 15 泄流到阀的出口侧，使活塞上腔压力降为阀下游压力。于是活塞 13 在上下水流压力差作用下被托起，主阀打开，温度下降时，导阀孔关闭，活塞上下侧流体压力平衡（均为上游水压）。活塞靠自重落下，主阀关闭。导阀开小时，主阀开度也变小，从而实现比例调节。温度控制的水量调节阀的技术参数见表 4-6。

表 4-6　温度控制的水量调节阀的技术参数

形式	型号	温包侧		流体侧		
		温度范围/℃	最高温度/℃	种类	温度范围/℃	最高流体压力/MPa
直接作用式	AVTA 10~25	0~30 25~65 50~90	55 85 110	水和中性盐水	-25~130	1.6
间接作用式	WVTS 32~100	25~65	85	同上	-25~90	1.0

(2) 压力控制的水量调节阀　压力控制的水量调节阀直接用冷凝压力发信，按照冷凝

压力与设定值的偏差成比例地冷却水流量。除传感部分以外，它的其余部分的结构及动作原理与温度控制的水量调节阀相同，也有直接作用式和间接作用式之分，它们的结构分别如图 4-27 和图 4-28 所示，技术参数见表 4-7。

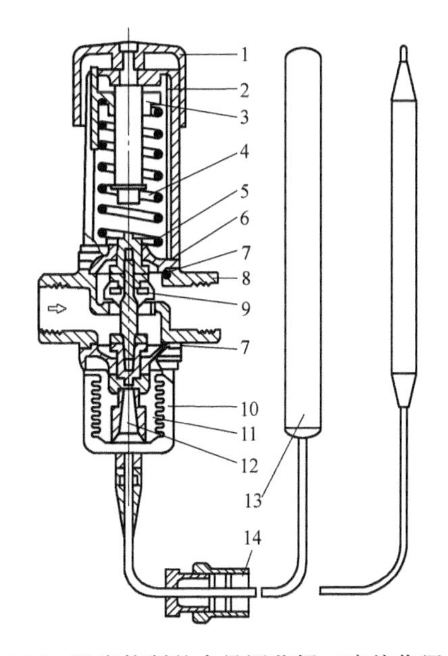

图 4-25　温度控制的水量调节阀（直接作用式）

1—手轮　2—弹簧室　3—设定螺母　4—弹簧　5—O 形密封圈　6—顶杆　7—膜片　8—阀体　9—阀芯　10—波纹室　11—波纹管　12—压力顶杆　13—温包　14—毛细管连接密封件

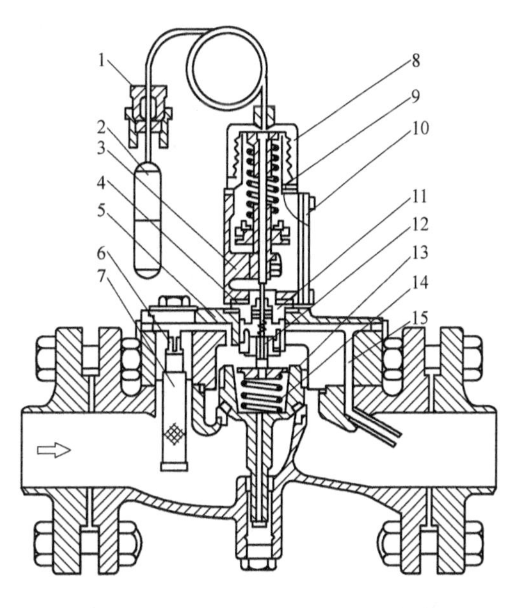

图 4-26　温度控制的水量调节阀（间接作用式）

1—过滤网　2—控制孔口　3—阀盖　4、10—密封垫　5—罩壳　6—温包　7—连接及密封件　8—波纹管　9—压杆　11—导阀组件　12—导阀阀芯　13—活塞　14—弹簧　15—内部通道

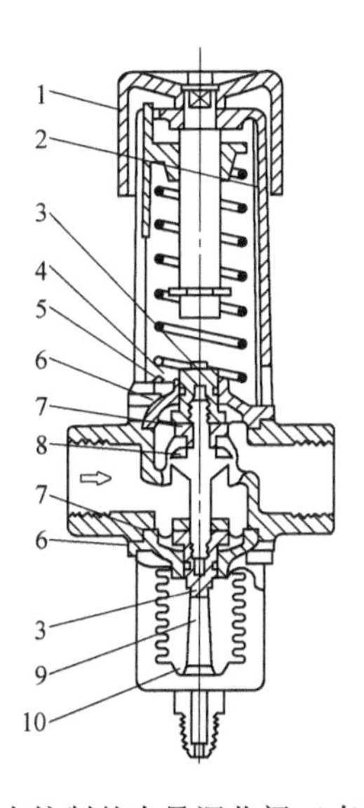

图 4-27　压力控制的水量调节阀（直接作用式）

1—手轮　2—弹簧室　3—导套　4—弹簧顶板　5—O 形密封圈　6—导套止动件　7—膜片　8—阀板　9—顶柱　10—波纹室

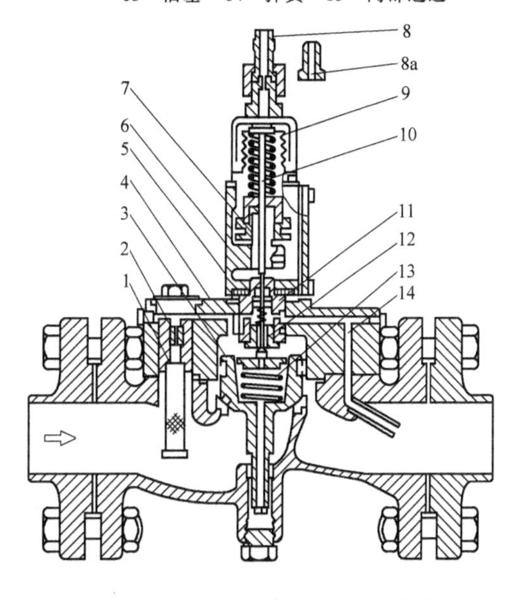

图 4-28　压力控制的水量调节阀（间接作用式）

1—过滤网　2—控制孔口　3—活塞　4—主阀盖　5—密封垫　6—罩壳　7—调节螺母　8、8a—引压接口　9—波纹管　10—顶杆　11—导阀组件　12—导阀阀芯　13—弹簧　14—旁流通道

表 4-7　压力控制的水量调节阀的技术参数

形式	型号及尺寸规格/mm	冷凝器侧			液体侧		
		控制压力(可调节的关阀压力)/MPa	最高试验压力/MPa	制冷剂种类	流体种类	最高工作压力/MPa	最高试验压力/MPa
直接作用式	WVFX(10、15、20、25)	0.35~1.6	2.65	R22 R502	水、 中性盐水	1.6	2.5
	WVFX(32、40)	0.4~1.7					
间接作用式	WVS(32、40、50、65、80、100)	0.22~1.9	2.65	R22 R502 R717	水、中性盐水	1.0	1.6

6. 四通换向阀

空调用热泵机组，无论是空气-空气热泵机组，还是空气-水或水-空气型热泵，都必须装上四通换向阀来按制冷或制热循环的要求改变制冷剂流动方向，达到制冷或制热的目的。故四通换向阀是达到热泵机组的一个关键控制阀门。它是由三通电磁导阀与四通滑阀（主阀）组成的，通过电磁导阀线圈的通断电控制，使四通滑阀切换，改变制冷剂在系统中的流动方向；切换蒸发器和冷凝器的功能，实现制冷与制热的两种功能。四通换向阀的结构与工作原理如图 4-29 所示。当电磁导阀处于断电状态时，导阀阀芯左移，高压制冷剂进入毛细管 1，再流入主阀活塞腔 2，同时主阀活塞腔 4 中的制冷剂排出，活塞及滑阀 3 左移，系统实现制冷循环。当电磁导阀处于通电状态时，导阀铁心在线圈磁力场作用下向右移，高压制冷剂先进入毛细管 1，再流入主阀活塞腔 4，同时主阀活塞腔 2 中的制冷剂排出，活塞和滑阀 3 右移，系统切换成供热循环。

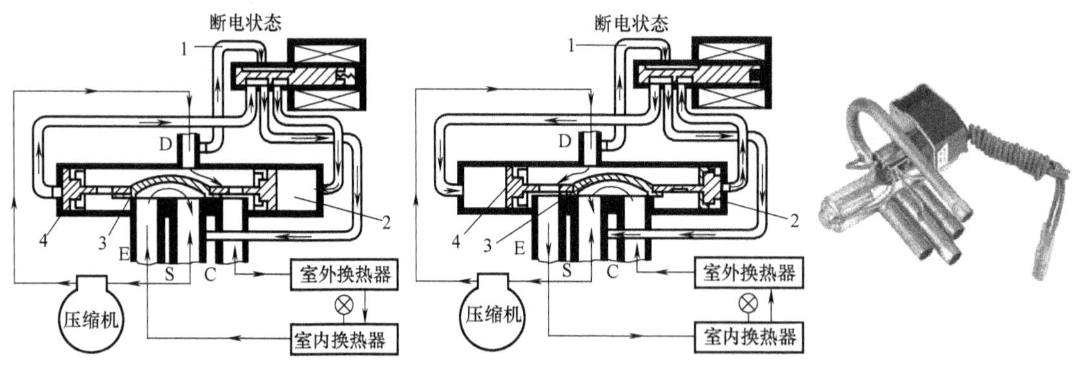

图 4-29　四通换向阀的结构与工作原理

C—室外热交换器接口　D—高压接口　S—低压接口　E—室内热交换器接口

1—毛细管　2、4—主阀活塞腔　3—滑阀

选用四通换向阀时，主要按名义容量选配。当然，选配时还要考虑四通换向阀与制冷系统的最佳匹配问题。在热泵系统中，四通换向阀不仅是一种专用控制阀体，试验证明，由于该阀装在热泵系统中，在稳态时，系统的 COP 将下降 3%（大型热泵可下降 8%~10%）。四通换向阀生产厂家提供的名义阀容量，是指在规定工况下通过阀吸入通道制冷剂流量所产生的制冷温度，我国标准规定名义工况为：①冷凝温度 40℃；②送入膨胀阀（或毛细管）液

体制冷剂的温度为 38℃；③蒸发温度为 5℃；④压缩机吸气温度为 15℃；⑤通过阀吸入通道的压力降为 0.015MPa。

7. 制冷剂温度调节阀

制冷剂温度调节阀是以制冷剂温度发信号来控制蒸发器能力的调节阀。它安装在蒸发器出口管上，通过阀开度变化调节蒸发器的回气量（蒸发器的制冷能力），从而控制制冷剂的温度。制冷剂温度调节阀有温包感温控制式和电子温度控制式之分，前者为温度调节阀，后者由传感器、电子温度调节器及其所控制的调节阀组成。

控制式温度调节阀控制制冷剂温度的原理如图 4-30 所示。它是由温度导阀（恒温阀）与主阀组成的调节系统，组合阀实际上是个温度控制的蒸发压力调节阀。恒温阀的温包感受制冷剂温度（如冷库内的空气温度或制冷剂流体温度），温度升高时，温包中压力升高，导阀口开大，主阀也开大；反之，导阀口关小，主阀开度也变小。温度导阀的结构如图 4-31 所示。

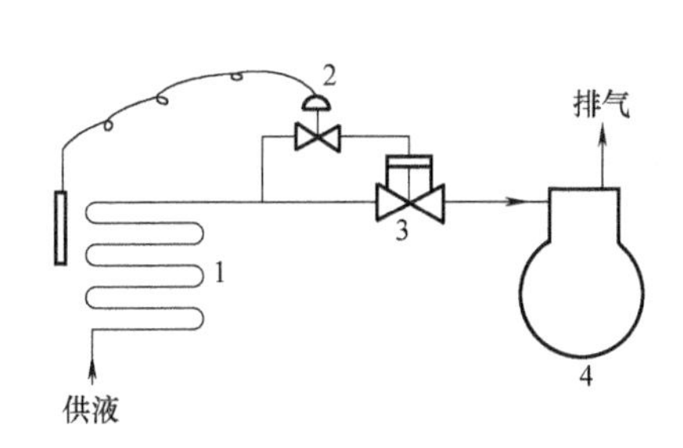

图 4-30　控制式温度调节阀的工作原理

1—蒸发器　2—恒温阀　3—主阀　4—压缩机

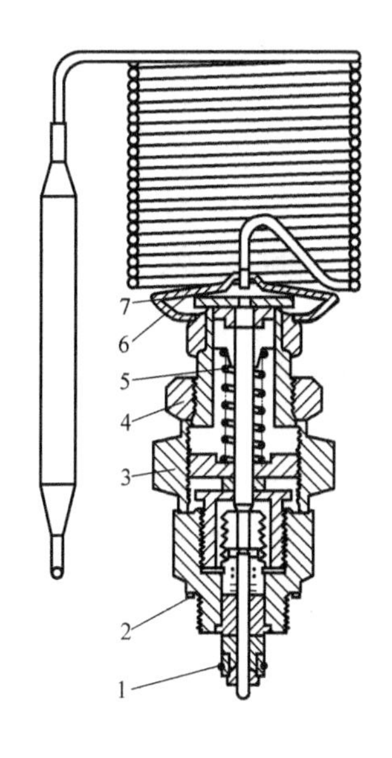

图 4-31　温度导阀的结构

1—O 形圈　2—密封圈　3—设定圈　4—锁圈　5—弹簧　6—膜片　7—热力头

恒温阀的温包采用吸附充注。其主要技术参数如下：温度范围有-40~0℃、-10~25℃和 20~60℃三种；允许介质温度为-60~120℃；最高工作压力为 2.2MPa。

8. 截止阀

截止阀安装在制冷设备和管道上，其作用是接通和切断制冷剂通道，它是制冷系统中用得最多的一种阀门。截止阀分为直通式和直角式两种，其结构分别如图 4-32~图 4-35 所示。

压缩机截止阀就是压缩机吸、排气阀，俗称角阀，其结构与管道中的截止阀基本相同，主要区别在于压缩机截止阀具有多用通道。多用通道可以通过阀杆来开启和关闭，其用途很多，可以接压力表、对系统抽真空、重组制冷剂、添加少量润滑油等，为检修和操作带来了很大方便。压缩机截止阀的结构如图 4-36 所示。有些压缩机截止阀的多用

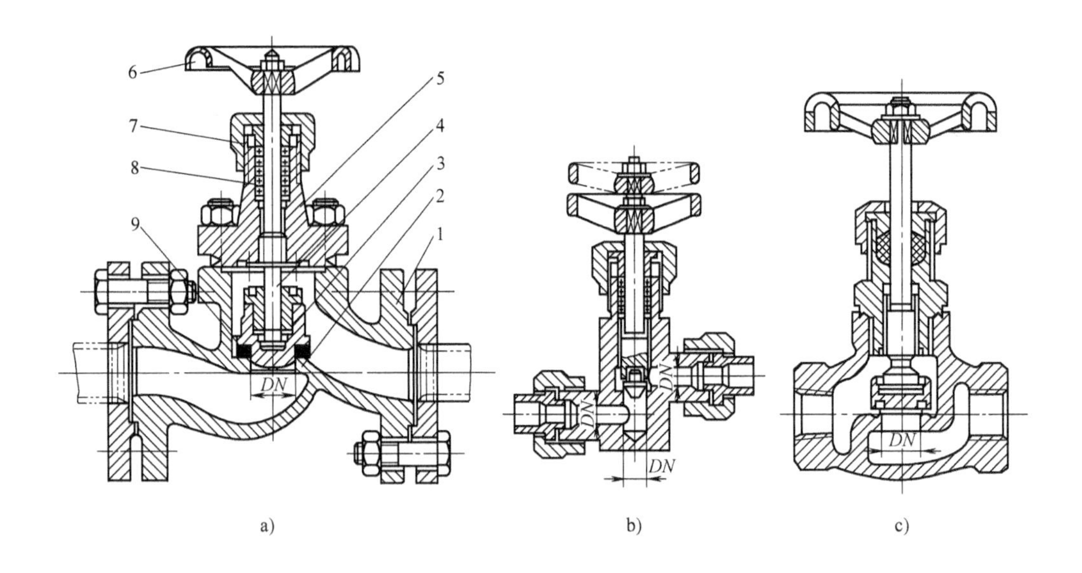

图 4-32　氨用直通式截止阀

a）法兰连接　b）外螺纹连接　c）内螺纹连接

1—阀体　2—阀座　3—阀瓣　4—阀杆　5—阀盖　6—手轮　7—压盖　8—填料　9—密封圈

通道被压力表或压力继电器管道占用，只剩下一个通道供检修。使用时要注意掌握蒸气的操作方法。当阀杆以逆时针方向旋转到头后，阀门全部开启，但多用通道均被关闭，这样就切断了通往压力表或压力继电器的管路。所以还要按顺时针方向回转 1/2～1 圈，以保持多用通道的畅通。

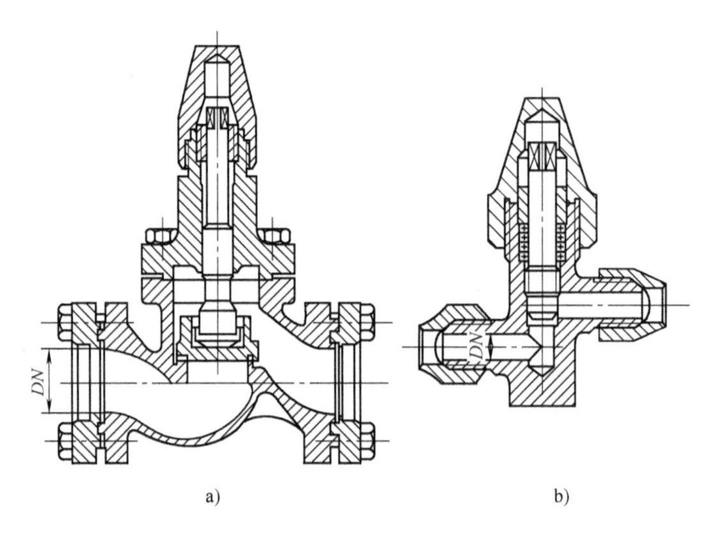

图 4-33　氟利昂用直通式截止阀

a）法兰连接　b）外螺纹连接

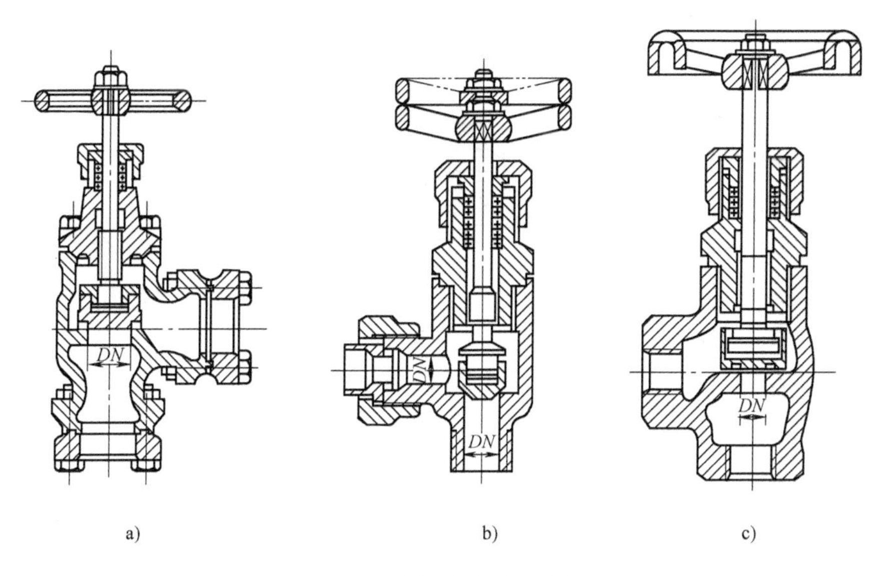

图 4-34　氨用直角式截止阀

a）法兰连接　b）外螺纹连接　c）内螺纹连接

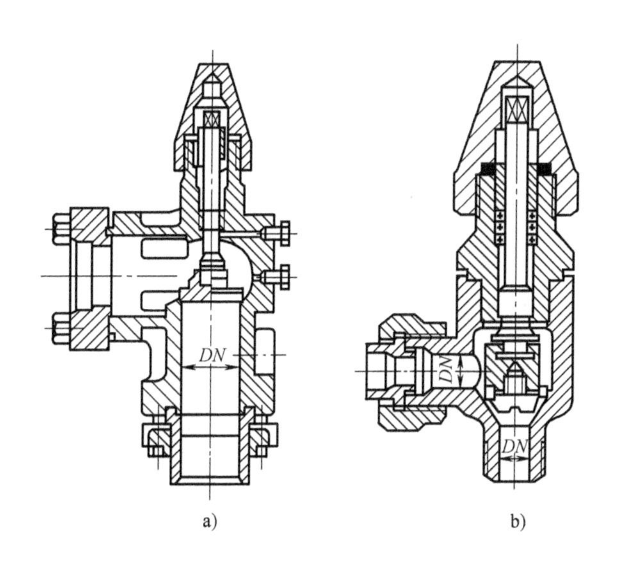

图 4-35　氟利昂用直角式截止阀

a）法兰连接　b）外螺纹连接

9. 单向阀（止回阀）

单向阀的作用是让流体单向流动，逆向不能流动。单向阀有直通式和直角式两种。直通式单向阀通过螺纹连接安装在管路上。直角式单向阀有螺纹连接、板式连接和法兰连接三种连接形式。按结构不同，单向阀分为升降式和旋启式两大类，应注意安装方向问题。

图 4-37 所示为氨用无弹簧升降式单向阀，图 4-38 所示为弹簧升降式单向阀。

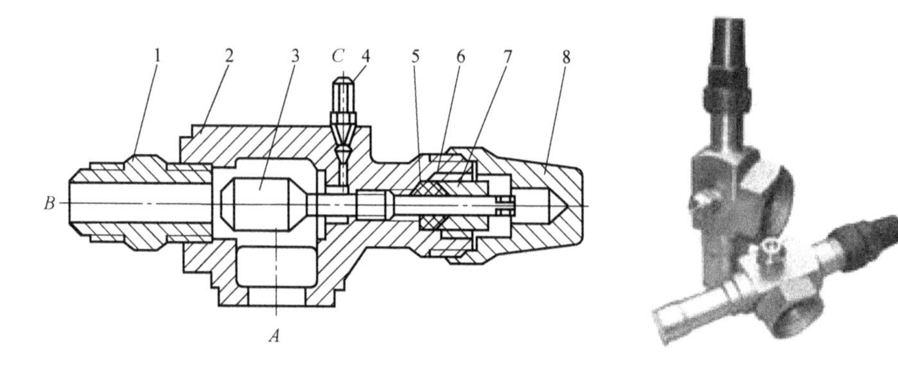

图 4-36　压缩机截止阀

1—管道接头　2—阀体　3—阀芯　4—多用通道接头　5—填料垫圈　6—填料　7—填料压盖　8—阀帽

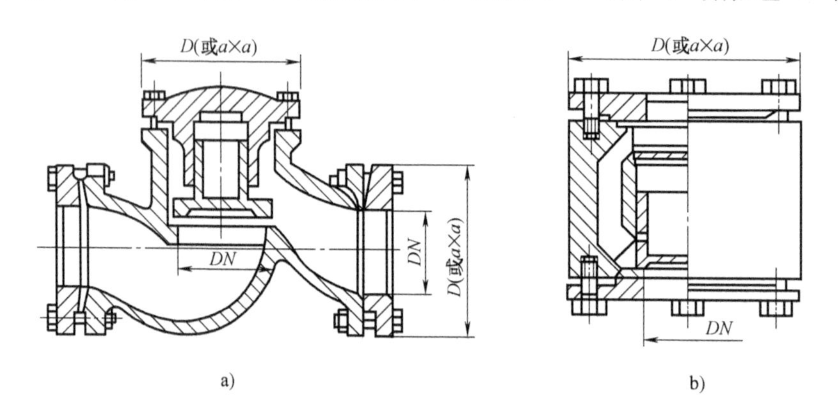

图 4-37　氨用无弹簧升降式单向阀

a) 卧式　b) 立式

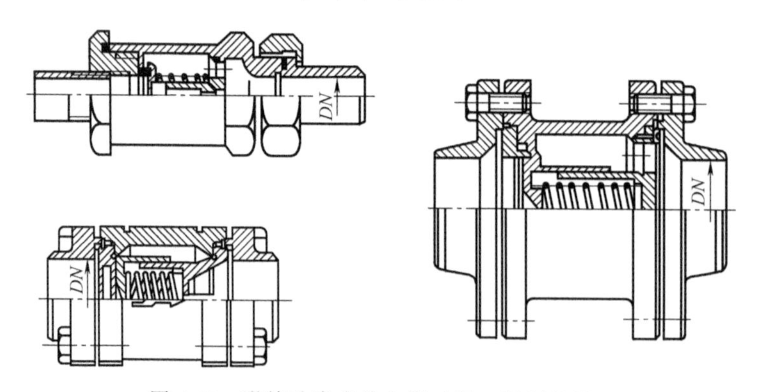

图 4-38　弹簧升降式单向阀（氨、氟利昂用）

4.2　继电器控制方法

4.2.1　温度控制器

温度控制器有电接点温度计、压力感温包式温度控制器、数字显示式温度控制器和基于微处理器的电子式温度控制器等多种类型。目前使用较多的是压力感温包式和数字显示式温度控制器。

1. 压力感温式温度控制器

图 4-39 所示为压力感温式温度控制器的结构，它主要由波纹管、感温毛细管、杠杆、调节螺钉以及与旋钮相连的凸轮等组成。在感温包和波纹管内均充有感温介质（如氟利昂），将感温包放在空调器的进风口，感温室内温度变化。当室内温度变化时，感温包内感温介质的压力也随之变化，通过连接的毛细管使波纹管内的压力也发生变化，其力作用于调节弹簧上，使与温控器相连的电磁阀开关接通或断开，而弹簧的弹力是由控制板上的旋钮控制的。当室内温度升高时，感温包内的感温介质发生膨胀，波纹管伸长，通过杠杆传动机构将开关触点接通，制冷压缩机可以起动运转制冷。当室温下降至调定温度时，感温介质收缩，波纹管收缩并与弹簧一起动作，将开关置于断开位置，使电源切断，空调器停机。

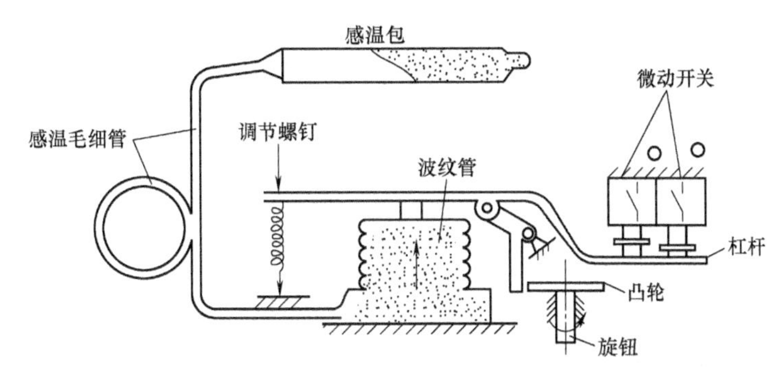

图 4-39　压力感温式温度控制器的结构

2. 数字显示式温度控制器

数字显示式温度控制器可用于各类制冷装置，与压力感温式温度控制器相比，其价格接近、调节方便、通向库内的是电线而非毛细管、安装容易。以 XMT-100 型数字显示式温度控制器为例，其盘面如图 4-40 所示，基本原理如图 4-41 所示。标有 PV 的数字是所测实际温度，标有 SV 的数字是设定值。当实际温度达到设定值时，数字显示式温度控制器动作。

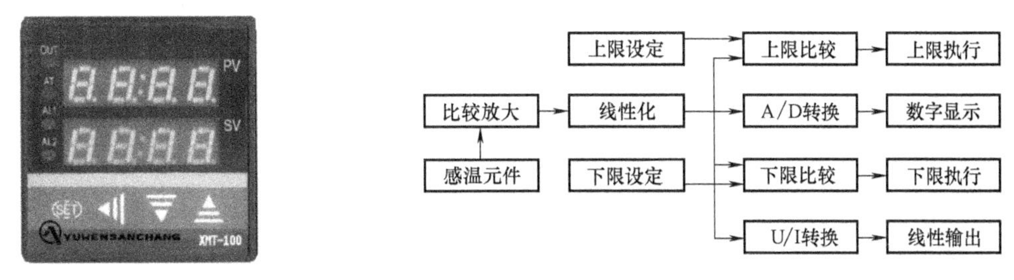

图 4-40　XMT-100 型数字显示式温度控制器的盘面

图 4-41　数字显示式温度控制器的基本原理

上限设定和下限设定用来设定温度。使用时，上限应设定为所需的 t_{on}，下限应设定为所需的 t_{off}。上限执行和下限执行为继电器的通断输出，每一个继电器有一组先断后合的触点。U/I 转换器及其输出的作用对应于量程的线性直流输出，可直接配接记录仪或通过接口与计算机相连。

检测元件可以是热电阻、热电偶、热敏元件、霍尔元件等。在冷库中，主要使用热电阻和热敏电阻。选择时，应注意检测元件的种类和分度号应与仪表一致。

温度显示控制仪在冷库中使用时，一般的技术要求有以下几项：

1）温度显示和控制范围为-50~50℃。

2）温度显示和控制精度为0.5级或1.0级。

3）输出触点容量为3A或5A、220V或380V。

4）上、下限高定范围均为100%。

5）数字显示位数不少于3位。

6）电源为AC 220V或（380±10%）V，50Hz。

数字显示式温度控制器有制冷专用和通用两类。通用数字显示式温度控制器背面的接线端子如图4-42a所示，当传感器所感受的温度低于下限设定值时，上、下限继电器均为总低合、总高断；当传感器所感受的温度等于或高于下限设定值而低于上限设定值时，下限继电器均为总低断、总高合，上限继电器均为总低合、总高断；当传感器所感受的温度等于或高于上限设定值时，上、下限继电器均为总低断、总高合。用于库温双位控制时，需要另加一个中间继电器，将中间继电器作为数字显示式温度控制器的执行机构，接线方法如图4-42b所示。

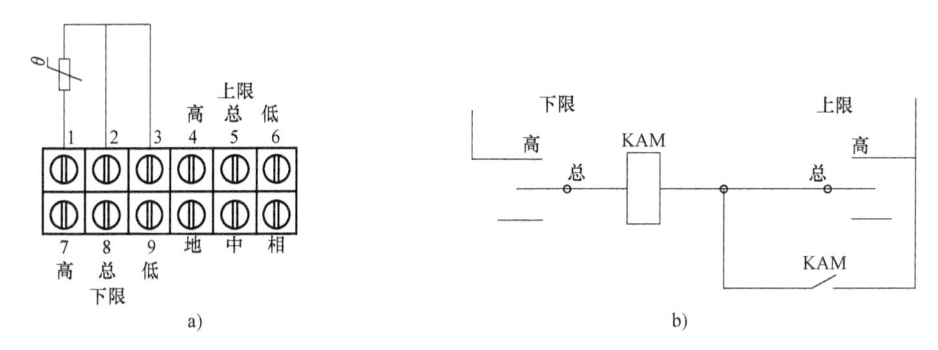

图4-42 数字显示式温度控制器的接线端子和接线方法

a）接线端子 b）接线方法

4.2.2 湿度控制器

湿度控制器又称湿度调节器，有毛发式湿度仪、干湿球湿度仪、电子湿度控制器等几种类型。过去主要应用毛发式湿度仪，目前电子湿度控制器的应用日益普及。

电子湿度控制器的原理框图如图4-43所示，其技术指标主要有以下几项：

湿度调节范围：（50%~90%）RH；

控制误差：<5%RH；

使用温度范围：-5~60℃；

继电器触点容量；3A或5A、220V或380V。

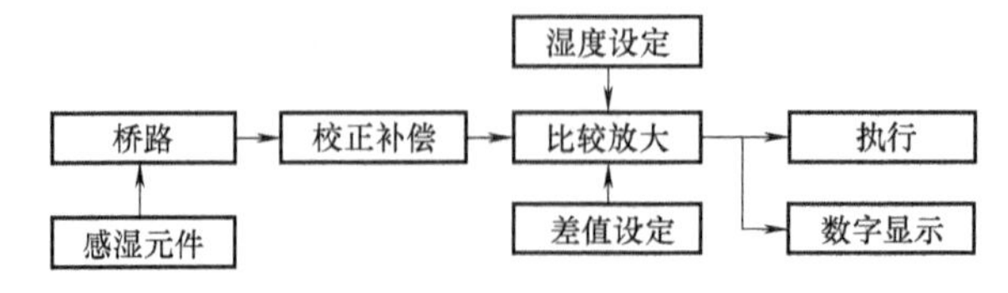

图4-43 电子湿度控制器原理框图

选择电子湿度控制器时，应注意所用的湿敏元件应与仪表的要求相一致。目前常用的湿敏元件有以下几类。

(1) 硅湿敏电阻　硅湿敏电阻用加入少量碱金属氧化物的硅粉烧结而成。其在冷库中使用时的技术特性有：使用温度范围为 $-10\sim55$℃；测量范围为 (30%~90%) RH；湿度温度系数为 3×10^{-3}%RH/℃；风速为零时全量程降湿平衡时间小于 10min；精度为 2.5%RH；元件年变化率小于 2%RH/℃，寿命不小于 5 年。硅湿敏电阻的抗水、抗污性能好，阻值变化大，元件一致性好。

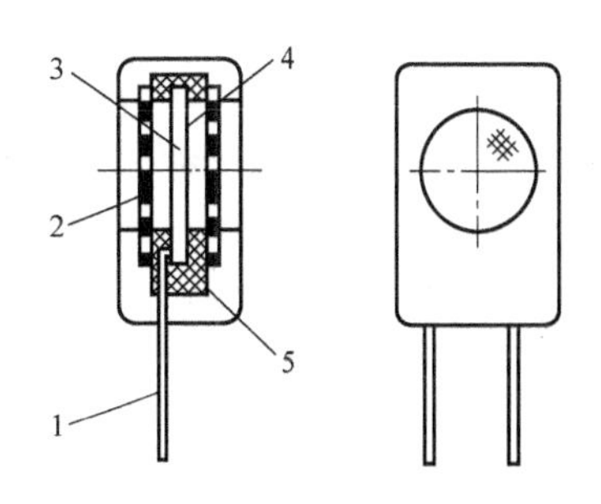

图 4-44　高分子湿敏电容结构图
1—引线　2—滤网　3—高分子薄膜　4—电极　5—支架

(2) 氯化锂湿敏电阻　氯化锂湿敏电阻是在一绝缘芯上平行缠绕两根铂丝，外涂以聚乙烯醇为粘接剂的氯化锂而制成的。相对湿度越高，氯化锂盐吸收的水蒸气越多，电阻值也越小。其测量范围为 (50%~90%) RH，测量误差通常为 5%RH；平衡时间约为 5min，使用寿命约 3 年；湿度温度系数为 -4×10^{-3}%RH/℃。氯化锂湿敏电阻的配套湿度控制器较常见，但其寿命短、互换性差。

(3) 湿敏电容　湿敏电容以高分子聚合膜为感湿材料，其电容值随相对湿度的变化呈线性变化，图 4-44 所示为湿敏电容结构图。它的使用温度范围为 $-20\sim60$℃，最低可达 -40℃以下；测量范围为 (0~100%) RH，响应时间约为 15s；精度为 (±2%~±4%) RH，湿滞小于 3%RH，湿度温度系数约为 5×10^{-4}%RH/℃。湿敏电容的稳定性好、响应时间短、寿命长、使用温度与测量范围宽；但元件表面易污染、不可用手触摸、不宜在结霜条件下长期使用。

在条件许可的情况下，湿敏元件应尽可能选用硅湿敏电阻或湿敏电容。

相对湿度控制可与温度控制合用一个控制器，即温湿度控制器，来控制温度和相对湿度。

4.2.3　液位与液量控制

液位控制与液量控制是冷库控制的重要内容，也是冷库安全运行的重要保障。液位控制包括制冷剂液位控制和油位控制，液量控制包括冷却水量控制和制冷剂水量控制。

1. 水流继电器

水温控制与保护有两方面的意义：一方面是防止冷却水温度过高，另一方面是防止制冷剂温度过低。造成冷却水温度过高的原因是冷却水泵故障或水管路堵塞，造成冷却水断流或冷却量不足；水冷却塔故障，造成冷却水无法降温等。冷却水温度过高的危害是冷凝温度和压力上升，尤其是冷却水断流，会造成冷凝压力急剧上升。造成制冷剂温度过低的原因是制冷剂水泵故障或水管路堵塞，造成制冷剂水断流或制冷剂水量不足，冷负荷过小造成蒸发温度过低等。制冷剂水温度过低的危害是制冷剂水冻结，将蒸发器胀裂，尤其是制冷剂水断流，会在很短时间内冻坏蒸发器。

由以上分析可知，断流和流量不足是冷却水温度过高和制冷剂水温度过低的主要原因，也是破坏性最大的因素，所以水温与水流量保护是密切相关的，防止冷却水温度过高和制冷剂水温度过低最主要的措施是断流和流量不足保护，所用的器件是水流继电器，如图 4-45 所示。

2. 液位计

液位计又称液面指示计，在制冷工艺中，用以指示容器中的制冷剂或润滑油的液面位置。一般冷凝器、集油器、储液桶等设备上均配有液位计。液位计应安装在明显和不易被碰撞的地方，安装前须将两端阀门用煤油清洗干净，内部滚球要灵活，盘根填料处不能漏气，两阀门应安装在同一中心线上，最后安装高压玻璃管，外装保护罩，如图 4-46 所示。

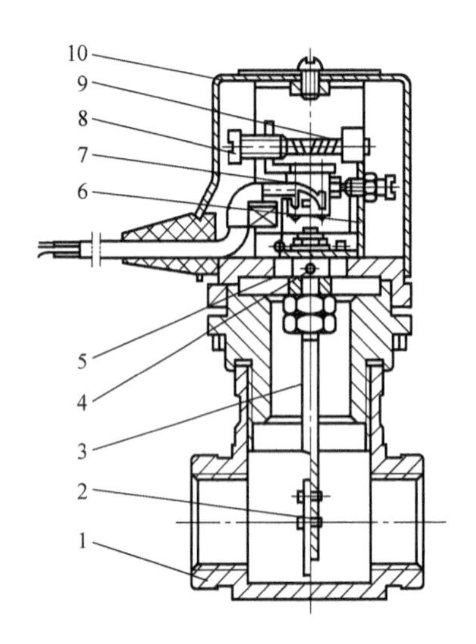

图 4-45 水流继电器

1—管接头 2—挡水板 3—心轴 4—轴销 5—膜片 6—拨杆 7 —触点 8—调节螺钉 9—弹簧 10—罩壳

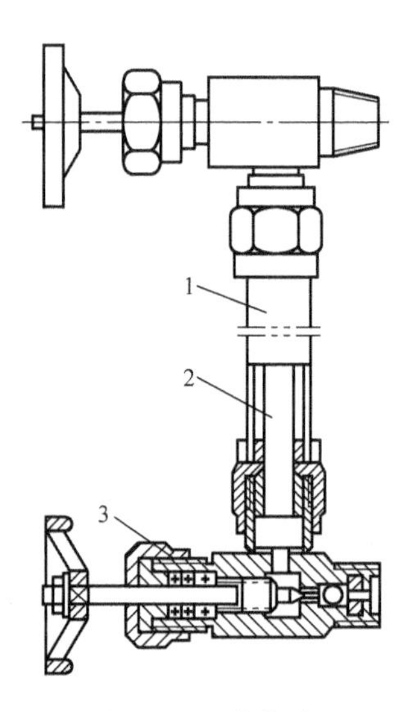

图 4-46 液位计

1—保护罩 2—玻璃管 3—液位计阀

3. 干簧管式液位控制器

干簧管式液位控制器如图 4-47 所示，它由大功率干式舌簧管（以下简称干簧管）作为主要控制元件，干簧管装于导管内；浮球套于导管外，球内装有环形恒磁磁钢；导管上部设有密封接线盒，内设接线端子，导管底部用螺纹底套密封。干簧管式液位控制器的导管垂直安装于有液体的开口容器内，其浮球随水位变化而上下升降，当水位降至被控制的低水位（或升至被控制的高水位）时，干簧管受到磁场的作用，克服簧片复原力矩，簧片动作（常开接点闭合，常闭接点断开），发出低水位或高水位信号，并且作用于水位自动控制装置或水位报警装置。

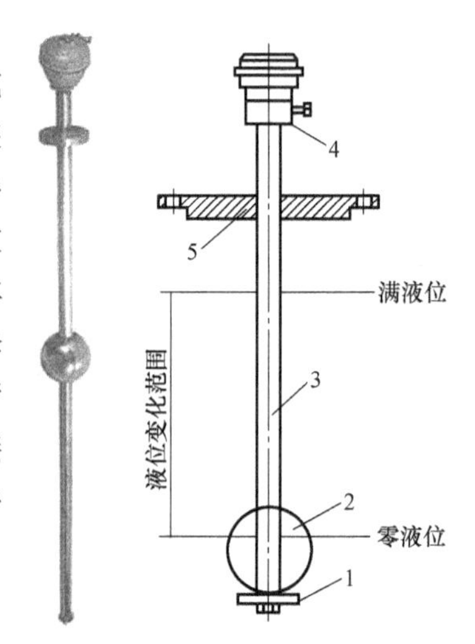

图 4-47 干簧管式液位控制器

1—挡板 2—磁球阀 3—导管 4—变送器盒 5—连接法兰

4.2.4 融霜自动控制

融霜有自然融霜和加热融霜两种方式。加热融霜按热源不同，又分为电热融霜、液体融霜（水冲融霜）和热蒸气融霜。

融霜控制是在适当时刻发出开始融霜指令，并执行一定的操作，使系统从制冷状态转入

融霜状态；融霜进行一段时间后，又在适当的时刻发出终止融霜指令，并执行一定的操作，使系统从融霜状态回到制冷状态。

由于融霜时蒸发器不仅不制冷，还要额外吸收热量，因而运行能耗增加，还会影响库房温度。所以，最理想的融霜控制是根据霜层厚度决定融霜开始时刻，霜一旦除尽，便立即停止融霜。但这两个信号很难直接取得，或者虽能间接取得，但从控制器工作稳定可靠的角度出发，最多采用的是定时控制，或者定时-温度控制。

微压差控制器可以根据冷风机表面结霜厚度给出开始融霜和终止融霜的指令。其原理是：空气吹过翅片管蒸发器时的阻力与蒸发器表面霜层厚度有关，检测冷风机进、出口微压差的变化，在霜层厚度所对应的某压差值时发出开始融霜指令，融霜过程中压差逐渐降低，低到某指定的值时，给出终止融霜指令。

利用融霜定时器，可以根据装置结霜的具体情况预先设定装置每运行多长时间开始融霜和每次融霜的持续时间。工作时，融霜定时器按设定的时间间隔发出开始融霜的指令；又在融霜经历了设定的持续时间后发出终止融霜的指令。

由于预设的融霜持续时间很难与运行中实际融霜情况很好地吻合，可以在定时控制的基础上加入温控终止的功能，温控器接收蒸发器壁面温度指令，该量度在 0℃ 以上时（说明霜已融尽）给出终止融霜的指令。采用温控终止功能的好处在于：结霜不多时可以提前终止融霜，避免了不必要的融霜持续过久的问题，从而避免了能量浪费和蒸发压力过高。融霜定时器的定时终止功能仍然具备，以避免温控失灵时融霜不能终止。

用于商业制冷装置（如大型冰箱、冷藏冷冻等制冷设备）的融霜定时器有两个时间设定盘。外盘用于设定相邻两次融霜的时间间隔或每天的融霜次数，内盘用于设定融霜持续时间。

工业制冷用的大型氨冷库采用融霜程序控制器，完成热蒸气融霜加水冲融霜的整个控制过程。

1. 自然融霜控制

如冷间的温度为 4~7℃，则蒸发器有可能结霜，但霜温较高，通常为-2~0℃，此时可采用自然融霜方法。当蒸发器工作时，换热表面结霜。如回风温度达到设定温度下限，供液阀关闭，蒸发器停止工作，换热表面温度自然回升。在库温达到设定温度上限之前，依靠库内热量将霜融化。如冷间制冷设备为冷风机，则先起动风机，在蒸发器不制冷的情况下通风，使换热表面温度上升到 0℃ 以上。自然融霜常用时间控制，融霜结束后，再向蒸发器供液，使蒸发器投入制冷。

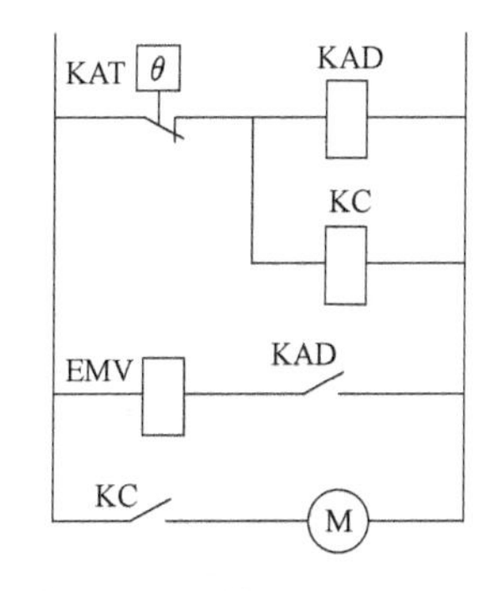

图 4-48　自然融霜控制电路
KAT—温控器　KAD—时间继电器　KC—交流接触器　EMV—电磁阀　M—风机电动机

由融霜工作过程可知，这种融霜方式是使融霜与库温控制同时进行，每一个循环周期内进行一次融霜。使用的温控器可以是电子温控仪，也可以是定温差型或定温复位型压力式温控器，融霜时间用通电延时型时间继电器来控制，控制电路如图 4-48 所示。如为单机单温库，则压缩机应与供液电磁阀联动，均需延时。

自然融霜时所需的热量来自库内，无需另加热量。但其只适用于 4~7℃ 的冷间，且融霜时间较长，时间继电器需有 60min

内可调的延迟时间。

2. 电热融霜控制

电热融霜利用电加热器产生的热量融化翅片管式蒸发器上的结霜，适用于小型室内用装配式冷库。这种融霜方式的优点是制冷系统与控制系统均很简单、控制与执行器件价廉、融霜完全；其缺点是耗电多，融霜耗电给冷间内带来了额外的冷负荷，故不宜在较大的冷库中使用。

采用这种融霜方式时，融霜与温度控制电路如图 4-49 所示。该电路用时间控制融霜的开始，用温度控制融霜的结束。当制冷系统累计工作时间达到设定时间后，融霜控制器动作，计量线路回零，融霜加热器通电，融霜开始。当蒸发器温度达到 13℃时，融霜温控器跳开，融霜加热器停止加热，融霜结束，计量线路启动。约 2min 后，制冷系统开始工作，但蒸发器风机不运转，而是再延时约 30s 风机才起动。超热熔丝的作用是防止融霜温控器损坏而使蒸发器温度过高。

3. 热蒸气加水冲融霜控制

在热蒸气融霜方式的基础上，向蒸发器上淋水，可加快融霜速度。采用热蒸气融霜加水冲融霜方式，在融霜时热蒸气与水同时开通，霜融化后先关闭冲霜水，蒸发器表面上的水烘干后再关闭热蒸气。一方面利用热制冷剂蒸气加热蒸发器表面的内层霜，使之与蒸发器表面分离；另一方面利用水加热外层霜，并将破碎的霜层冲走。

这种融霜方式适用于有三台及以上蒸发器，且蒸发温度高于-40℃的场合。其融霜速度快、耗能少、库温容易稳定，但系统复杂、控制要求高。

采用这种融霜方式的直接蒸发式库房系统如图 4-50 所示，库房制冷系统中各电磁阀与风机的动作时序见表 4-8。

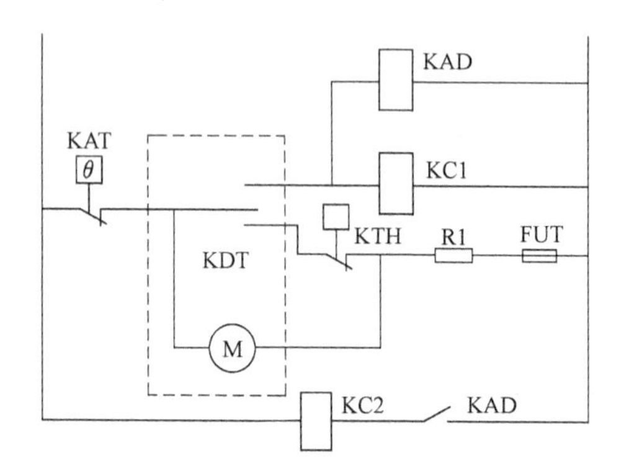

图 4-49　电热融霜控制电路

KAT—温控器　KDT—融霜控制器　KC—交流接触器　KAD—时间继电器　KTH—融霜温度控制器　M—融霜控制器电动机　R1—融霜加热器

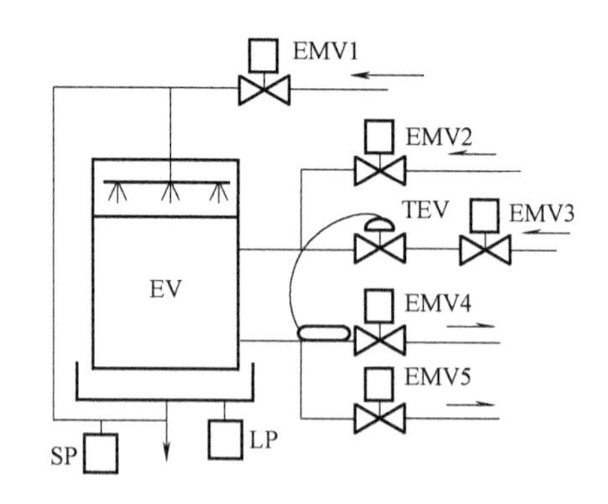

图 4-50　热蒸气融霜加水冲融霜的库房系统

EV—蒸发器及风机　TEV—热力膨胀阀　EMV—电磁阀　SP—压力传感器　LP—液位传感器

表 4-8　电磁阀与风机的动作时序

名　称	符号	1	2	3	4	5
冲霜水电磁阀	EMV1	+	-	-	-	+
融霜热蒸气电磁阀	EMV2	+	+	-	-	+

（续）

名　　称	符号	1	2	3	4	5
供液电磁阀	EMV3	−	−	−	+	−
回气电磁阀	EMV4	−	−	+	+	−
融霜排液电磁阀	EMV5	+	+	−	−	+
蒸发器及风机	EV	−	−	−	+	−

在系统中，泄水管上设有一个压力传感器 SP，以防止电磁阀关闭不严而造成冻结。接水盘上设置液位传感器 LP，用来防止排水口或排水管冻结而造成的接水盘溢水。融霜水量根据库温确定，当库温为−18℃以下时，每平方米蒸发器外表面积的需水量为 0.7kg/min；如库温为 0℃以上，则每平方米蒸发器外表面积的需水量为 0.6kg/min。融霜水温应为 15~24℃，如水温过低，则融霜速度太慢，且接水盘和排水管容易冻结；如水温超过 24℃，则融霜时会出现水雾，将造成墙壁结冰。

为使控制系统可靠工作，融霜周期常采用时间积算式控制，而融霜时间多采用时间控制方式。由于在冷库运行条件下其可靠性目前还不是很高，霜层厚度控制方式和微压差控制方式应用得较少。

热蒸气加水冲融霜的控制较复杂，控制器件可以是带有自动融霜控制功能的单片机温度控制器。这类控制器一般有多个控制回路，可将库温、相对湿度、融霜等结合在一起进行控制，这种控制又称直接数字控制（Direct Digital Control，DDC）。使用时，应根据冷库融霜的实际情况确定控制程序。

4. 水冲融霜控制

如冷间的温度为 4~7℃，为了加快融霜，可以向蒸发器上淋水，此方法主要用于冷间制冷设备为冷风机的场合。起动风机，在蒸发器不制冷的情况下通风并喷淋常温的水，使换热表面温度上升到 0℃以上，融霜结束之前，停止冲水，风机继续运行一段时间，将水吹干。

在图 4-50 中，去掉 EMV2 和 EMV5 及其相关管路，则成为水冲融霜库房系统。水冲融霜方式的冲霜水量和热蒸气融霜方式相同，电磁阀与蒸发器风机电动机的动作仍为表 4-8 中所列。

5. 热蒸气融霜控制

如一台或多台压缩机向多台蒸发器供冷，则融霜可以采用热蒸气融霜方式。利用压缩机排气的热量将蒸发器上的霜融化。这种融霜方式适用于三台及三台以上蒸发器、冷间温度为−40℃以上的场合。其融霜速度快、耗能少、库温较易稳定，但系统复杂、控制要求高，通常仅在中型以上冷库中应用。

当某一台蒸发器需要融霜时，关闭向此蒸发器供液和回气的阀门，开启热蒸气和排液阀门，将压缩机排出的热蒸气分出一部分通入蒸发器，融霜后热蒸气降温并凝结成液体，通过排液阀进入排液桶或低压循环储液器。

在图 4-51 中去掉冲霜水电磁阀 EMV1 及其相关管路，则成为热蒸气融霜方式库房系统，电磁阀与蒸发器风机电动机的动作仍见表 4-8。

必须指出，虽然热蒸气加水冲融霜方式的自动控制是融霜控制的发展趋势，但由于自动控制器件的水平所限，目前国内大部分采用热蒸气加水冲融霜的冷库，特别是氨制冷系统，为了保证运行的可靠性，仍采用手动控制。冷却空气的蒸发器当壁面温度低于0℃时，空气中的水分将在外表面析出并结成霜。结霜初期，蒸发器传热系数有所提高，但随着制冷的进行，霜层厚度逐渐增加，不仅造成很大的管壁附加热阻（霜层热阻约为钢管热阻的90~450倍，视厚度而不同），而且使管外空气通道变得狭窄，妨碍对流，增大空气的流动阻力，结果是蒸发器能力大幅度下降，风机功耗增加，工作状况恶化。有实例表明，在-18℃冷库内工作的蒸发器，若传热温差为10℃，则运行一个月后，由于结霜会使传热系数下降30%左右。为了消除上述不良影响，蒸发器必须定期融霜。

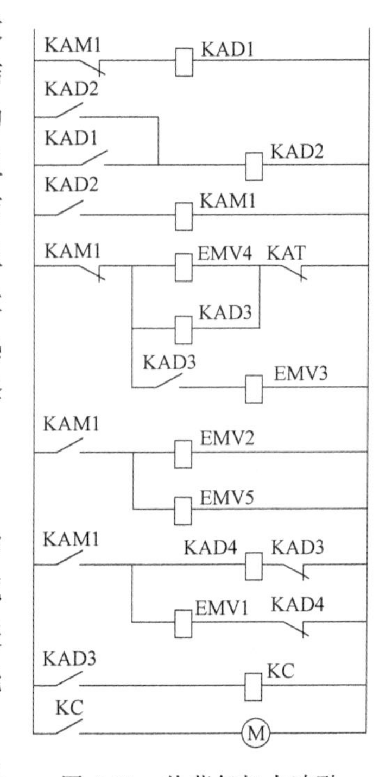

图 4-51　热蒸气加水冲融霜控制电路示意图

KAD—时间继电器　KAT—温控器
KAM—中间继电器　KC—交流接触器

4.2.5　压缩机能量调节

压缩机能量调节是指改变压缩机制冷能力，使之与变动的负荷相适应的一类调节。机器的制冷量与负荷之间的匹配情况可以从吸气压力的变化上反映出来。吸气压力升高，表明负荷在增大；吸气压力下降，表明负荷在减小。所以，能量调节以吸气压力为控制参数。

压缩机能量调节的方法很多，根据装置的具体工作要求和压缩机配置情况，有以下能量调节方法：①压缩机间歇运行；②吸气节流；③热气旁通；④压缩机气缸卸载；⑤压缩机运行台数控制；⑥压缩机变速。

在配用一台无变容能力压缩机（所谓无变容能力压缩机，是指本身不具有气缸卸载机构的压缩机）的小型制冷装置中，广泛采用压缩机间歇运行的能量调节方式。

如果制冷系统是用热力膨胀阀供液的，则往往用吸气压力控制器（低压控制器）控制压缩机起停。当吸气压力降到控制器设定值的下限时，使压缩机停止运行；当吸气压力回升到控制器设定值的上限时，重新接通压缩机电源，使其运行。

如果制冷系统是用毛细管节流的，则往往用温度控制器控制压缩机起停，当制冷温度达到控制器设定值的下限时，使压缩机断电停机；当温度回升到上限时，使压缩机重新通电运行。

起停控制方式简单易行，但电动机起动时伴随有较大的电流冲击。所以压缩机能力与负荷应匹配得当，压缩机不宜选得过大。否则起停频繁，不仅电能损失大，也影响压缩机寿命。

1. 吸气节流能量调节

吸气节流能量调节是指在压缩机吸气管上安装调节阀，通过调节阀的节流作用，改变吸气压力和吸气密度，使压缩机实际吸入的制冷剂质量流量发生变化，从而使制冷量发生变化。吸气节流能量调节的循环原理如图4-52所示。不难看出，这种能量调节方式

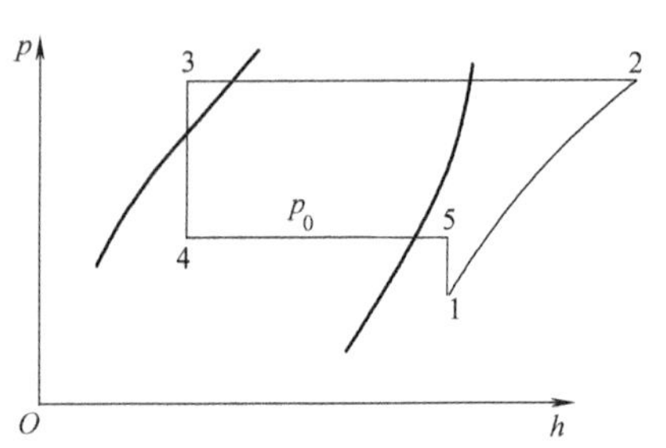

图 4-52　吸气节流能量调节的循环原理

使循环的经济性变差。它只用作小范围能量调节，调节是连续的。

2. 热气旁通能量调节

热气旁通能量调节是将制冷系统高压侧气体旁通到低压侧的一种能量调节方式。它主要应用于压缩机无变容能力的制冷装置，当负荷降低时，吸气压力下降，负荷降到一定程度后，吸气压力将跌到低压控制值以下。即使到这样的低负荷时，仍不希望停机，还要求装置继续运行，则采用热气旁通能量调节方式。

热气旁通能量调节是在系统的高、低压侧旁通管上安装热气旁通阀（或称能量调节阀），如图 4-53 所示。能量调节阀是一种受阀后压力（即吸气压力）控制的比例型气动调节阀。它按照吸气压力与设定的阀开启压力之间的偏差成比例地改变阀的开度，调节高压气体向低压侧的旁通流量。热气旁通能量调节的特性曲线如图 4-54 所示。

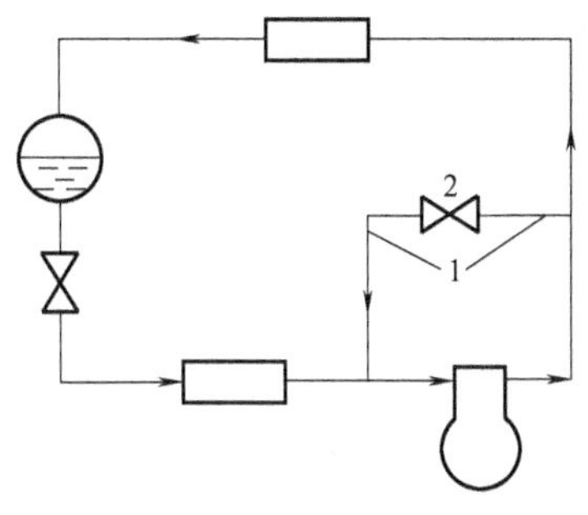

图 4-53　热气旁通能量调节
1—旁通管　2—能量调节阀

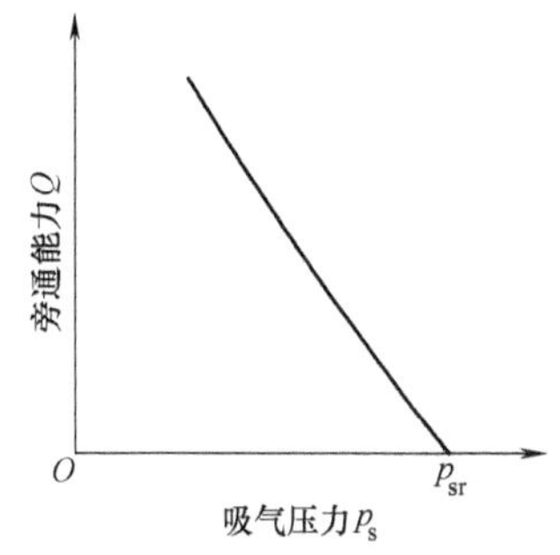

图 4-54　热气旁通能量调节的特性曲线

图 4-55 所示为采用热气旁通能量调节的机组运行特性曲线。图中曲线 *A* 是压缩机能力特性曲线；曲线 *B* 是能量调节阀的能力特性曲线。打开能量调节阀时，由于压缩机损失掉旁通流量所具有的制冷能力，故机组实际制冷量为 $Q=Q_A-Q_B$。设正常情况下，机组满负荷（18.5kW）运行的蒸发温度为 $t_0=-8$℃，负荷降低时，蒸发温度下降。若将能量调节阀设定到 -11℃ 所对应的吸气压力值时开启，那么，当负荷减少到 $t_0=-11$℃ 时，能量调节阀打开。阀打开后，由于高压气体对低压侧的补充作用，当负荷继续下降时，低压侧压力不会下降得太快。例如，负荷降到 9.9kW 时，吸气压力维持在 80kPa（表压），相应的蒸发温度为 -15℃。若无能量调节，则负荷降到同样低时，蒸发温度将是 -23℃，对系统工作极为不利。此外，图 4-55 中曲线 *A*、*B* 的交点 *S* 所对应的蒸发温度是 -18℃，它代表机组工作的最低蒸发温度，即使负荷降到零，蒸发温度也不会低于此值，相应的吸气压力也不会低于 60kPa（表压）。

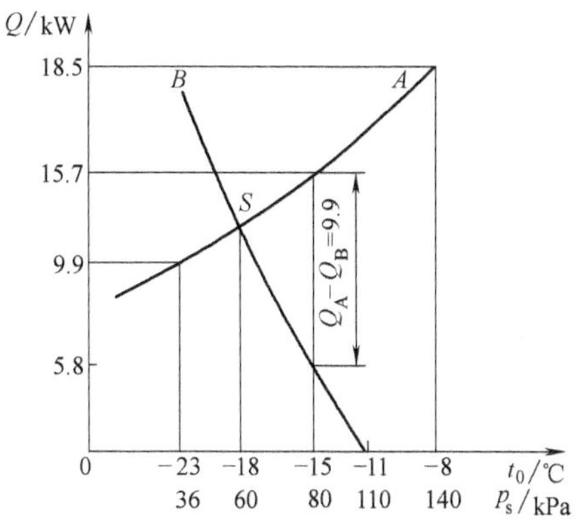

图 4-55　采用热气旁通能量调节的机组运行特性曲线
p_s—吸气压力　t_0—与 p_s 对应的蒸发温度

热气旁通能量调节在具体实施上可以根据制冷系统的情况灵活掌握。有多种实施方式，分述如下。

(1) 热气向吸气管旁通+喷液冷却 这是一种典型的实施方式，系统布置及循环原理如图 4-56 所示。能量调节阀从压缩机排气管引一部分热气旁通到压缩机的吸气管，由于热气的进入使吸气温度升高，排气温度也随之升高。如果旁通量过多，排气温度过分升高，则可能超过允许的最高排气温度。为了避免这种后果，采用喷液阀从高压液管引一些制冷剂液体喷入吸气管，利用液体蒸发冷却吸气，抑制排气温度的过分升高。

能量调节阀的结构如图 4-57 所示，用螺钉设定阀的开启压力值。阀盘 1 在主弹簧 4 的作用力与阀后流体力的作用下运动。当阀后压力低于设定的开启压力时，阀打开。阀后压力越低，开启度越大。平衡波纹管 2 的有效面积与阀座的有效面积相当，可以抵消阀入口压力变化对阀开度的影响。阻尼机构 3 的作用是抑制制冷装置正常出现的压力脉动，从而保证阀的调节精度和工作寿命。

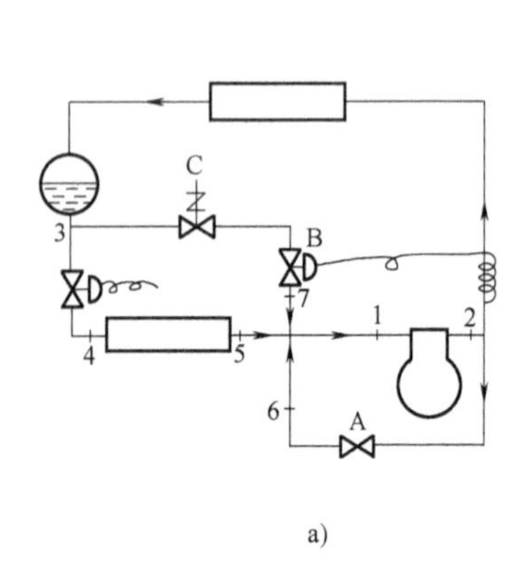

a)

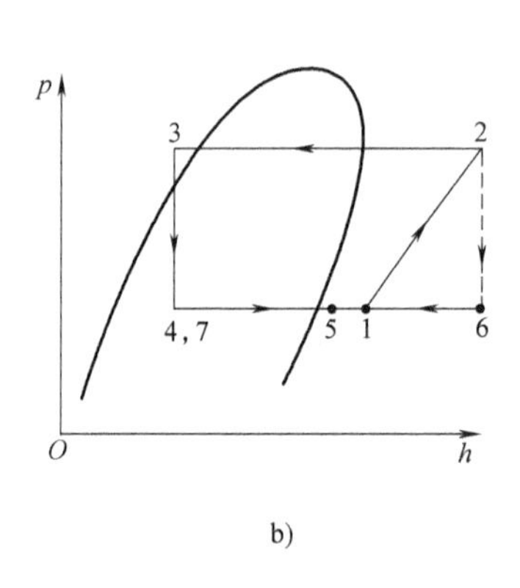

b)

图 4-56 热气向吸气管旁通+喷液冷却

a) 系统布置图 b) 循环原理

A—能量调节阀 B—喷液阀 C—电磁阀

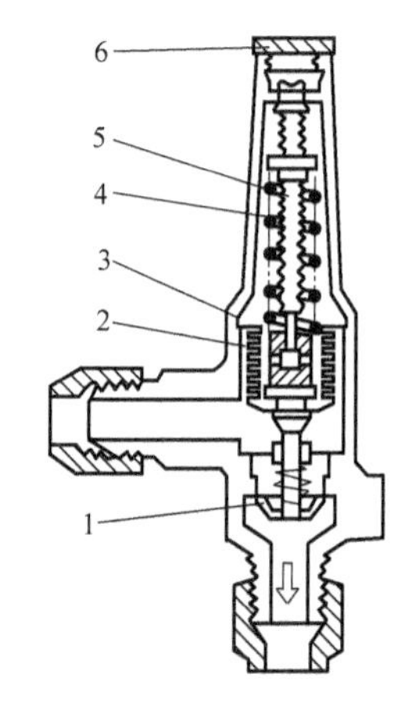

图 4-57 能量调节阀的结构

1—阀盘 2—平衡波纹管 3—阻尼结构

4—主弹簧 5—调节杆 6—护盖

喷液阀的结构如图 4-58 所示。它包括喷液调节阀 A、手动节流阀 B 和过滤器 C 三部分。喷液时，制冷剂液体依次流过过滤器、手动节流阀和喷液调节阀。手动节流阀起限制最大喷液量的作用，避免喷液过多引起液击，运行前应事先调整好。喷液调节阀的作用是根据排气温度调节液体的喷注量，它的动作原理与热力膨胀阀类似。用温包感温，将排气温度转变成温包中感温介质的压力，作用到波纹管上方，提供开阀力。当排气温度达到使阀开启的设定值时，阀打开，排气温度越高，阀开度越大，喷液量越多。喷液阀的温包为螺旋管状，长约 1.8m，安装时将它全部紧紧地缠绕在压缩机排气管上并缠牢。用调节杆 12 调整喷液阀的开启温度。对于 R717，开阀温度的调定值为 100℃，整定范围为 80~135℃。波纹管的最高耐压为 1.2MPa（表压），故喷液阀后不允许安装截止阀，以免工作时忘记打开此阀，导致高压液体力将波纹管鼓破。喷液阀前应装一只电磁阀，该电磁阀与压缩机连动。压缩机停机时，电磁阀关闭，避免液体进入吸气管。为了保证喷注的液体在吸气管中充分蒸发，液体喷注位置必须与压缩机吸入口相隔一定距离（2m 以上），并采用逆喷方式。

（2）用高压饱和蒸气向吸气管旁通　用高压饱和蒸气向吸气管旁通的系统布置和循环原理如图 4-59 所示。采用这种方法的主要考虑是：在喷液冷却方式中，如果液体在吸气管中来不及完全蒸发，会有压缩机滞液的危险，而且喷液阀的使用也增加了系统的辅件（喷液阀和电磁阀）。所以，可以如图 4-59 那样，从高压储液器引高压饱和蒸气向吸气管旁通。由于冷凝温度比排气温度低得多，旁通气与蒸发器回气混合后，吸气温度升高不多，排气温度也不至于过分升高。

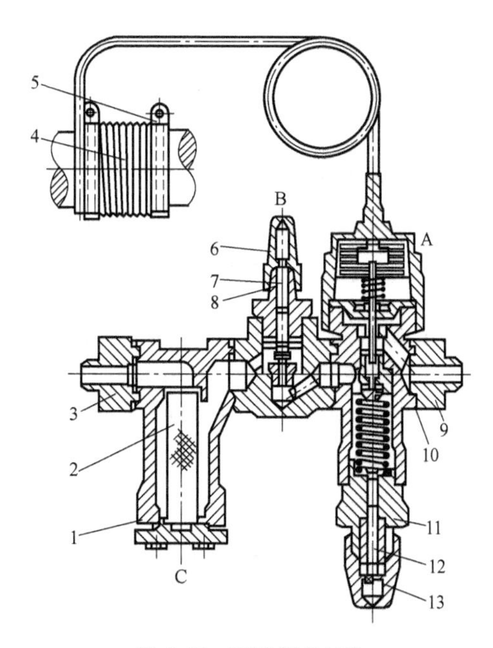

图 4-58　喷液阀的结构

1—垫片　2—不锈钢滤网　3—进口法兰　4—温包　5—温包固定夹　6、13—护盖　7、12—调节杆　8、11—填料　9—出口法兰　10—法兰垫片

（3）热气向蒸发器中部或蒸发器前旁通　以上两种向吸气管旁通高压气的方法存在共同的缺陷：当负荷低到一定程度时，蒸发器内制冷剂流速过低，将造成回油困难。为此，可以采用向蒸发器中部或向蒸发器前旁通热气的办法。

图 4-60 所示为向蒸发器中部旁通热气的系统布置。采用这种方法相当于热气为蒸发器提供了一个“虚负荷”。尽管实际负荷较低，热力膨胀阀仍能控制较多的蒸发器供液量，保证蒸发器中有足够的制冷剂流速，不会带来回油困难。

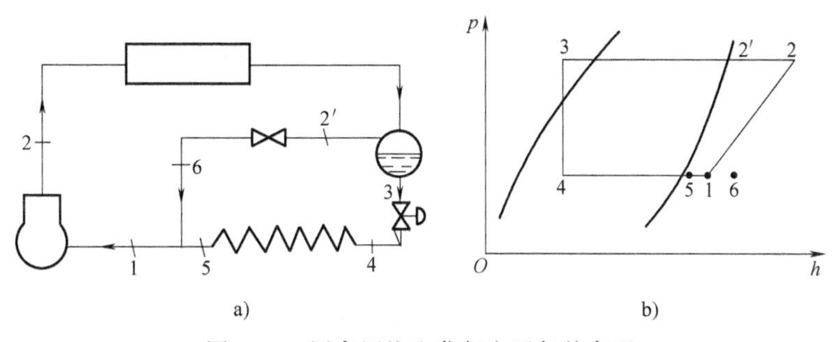

图 4-59　用高压饱和蒸气向吸气管旁通

a）系统布置图　b）循环原理

对于有分液器和并联多路盘管的蒸发器，不便于向蒸发器中部旁通热气，可以采用向蒸发器前旁通热气的办法，如图 4-61 所示。由于这类蒸发器的压力降较大，为了消除蒸发器压力降的影响，必须采用带有外平衡引管的能量调节阀。外平衡管从吸气管引控制压力，阀的开启只受吸气压力控制而不是受阀后压力控制。旁通位置在热力膨胀阀出口与分液器入口之间。为了避免热气对热力膨胀阀的逆冲而影响热力膨胀阀的正常工作，必须使用一个专门的气液混合头。带平衡引管的能量调节阀（CPCE 型）和气液混合头（LG 型）的结构如图 4-62 所示。

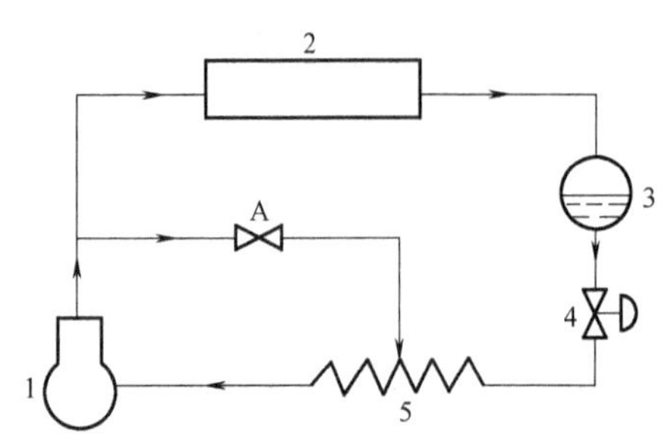

图 4-60 向蒸发器中部旁通热气的系统布置

1—压缩机 2—冷凝器 3—储液器

4—膨胀阀 5—蒸发器 A—能量调节阀

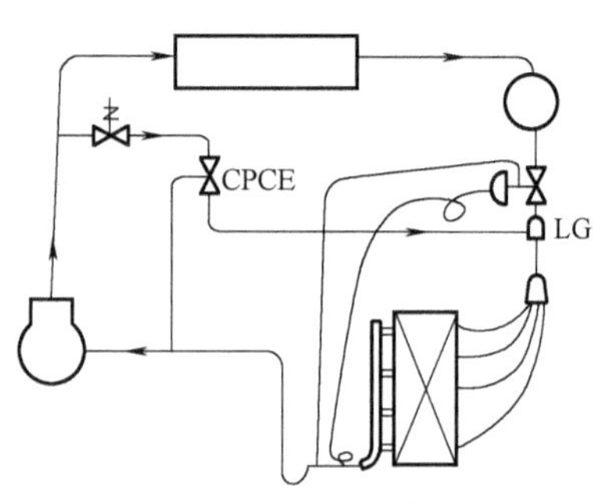

图 4-61 向蒸发器前旁通热气

CPCE 型能量调节阀是一种继动式调节阀。膜片 5 的上、下方分别作用着主弹簧 6 的弹力和从引压管接口 9 引入的控制压力。当控制压力降到弹簧设定值以下时，通过顶杆 4 推开节流球，导阀孔 10 开启。于是，活塞 11 上部的压力释放，活塞向上运动，主阀孔 2 打开，热气流到低压侧。控制压力升到设定值以上时，导阀孔关闭，活塞上腔封闭，经压力平衡孔 12，压力重新升高，主阀关闭。能量调节阀的技术参数（CPCE 型）：调节范围 $p_0=0.6\text{MPa}$，最高工作温度为 14℃，最高工作压力为 2.15MPa，适用制冷剂为 R22 和 R502。表 4-9 所列为能量调节阀的能力特性。

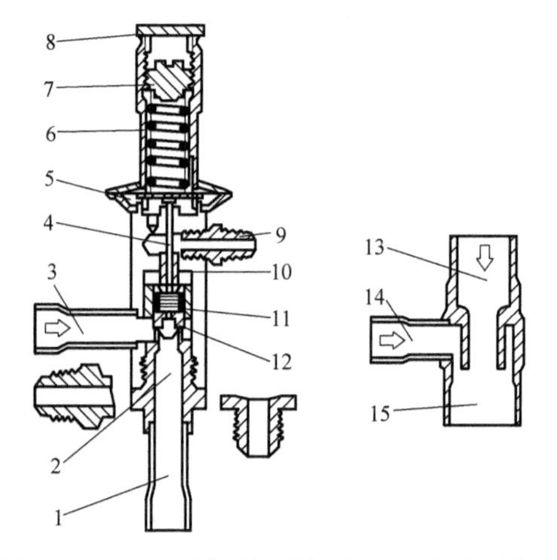

图 4-62 CPCE 型能量调节阀和 LG 型气液混合头

1—出口 2—主阀孔 3—入口 4—顶杆 5—膜片 6—主弹簧 7—设定螺钉 8—护盖 9—引压管接口 10—导阀孔 11—活塞 12—压力平衡孔 13—液体入口 14—热气入口 15—流出口

例 有一 R502 制冷系统，为了避免压缩机受低压控制器控制频繁起停，必须采用热气旁通能量调节。允许最低吸气温度为-30℃，这时冷凝温度约为 30℃。计算出在-30℃/30℃工况下，压缩机的制冷能力为 78kW，蒸发器负荷为 59kW。针对上述条件，为保证吸气压力不降至-30℃所对应的值以下，需由热气向蒸发器提供的虚负荷为（78－59）kW＝19kW。查表 4-9，选择 CPCE15 型能量调节阀，它在-30℃/30℃时的能力为 19.5kW。

表 4-9 能量调节阀（CPCE+LG）**的能力特性**（制冷剂为 R502） （单位：kW）

型号	压力(温度)下降后的吸气温度/℃	冷凝温度/℃				
		20	30	40	50	60
CPCE12	10	7.2	14.9	19.8	24.7	30.7
	0	11.7	15.8	19.8	24.7	
	-10	12.4	15.8	19.9	24.7	
	-20	12.6	15.8	19.9		
	-30	9.9	13.3	17.2		
	-40	5.3	7.2	9.1		

（续）

型号	压力(温度)下降后的吸气温度/℃	冷凝温度/℃				
		20	30	40	50	60
CPCE15	10	10.6	21.9	29.1	36.3	45.1
	0	17.3	23.3	29.1	36.3	
	-10	18.4	23.3	29.2	36.3	
	-20	18.4	23.4	29.2		
	-30	14.4	19.5	25.5		
	-40	7.7	10.2	12.9		
CPCE22	10	14	29.0	38.6	48.0	59.9
	0	22.9	30.8	38.6	48.0	
	-10	24.3	30.8	38.6	48.1	
	-20	24.3	30.8	38.7		
	-30	19.1	25.7	33.5		
	-40	10.2	13.7	17.3		

3. 压缩机气缸卸载及运行台数控制能量调节

大、中型制冷装置的主机配置往往采用一台带有能量调节机构的压缩机或者多台压缩机组合（每台压缩机或有能量调节机构或无能量调节机构），这种配置情况下，采用压缩机气缸卸载或控制压缩机运行台数或两者相结合的办法实现位式能量调节。

运用这种方式，能量调节是分级进行的。例如，一台六缸压缩机依次二缸、四缸、六缸工作，具有 1/3、2/3 和 1 三个能级；一台八缸压缩机依次二缸、四缸、六缸、八缸工作，具有 1/4、1/2、3/4 和 1 四个能级。又如，配用四台压缩机，分别是 412.5A（Ⅰ号机）、812.5A（Ⅱ号机）、812.5A（Ⅲ号机）和 412.5A（Ⅳ号机），依次使Ⅰ、Ⅱ、Ⅲ和Ⅳ号机整机投入工作，则机群具有 1/6、1/2、5/6 和 1 四个能级。用吸气压力（或蒸发温度）作为控制参数，控制能量的增减，每能级压缩机或气缸的投入或退出运行分别对应于各自设定的不同吸气压力值（蒸发温度）。

位式能量调节的实施方法有：①用压力控制器控制压缩机起停；②用压力控制器和电磁滑阀控制气缸卸载；③用液压比例调节器控制气缸卸载；④用程序控制器进行分级能量调节。以下通过实例逐一说明。

(1) 用压力控制器控制压缩机起停　某冷库制冷系统用四台氨压缩机：412.5A（Ⅰ号机）、812.5A（Ⅱ号机）、812.5A（Ⅲ号机）和 412.5A（Ⅳ号机）。Ⅰ号机为基本能级，它的起停受库房温度控制：只要有一个库房达到指定温度的上限时，Ⅰ号机便运行，全部库房都达到指定温度的下限时，Ⅰ号机停机。Ⅰ号机运行后，根据吸气压力变化决定Ⅱ、Ⅲ、Ⅳ号机是否工作。用三个压力控制器各控制一台压缩机的起停，如图 4-63 所示。每台压缩机起停的压力设定值见表 4-10。

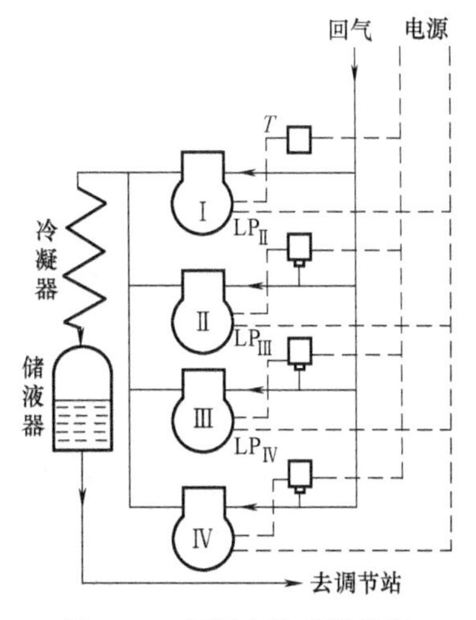

图 4-63　用压力控制器控制压缩机起停的系统

为了避免短期负荷波动或运行不稳定引起吸气压力波

动而造成能量误调，一般开机动作有延时，延时时间在 30min 以内。

表 4-10　压缩机起停的压力设定值

压缩机	Ⅱ号机	Ⅲ号机	Ⅳ号机
压力控制器	$LP_{Ⅱ}$	$LP_{Ⅲ}$	$LP_{Ⅳ}$
上限接通压力(表压)p_g/MPa	0.20(-9℃)	0.22(-7℃)	0.30(-2℃)
下限接通压力(表压)p_g/MPa	0.09(-20℃)	0.11(-18℃)	0.15(-14℃)
差动压力/MPa	0.11(11℃)	0.11(11℃)	0.15(12℃)

这种控制方式简单易行，但由于是控制整台机器投入或退出运行，故能级间的跃幅大，是一种较粗的能量调节方式，用于对库温控制精度要求不高的场合。

(2) 用压力控制器和电磁滑阀控制气缸卸载　图 4-64 所示为一台八缸压缩机采用压力控制器和电磁滑阀控制气缸卸载的原理。压缩机的八个气缸中，安排四个气缸作为基本工作缸（图中的Ⅰ、Ⅱ两组），另外四个缸作为调节缸，每次上载两缸（图中的Ⅲ组、Ⅳ组缸），使压缩机能量分为三级：1/2、3/4 和 4/4。调节缸的卸载机构受油压驱动。当油压作用于卸载机构的液压缸时，气缸正常工作（上载）；当油压释放时，卸载机构上的顶杆将吸气阀片顶开，气缸因失去压缩作用而卸载。

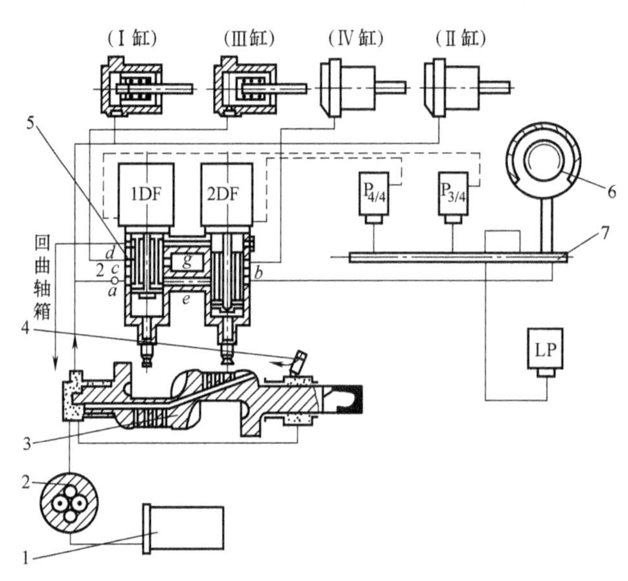

图 4-64　压力控制器和电磁滑阀控制气缸卸载的原理

1—液压泵　2—滤油器　3—曲轴　4—油压调节阀　5—液压缸　6—油压表　7—吸气管

DF—电磁滑阀　$P_{3/4}$、$P_{4/4}$、LP—压力控制器

能量调节方法：用压力控制器 LP 控制压缩机电动机；用压力控制器 $P_{3/4}$ 控制第Ⅲ组气缸卸载机构油路管上的电磁滑阀 1DF；用压力控制器 $P_{4/4}$ 控制第Ⅳ组气缸卸载机构油路管上的电磁滑阀 2DF。

当压缩机满负荷工作时，四组八缸全部投入运行。当蒸发温度降到 0℃时，压力控制器 $P_{4/4}$ 使电磁阀 2DF 失电，滑阀落下，阻断从液压泵送往第Ⅳ组卸载液压缸去的配油孔，停止压力油的供应，该液压缸中的油回流入曲轴箱，第Ⅳ组的两个气缸卸载，压缩机降到 3/4

能级运行。当蒸发温度降到-1℃时，压力控制器 $P_{3/4}$ 断开，使电磁滑阀 1DF 失电，第Ⅲ组的两个气缸卸载，压缩机降至 1/2 能级运行。当蒸发温度降到-3℃时，压力控制器 LP 断开，切断电源，整台压缩机停止工作。停机后，若吸气压力回升到 0.33MPa（2℃），则压缩机重新起动，基本能级的四个缸投入工作。

（3）用液压比例调节器控制气缸卸载　液压比例调节器的结构如图 4-65 所示，图 4-66 所示为其工作原理。调节器包括三部分：信号接收器（由波纹管 19、设定弹簧 20 和调节螺钉 2 组成）、喷嘴挡板式液动放大器（由恒节流孔 12、球阀 15 和变节流孔 16 组成）和滑阀式液动放大器（由本体 7、配油室 6、限位钢珠 5、能级弹簧 4、外罩 9 和配油滑阀 10 组成）。滑阀式液动放大器外罩 9 的法兰上设三个油管接口 A、B、C。A 与压缩机液压泵的出口相连；B、C 分别与一组卸载液压缸相连接。在本体 7 的内部开有油孔和油道，使接口 A、B、C 分别与配油室内壁上的三个孔 A_1、B_1、C_1 相通。

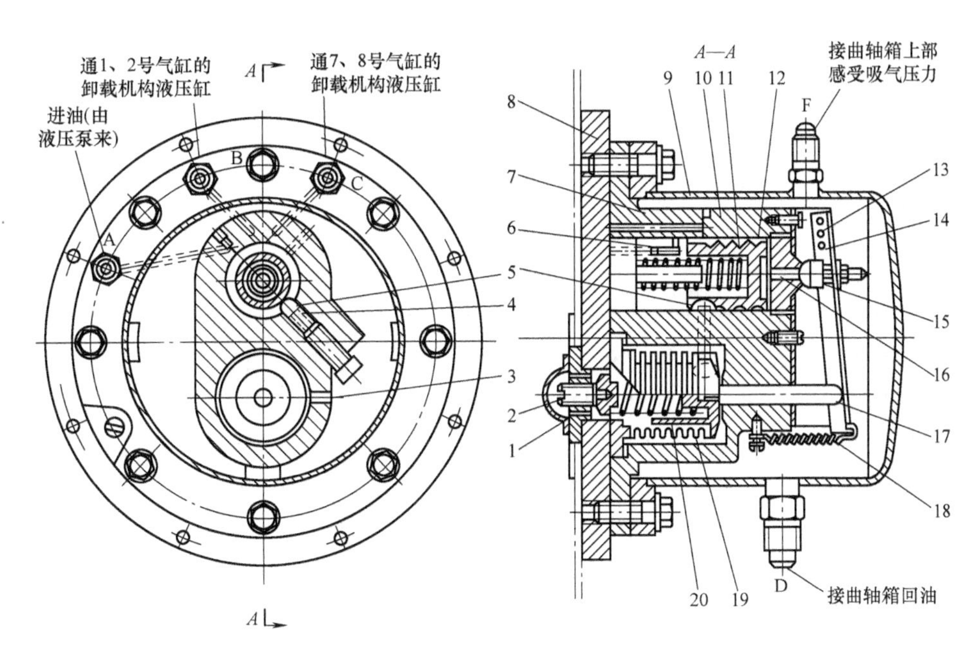

图 4-65　液压比例调节器的结构

1—通大气孔　2—调节螺钉　3—孔道　4—能级弹簧　5—限位钢珠　6—配油室　7—本体　8—底板　9—外罩　10—配油滑阀　11—滑阀弹簧　12—恒节流孔　13—杠杆支点　14—杠杆　15—球阀　16—变节流孔　17—顶杆　18—拉簧　19—波纹管　20—设定弹簧

调节器的输入信号是吸气压力与给定值的偏差。给定值（设定弹簧力+大气压力）可以用设定弹簧 20 调整。波纹管 19 的外侧作用着吸气压力，内侧作用着给定压力，使其受内外侧的压力差作用而产生变形，变形位移量由顶杆 17 传递到杠杆 14，使杠杆转角变化。连接在杠杆上的球阀 15 压向或离开变节流孔 16，使孔腔中的压力成比例变化，引起配油滑阀 10 移动，接通或关闭配油孔，使调节缸卸载机构的油压接通或释放。

下面是液压比例调节器调节一台八缸压缩机的能量调节过程。能级安排为 1/2、3/4 和 4/4。用低压控制器控制压缩机的开停机；用液压比例调节器控制两组调节缸的上载或卸载。控制压力设定值见表 4-11。

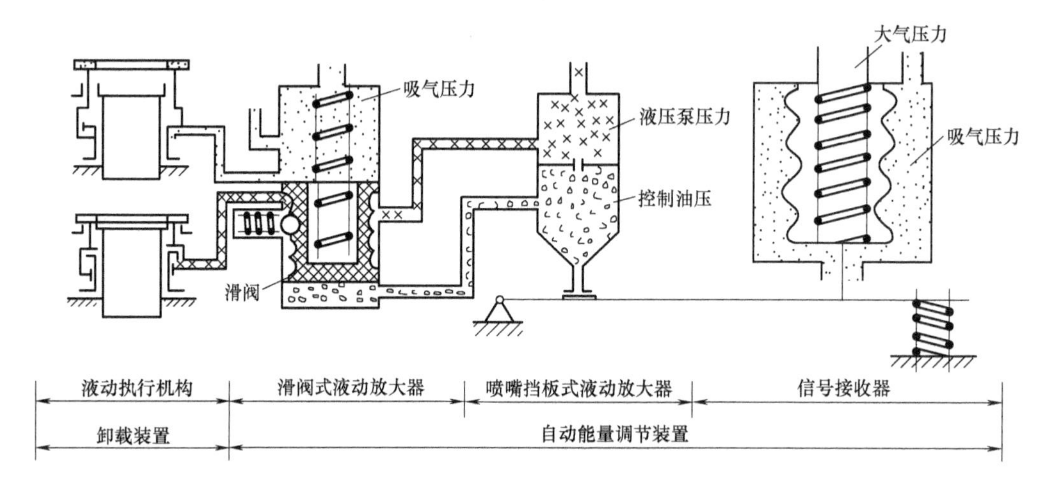

图 4-66 液压比例调节器工作原理图

表 4-11 控制压力设定值

控制器	吸气压力/MPa		工作缸数	能量
	工作(上载)状态	卸载状态		
液压比例调节器	0.24	0.20	8	100%
	0.23	0.19	6	75%
低压控制器	0.22(接通)	0.13(断开)	4	50%

在图 4-65 中，压缩机起动前，液压泵不工作，油压等于曲轴箱压力。配油滑阀 10 被滑阀弹簧 11 推到最右侧，所有通往卸载机构的高压配油孔都关闭，调节缸的吸气阀片全部被顶开。所以起动时压缩机的基本工作缸（4 缸）工作。起动后，液压泵同时运行，油压升高到额定值。若 4 缸运行制冷量不足，则吸气压力将上升，波纹管 19 受压缩，其位移量经顶杆 17、拉簧 18 及杠杆 14 的传递，球阀 15 将变节流孔 16 关小，作用在配油滑阀 10 右侧的油压上升，滑阀受向左的推力。对应于 $p_s = 0.23$MPa 时，滑阀向左移动，使钢珠落入第 2 凹槽中，滑阀被钢珠限位。于是，孔 B 与液压油孔 A 接通，第一组调节缸上载，压缩机 6 缸工作。若这时制冷量仍不足，则吸气压力将继续升高，继续上述动作。当压力 p_s 升至 0.24MPa 时，滑阀左移到钢珠落入第 1 凹槽中。于是，第二组调节缸上载，压缩机处于 8 缸满负荷工作状态。

当负荷减小时，吸气压力降低，波纹管 19 伸长，推动球阀 15 离开变节流孔 16，配油滑阀 10 右侧的控制压力下降，于是滑阀受向右的推力。对应于 $p_s = 0.20$MPa 时，滑阀被推动，钢珠落到第 2 凹槽中，有一组调节缸的配油孔被堵塞，该组调节缸卸载，压缩机能量降到 75%。如果吸气压力继续降低，达到 $p_s = 0.19$MPa 时，滑阀再次被向右推动，钢珠落到第 3 凹槽中，又一组调节缸的配油孔关闭并卸载。于是压缩机 4 缸工作，能量降到 50%。吸气压力如果继续下降，达到 0.13MPa 时，则低压控制器触点断开，切断电源，使压缩机停机。

由表 4-11 所列数据可以看出，比例式液压调节器使同一组调节缸上载与卸载的吸气压力控制值是不相同的，二者之间存在差动压力值。该差动压力值是必需的，否则将引起调节缸频繁上载、卸载，致使运行失稳。差动压力值用能级弹簧 4 调整，一般为 0.04MPa。

(4) 用程序控制器进行分级能量调节　大型装置的压缩机群控还可以采用程序控制器，使能量调节的自动化水平和控制精度得到提高。大型装置需要多台大型压缩机，因而将压缩机运行台数与每台压缩机的气缸卸载结合起来，可以使能级分得较细。能级的划分按制冷工艺提出的调节要求决定，使其与库房的负荷分配相适应。

TDF 型程序控制器是冷库专用的能量控制器。它采用定点延时、分级步进的调节方式。将控制参数（吸气压力或者蒸发温度）在额定值附近设 4 个定点值：高限、低限、过高限和过低限。能级最多可以安排 8 级。控制器接收控制参数的检测值，若检测值在高限值与低限值之间，说明压缩机制冷量与负荷基本匹配，则控制器不输出调节信号，机器维持在当前能级上继续运行；若检测值在高限与过高限之间，说明负荷明显高于机器的制冷量，则控制器使机器能量每延时一定时间 τ，自动增加一级；若检测值超过过高限，说明负荷高于机器制冷量的程度大，需要加快调节速度，则控制器使机器每延时 $\tau/8$ 自动增加一级能量。相反，若检测值在低限与过低限之间，则每延时时间 τ，能量自动递减一级；当检测值低于过低限时，每延时 $\tau/8$，能量自动递减一级。

TDF 型程序控制器是一种电子式能量控制装置，其体积小、工作可靠、使用方便，有 TDF-01 型和 TDF-02 型两种。TDF-01 型以吸气压力为控制参数，输入信号为 DC 0～10mA，配用压力传感器（如 YSG-01 型电感压力变送器）。TDF-02 型以蒸发温度为控制参数，直接配用铂电阻温度传感器。TDF 控制器面板上有能级状态显示、手动增减按钮和反映能量与负荷匹配情况的灯光显示。在底板上可以进行 4 个定点的预设，还可以设定延时时间 τ，τ 在 30min 内可调。图 4-67 为 TDF 型程序控制器原理框图。

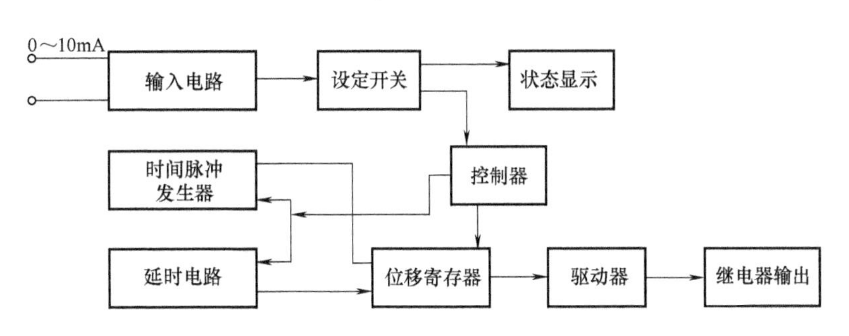

图 4-67　TDF 型程序控制器原理框图

4. 压缩机变速能量调节

压缩机制冷量及所消耗功率与转速成比例，从循环的角度分析，利用变转速的方法进行能量调节有很好的经济性。压缩机的驱动机主要是感应式电动机，感应式电动机改变转速的方法虽有多种，但用于拖动压缩机，从电动机的转速-转矩特性考虑，适宜的方法是采用变频调速。以往由于变频装置的价格昂贵，故制冷装置能量调节中变频调速方式使用得不多。现在，随着电子技术的发展，硬件的价格和可靠性都不断改善，加上人们节电意识的增强以及机电一体化技术的进步等诸多因素，使变频调速作为一种有效的节能控制手段，成为研究和开发的重点课题。当前，国内外空调市场变频空调器所占比例逐年增长，有取代其他空调机种成为空调机主流产品的趋势。不仅在制冷空调产品上，变频技术用于其他通用机械（如泵、风机及空气压缩机等）的变容控制也已获得大幅度的运行节能效果。

变频器是以改变电动机电源频率的方式使其变速的装置。电动机电源电压必须随频率成比例地变化，故又称其为变电压变频（Variable Voltage Variable Frequency，VVVF）。变频器的输入是三相或单相交流电源（可以由市电提供），输出为可变压可变频的三相交流电，接到压缩机的电动机上。在控制器中，微计算机按照检测信号控制变频器的输出频率和电压，从而使压缩机产生较大范围的能量连续变化。

变频器输出的频率范围为30~130Hz，压缩机特性要能适应转速的变化范围。为了充分发挥变频调速的节能潜力，所有相关部件都应选择高效的部件。例如，在变频空调器中，用高效变频器控制无刷式永磁电动机，驱动涡旋式压缩机被认为是目前最合理的搭配。除此之外，为了提高制冷系统中制冷剂流量控制的特性，还必须用电子膨胀阀取代传统的毛细管和热力膨胀阀。

4.3 制冷系统的安全保护

4.3.1 压缩机自动保护

压缩机的自动保护是保证制冷装置安全运行必不可少的措施，自动保护主要有吸排气压力保护、压差保护和压缩机温度保护等。

1. 吸排气压力保护

制冷装置吸排气压力保护的主要目的是控制压缩机运行时的排气压力和吸气压力。因为若压缩机排气压力过高，不但会增加电耗，影响机器寿命，而且有可能产生意外事故。当压缩机吸气压力过低，特别是低于大气压时，外界的空气和水分可能进入制冷系统，影响制冷装置的正常运行。另外，过低的吸气压力还会影响润滑油泵的供油量，危及压缩机的各摩擦耦合件，从而影响压缩机的使用寿命。

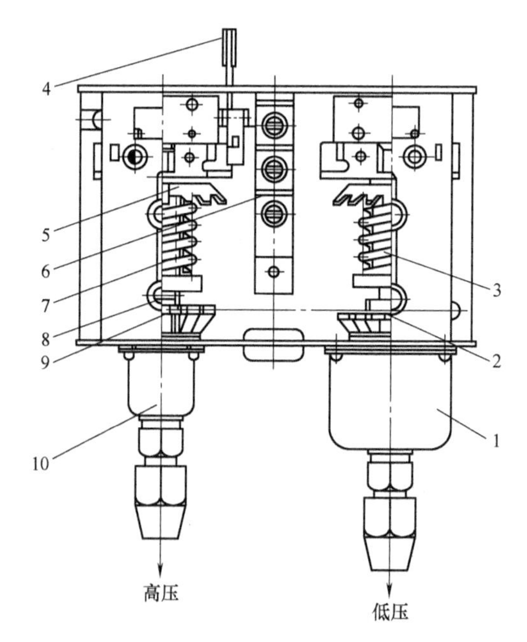

图 4-68　KD 型高低压控制器的结构

1—低压箱　2—低压压差调节盘　3—低压调节弹簧　4—复位手柄　5—压力调节盘　6—接线板　7—高压调节弹簧　8—顶杆　9—高压压差调节盘　10—高压箱

吸排气压力保护所用保护器件是压力控制器，其中吸气压力保护用低压控制器，排气压力保护用高压控制器。如将高压控制器与低压控制器组合在一起，则成为高低压控制器。根据所控压力是否可调，压力控制器可分为可调式与固定式两种；根据动作后继电器的复位情况，压力控制器可分为自动复位和手动复位两类。

高低压控制器是一种受压力信号控制的电气开关。现以广泛使用的国产 KD 型高低压力继电器为例，对其结构和控制原理进行介绍。

图 4-68 所示为 KD 型高低压控制器的结构，继电器的高、低压接管分别与压缩机的排气阀和吸气阀上的旁通孔（或阀）连接，接收排气压力和吸气压力信号，它的电气线路接入压缩机电动机的控制电路，这样压力

继电器就能根据接收到的吸、排气压力信号，直接控制压缩机的起停。

当压缩机排气压力高于高压给定值时，高压控制部分动作，压缩机停机。当压力下降至给定值以下时，并不能使高低压控制器复位，要降低到给定值减去差动值以下，才能使压缩机开机。当压缩机吸气压力低于低压给定值时，低压控制部分动作，压缩机停机。当压力上升到给定值加上差动值时，压缩机才开机。

高低压控制器的压力控制值（限定值）可通过转动各自的压力调节螺杆来调节。顺时针方向转动压力调节螺杆能使调节弹簧压紧，压力控制值升高，反之则降低。高压压差调节螺杆用于调节高压的差动值。顺时针转动调节盘时，差动值增加，反之则减小。低压差动值一般是固定值，不可调节。

KD型高低压控制器有低压自动和高压手动、低压自动和高压自动、低压手动和高压手动复位等不同复位形式。当制冷压缩机运行过程中出现高低压超出设定值范围时，由于继电器的作用而使压缩机停机，在停机后制冷系统中的制冷剂压力将很快恢复平衡，即高压下降，低压上升，当高低压达到设定值范围时，自动复位的压力继电器中的触点即闭合，压缩机又开始工作。若此时尚未排除引起超压的故障，则压缩机又将开机。这样，由于压缩机的频繁起动，可能使电动机烧毁。带有手动复位的压力继电器，当高压触点分离后有一铜片自锁装置，触点不能自行闭合。只有找出和排除故障，并按动复位按钮后，压缩机才能重新开始工作。

高低压控制器在出厂时的控制设定值均已做过调整和试验，如果不符合实际应用要求，可以在其允许使用范围内进行调整，见表4-12。调整后应反复试验几次，确认其切断与接触压力控制值已达到设定值要求。装在制冷装置上的压力继电器每年至少应试验一次，特别是高压控制部分，以免继电器失控引发重大事故。

表4-12　常用高低压控制器的技术参数

型号	复位		压力范围(表压)/MPa		差值范围/MPa	
	高压	低压	高压	低压	高压	低压
FF215-S6. BAAA FF215-S6. BAAK	自动	自动	0.06~3.1	-0.05~0.7	固定0.4	0.05~0.5
FF215-S6. BARA FF215-S6. BARK	手动	手动	0.06~3.1	-0.05~0.7	固定0.4	固定0.1
016. H6701	自动	自动	0.07~3	-0.03~0.7	固定0.35	0.06~0.4
016. H6703	手动	手动	0.07~3	-0.03~0.7	固定0.35	固定0.06
016. H6705	手动	自动	0.07~3	-0.03~0.7	固定0.35	0.06~0.4
KP15	自动	自动	0.08~3.2	-0.02~0.75	固定0.4	0.07~0.4
	手动	自动	0.08~3.2	-0.02~0.75	固定0.4	0.07~0.4
	自动、手动可变	自动、手动可变	0.08~3.2	-0.02~0.75	固定0.4	0.07~0.4
	自动、手动可变	自动、手动可变	0.08~3.2	-0.09~0.7	固定0.4	固定0.07

在封闭式制冷系统中，可采用固定式压力控制器，其优点是结构简单、工作可靠、无制冷剂泄漏点，如图4-69所示。当系统中制冷剂的压力上升到设计动作压力p_m时，球冠形膜片产生失稳跳跃反转，推动电气开关动作，如图4-70所示。当压力下降到恢复压力p_r时，在弹性力的作用下，膜片跳跃恢复。固定式压力控制器可用作高压保护、低压保护、制冷剂泄漏保护和压力控制器件。

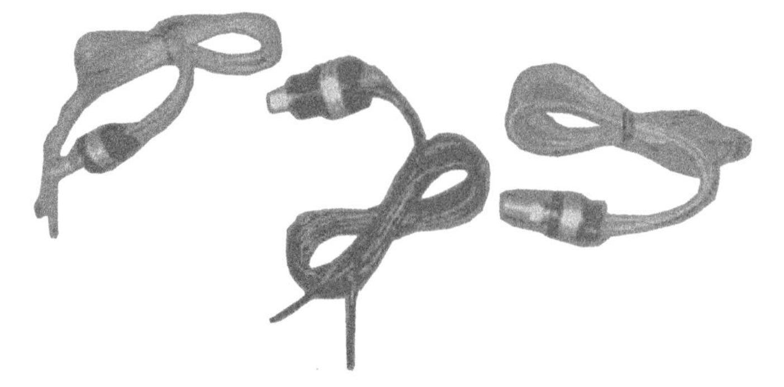

图 4-69　固定式压力控制器

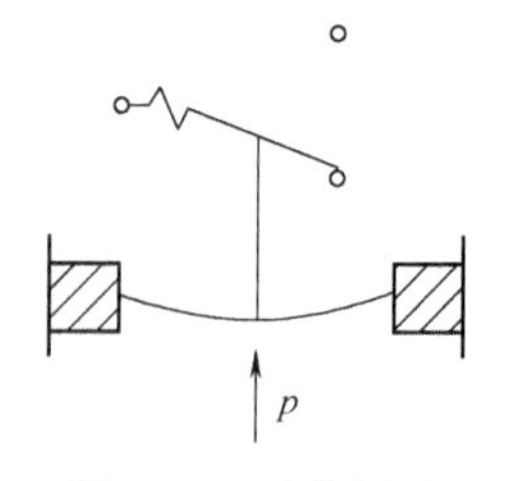

图 4-70　动作原理

随着计算机控制技术在冷库中的普及，压力保护与压力控制越来越多地采用新型压力传感器，通过变送器与接口线路，连接到计算机。

2. 压差保护

对于压力润滑的压缩机，当润滑油与吸气压力之间的压差过小时，运动部件将会因缺油而造成损坏。因此，当润滑油压差过小时，需使压缩机停机。对于强制供液的库房供液系统，为防止制冷剂泵发生气蚀，当制冷剂进出泵的压差过小时，需使制冷剂泵停机。压差保护所用的器件是压差控制器。

压差控制器是压缩机润滑系统低压端（曲轴箱）及高压端之间的压力差小于规定数值（一般为 0.05～0.35MPa）时，能自动切断电源的控制装置。它的工作原理是根据作用在两个相对的感压元件（波纹管）上的两个不同压力的差值所产生的力，经弹簧平衡后，如果小于规定数值，则由于杠杆作用，压力开关接通延时机构的电热元件，在一定延时范围（一般为 60～120s）内使延时触点动作，在安装压差控制器时应与电气人员密切配合，压差控制器应垂直安装在压缩机机体上或安装在压缩机附近，用 ϕ4mm 的无缝钢管将控制器的低压端与压缩机曲轴相连接，高压气箱与齿轮油泵的排出管相连接，如图 4-71 所示。

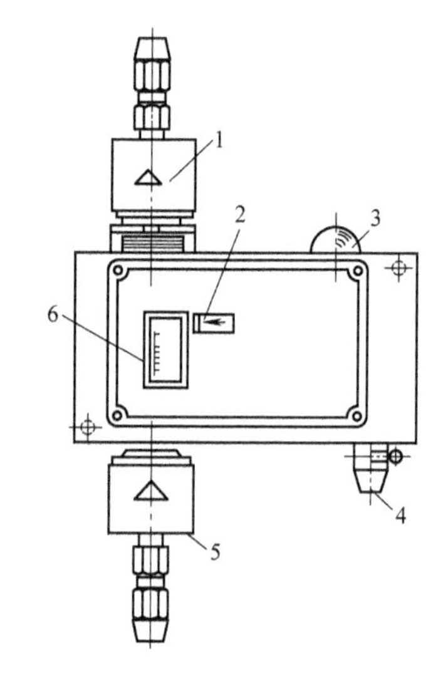

图 4-71　压差控制器示意图
1—低压气箱　2—试验按钮　3—复位按钮
4—进线口　5—高压气箱　6—指示盘

压差控制器在出厂时的控制设定值均已做过调整和试验，见表 4-13。如果不符合实际应用要求，可以在其允许使用范围内进行调整。

表 4-13　常用压差控制器的技术参数

型号	定时器延迟时间/s	压力范围(表压)/MPa	差值范围/MPa
FD113ZU	20～150	0.03～0.45	0.08～1.2
FD113ZUK	115	固定 0.63	0.08～1.2
P30-3701	90±20	0.03～0.4	最大 0.5
P30-5826	120±20	固定 0.6	最大 0.5
MP54	45,60,90,120	固定 0.65	0.2
MP55	0,45,60,90,120	0.03～0.45	0.2

安装完毕后，可根据压缩机的油压控制范围拨动压差调整齿轮，将指针拨到实际需要数值。控制器的前盖正面装有试验按钮，以供随时测试延时机构的可靠性。当压缩机正常工作时，将按钮依箭头方向推动，推动时间必须大于延时时间，在经过一定时间后，如能切断电源，则说明延时机构能正常工作。使用中如果延时机构动作过一次，则必须待延时机构中加热器全部冷却后（约 1min），才能让其恢复正常工作。

压差控制器的延时机构中装有人工复位装置，当控制器动作后，待压缩机故障排除，再按一下复位按钮，才能使延时机构的开关触点接通并开始正常工作。

3. 压缩机温度保护

（1）排气温度保护　压缩机运行过程中，由于某些原因会使排气温度超过正常值，这不仅会使压缩机的功耗增大，也会使润滑油结炭，性能变坏，从而影响压缩机正常运行。为防止排气温度升高，可采用注液阀。注液阀在系统中的布置如图 4-72 所示，注液阀的感温包绕在压缩机的排气管上，当排气温度超过设定值时，阀便按比例开启到一定程度，向压缩机进气管喷入一定量的液体制冷剂，降低进气温度，从而限制排气温度的升高。

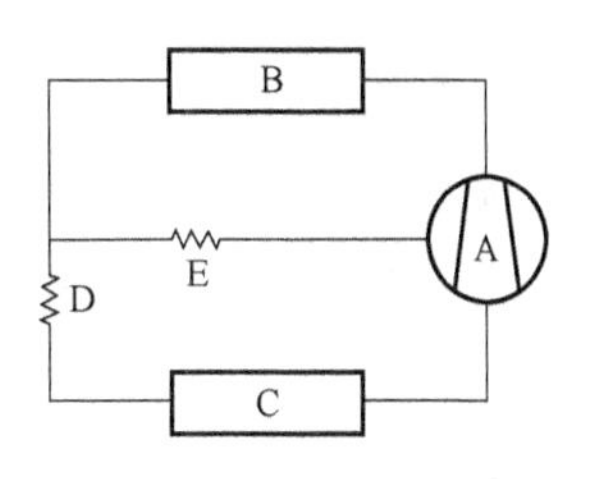

图 4-72　中间注液循环系统原理图
A—压缩机　B—冷凝器　C—蒸发器
D—主节流机构　E—注液节流机构

采用注液阀降低排气温度会引起部分冷量损失，因此，它主要用于排气温度比较高的小型制冷装置中。

（2）其他温度保护　在大型制冷装置特别是离心式制冷机组中，润滑油油温的控制在保证机组安全运行方面占有非常重要的地位。

制冷装置运行时，油温的控制方法多采用温度控制器调节冷油器的冷却水量，使油泵出口温度不超过 60℃，当油温超过上限时，即停车检查故障。

制冷装置运行时，温控器调节油加热器的加热量，使油温维持在 40～60℃ 范围内，以防油温太低。由于油中溶有大量制冷剂，开车时制冷剂汽化发泡，将造成机器润滑情况恶化。

对高速运转的离心式制冷机轴承温度的监视是保证机器安全运行非常重要的项目，用温度巡检仪采集各轴承的温度，当轴承温度超过 90℃ 时，即停车报警。

4.3.2　设备超压保护

对制冷系统高压侧容器的压力保护，常通过泄放容器中制冷剂压力的方法来实现，所采用的保护元件有安全阀、易熔塞和安全膜。

安全阀常见的结构形式为弹簧式，如图 4-73 和图 4-74 所示。当阀的入口压力与出口压力的差值超过设定值时，阀盘被顶开。阀盘一旦离开阀座，由于其下部的受压面积突然增大，可以将阀全部打开，使制冷剂从容器中大量排出，起到缓解容器内部压力的作用。

安全阀开启压力的设定值由容器的最高设计工作压力决定。高压容器的安全系数通常为 5，因此，最小破坏压力是设计额定压力的 5 倍。安全阀的排放能力按容器压力高出设计值 10%计算，即阀必须在容器超压 10%以内打开，并有足够的排放能力，以保证在阀打开后，容器内压力不会继续上升到设计值的 110%以上。安全阀的排放能力与其孔径有关，最小孔径 d 可按下式计算

$$d=C\sqrt{DL}\times10^{-3}$$

式中，D 是容器的直径（mm）；L 是容器的长度（mm）；C 是常数，C 的值见表 4-14。

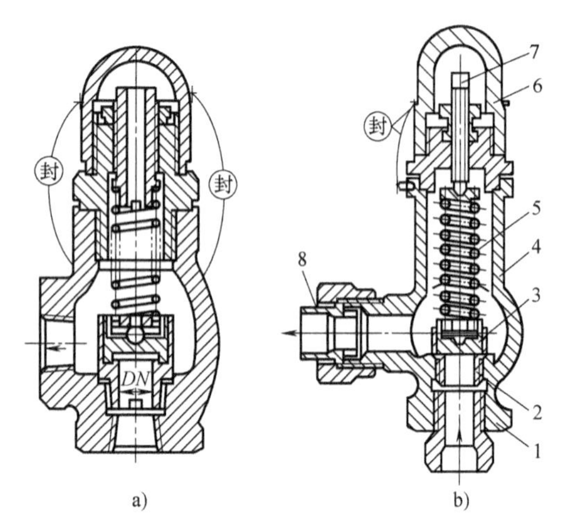

图 4-73 安全阀

a）内螺纹连接 b）外螺纹连接

1—接头 2—阀座 3—阀芯 4—阀体 5—弹簧
6—阀帽 7—调节杆 8—排出管接头

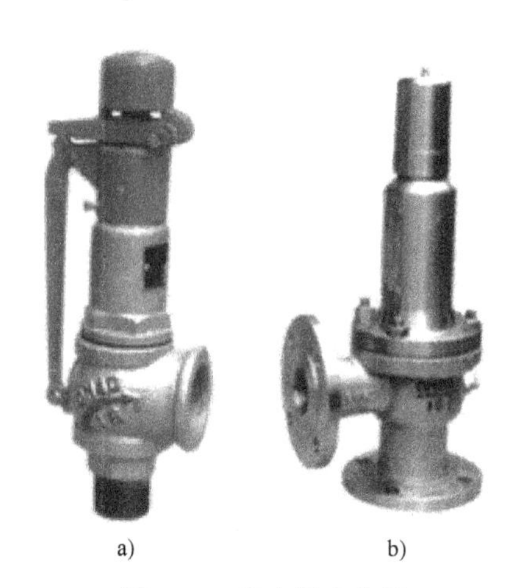

图 4-74 安全阀实物图

a）外螺纹全启式安全阀 b）法兰微启式安全阀

表 4-14 常数 C 的数值

制冷剂		R22	R502	R717	R290
C	高压部分	8	8	8	8
	低比部分	11	11	11	11

安全阀的开启压力对于 R22 和 R717 的高压侧为 1.8MPa。由于涉及安全责任问题，出厂前应调定安全阀的开启压力并加铅封，用户在使用中不得任意启封和调整。此外，由于安全阀按固定的进出口压差动作，背压对阀的工作有影响，故不允许在安全阀出口侧再增设安全膜。

易熔塞和安全膜的结构如图 4-75 所示。它们安装在压力容器上。易熔塞用低熔点合金制作，当容器内温度乃至压力升高到限定值时，熔塞化掉；安全膜则在达到规定压力时破损。在上述情况下，均使容器中的制冷剂排出以泄压。

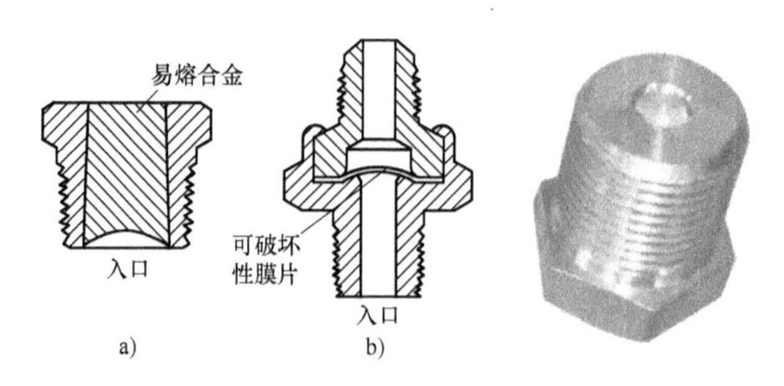

图 4-75 易熔塞和安全膜

a）易熔塞 b）安全膜

4.4　制冷系统的计算机控制

4.4.1　单片机控制

通常大型机组采用 PLC 控制，而小型机组多采用单片机，即采用专用芯片实施控制。传统微型计算机由 CPU、若干块存储器和 I/O 芯片组成，而单片机则将 CPU、RAM、ROM、I/O 都做在一块芯片上，单片机也因此而得名。

单片机控制系统通常只针对被控参数实施采样与控制，并具有必要的安全保护功能，同时还可采用各种先进的控制方法。这将大大降低控制系统的制作费用，节约成本，并保证控制精度和控制可靠性。例如，家用空调与家用电冰箱等小型制冷系统多采用专用芯片实施控制。

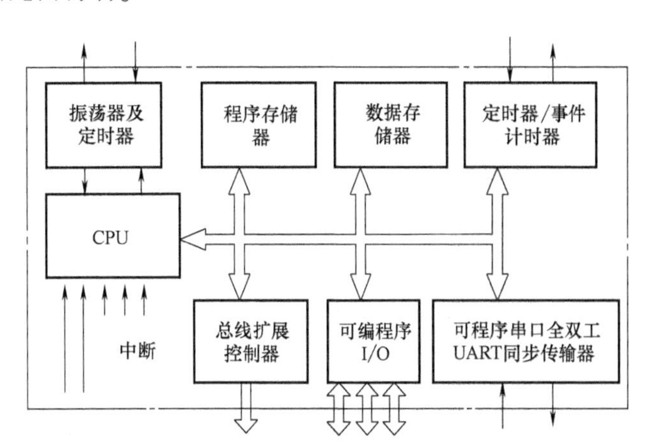

图 4-76　单片机的结构框图

单片机的结构框图如图 4-76 所示，从图中可以看出，单片机就是一个微控制器，它的输入/输出能够实现被调参数的控制。下面以一台家用分体式房间空调器为例，叙述单片机在制冷空调中的应用。

对于房间空调器来说，单片机的任务是通过遥控器接收人的命令并根据房间的温度、室内热交换器的温度、室外热交换器的温度以及压缩机的状态等来控制空调器的运行过程。具体地说，就是控制压缩机、室外风扇、换向阀、室内风扇、室内风向电动机，并能够将室内温度和设定温度用发光二极管显示出来。另外，系统软件中还有过电流检测功能以保护压缩机，其状态也可以通过发光二极管显示出来。房间空调器控制系统的组成如图 4-77 所示。

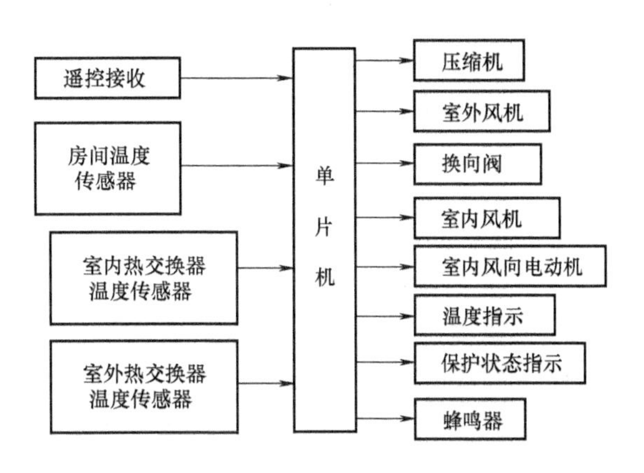

图 4-77　房间空调器控制系统的组成

家用分体式空调器室内机的红外遥控反射器（遥控器）必不可少，单片机能够准确地接收遥控信号并进行解码是实现遥控的关键。红外遥控反射器每次将一串数据信号进行脉冲编码调制，并且加上引导码和结束码，然后将脉冲编码用红外载波进行二次调制后发射出去。在接收端，由红外接收头接收后去掉红外载波，将脉冲编码信号送给单片机，由软件进行解码后供使用。

红外遥控信号的信息流由五部分组成：引导码、识别码、起始码、数据码、结束码，其中数据码又由用户码、控制码及校验码组成，如图4-78所示。引导码为5ms低电平；识别码为4ms高电平；起始码为0.5ms低电平；数据码由112bit的数据组成，其中0.5ms高电平代表0bit，1.5ms高电平代表1bit，每两个bit码之间为0.5ms低电平；最后一个0.5ms低电平为结束码。每个bit表示不同的遥控信号，由红外接收电路接收后，提供给单片机处理。红外遥控接收头通过INT中断服务程序完成解码，接收一次完整的遥控信号需发生114次INT中断。用定时器TMR1对相邻中断的时间进行计时，以确定接收到的相应的bit是“1”或“0”。最后一次中断时，中断服务程序还将对结束码进行确认，对112bit接收到的数据进行和数校验。112个数据码代表了所有的控制信息，包括工作模式判断、温度设定、功能设置、风速设定、风向设定、时间设定等。如温度设定由8bit数据码组成，则代表房间温度为16~32℃各个温度的设定值。

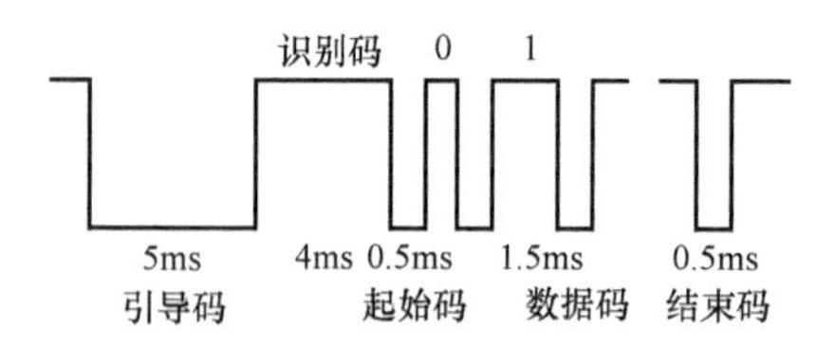

图4-78 红外遥控信号编码

系统的温度检测电路由测温度的热敏电阻传感器、分压电阻以及滤波电容组成。温度随热敏电阻传感器阻值的变化而变化，分压电压值也随之变化。单片机通过A-D转换查表，即可检测出相应的温度值。

压缩机、室外风扇和换向阀的控制采用开关量控制，由单片机的I/O口输出的三路控制信号经放大后分别去控制继电器。室内风扇的控制采用双向晶闸管控制，可以调速，控制触发脉冲的α角就可控制室内风扇的转速。而α角是以电源正弦波的过零点为基准的，因此，该电路中加入了对室内风扇电源正弦波的过零点检测。室内风向风机采用四相步进电动机，该步进电动机的功率比较小，可以由单片机输出的波形经功率放大器放大后直接驱动电动机转动。

空调器有四种工作模式：自动模式、制冷模式、制热模式和除湿模式。

（1）自动模式　控制器根据房间温度自动判定空调器的运转模式。当房间温度大于25℃时，空调器进入制冷模式；当房间温度小于25℃且大于22℃时，空调器进入除湿模式；当房间温度小于22℃时，空调器进入制热模式；自动运转时设定温度为24℃。风速将根据房间温度与设定温度之差自动调节。

（2）制冷模式　室内风机、风向风机按设定方式运行。当房间温度高于设定温度时，压缩机室外风机开始运转，换向阀断开，此时空调器实行制冷运行，室内机吹出冷风；当房间温度低于设定温度时，压缩机、室外风机停止运行，如此循环不断实现制冷运行功能。

（3）制热模式　当房间温度低于设定温度时，换向阀动作，4s后压缩机动作，8s后外风机运转，当室内盘管温度大于25℃时，室内风机起动，空调器实现制热运转。当房间温度高于设定温度时，压缩机、室外风机停止运转；当室内盘管温度低于18℃时，室内风机关闭。

（4）除湿模式　空调器首先以制冷方式运转，当房间温度达到设定温度时，即转入除湿模式运转，压缩机继续运行，室内风机以低速运转，压缩机及室内风机以每运转10min停止6min的规律往复运转。除湿运转时，设定风速和温度均无效。

除可实现上述功能外，单片机还可实现循环风功能、定时运行功能、睡眠功能以及自动融霜功能等。选择循环风功能后，控制器只有室内风机及风向风机运转，压缩机、换向阀、室外风机均停止运转，风速及风向均可设定。空调器可以通过遥控器设定定时开机、定时关

机及双重定时功能。制冷状态下设定睡眠功能后，房间设定温度在 1h 后自动提高 1℃，在 2h 后再次提高 1℃，此后设定温度保持不变，8h 后空调器自动关机；制热状态下设定睡眠功能后，房间设定温度在 1h 后自动降低 1℃，2h 后再降低 2℃，此后设定温度保持不变，8h 后空调器自动关机。空调器处于制热运行模式时，室外环境温度较低，室外热交换器上会有结霜现象，当结霜达到一定厚度时，会影响室外热交换器的传热，从而影响空调器的效率。制冷机自动融霜控制功能是指当压缩机累计运转时间大于 50min 时，室外盘管温度若低于-4℃，则判定结霜较多。空调器进入融霜运行，此时压缩机和室外风机停止工作；5s 后换向阀断开，30s 后压缩机运转，室内风机以超低速运转，系统进入制冷运行模式，室外冷凝器上的结霜逐步去除；当检测到室外盘管温度大于 12℃或融霜时间达到 8min 时，认为霜已除尽，空调器转入正常制热运行模式。

单片机控制软件的主程序流程如 4-79 所示。软件采用模块结构，由一个主程序和若干子程序组成。主程序通过调用各个子程序来完成所有的空调控制器功能。其中，初始化子程序完成单片机端口、控制寄存器、RAM 单元的初始设定工作。在内存中，3 个单元已有设定的工作模式、风速等重要信息数据。主程序对 3 个单元中的数据进行比较，若有 1 个单元中的数据与另外 2 个单元不同，则将 2 个相同单元中的数据恢复到不同单元中；若 3 个单元中的数据均不相同，则程序将重新初始化，空调器关机进入待机状态。温度检测子程序完成室内温度、室内盘管温度、室外盘管温度的采样、处理工作。红外接收处理子程序完成红外信号的接收和相应的处理工作。键盘检测子程序完成按键的检测和处理。定时器处理子程序完成各种定时器的计时工作。定时处理子程序完成程序中所需的各种定时处理工作。风速调节子程序根据实际转速差值，调节晶闸管导通角的大小。主功能处理子程序完成制冷、制热、除湿和自动运行等各种工作状态下压缩机、室内风机、室外风机、风向电动机、换向阀的处理。步进电动机状态处理子程序完成步进电动机的开、关风向，摆风状态，各种定位状态的处理。自检子程序完成控制器各个输入、输出口的自我测试功能，检查控制器硬件电路是否正常。工作数据备份子程序将工作模式等重要数据存储到 3 个内存单元中。

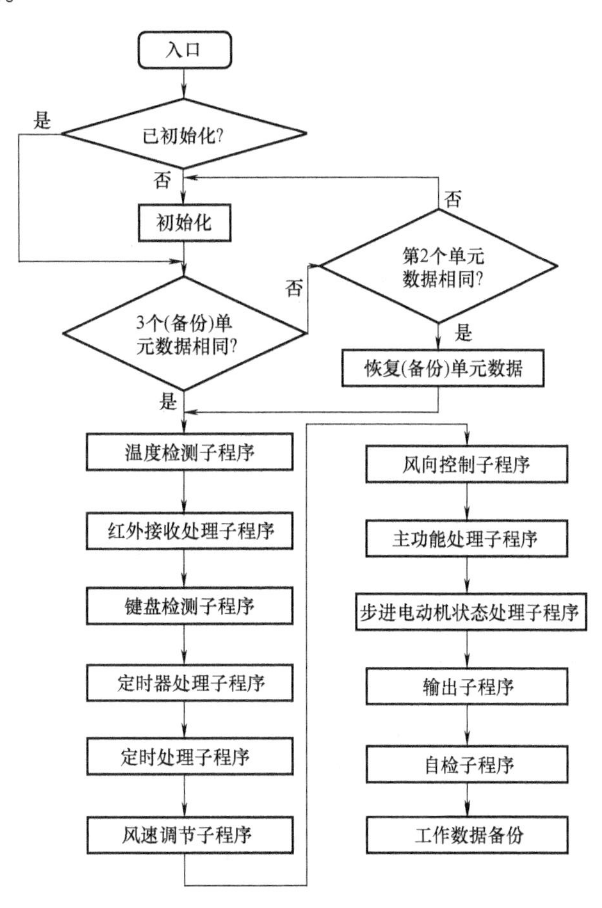

图 4-79　主程序流程图

以往国内应用较多的是 80C31 及 80C51 系列芯片，这种芯片比较便宜，但是它没有存储器，只有 CPU 和 I/O 功能。它的 I/O 功能比较通用，如果用于液晶显示，仍然需要采用外接 I/O，这样组成的系统体积比较庞大，可靠性就降低了，抗干扰能力也会较差。而目前在小型家用制冷空调系统中，液晶显示已经相当普遍，新推出的新型冰箱与空调器上较多采用了液晶单色或彩色显示，以往的单片机已经不能适应产品的需要。因此，新近发展的适用于小型家用制冷空调系统的单片机不但具有以往单片机的 CPU、I/O 和存储器功能，还增加了可以驱动 LED 的大电流 I/O 功能，如日本 Renesas 公司于 2004 年 8 月推出的 M37544G2ASP 芯片就具有这个功能。它提高了控制系统的可靠性，缩短了开发周期。

下面介绍一个基于 M37544G2ASP 芯片的小型热泵热水器控制系统，其硬件组成如图 4-80 所示。M37544G2ASP 除具有 CPU、存储器及必要的 I/O 通道外，其内置的外围设备包括：1 个 16bit 定时器，2 个带有 8bit 预定标器定时器，拥有 6 通道的 8bit A/D 转换器，拥有 1 通道的非同步/同步串行口，并搭载了可直接驱动 LED 的大电流管脚。因此，它的功能非常强大。

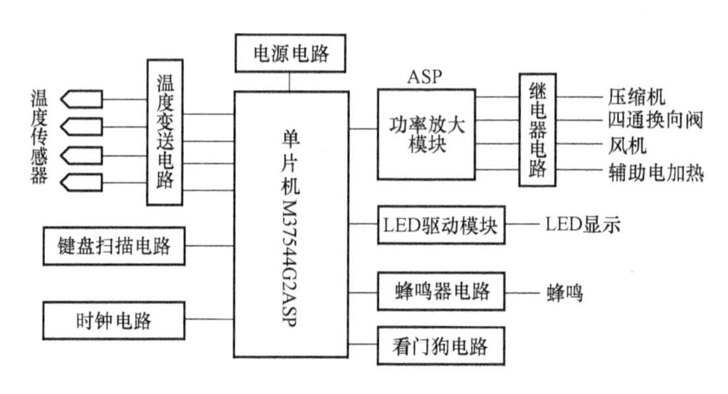

图 4-80　基于 M37544G2ASP 芯片的小型热泵热水器控制系统

该控制系统主要采集温度信号，控制压缩机、风机、四通换向阀以及辅助电加热装置，除此之外，还有 LED 显示。由于 M37544G2ASP 芯片的特点，使得所设计的电路更加简单。可以看出，新近发展的单片机更适合小型制冷装置应用。

4.4.2　PLC 控制

1. PLC 控制的特点

与小型制冷装置不同，目前的大型制冷装置，如螺杆式冷水机组、离心式冷水机组、溴化锂冷水机组等多采用 PLC 控制。事实上，PLC 也是一种计算机控制系统，只不过它具有更强大的与工业控制元件相连接的接口，具有更直接地适应于控制要求的编程语言。PLC 与计算机控制系统的组成相似，也具有中央处理器、存储器、输入/输出接口、电源等，如图 4-81 所示。

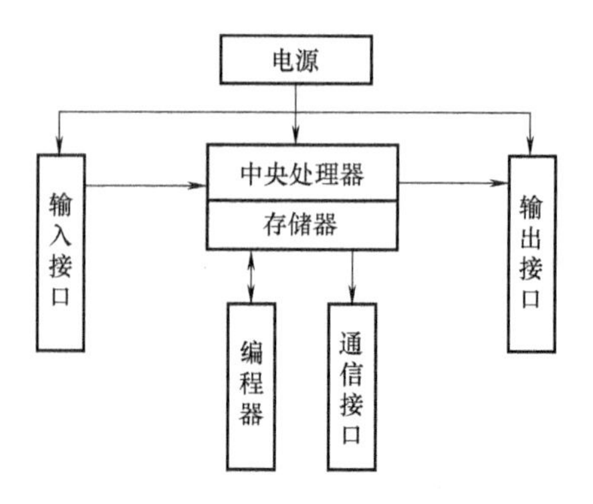

图 4-81　PLC 的基本组成

与其他控制器相比，PLC 具有其独特的优点。下面分别对 PLC 控制与继电器控制、单片机控制以及工业控制计算机进行对比。

（1）与继电器控制相比较　继电器控制逻辑采

用硬接线逻辑，利用继电器机械触点的串联或并联及延时继电器的滞后动作等组合成控制逻辑，其连线多而复杂，体积大、功耗大，一旦系统构成后，想再改变或增加功能都很困难。另外，继电器触点数目有限，每个继电器只有4~8对触点，因此，其灵活性和扩展性很差。PLC采用存储逻辑，其控制逻辑以程序方式存储在内存中，要改变控制逻辑，只需改变程序即可，故称为软接线，其连线少、体积小，加之PLC中每个软继电器的触点数在理论上无限制，因此其灵活性和扩展性好，并且PLC由中、大规模集成电路组成，功耗小。

（2）与单片机控制相比较　单片机具有结构简单、使用方便、价格较便宜等优点，一般用于数字采集和工业控制。但由于单片机不是专门针对工业现场的自动化控制而设计的，因此不如PLC可靠，抗干扰能力差，编程复杂，不易掌握。编程人员对单片机的硬件也需要相当地了解，这增加了开发人员的技术难度。

（3）与工业控制计算机相比较　工业控制计算机具有丰富的软件支持，可以编制出生动的动画图像，运行速度快。但软件编制复杂，不易被电气工程师迅速掌握，而且其价格高，抗干扰能力不如PLC强。一般来说，工业控制计算机与PLC相连接，作为上位机更好。

PLC有小型、中型和大型之分，根据制冷装置的控制要求，通常选择小型PLC就已足够，其输入/输出通道可以根据用户需求任意配置。因此，采用PLC对大、中型制冷空调机组实施控制是非常合适的。除PLC控制外，为实现系统与外界的友好交流，目前大、中型制冷机组的主机多采用大屏幕彩色或单色触摸屏实现人机对话，其主要功能是显示机组的运行参数、运行工况和动态流程图，还可以显示故障记录等。触摸屏上具有触摸键，这些触摸键可以作为机组的控制开关。用户只要触摸屏幕，即可控制机组开机、关机、消声和翻屏等功能。当需要查询历次故障时，只要根据屏幕提示触摸屏幕按钮，即可显示机组出现故障的年、月、日及故障状况。利用触摸屏还可以编制帮助菜单，即机组操作说明书，能够随时帮助用户操作机组。

由PLC与触摸屏组成的制冷空调机组的控制系统，能够做到一键开机、一键关机，能够实现机组的能量调节、轻故障自动处理与重故障报警、开停机程序控制等功能。与常规的控制系统相比，可以实现包括自适应控制和模糊控制在内的更复杂的调节控制规律，改善调节品质，提高机组运行的经济性。

根据制冷空调机组的工作要求，PLC可实现检测功能、记忆功能、预报功能和执行功能以及远程通信功能等。下面介绍一个采用PLC控制的吸收式冷水机组的控制系统。

2. 采用PLC控制的溴化锂吸收式冷水机组

在选择PLC的时候，要对机组的控制要求进行需求分析，以确定PLC的型号与相应的模块配置。

现以直燃型溴化锂吸收式冷水机组为例介绍PLC控制系统。该冷水机组的制冷循环如图4-82所示。

在这个系统中，主要涉及的参数控制如下。

（1）冷水温度控制　该控制的被调参数为冷水出口温度，可调节的手段是控制燃烧器的燃料消耗量。这是一个热能输入的能量调节过程，用来保证机组的产冷量与外界热负荷相匹配。

（2）溶液循环量控制　该控制的被调参数是高压发生器的溶液液位，可调节的手段是吸收器到高压发生器的溶液泵，该溶液泵可以是定频控制，也可以是变频控制。这也是一个能量调节过程，用来保证系统在各个部件中具有平衡的溶液循环量。

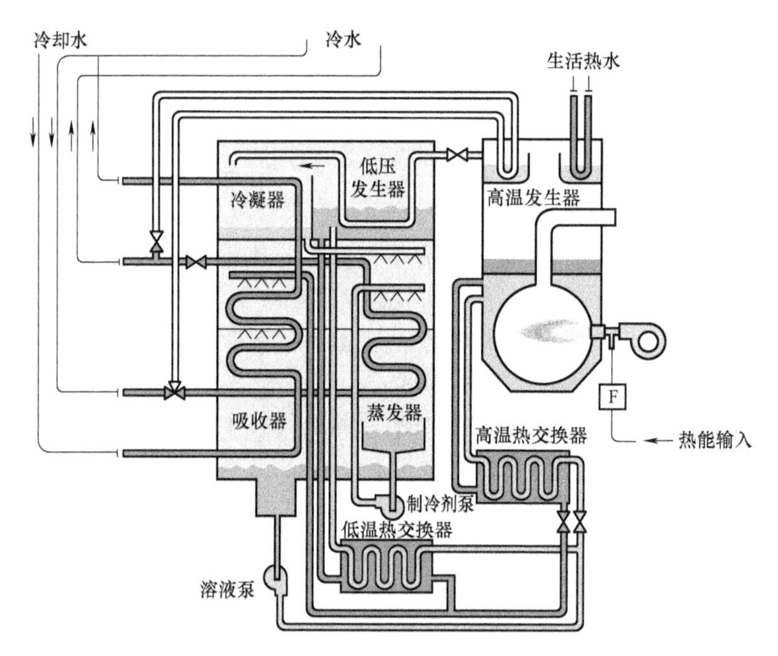

图 4-82　直燃型溴化锂吸收式冷水机组的制冷循环

(3) 含量限制控制　为防止溶液结晶，需要限制溶液的浓度。溶液的结晶含量与温度密切相关，因此，通过计算可确定溶液的结晶温度，以确定溶液不结晶的安全温度。该控制的检测参数为低压发生器与冷凝器的温度，以及机组浓溶液温度（即低温热交换器的浓溶液出口温度）。前两个温度用来计算结晶温度，以确定溶液的安全温度；后一个温度作为实际温度，可调节的手段是对燃烧器的燃烧量进行控制，以保证实际温度与安全温度的差值，避免产生结晶的可能。

(4) 冷却水低温限制控制　该控制的被调参数是冷却水的进口温度，可调节的手段是控制燃料消耗量，以避免结晶。

(5) 使机组安全运行的保护措施　包括冷水低温保护、冷水流量保护、热水高温保护、冷剂水低温保护、高压发生器溶液高温保护、高压发生器高压保护、排烟高温保护、燃料压力保护（燃气）、燃烧器熄火保护、溶液泵（变频器）过电流保护、冷剂泵（热继电器）过电流保护、真空泵（热继电器）过电流保护及燃烧器风机（热继电器）过电流保护等。

根据上面的控制需求进行分析，确定 PLC 测量与控制的输入/输出通道设计，如图 4-83 所示。

4.4.3　集中控制系统

1. 工业控制计算机

目前在大型制冷空调控制系统的设计中，工业控制计算机往往完成管理与监测任务，也就是作为 PLC 的上位机。各个单体设备在 PLC 的控制作用下完成控制任务，各个单体设备之间的联控及协调工作由工业控制计算机完成。

图 4-84 所示为一个中央空调控制系统采用工业控制计算机实现管理与检测任务的控制图。该系统通过串行口或网线与系统控制器连接，实现检测与控制任务。工业控制计算机实

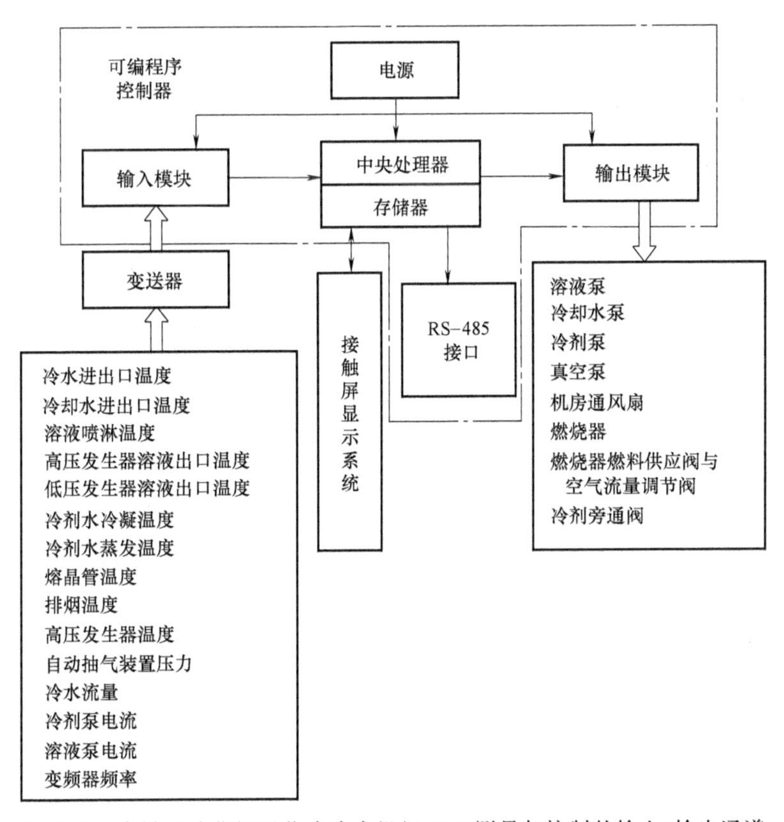

图 4-83　直燃型溴化锂吸收式冷水机组 PLC 测量与控制的输入/输出通道

施控制的实现软件的发展主要有两种方法：

1）开发人员用 Visual Basic、VisuaI C++等工具从底层开发。

2）工控组态软件进行二次开发，目前大多数大型制冷空调系统都采用这种方法。国内外有很多工控组态软件可以供用户选择，国外产品包括美国 Intellution 公司的 FIx 系列产品 INTOUCH、美国 NI 公司的 hbview 等。这些软件的研制时间比较早，功能强大，但价格昂贵。国内的同类产品有组态王和 MCGS 等，这些软件虽然研制得较晚，但都吸取了国内外监控软件的优点，而且采用了最先进的软件设计思想和技术，在功能上可以与国外的软件相媲美，且价格只有国外软件的 1/8～1/3，因此被广泛采用。

2. 制冷机组的群控

大型机组采用工业控制计算机组成的中央控制器进行集中管理与监测，通过串行接口驱动系统控制器实现机组的群控，如图 4-84 所示。中央控制器、系统控制器与各台机组的 PCC 控制器通过 RS-485 通信接口彼此串联。各台机组将本机组的各种信息传送到中央控制器，中央控制器能够获取各台机组的所有现场数据，并通过表格、运转图和曲线图等形式形象地显示出来。中央控制器集中监控冷源系统中的所有设备，包括监控冷水机运行状态和故障；监测远程设定冷水机的冷冻水出水温度和满负荷电流；遥控冷水机的开停；监控冷水泵、冷却水泵和冷却塔的故障和开停；监测冷源系统冷冻供水回水的温度、流量和压差，并可调整这个压差；监测冷却水总供水回水的温度；控制各分支冷水、冷却水路的电动蝶阀等。中央控制器能够采用最佳控制实现整个系统的节能运行。同时，也可以通过时间程序控制实现机房的无人化管理。另外，控制系统对数据的定时或随时打印及报警打印为用户更好地维护和管理机组提供了方便。

中央控制器能够根据外界所需要的热负荷合理地调配多台机组，并能联动控制外部水泵与风机，使机组更经济、可靠地运行。

例如，某用户采用三台冷水机组，每台机组的制冷量为1163kW，因此总制冷量为3489kW。机组运行过程中，通过安装在冷水进出口的温度传感器以及冷水的流量值，计算出机组应产生的总制冷量（外界所需要的热负荷）。当外界所需要的热负荷降至2326kW时，就停止一台机组，同时停止与该机组对应的水泵和风机；当外界所需要的热负荷升至2674kW时，重新起动该机组。与该方式相同，当外界所需要的热负荷降至1163kW时，就停止两台机组，同时停止与这两台机组对应的水泵和风机；当外界所需要的热负荷升至1512kW时，重新起动一台机组，以此类推。通过以上方式，实现各台机组之间既协调又经济地运行。同时，在机组运行过程中，各台机组也会根据外界热负荷的变化自动调节机组本身的制冷量，该任务则由各个机组控制器来完成。

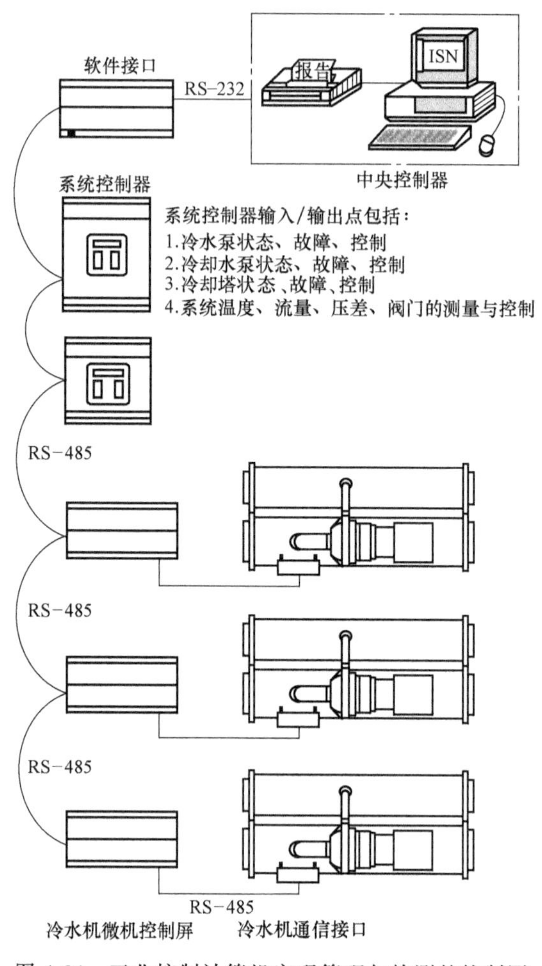

图4-84 工业控制计算机实现管理与检测的控制图

3. 制冷机组的远程监控

为了使生产厂家能够对各地用户的机组进行监视和维护，了解各地用户的使用情况，帮助用户管理好机组，延长机组的使用寿命；同时，为便于对已经具有楼宇智能化控制及其他控制网络的用户进行机组的监控，大中型机组均具有远程监控功能，可以通过多种方式实现对机组的监控。

（1）网络计算机与机组计算机进行通信　如图4-85所示，在该通信方式中，网络计算

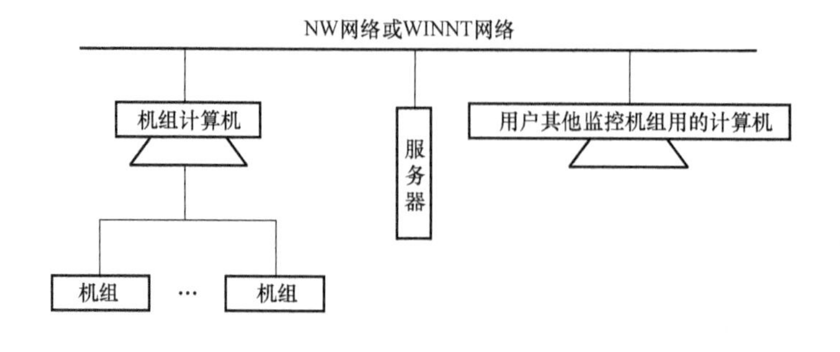

图4-85 网络计算机与机组计算机进行通信

机通常使用 NW 网络或 WINNT 网络，该网络由多台计算机和一个服务器组成。监控机组的计算机把采集到的数据不断地以文件的形式存储在服务器中，其他监控机组用的计算机可通过自行编制的监控程序读取服务器中的数据文件，实现机组的远程监控功能。

（2）其他监控计算机与机组计算机进行通信　如图 4-86 所示，在该通信方式中，两台计算机均需安装 FAGMLAN 网卡，计算机之间通过双股双绞线连接进行通信。其他监控计算机可以在机组计算机允许的范围内直接对它的数据进行读和写的操作，在这种方式下，其他监控计算机对机组计算机具有监视和控制功能。

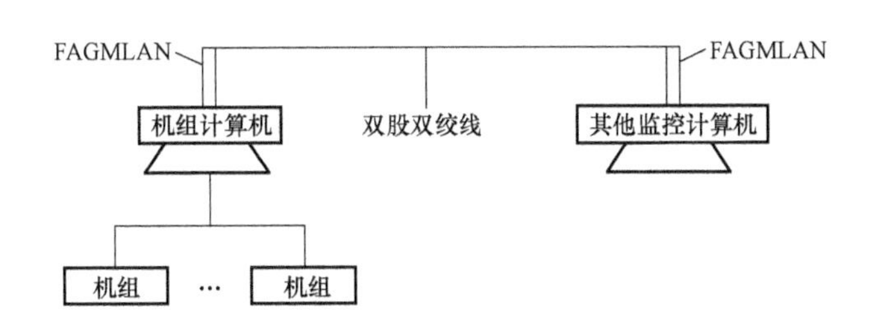

图 4-86　其他监控计算机与机组计算机进行通信

（3）生产厂家服务中心计算机与机组计算机进行通信　如图 4-87 所示，在该通信方式中，生产厂家与用户均需安装调制/解调器，双方均把要进行通信的数据信息通过调制/解调器转换成电话网信息进行相互联系，生产厂家服务中心计算机还可以在用户计算机允许的情况下，对用户计算机进行读写数据的操作，协助用户做好机组的调试、运行和维护工作。

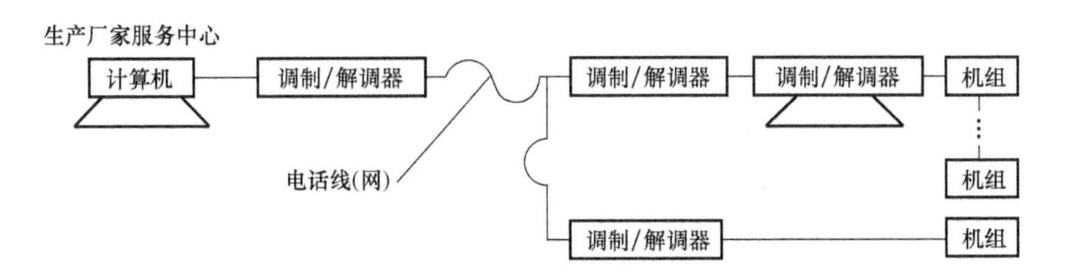

图 4-87　生产厂家服务中心计算机与机组计算机进行通信

除此之外，生产厂家服务中心可以定期进行机组运行状态的分析，向用户拨打电话，对用户每台机组的运行状态及数据进行监控并保存，对机组的运行情况提出合理建议。当机组发生故障时，机组能自动传呼生产厂家服务中心热线电话或当地调试工程师手机，以便及时到现场分析和处理机组所出现的故障。生产厂家服务中心还可以通过电话网对用户机组进行参数设置和程序的传送工作等。

4. 基于因特网的通风、供热与空调（HVAC）系统的监测控制系统

随着网络与计算机控制技术的不断发展，基于因特网的供热通风与空气调节（Heating, Ventilation and Air Conditioning，HVAC）系统的监测、控制以及运行管理系统逐渐发展起来。这种以高效、节能及快速识别和处理 HVAC 系统故障点为目标的系统，包括了实时数字恒温控制、数据采集、远程通信以及本地控制等各种技术。基于因特网的 HVAC 系统的监测控制系统（HVAC 监控系统）的组成包括以下几个部分：

1）网络服务器和 HVAC 控制器，即 PC 或具有 TCP/IP 协议的计算机。

2）因特网连接方式包括无线调制/解调器、有线调制/解调器、异步数字通信线、局域 T_1 网络等。

3）本地设备网络包括基于 TCP/IP 的本地区域网络、RS-485 设备网络、调频无线网络等。

4）通信协议包括拨号、TCP/IP 协议连接、通过 HNP 协议连接等。

5）用户网页界面包括 HVAC 停机图标、开关控制图标、空调控制图标、温度值的设定与输入图标等。

6）控制程序包括用户注册登记与通信接口设置，数据采集，开关控制，电动机速度控制以及温度控制与顺序控制，负荷大小监测与评价，故障检测与报警，根据时间、日期与季节变化的系统运行程序等。

一个基于因特网的 HVAC 监控系统如图 4-88 所示。

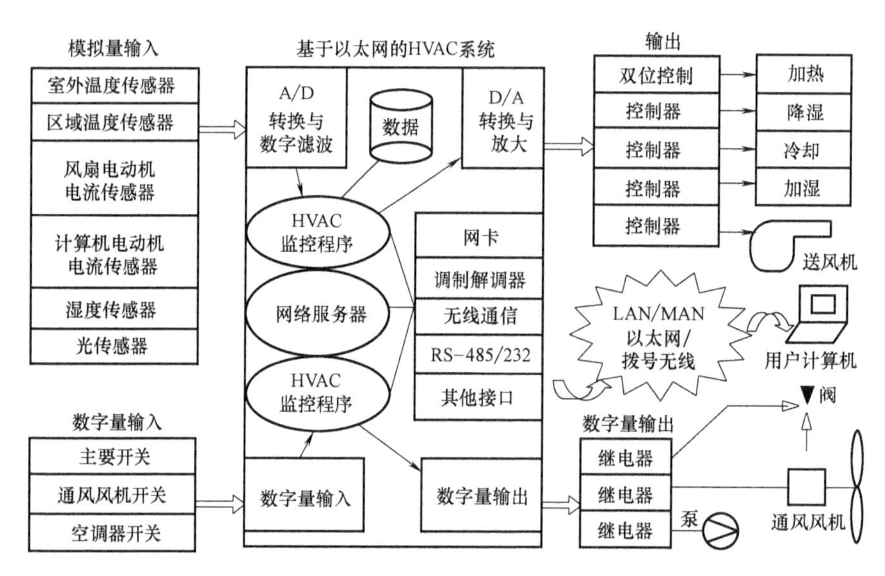

图 4-88 一个基于因特网的 HVAC 监控系统

温度、湿度与通风是 HVAC 系统中最重要的监测与控制参数，因此，基于因特网的 HVAC 监控系统可以实现以下功能：

1）用户功能。用户可以使用网络浏览器作为人机对话界面，能够为远程通信、监测与问题解答提供保护和控制，人机对话界面能够显示设定点、开关状况、传感器的读数、执行器位置、控制输入以及开关状况等。

2）多网络协议支持。支持以太网、RS-485、直接拨号以及其他更多的形式。

3）HVAC 监测与控制功能。温度、湿度与空气流量的控制；具有一个超级自动控制系统，能够使用传感器检测门窗的开闭、空气进出口冷量和通风量的变化；采用温度预测控制程序，以最大限度地提高能量的利用率；采用部分负荷控制以及区域监测与控制等方式。

4）能耗的记录与运行性能的确认。通过各类传感器采集 HVAC 运行数据；实时地报道系统所发生的各个事件与产生的各种状况。

5）维护功能。能够进行故障的自动报警，并直接通过网络实施故障诊断，能够在线识别并在最短的时间内解决问题。

第5章　吸收式制冷装置

【学习目标】

了解溶液的热力性质；掌握吸收式制冷装置系统的基本组成和机组流程。

【教学内容】 5.1　溶液的热力性质

5.2　吸收式制冷装置系统的基本组成

5.3　制冷机组流程

5.4　吸收式制冷装置的性能与保护措施。

【重点与难点】 本章的学习目的是使学生了解吸收式制冷的基本方法与机组流程，本章的重点、难点问题如下：

1）溶液的基本定律、相图、基本过程都是学习溶液的热力性质过程中必不可少的内容，是学习的重点。

2）吸收式制冷剂主要由两部分组成：冷剂水的循环和浓、稀溶液的循环，该部分内容是学习的重点。

3）吸收式制冷装置的性能和调节与加热热源温度、冷水温度和流量、冷却水温度和流量、溶液的循环量等因素有关。这是学习的难点。

【学时分配】 4学时。

吸收式制冷是蒸气制冷的一种方法，与压缩蒸气制冷消耗电能不同，它可以利用热能，如温度为80~120℃的热水，或工业生产中的废气和废热。吸收式制冷具有耗电量少，以水为制冷剂时安全性较高，变负荷容易，调节范围广，运行时无噪声和振动，结构简单，运行管理方便等优点。但以水为制冷剂时，只能制取温度高于0℃以上的冷量，对设备密封性要求严格，因而对材料选用和设备的制作安装要求较高。

5.1　溶液的热力性质

在吸收式制冷机中，所用的制冷剂或吸收剂是在一定物理条件下可以溶解，而在另外的物理条件下又可以分离的溶液。溶液对人们来说并不陌生，诸如海水、医用生理盐水、消毒酒精、农用氨水等都是溶液，溶液有许多与单一物质不同的性质。

溶液是一种物质以分子或离子状态分布于另一种物质中所得到的均匀、稳定的液体。溶液可由以液体混合、固体溶解于液体、气体溶解于液体得到。习惯上，称在溶液中所占比例较大的组分为溶剂，占比例较小的组分为溶质。对于水溶液，一般称水为溶剂。当气体或固体溶解于液体中时，一般称液体为溶剂。

溶液的成分表示各组分在溶液中所占的百分比。溶液的成分与压力和温度一样，是溶液的基本参数。为了说明溶液的状态，除了压力和温度之外，还必须指出它的成分。

对于混合物，包括固溶体、溶液和混合气体，其成分可以用质量成分、摩尔成分或容积成分等来表示。

5.1.1 溶液的基本定律

溶液由两种或多种单一物质组成，因此，溶液有许多与单一物质不同的、特有的规律。

1. 理想溶液

为了便于分析，需要定义这样一种溶液并称之为理想溶液：该溶液由性质极为相近的物质组成，其不同物质分子之间的相互作用力与其中任一物质自身分子之间的相互作用力完全相同，因此混合成溶液时无热效应（溶解热 $q_t=0$），也无容积变化（溶液的容积等于各组分容积之和）。

理想溶液是不存在的，实际溶液均不理想，但在很多情况下，如浓度很小、组成溶液的各组分性质非常接近，则溶液可作为理想溶液处理。

2. 拉乌尔定律

拉乌尔定律说明了理想溶液的饱和蒸气压与其成分的关系。拉乌尔定律可表述为：无论在什么温度下，溶液液面上的饱和蒸气中，每一组分的蒸气分压等于该组分呈纯净状态且在同温度下的饱和蒸气压与该组分在溶液中摩尔分数的乘积。其表达式为

$$p_i=p_i^0x_i \tag{5-1}$$

式中，p_i 是溶液中第 i 组分的蒸气分压力；p_i^0 是第 i 组分呈纯净状态时的饱和蒸气压；x_i 是溶液中第 i 组分的摩尔分数。

溶液上方的蒸气压为各分压力之和，即

$$p=\sum p_i^0x_i \tag{5-2}$$

对于不挥发溶质的溶液，拉乌尔定律也是适用的，此时气相中仅有溶剂分子，压力为

$$p=p^0x_i \tag{5-3}$$

对于两元溶液，拉乌尔定律可表示为

$$\begin{aligned}p&=p_a^0x_a+p_b^0x_b\\&=p_a^0(1-x_b)+p_b^0x_b\end{aligned} \tag{5-4}$$

这样，当 $x_a=0$ 时，$p=p_b^0$；当 $x_b=0$ 时，$p=p_a^0$。

拉乌尔定律仅适用于理想溶液。有一些溶液，如苯与甲苯、甲醇与乙醇、正丁烷与异丁烷、正戊烷与正己烷等溶液，基本符合拉乌尔定律。氧与氮、甲烷与乙烷等溶液与理想溶液相近，近似符合拉乌尔定律。

实际溶液与拉乌尔定律存在偏差。当溶液中各组分的分压力大于拉乌尔定律的计算值时，称为正偏差；当溶液中各组分的分压力小于拉乌尔定律的计算值时，称为负偏差。也有溶液在某一浓度范围内为正偏差，而在某一浓度范围内为负偏差。

氨水溶液、溴化锂水溶液均与拉乌尔定律有不大的负偏差，故形成溶液时发生放热反应。

5.1.2 两元溶液的相图

为了分析和工程应用方便，可将溶液热力参数之间的关系用图示的方法进行表达。

在吸收式制冷机计算中，常需计算溶液的焓差，因此，广泛使用的相平衡图为焓-质量分数图，即 h-w 图。h-w 图与 h-x 图是一致的，二者之间的区别仅在于单位不同。

h-w 图上有一组等温液线和多组等温气线。等温线是根据溶液焓值计算公式作出的，在某一温度下，将不同的 w 值和两种液体的 h_0 值代入，即可得出一条液相等温线。由于实际溶液的 $q_t \neq 0$，液相等温线是一条向下凹的曲线。在溶液液相焓值的基础上，加上汽化热，即得气相等温线。

改变温度，则 h_1^0、h_2^0 和 q_t 同时改变，等温线的位置也相应改变，从而形成一组曲线。应当注意，上述曲线是在等压条件下得出的。当压力改变时，因气体的焓值随压力变化而改变，气相等温线的位置也相应改变，将形成一组新的等温线。而对于液相来说，虽然焓值也随压力变化而改变，但在一定的范围内变化极小，因此当压力改变时，液相等温线簇的位置几乎不变，故可以忽略这个变化，只用一组液相等温线表示。

在 h-w 图上有一组等压饱和液线以及一组等压饱和气线。

图 5-1 所示为溴化锂水溶液的焓-质量分数图，图的下半部为液态区，有两组曲线：虚线为等压饱和液线，实线为液体等温线。图的上半部为气态区，由于溴化锂基本不挥发，所以可认为蒸气为纯水蒸气。气态区只有一组辅助线，辅助线的压力与对应的等压饱和液线一致。应注意：与溶液相平衡的水蒸气总是过热水蒸气，而溶液上方的压力就是水蒸气的分压力。

5.1.3　溶液的基本热力过程

1. 等质量过程

没有质量变化的热力过程称为等质量过程，常见的溶液等质量过程有节流、蒸发和冷凝。

如图 5-2 所示，当溶液从初态 1 节流到终态 2 时，因节流过程中溶液与外界热交换的时间极短，热量变化可以忽略不计，所以节流前后质量分数不变、焓值基本不变，即

$$w_2 = w_1$$

$$h_2 = h_1$$

在 h-w 图上，节流前后的状态处于同一点，如图 5-3 所示。但这并不意味着节流前后溶液的状态不变。初态与终态压力与温度均不同，如某一过冷液体节流，初态压力为 p_1，在等温线 t_1 上，在等压饱和液线 p_1 的下方，处于过冷液体区；终态压力为 p_2，在等温线 t_2 上，在等压饱和液线 p_2 的上方，处于湿蒸气区。严格地说，初态应为点 1，终态应为点 2，只不过点 1 与点 2 在 h-w 图上重合而已。

溶液的蒸发和冷凝是指没有质量变化的气液相变过程。溶液在等压条件下的蒸发过程在 t-w 图上的表示如图 5-4 所示。设二元溶液中的 B 组分为易挥发组分，溶液的质量分数 w 表示 B 组分的质量分数，溶液的初态为点 1，处于过冷液体区，其温度和质量分数为 t_1 与 w_1。当外界加入热量后，溶液的温度逐步升高，达到饱和温度 t_2 时开始产生气泡，此时液相的状态为 t_2 与 w_2，气相的温度与液相相同（t_2）而质量分数为 w_2''。当温度继续升高，达到 t_3 时，液相的状态为 t_3 与 w_3'，气相的温度与液相相同（t_3）而质量分数为 w_3'。从图上可以看出，$w_3'<w_2'<w_1'$，$w_3''<w_2''<w_1''$。即随着温度的升高，液体量不断减少，蒸气量不断增加，液相的质量分数不断下降，气相的质量分数也不断下降。由于溶液的总质量和平均质量分数是不变的，因此

$$m = m' + m'' \tag{5-5}$$

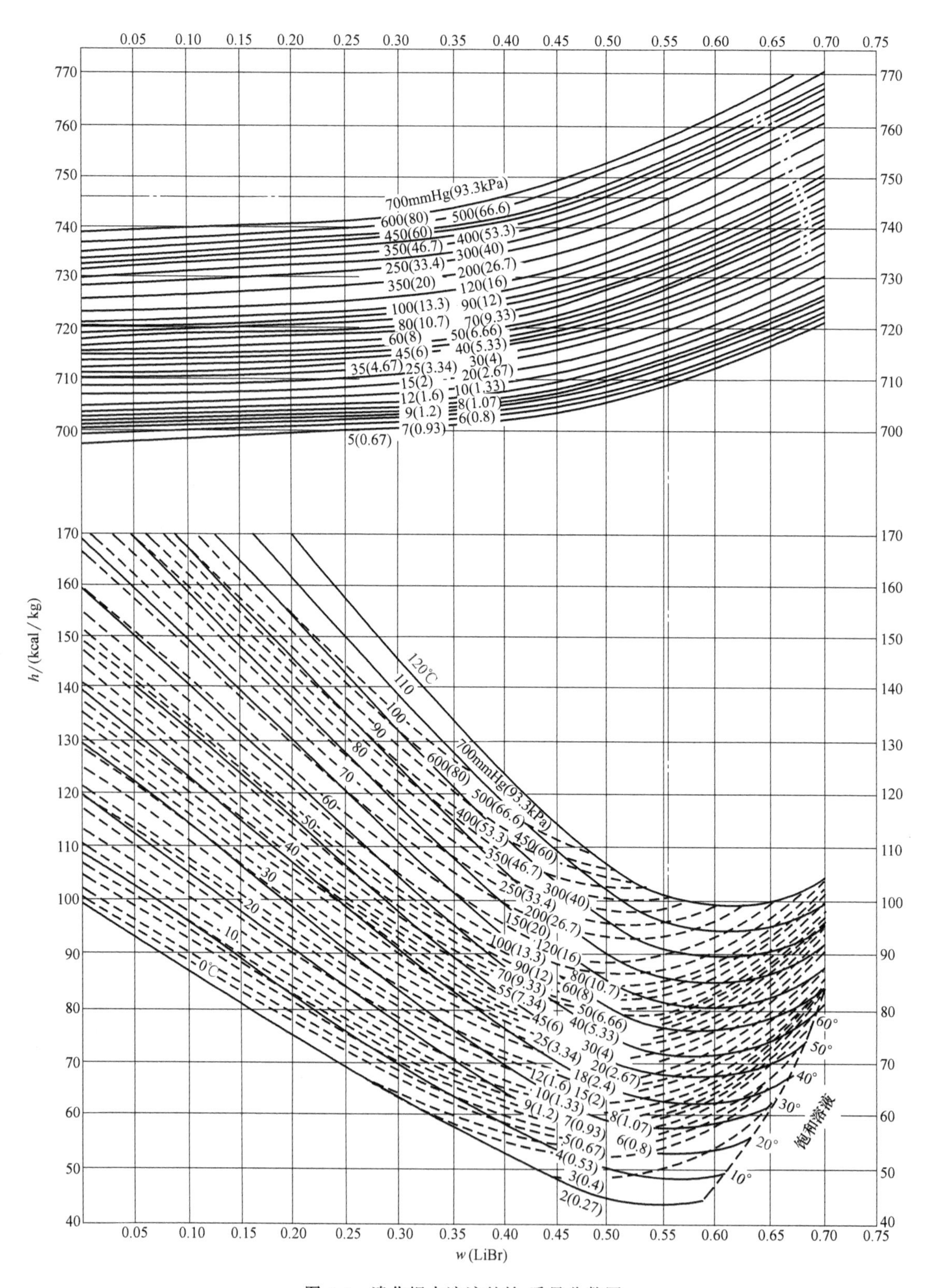

图 5-1　溴化锂水溶液的焓-质量分数图

注：1kcal/kg=4186.8J/kg。

$$mw = m'w + m''w \tag{5-6}$$

故

$$\frac{m''}{m'} = \frac{w - w''}{w' - w} \tag{5-7}$$

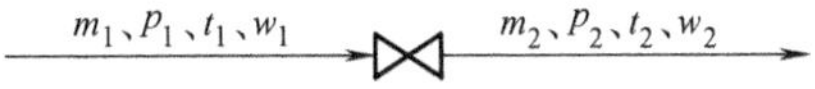

m_1、p_1、t_1、w_1 → m_2、p_2、t_2、w_2

图 5-2　节流

式中，m'、m''是液相与气相的质量；w'、w''是液相与气相的质量分数。

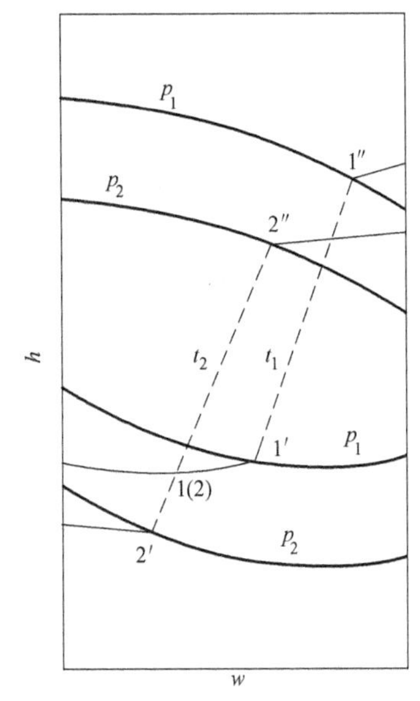

图 5-3　节流过程在 h-w 图上的表示

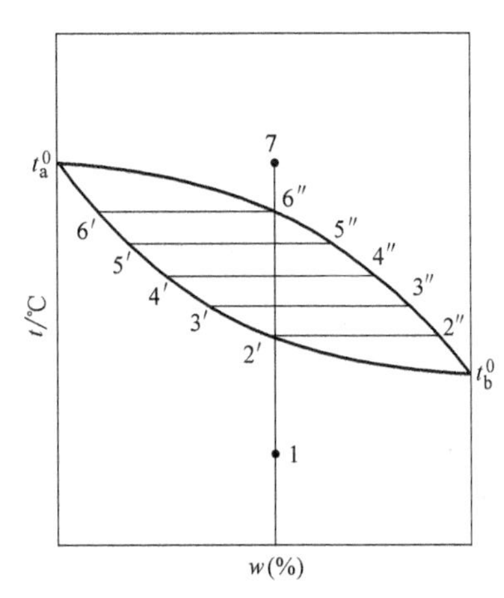

图 5-4　蒸发与冷凝过程在 t-w 图上的表示

当温度继续上升，达到状态点 5 时，与蒸气平衡的是最后一微滴液体，其质量分数为 w_5'，而此时气相的质量分数就是蒸发开始前液体的质量分数。此后，如再加热，即进入过热蒸气区，成为混合气体，如点 6 所示的状态。

溶液蒸气的冷凝过程也可用同样的方法分析，但它与蒸发过程的方向相反，即从点 6 开始到点 1 结束。

在等压条件下，两元溶液气液相变过程的主要特点为：

1）溶液气相与液相的温度是连续变化的，气相与液相温度相等。

2）溶液气相与液相的质量分数是连续变化的，但溶液的平均质量分数不变。

2. 吸收

溶液中某一组分的蒸气冷凝于该溶液的过程，通常称为吸收过程。只要被吸收蒸气的压力高于溶液的饱和蒸气压，吸收过程就可以实现。蒸气的温度可以高于也可以低于溶液的温度。

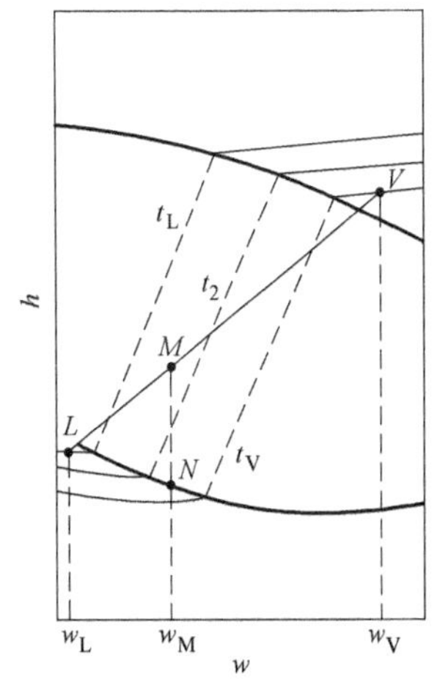

图 5-5　有放热的吸收过程在 h-w 图上的表示

图 5-5 所示为有放热的吸收过程在 h-w 图上的表示，点 V 表

示吸收前蒸气的状态，点 L 表示吸收前溶液的状态，点 N 表示吸收终了时溶液的状态，环境介质的温度低于 t_2。

为了分析方便，将有放热的吸收过程分解成两个分过程：

1）第一个分过程为绝热混合，即温度为 t_L、质量分数为 w_L 的溶液与温度为 t_V、质量分数为 w_V 的蒸气混合，其平均状态为点 M 处于湿蒸气区，质量分数为 w_M。

2）第二个分过程为冷凝，即点 M 表示的湿蒸气冷凝成为点 N 表示的液体，如混合过程与冷凝过程在同一个容器中进行，则点 N 应在饱和液体线上。

根据质量和能量平衡关系，可以求出每吸收单位质量的蒸气，溶液需放出到环境介质中的热量为

$$q_a = h_V - h_L + \frac{w_V - w_L}{w_M - w_L} \tag{5-8}$$

5.1.4 溴化锂水溶液

目前，吸收式制冷机用得较多的是溴化锂吸收制冷，溴化锂吸收式制冷机的制冷剂-吸收剂工质对是溴化锂和水，其中水是制冷剂，溴化锂水溶液是吸收剂。水的汽化热大（约为 2500kJ/kg）、比体积大，常压下的蒸发温度较高，即常温下的饱和压力很低。当温度为 25℃时，它的饱和压力为 3160Pa，比体积为 43.37m^3/kg，冰点为 0℃。

1. 溴化锂水溶液的基本性质

溴和锂分别属于碱金属和卤族元素，故溴化锂（LiBr）为盐，其相对分子质量为 86.856。溴化锂为无色粒状晶体，有咸味，25℃时密度为 3464kg/m^3，熔点为 549℃，标准沸点为 1265℃，其在制冷系统中是不挥发的。溴化锂易溶解于水形成水溶液。

溴化锂水溶液是无色液体，有咸味、无毒，加入铬酸锂后溶液呈淡黄色。用于溴化锂吸收式制冷机工质对的溴化锂水溶液的技术要求（质量分数）如下。

溴化锂水溶液：50%～55%	Li_2MoO_4：0.05%～0.2%或 Li_2CrO_4：0.1%～0.3%	
NH_3：≤0.0001%	Ca：≤0.001%	Mg：≤0.001%
SO_4^{-2}：≤0.02%	Cl^{-1}：≤0.05%	Ba：≤0.001%
Fe：≤0.0001%	Cu：≤0.0001%	BrO_3^{-1}：无反应

溴化锂水溶液的质量分数是指饱和液体中所含无水溴化锂的质量百分比，即无水溴化锂在水溶液中的质量分数。溴化锂在水中的溶解度随温度的降低而降低。图 5-6 所示为溴化锂水溶液的析盐曲线。当溶液的平均状态处于曲线的右下方时，溶液将析出水合物，依质量分数自低至高，水合物依次为 LiBr-5H_2O、LiBr-3H_2O、LiBr-2H_2O、LiBr-H_2O。因此，溴化锂水溶液在使用时，应始终处于析盐曲线左上方。由图中曲线可知，溴化锂的质量分数不宜超过 65%，否则运行中当溶液温度降低时将有结晶析出，破坏循环的正常运行。

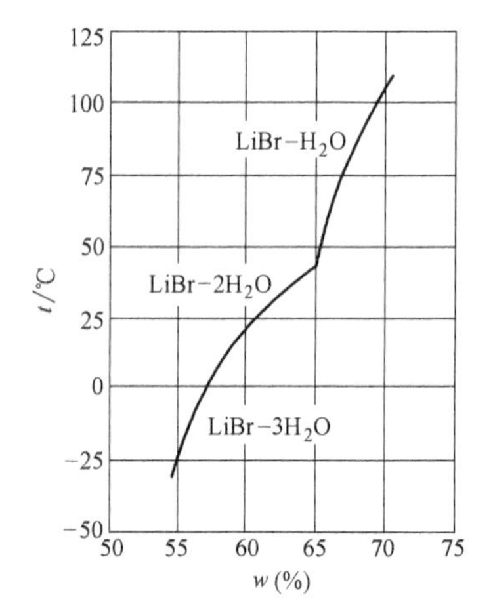

图 5-6 溴化锂水溶液的析盐曲线

由于在溴化锂水溶液中，溴化锂分子对水分子的吸引力远大于水分子之间的吸引力，且溴化锂分子占据了溶液

的一部分表面，溴化锂水溶液的水蒸气分压很小，远低于同温度下纯水的饱和蒸气压，故有强烈的吸湿性。由于溴化锂的沸点很高，在吸收式制冷所涉及的温度范围内不会挥发，因此和溶液处于平衡状态的蒸气压就等于水蒸气的分压力。这也可以说明温度相同时，溴化锂溶液液面上的水蒸气分压小于纯水的饱和蒸气压，与溶液平衡的水蒸气是过热水蒸气；且质量分数越高或温度越低时，水蒸气分压力与饱和蒸气压的差值越大。当质量分数为 50%、温度为 25℃ 时，溶液蒸气压为 0.85kPa，而水在同样温度下的饱和蒸气压为 3.17kPa。如果水的饱和蒸气压大于 0.85kPa，如压力为 1 kPa（相当于饱和温度为 7℃ 时），则上述溴化锂溶液就具有吸收它的能力，也就是说，溴化锂水溶液具有吸收温度比它低得多的水蒸气的能力，这一点正是溴化锂吸收式制冷机的原理之一。同理，如果压力相同，则溶液的饱和温度一定大于水的饱和温度，即由溶液中产生的水蒸气总是处于过热状态的。

溴化锂水溶液的密度比水大，并随溶液质量分数的增加和温度降低而增大，如图 5-7 所示。

溴化锂水溶液的比热容较小，如图 5-8 所示。当温度为 150℃、质量分数为 55% 时，其比热容约为 2kJ/(kg·K)，这意味着发生过程中加给溶液的热量比较少，如果加上水的蒸发潜热比较大这一特点，它将使机组具有较高的热力系数。

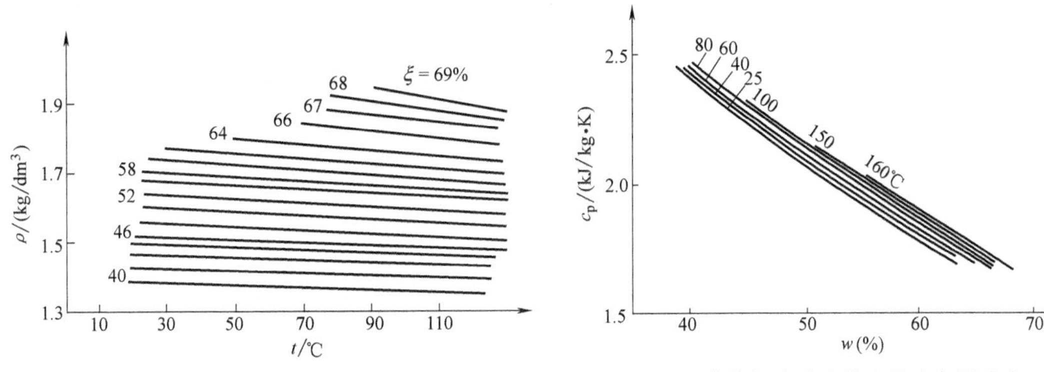

图 5-7　溴化锂水溶液的密度与温度和质量分数的关系

图 5-8　溴化锂水溶液的比热容与温度和质量分数的关系

2. 溴化锂水溶液的腐蚀性与缓蚀剂

溴化锂水溶液对钢铁材料和纯铜等一般金属材料有强烈的腐蚀性，有空气存在时情况更为严重。溴化锂溶液对金属材料的腐蚀途径是电化学腐蚀，铁和铜在溴化锂溶液中的腐蚀，与在碱性电解液中的腐蚀相类似，存在下列反应

$$Fe+H_2O+0.5O_2 \rightarrow Fe(OH)_2$$

$$Fe(OH)_2+0.5H_2O+0.25O_2 \rightarrow Fe(OH)_3$$

$$4Fe(OH)_2 \rightarrow Fe_3O_4+Fe+4H_2O$$

$$2Cu+0.5O_2 \rightarrow Cu_2O$$

$$Cu_2O+0.5O_2+2H_2O \rightarrow 2Cu(OH)_2$$

在氧的作用下，金属铁和铜在通常呈碱性的溴化锂溶液中被氧化，失去 2 个或 3 个电子，生成铁和铜的氢氧化物，最后形成腐蚀的产物，如四氧化三铁（Fe_3O_4）等；铁和铜被

氧化失去的电子与溶液中的氢离子（H^+）结合，生成不凝性气体氢气（H_2）。由此可见，氧是促进铁和铜失去电子的主要因素，没有氧，上述反应便无法进行。因此，在溴化锂吸收式机组中，隔绝氧气是最根本的防腐措施。

影响溴化锂溶液对金属材料腐蚀的因素主要有以下几个：

（1）溶液的质量分数　在常压下，因为稀溶液中氧的溶解度比浓溶液大，随着溴化锂溶液质量分数的减小，腐蚀加剧。在低压下，因为氧的含量极少，金属材料的腐蚀率与溶液的质量分数几乎没有关系。

（2）溶液的温度　在不含缓蚀剂的溶液中，碳钢、纯铜和镍铜的腐蚀率都随着温度的升高而增大。当温度低于165℃时，溶液温度对腐蚀率的影响不大；而当温度超过165℃时，无论是碳钢或纯铜，其腐蚀率均急剧增大。

（3）溶液的pH值　溴化锂溶液的pH值小于7时，溶液呈酸性，对金属材料的腐蚀十分严重；当pH值为8.0~10.2时，随着pH值的增大，对碳钢和纯铜的腐蚀率减小；当pH值大于11.5时，随着pH值的增大，腐蚀反而加剧。溴化锂溶液的pH值为9.0~10.5时，对金属材料的腐蚀速率最小。

溴化锂溶液对金属材料的腐蚀性对溴化锂吸收式机组的性能有很大影响，主要表现在以下几个方面：

1）由于溶液对组成吸收式机组的两种主要金属材料钢和铜的腐蚀，直接影响了机组的使用寿命。

2）腐蚀产生的氢气是机组运行中不凝性气体的来源之一，而机组内的不凝性气体直接阻碍吸收过程和冷凝过程的进行，导致机组性能下降。

3）腐蚀形成的铁锈、铜锈等脱落后随溶液循环极易造成喷嘴和屏蔽泵过滤器的堵塞，从而妨碍机组正常运行。

因此，必须采取适当的防腐措施。

由溴化锂溶液对金属材料腐蚀机理的分析可知，防止腐蚀最根本的办法是保持高度真空，隔绝氧气。此外，在溶液中添加各种缓蚀剂也可以有效地抑制溴化锂溶液对金属的腐蚀。常见的缓蚀剂主要有铬酸盐、钼酸盐、硝酸盐以及锑、铅、砷的氧化物。铬酸锂（Li_2CrO_4）、钼酸锂（Li_2MoO_4）、氧化铅（PbO）和三氧化二砷（As_2O_3）等都具有良好的缓蚀效果。

缓蚀剂之所以能有效地抑制腐蚀的发生，是因为这些缓蚀剂在金属表面通过化学反应形成了一层细密的保护膜，使金属表面不受或少受氧的侵袭。例如，铬酸锂在碱性条件下能与铁和铜通过下列化学反应生成以氢氧化铬［$Cr(OH)_3$］为主要成分的保护膜

$$Fe+2OH \rightarrow Fe(OH)_2+2e$$

$$3Fe(OH)_2+CrO_2+4H_2O \rightarrow 3Fe(OH)_3+Cr(OH)_3+2OH$$

$$3Cu+CrO_4+2.5H_2O \rightarrow 1.5Cu_2O+Cr(OH)_3+2OH$$

试验表明，在溴化锂溶液中加入0.1%~0.3%的铬酸锂，并通过加入氢氧化锂将溶液的pH值调整至9~10.5范围内，缓蚀效果良好。铬酸锂在溴化锂溶液中的溶解度很小，而且与溶液的质量分数和温度有关，随溶液中溴化锂质量分数的增大而减小，随温度的升高而增大。因此，在溴化锂溶液中添加铬酸锂应根据实际情况而定，不能一律加到0.3%，否则将会产生沉淀。在吸收式机组运转初期，需要形成保护膜，铬酸锂的消耗量大，可以多添加一

些；机组运行一段时间以后，保护膜逐渐形成，铬酸锂的质量分数也有所减小，可根据情况逐步补充。

5.2　吸收式制冷装置的基本组成

与压缩式制冷机不同，溴化锂吸收式制冷机中没有压缩机，压缩过程被吸收、液体加压和发生过程取代。因此，溴化锂吸收式制冷机的循环和组成与压缩式制冷机也不同。

如图5-9所示。系统由发生器、冷凝器、蒸发器、节流机构、泵和溶液热交换器等组成。稀溶液在加热之前，先通过泵将压力升高，使沸腾所产生的蒸气能够在常温下冷凝。如冷却水温度为35℃，考虑到热交换器中所允许的传热温差，冷凝有可能在40℃左右发生，因此，冷凝器内的压力必须是7.37kPa，考虑到管道阻力等压降，此压力还应更高一些。

发生器和冷凝器（高压侧）与蒸发器和吸收器（低压侧）之间的压差通过安装在管道上的节流机构来保持。在溴化锂吸收式制冷系统中，这一压差相当小，一般只有6.5~8kPa，只要0.7~0.85m水柱就能达到平衡，因此采用U形管、节流短管或节流小孔就能达到这一要求，其中最常用的是U形管。

离开发生器的浓溶液的温度较高，而离开吸收器的稀溶液的温度却相当低，浓溶液在未被冷却到吸收器压力相对应的温度前不可能吸收水蒸气，而稀溶液又必须加热到和发生器压力相对应的饱和温度时才开始沸腾。因此，通过一个溶液热交换器，使浓溶液和稀溶液在各自进入吸收器和发生器之前彼此进行热量交换，使稀溶液温度升高，浓溶液温度下降。

溴化锂吸收式制冷机的工作循环可分为冷剂循环和溶液循环两个子循环。

1）发生器中产生的冷剂蒸气在冷凝器中冷凝成冷剂水，经U形管进入蒸发器，在低压下蒸发，产生制冷效果。这一过程与蒸气压缩式制冷循环在冷凝器、节流阀和蒸发器中所进行的过程完全一样。

2）发生器中出来的浓溶液降压、降温后进入吸收器，吸收蒸发器中产生的冷剂蒸气，形成稀溶液，稀溶液由泵加压输送并经溶液热交换器升温后送到发生器，重新加热，形成浓溶液。这一部分的作用相当于蒸气压缩式制冷循环中压缩机所起的作用。

如果假定工质在流动过程中没有任何阻力损失、各设备和周围空气不发生热量交换、发生终了和吸收终了的溶液均达到平衡状态，则此溴化锂吸收式制冷机工作循环为理论循环。理论循环在h-w图上的表示如图5-10所示。图中p_k为冷凝压力，等于发生器压力p_r；p_a为吸收器压力，等于蒸发压力p_0。

（1）发生过程　点2表示离开吸收器的饱和稀溶液状态，其质量分数为w_a。压力为p_0，温度为t_2，经过发生器泵，压力升高到p_k，然后送往溶液热交换器，在等压条件下温度由t_2升高至t_7，质量分数不变，再进入发生器，被发生器传热管内的工作蒸气加热，温度由t_7升高到p_k压力下的饱和温度t_5，并开始在等压下沸腾，溶液中的水分不断蒸发，质量分数逐渐增大，温度也逐渐升高，发生过程终了时溶液的质量分数达到w_r，温度达到t_4，用状态点4表示。图中2-7表示稀溶液在溶液热交换器中的升温过程，7-5-4表示稀溶液在发生器中的加热和发生过程，所产生的水蒸气状态用开始发生时的状态（点5′）和发生终了时

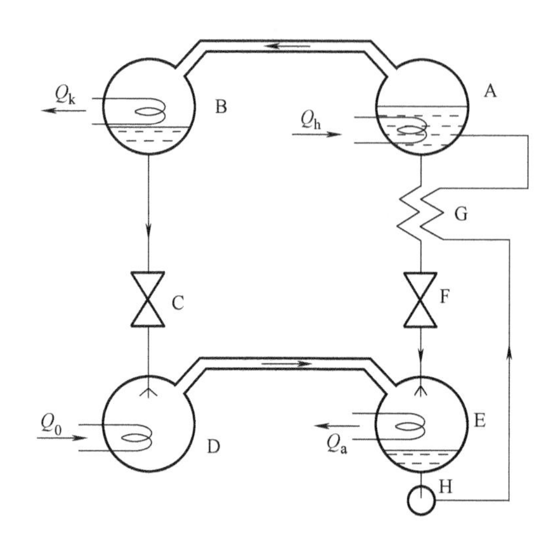

图 5-9 溴化锂吸收式制冷机的基本组成

A—发生器 B—冷凝器 C—节流机构 D—蒸发器

E—吸收器 F—降压机构 G—溶液热交换器 H—溶液泵

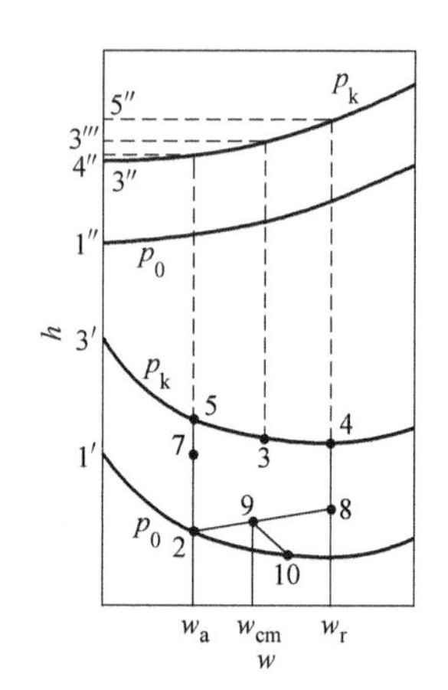

图 5-10 理论循环

的状态（点 4′）的平均状态点 3‴表示，由于产生的是纯水蒸气，故状态点 3‴位于 $w=0$ 的纵坐标轴上。

（2）冷凝过程 由发生器产生的水蒸气（点 3‴）进入冷凝器后，在压力 p_k 不变的情况下被冷凝器管内流动的冷却水冷却，首先变为饱和蒸气，继而被冷凝成饱和液体，用状态点 3′表示。图中 3‴-3′表示冷剂蒸气在冷凝器中冷却及冷凝的过程。

（3）流过程 压力为 p_k 的饱和冷剂水（点 3′）经过节流装置（如 U 形管）节流，压力降为 p_0 后进入蒸发器，节流前后因冷剂水的质量分数均不发生变化，焓值可认为不变，故节流后的状态点 1 与点 3′重合。但由于压力的降低，部分冷剂水汽化成冷剂蒸气（点 1″），尚未汽化的大部分冷剂水温度降低到与蒸发压力 p_0 相对应的饱和温度 t_0（点 1′），并积存在蒸发器水盘中。因此，节流前的点 3′表示冷凝压力 p_k 下的饱和水状态，而节流后的点 1 则表示压力为 p_0 的饱和蒸气 1″和饱和液体 1′相混合的湿蒸气状态。

（4）蒸发过程 积存在蒸发器水盘中的冷剂水（点 1′）通过蒸发器泵均匀地喷淋在蒸发器管簇的外表面，吸收管内冷（媒）水的热量而蒸发，使冷剂水在等压、等温条件下由点 1′变为点 1″，图中 1′-1′表示冷剂水在蒸发器中的蒸发过程。

（5）吸收过程 质量分数为 w_r、温度为 t_0、压力为 p_k 的浓溶液，在自身压力与压差的作用下由发生器流至溶液热交换器，将部分热量传给稀溶液，温度降至 t_8(点 8)。4-8 表示浓溶液在溶液热交换器中的放热过程，状态点 8 的浓溶液进入吸收器，和吸收器中状态点 2 的部分稀溶液混合，形成状态为点 9 的中间溶液，质量分数为 w_{cm}，温度为 t_9，然后由吸收器泵均匀均喷淋在吸收器管簇的外表面。中间溶液进入吸收器后，由于压力突然降低，首先闪发出一部分水蒸气，质量分数增大，用点 10 表示。由于吸收器管簇内流动的冷却水不断地带走吸收过程中放出的吸收热，因此，中间溶液便具有了不断吸收来自蒸发器的水蒸气的能力，使溶液的质量分数由 w_{cm} 降至 w_a，温度由 t_9 降为 t_2（点 2）。8-9 和 2-9 表示混合过程，9-10 为吸收器中的闪发过程，10-2 为吸收过程。

5.3　制冷机组流程

5.3.1　单效溴化锂吸收式制冷机组流程

实际溴化锂吸收式制冷机工作时存在流动阻力，其传热有温差，传质需要推动力，存在杂散热交换，存在不凝性气体。因此，实际循环与理论循环存在偏差。

由于流动阻力的存在，水汽经过挡水板时压力有所下降，在发生器中，发生压力 p_r 应大于冷凝压力 p_k。另外，由于溶液液柱的影响，底部的溶液在较高压力下发生，在加热温度不变的情况下将引起浓溶液质量分数的降低；同时，又由于溶液与加热管表面的接触面积和接触时间有限，使发生终了浓溶液的质量分数 w_r 低于理想情况下的质量分数。由于以上两个因素，使发生终了浓溶液的质量分数降低至 w_r'，$\Delta w_r = w_r - w_r'$称为发生不足。

在吸收器中，吸收器压力 p_a 应小于蒸发压力 p_0，在冷却水温度不变的情况下，它将引起稀溶液质量分数的增大。另外，由于吸收剂与被吸收的蒸气相互接触的时间很短，接触面积有限，加上系统内空气等不凝性气体的存在，均降低了溶液的吸收效果，使吸收终了的稀溶液质量分数 w_a'高于理想情况下的 w_a，$\Delta w_a = w_a' - w_a$ 称为吸收不足。

发生不足和吸收不足均会引起工作过程中状态参数的改变，使放气范围减小，从而影响循环的经济性。

在溴化锂吸收式制冷机的发生器和冷凝器之间、蒸发器和吸收器之间有水蒸气的流动。由于水蒸气的比体积非常大，为避免产生过大的压降，需要很粗的蒸气管道。因此，往往将冷凝器和发生器做在同一容器内，将吸收器和蒸发器做在另一容器内，如图 5-11 所示。也可以将这四个主要设备做在一个壳体内，高压侧和低压侧之间用隔板隔开，如图 5-12 所示。

单效溴化锂吸收式冷水机是溴化锂吸收式制冷机的基本形式。这种制冷机可采用低势热能，通常采用 0.13~0.26MPa 的饱和水蒸气或 75~130℃ 的热水作为能源，但机组的热力系数较低，约为 0.65~0.7。使用专配锅炉对单效溴化锂吸收式冷水机提供驱动热源是不经济的，利用余热、废热、生产工艺过程中产生的排热等作为能源，特别在热、电、冷联供中配套使用，是单效溴化锂吸收式冷水机的明显优势。

5.3.2　双效蒸气溴化锂吸收式制冷机组流程

如果有压力较高的蒸气（如表压力在 0.4MPa 以上）可以利用，可采用双效溴化锂吸收式制冷循环，热力系数可提高到 1 以上。

所谓双效溴化锂吸收式制冷机就是在机组中同时装有高压发生器和低压发生器，在高压发生器中采用压力较高的蒸气（压力一般为 0.26~0.6MPa）或燃气、燃油等高温热源加热，所产生的高温冷剂水蒸气用来加热低压发生器，使低压发生器中的溴化锂溶液产生温度更低的冷剂水蒸气（所以，双效溴化锂制冷机又可称为两级发生式溴化锂制冷机）。这样不仅有效地利用了冷剂水蒸气的潜热，还可以减少冷凝器的热负荷，使机组的经济性得到提高。

双效溴化锂吸收式制冷机循环的形式较多，图 5-13 所示为典型的串联式。它由高压发生器、低压发生器、冷凝器、蒸发器、吸收器、高温溶液热交换器、低温溶液热交换器、泵、阀门和抽气装置等组成。高压发生器由一个单独的高压筒组成，低压发生器、冷凝器、蒸发器、吸收器则组成一个筒体。图 5-14 所示为典型的并联式双效溴化锂吸收式制冷机组流程。

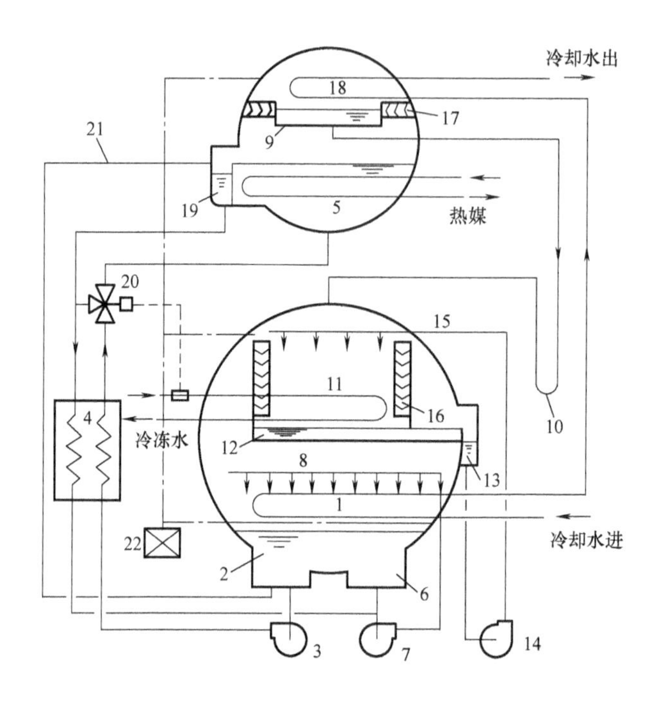

图 5-11 双筒单效溴化锂吸收式制冷机的典型结构

1—吸收器冷却管 2—稀溶液 3—稀溶液泵 4—溶液热交换器 5—发生器 6—吸收器 7—吸收器泵 8—溶液喷淋管 9—凝水槽 10—U 形节流管 11—蒸发器 12—制冷剂水盘 13—溢水槽 14—冷剂水泵 15—冷剂喷淋水管 16—隔板 17—挡水隔板 18—冷凝器 19—浓溶液管 20—三通阀 21—防晶管 22—压力控制器

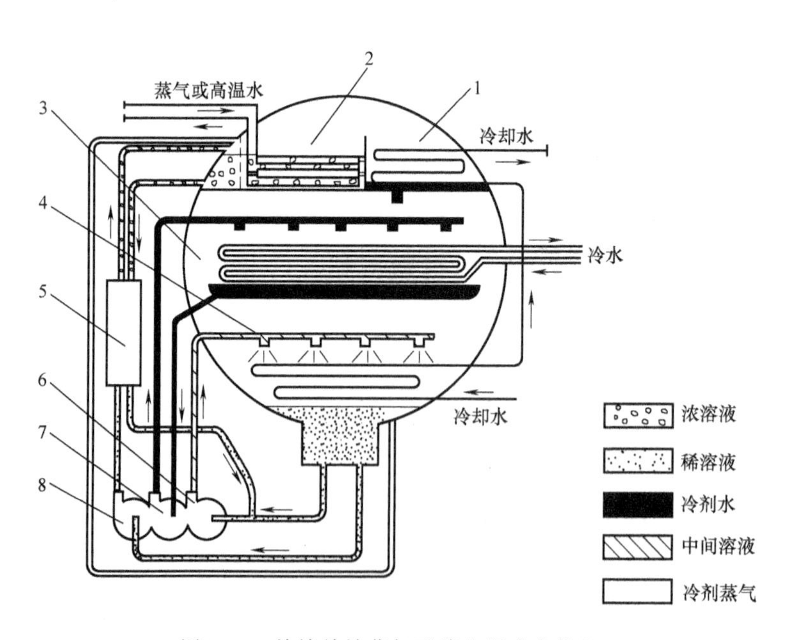

图 5-12 单筒单效蒸气型溴化锂冷水机组

1—冷凝器 2—发生器 3—蒸发器 4—吸收器

5—溶液热交换器 6—溶液泵Ⅰ 7—冷剂泵 8—溶液泵Ⅱ

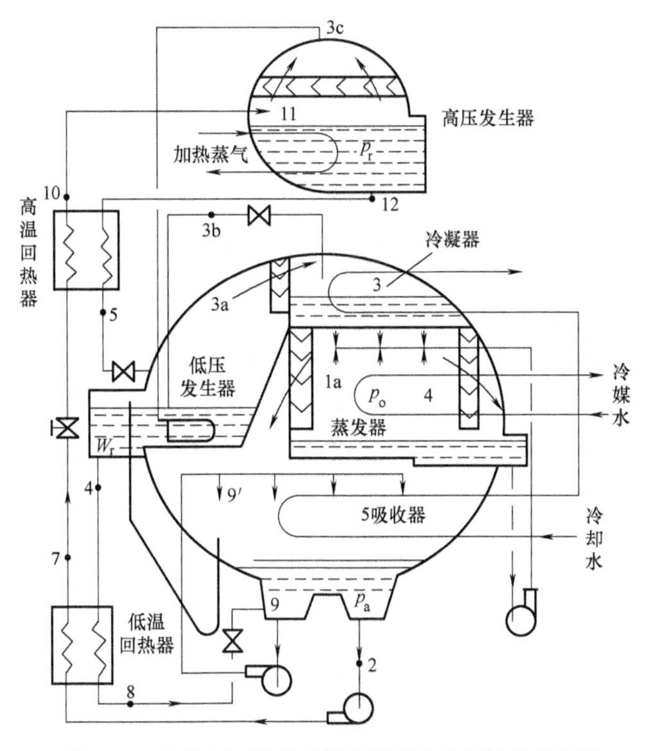

图 5-13　串联式双效蒸气溴化锂吸收式制冷机组流程

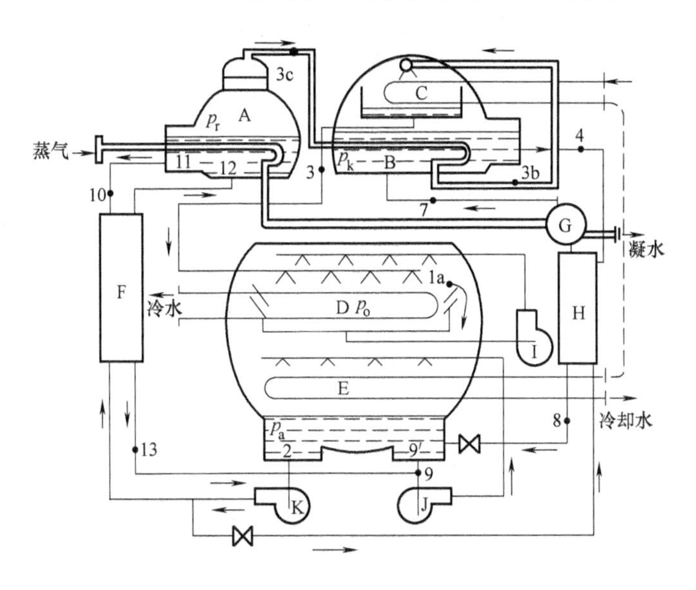

图 5-14　并联式双效溴化锂吸收式制冷机组流程

A—高压发生器　B—低压发生器　C—冷凝器　D—蒸发器　E—吸收器　F—高温溶液热交换器

G—凝结水热交换器　H—低温溶液热交换器　I—冷剂水泵　J—浓溶液泵　K—稀溶液泵

5.3.3　双效直燃型溴化锂吸收式冷热水机组流程

直燃型溴化锂吸收式冷热水机组以燃气或燃油为能源，以所产生的高温烟气为热源，按蒸气型吸收式循环的原理工作。这种机组既可用于夏季供冷，又可用于冬季采暖，必要时还可提供生活用热水，使用范围广。

直燃型双效溴化锂吸收式冷热水机组在制冷时，与蒸气型双效溴化锂吸收式冷水机组相同，只是高压发生器不用蒸气加热，而是以燃料在其中直接燃烧产生的高温烟气为热源。

直燃型双效冷热水机组和蒸气型双效冷水机组相同，溶液回路也有串联流程与并联流程之分，主要有以下三种方式构成热水回路提供热水，并构成三种基本类型的机组：

1）将冷却水回路切换成热水回路，以吸收器、冷凝器和加热盘管构成热水回路。

2）热水和冷水采用同一回路，以蒸发器和加热盘管构成热水回路。

3）专设热水回路，以热水器和加热盘管构成专用的热水回路。

在将冷却水回路切换成热水回路时，冷却盘管兼做加热盘管，冷却水泵兼做热水泵，通过切换阀实现运行方式的变换，交替地制取冷水和热水，夏季制冷水供空调用，冬季制热水供采暖用。制热水时，吸收器、冷凝器与冷却塔脱开，和加热盘管连接，即将冷却水回路切换成热水回路向采暖环境提供热量。同时，冷却水回路和冷水回路停止工作。从发生器流出的溶液被来自冷凝器的冷剂水稀释后，喷淋在吸收器管簇上降温放热，实现第一次加热。来自发生器的冷剂蒸气在冷凝器管簇上凝结放热，管内的热水吸收冷剂蒸气的潜热升温，实现第二次加热。二次升温后的热水送至加热盘管供采暖使用。从冷凝器流出的冷剂水流入吸收器完成溶液的稀释过程。机组的工况变换是通过机组外部冷却水回路和热水回路的切换、冷水回路的起停以及机组内部冷剂泵的起停、冷热切换阀的开关来实现的。这种机组的外部接管较复杂，阀门切换较多。

热水和冷水采用同一回路的直燃型冷热水机组冷却盘管兼做加热盘管，冷水泵兼做热水泵。制热水时，热水在原来的冷水回路中流动。这样，热水和冷水采用同一回路，可以通过工况的变换交替地制取冷水和热水。制热水时，冷却水回路和低压发生器停止工作，高压发生器流出的冷剂蒸气在蒸发器管簇上冷凝放热，管内的热水被加热。在蒸发器中冷凝的冷剂水流入吸收器，使浓溶液稀释成稀溶液，完成溶液循环。机组的运行方式变换是通过高压发生器的冷剂蒸气通向蒸发器的阀门切换，以及蒸发器的液囊与吸收器相连通来实现的。这种切换比较简便，机组结构也比较紧凑。

热水和冷水采用同一回路的直燃型双效溴化锂冷热水机组如图 5-15 所示。制热水时，

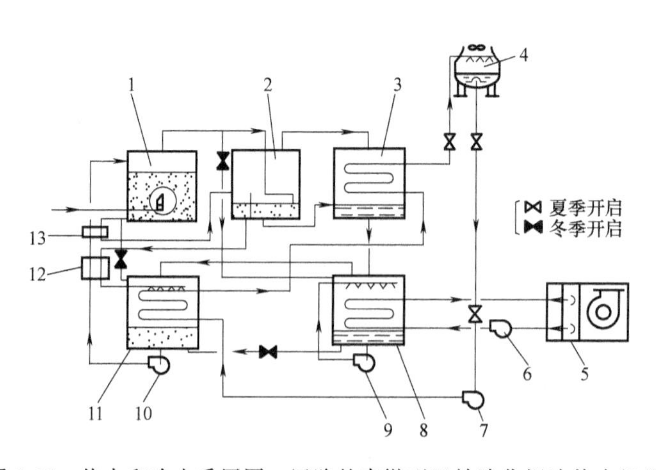

图 5-15　热水和冷水采用同一回路的直燃型双效溴化锂冷热水机组

1—直燃型高压发生器　2—低压发生器　3—冷凝器　4—冷却塔　5—冷却（加热）盘管　6—冷水（热水）泵　7—冷却水泵　8—蒸发器　9—冷剂水泵　10—溶液泵　11—吸收器　12—低温溶液热交换器　13—高温溶液热交换器

关闭冷水阀和冷热切换阀，开启热水阀，此时仅有高压发生器和热水器工作，高压发生器产生的冷剂蒸气在热水器盘管外凝结，凝结水依靠重力流回溶液，相当于一台燃气锅炉。这种机组切换简便，主体不参与制热运转，可减少磨损和腐蚀，但增加了热水器。

5.4　吸收式制冷装置的性能与保护措施

溴化锂吸收式制冷机的性能与加热热源温度、冷水温度和流量、冷却水温度和流量、溶液的循环量等因素有关。下面以单效溴化锂吸收式制冷机为例进行说明。

5.4.1　溴化锂吸收式制冷机的性能

当其他参数不变，加热热源温度提高时，制冷量增大。但加热热源的温度不宜过高，否则，不但制冷量增加缓慢，而且浓溶液有发生结晶的危险，同时，将削弱铬酸锂等缓蚀剂的缓蚀作用。故单效溴化锂吸收式制冷机的加热热源温度以不超过130℃为宜，蒸气型双效溴化锂吸收式制冷机的加热热源温度以不超过175℃为宜。当热源温度降低时，加热温度降低，发生器出口浓溶液的温度下降，质量分数下降，水蒸气量减少，因而制冷量减少。随着制冷量的减少，冷凝器及吸收器的热负荷均减小，冷凝压力下降，由于冷水出水温度升高，导致蒸发压力上升，稀溶液出口质量分数也下降，使放气范围减小，制冷量下降，热力系数降低。

当其他参数不变，冷却水进水温度降低时，吸收器出口稀溶液温度下降，冷凝压力下降，从而使发生器出口浓溶液的质量分数上升，放气范围增大，制冷量增加。但随着制冷量的增大，吸收器热负荷增加，稀溶液出口温度上升，冷水出水温度降低，蒸发压力下降。故制冷量增大，热力系数提高。必须指出，对于溴化锂吸收式制冷机，冷却水进水温度不宜过低，否则将引起浓溶液结晶，蒸发器泵吸空或冷剂水污染等问题。当冷却水温度低于16℃时，应减少冷却水量，使出水温度适当提高。

当其他参数不变，冷水出水温度降低时，制冷量随之下降。蒸发压力下降，吸收能力减弱，吸收终了稀溶液质量分数上升，放气范围变小，制冷量下降。

不凝性气体是指在溴化锂吸收式制冷机的工作温度、压力范围内不会凝结，也不会被溴化锂溶液所吸收的气体。不凝性气体的存在增大了溶液表面的分压力，使制冷剂蒸气通过液膜被吸收时的阻力增加，传质系数减小，吸收效果降低。另外，倘若不凝性气体停滞在传热管表面，会形成热阻，影响传热效果。这些均导致制冷量下降。

5.4.2　提高溴化锂吸收式制冷机性能的措施

溴化锂吸收式制冷机的性能不仅与外界参数有关，而且与机组的溶液循环量、不凝性气体含量及污垢热阻、溶液中是否添加辛醇、热交换器管簇的布置方式等因素有关，可以通过下列途径来提高制冷机性能。

1. 及时抽除不凝性气体

由于整个溴化锂吸收式制冷机是处于真空中运行的，蒸发器和吸收器中的绝对压力仅有千分之几bar，故外界空气很容易漏入，而即使是少量的不凝性气体，也会极大地降低机组的制冷量，如果不凝性气体分压力达到一定数值，就会妨碍机组的正常工作。因此，及时抽除机组内的不凝性气体是提高溴化锂吸收式制冷机性能的根本措施。

为了及时抽除漏入系统的空气以及系统内因腐蚀而产生的不凝性气体（氢气），机组中必须设有一套连续运行的抽气装置。图 5-16 所示为一种抽气装置。不凝性气体分别由冷凝器上部和吸收器溶液上部抽出。由于抽出的不凝性气体中仍含有一定数量的冷剂蒸气，若将它直接排走，不仅会降低真空泵的抽气能力，还会使机组内的冷剂水量减少。同时，冷剂水与机械真空泵的润滑油接触后会使真空泵油乳化，使油的黏度降低，从而损坏真空泵。因此，应对抽除的冷剂水蒸气加以回收。为此，在抽气装置中设有水气分离器，让抽除的不凝性气体进入水气分离器。在水气分离器内，采用来自吸收器泵的中间溶液喷淋，吸收不凝性气体中的冷剂蒸气。吸收了水蒸气的稀溶液由水气分离器底部返回吸收器，放出的热量由在管内流动的冷剂水带走，未被吸收的不凝性气体由分离器顶部排出，经阻油室进入真空泵，提高压力后排至大气。阻油室内设有阻油板，用于防止真空泵停止运行时大气压力将真空泵油压入制冷机内部。

图 5-17 所示为另一种抽气装置，它属于自动抽气装置。自动抽气装置虽有多种形式，但其基本原理都是利用溶液泵排出的高压流体作为抽气动力，通过引射器引射不凝性气体，然后不凝性气体随同溶液一起进入气液分离器，在气液分离器内，不凝性气体与溶液分离后上升至顶部，溶液则由气液分离器底部返回吸收器。当不凝性气体积聚到一定数量时，关闭回流阀，依靠泵的压力将不凝性气体的压力压缩到大气压以上，开启放气阀排至大气中。

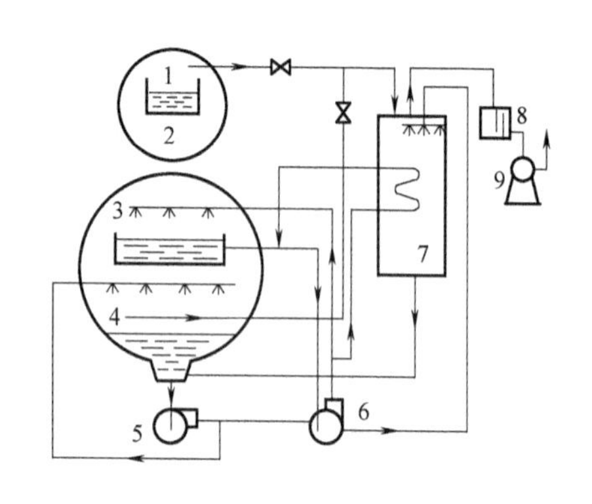

图 5-16　一种抽气装置

1—冷凝器　2—发生器　3—蒸发器　4—吸收器　5—溶液泵　6—蒸发器泵　7—水气分离器　8—阻油器　9—旋片式真空泵

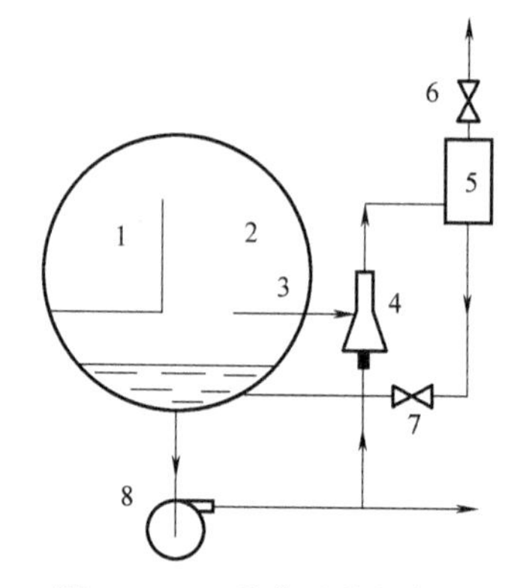

图 5-17　一种自动抽气装置

1—蒸发器　2—吸收器　3—抽气管　4—引射器　5—气液分离器　6—放气阀　7—回流阀　8—溶液泵

2. 添加辛醇

辛醇有正辛醇和异辛醇，溴化锂吸收式制冷机中常用异辛醇。辛醇是一种表面活性剂，它能减小溴化锂溶液的表面张力，从而增强溶液与水蒸气的结合能力。此外，它还能降低溴化锂水溶液的分压，从而增加吸收推动力，使传质过程得到增强。

铜管表面几乎完全被辛醇浸润，在管表面形成一层液膜，而水蒸气与液膜几乎不溶，它在辛醇液膜上呈珠状凝结，从而使传热系数大大增加，强化了传热效果。

辛醇的添加量约为溴化锂溶液量的 0.1%～0.3%，添加辛醇后制冷量可提高 10%～20%。

辛醇的密度约为 $830kg/m^3$，基本上不溶于溴化锂溶液。因此，随着机组的运行，辛醇会不断地积聚在蒸发器和吸收器液面上，逐渐丧失提高机组制冷量的作用。所以必须定期地将蒸发器水盘中的冷剂水旁通到吸收器中，同时吸收器采用冲击的方法，使辛醇聚集层和溶

液充分混合，进入溶液循环。

3. 提高制冷机性能的其他措施

1）减小冷剂蒸气的流动阻力。减小冷剂蒸气的流动阻力可增强吸收推动力，强化传热和传质过程。通常采用的措施有改进挡液板结构形式，增大流通截面；布置蒸发器和吸收器管簇时留有气道，减少管簇间的流动阻力；吸收器采用热质交换分开进行的结构形式等。

2）适当提高热交换器管内工作介质的流速。对于冷却水和冷（媒）水，流速一般取1.5~3.0m/s，加热蒸气的流速为15~30m/s，溶液的流速一般高于0.3m/s。

3）改进喷嘴结构，改善喷淋溶液的雾化情况。

4）改善冷却水和冷水的水质，降低污垢热阻。

5）合理调节喷淋密度。在溴化锂吸收式制冷机中，因蒸发器内冷剂水的蒸发压力很低，为克服静液柱高度对蒸发过程的影响，通常在蒸发器管簇外喷淋冷剂水。合理地调节喷淋密度，可以得到最佳的经济效果。如果喷淋密度过小，有可能使部分蒸发器管簇外表面没有被淋湿，从而影响制冷效果；但如果喷淋密度过大，管外表面的液膜增厚，冷剂水蒸发传热传质阻力损失将增大，吸收推动力将减小。吸收器中的喷淋密度也应优化选择，喷淋量增大时，在一定范围内对传热传质有利，但同样也存在着液膜增厚的问题，这将增加传热和传质的阻力，影响吸收效果。

5.4.3 溴化锂吸收式制冷机的保护措施

为保证机组正常运行，防止由意外原因引起的故障，溴化锂吸收式制冷机需采取防止溴化锂溶液结晶、防止蒸发器中冷剂水冻结、屏蔽泵保护、防止冷剂水污染等保护措施。

1. 防止溴化锂溶液结晶的保护措施

由溴化锂溶液的性质可知，当溶液的质量分数过高或温度过低时，溶液就产生结晶，堵塞流动通道，从而影响制冷机组的正常运行。为防止溴化锂溶液结晶，通常采取下列措施：

（1）设置自动溶晶管　在发生器出口处溢流箱的上部连接一个J形管，J形管的另一端通入吸收器，正常运行时，浓溶液由溢流箱的底部流出，经溶液热交换器降温后流入吸收器。如果浓溶液在溶液热交换器出口处因温度过低而结晶，将通道堵塞，则溢流箱内的液位将因溶液不再流通而升高，当液位高于J形管的上端位置时，高温的浓溶液便通过J形管直接流入吸收器，使出吸收器的稀溶液温度升高，这样便提高了溶液热交换器中浓溶液出口处的温度，使结晶的溴化锂自动溶解（故J形管又称自动溶晶管），结晶消除后，发生器中的浓溶液又重新从正常的回流管流入吸收器。自动溶晶管只能消除结晶，并不能防止结晶产生。

（2）在发生器出口浓溶液管道上装设温度继电器　装设温度继电器的目的是控制加热蒸气阀门的开度，防止溶液因温度过高而使质量分数过高，从而防止浓溶液在热交换器出口处结晶。

（3）在蒸发器液囊中装设液位控制器　装设液位控制器，当水位过高时，可使冷剂水旁通到吸收器中，从而防止溶液因质量分数过高而结晶。

（4）装设溶液泵和蒸发器泵延时继电器　加设延时继电器可使机组在关闭加热蒸气阀门后，两泵能继续运行10min左右。这样，吸收器中的稀溶液和发生器中的浓溶液就可以充分混合，也可使蒸发器中的冷剂水能被喷淋溶液充分吸收，溶液得到稀释，就能防止停机后溶液因温度降低而结晶。

（5）加设手动阀门控制的冷剂水旁通管　如果运行中突然停电，打开手动阀门，可使蒸发器中的冷剂水旁通到吸收器中，溶液被稀释，从而防止了结晶的产生。

2. 防止冷剂水冻结的保护措施

如果外界负荷突然降低或冷（媒）水泵发生故障，均会使蒸发器中冷剂水和冷水温度下降，严重时会冻裂冷（媒）水管。为防止上述现象发生，可在冷剂水管道上装设温度继电器，在冷水管道上装设流量控制器、压力控制器或压差控制器。

3. 屏蔽泵的保护措施

由于整个制冷系统是在高真空下工作的，在输送制冷剂和吸收剂过程中不允许有空气渗入，因此，除冷却水和冷水泵外，其余泵均采用屏蔽泵。为保证屏蔽泵安全运行，一般采取下列措施：

1）在蒸发器和吸收器液囊中装设液位控制器，保证屏蔽泵有足够的吸入高度，这样可以有效地防止汽蚀现象的产生，并使轴承润滑液有足够的压力。

2）在屏蔽泵电路中装设过负荷继电器。

3）在屏蔽泵出口管道上装设温度继电器，以防温度过高而使轴承受到损坏。

4. 防止冷剂水污染的保护措施

当冷却水温度过低时（如机组在春、秋季运行），由于冷凝压力过低使得发生过程剧烈进行，有可能将溴化锂溶液溅入冷凝器中，使冷剂水受到污染，从而影响制冷机的性能。此时，可在冷却水进水管道上装设水量调节阀，通过减少冷却水量的办法来提高冷却水进冷凝器的温度及冷凝压力，从而预防冷剂水的污染。

操作应用篇

第6章　制冷技术操作与实训

项目1　制冷维修仪器仪表简介

[项目学习目标]

1）了解制冷维修专用仪器仪表的结构。

2）掌握制冷维修专用仪器仪表的使用方法。

3）掌握制冷维修专用仪表的读数方式。

[项目基本技能]

1. 工具、材料准备（见表6-1）

表6-1　制冷维修工具、材料准备

序号	名　称	数量	备　注
1	钳形电流表	1把	
2	卤素检漏仪	1把	
3	数字温度计	1只	
4	干湿球温度计	1套	
5	压力表	1只	
6	三通检修阀	1只	
7	双表修理阀	1只	
8	加液管	1根	
9	转接头	2个	米制、寸制各1个
10	封口钳	1把	

2. 相关工具及其使用方法

（1）钳形电流表　钳形电流表简称钳形表，它是测量交流电流的专用电工仪表，现在的钳形电流表已与万用表组合在一起，构成多用钳形表，它由电流互感器和万用表组合而成。其显示方式有指针式和数字式，指针式多用钳形表外观如图6-1所示，数字式多用钳形表外观如图6-2所示。

使用钳形电流表时的注意事项：

1）使用钳形电流表测量交流电流时应先估计被测电流的大小，选择合适的量程。一般先选择较大量程，然后视被测电流的大小，调整到合适量程。

2）测量交流电流前，应保持钳口的清洁，避免互感器钳口上存在油污、杂质，以减小测量误差。

3）导线夹入钳口后，钳口铁心的两个面应很好地吻合，被测导线应位于钳口的中央。

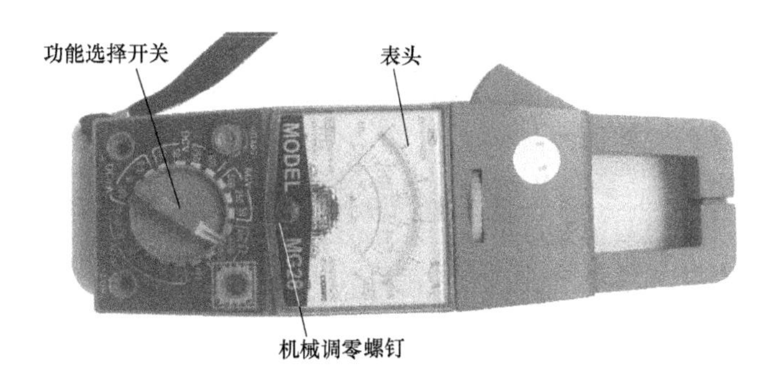

图 6-1　指针式多用钳形表

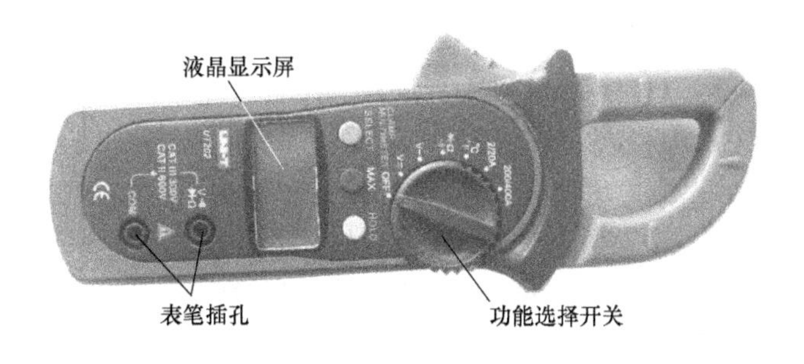

图 6-2　数字式多用钳形表

4）钳形电流表只能钳住所测电路的一根导线，不能同时钳住同一电路的两根导线，如图 6-3 所示。

5）测量较小电流时，可将被测导线在钳形铁心上绕几圈后再测量，将读取的电流值除以圈数，即是测量的实际电流值。

6）使用钳形电流表检测交流电流时，不可夹钳裸露导线，以免发生触电危险。

7）每次测量完毕，应将指针式钳形电流表的转换开关拨至最大量程，以免再次使用未选择量程就操作而损坏仪表。

（2）卤素检漏仪　卤素检漏仪是检测以氟利昂为制冷剂的制冷设备有无泄漏的检漏仪器，其体积小、灵敏度高、使用携带方便。卤素检漏仪是根据六氟化硫等负电性物质对负电晕放电有抑制作用这一基本原理制成的。它由传感器探头和电子指示器两部分组成，如图 6-4 所示。

卤素检漏仪的使用方法及注意事项如下：

1）接通电源，缓慢转动调节电位器，使检漏仪仅有一个发光二极管亮，报警扬声器发出清晰、慢速的“嘀嗒”声。此时为仪器正常工作点。

2）将传感器探头靠近制冷设备被检部位慢慢移

图 6-3　钳形电流表的操作

动，当接近漏源时，被测气体进入探头，报警扬声器的“嘀嗒”声频率加快，指示灯将逐个点亮，被测氟利昂浓度越高，发出的声频越高，被点亮的发光二极管越多。根据这一原理，就可检测到被检测气体的泄漏处。

3）使用卤素检漏仪时，要保持清洁，避免油污、灰尘污染探头。若探头的保护罩或滤布被污染，可小心地撤下保护罩或滤布，用酒精等中性溶剂清洗，然后用氮气吹干后再照原样装好。

4）使用卤素检漏仪时，要防止撞击传感器的探头，更不要随意拆卸，以免损坏探头。

5）当卤素检漏仪在使用中出现工作点调不稳、信号灯或扬声器发出的节拍声不规则时，首先要检查干电池的电压是否太低，如不属于电源系统的问题，则多为卤素检漏仪的探头已污染或损坏。

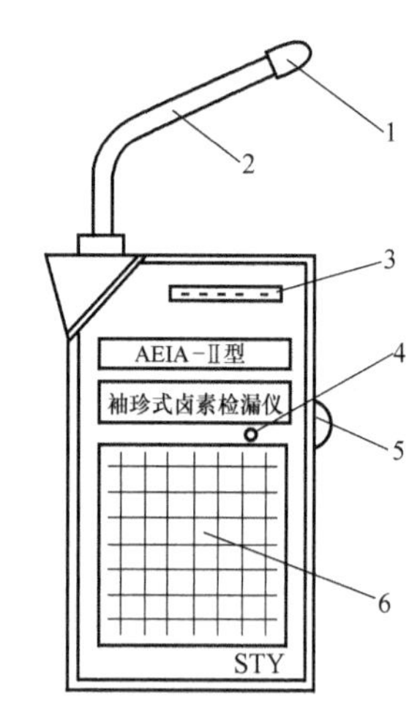

图 6-4　AEIA—Ⅱ型袖珍式卤素检漏仪

1—传感器　2—传感器连接软管　3—信号指示发光二极管　4—电源指示灯　5—工作状态调节电位器　6—报警扬声器

（3）数字温度计和干湿球温度计

1）数字温度计。数字温度计是以数字方式显示的温度计，可用来检测环境、冰箱及冷库中的温度，它以铬-镍热电偶或热敏电阻为测温元件，性能稳定。维修中常用的数字温度计如图 6-5 所示。

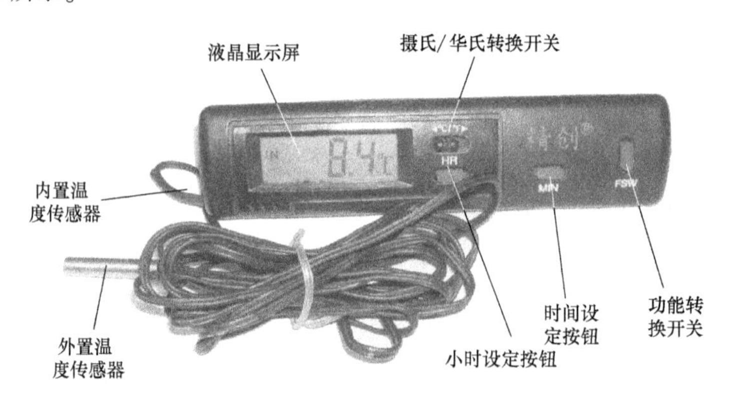

图 6-5　数字温度计

数字温度计的使用方法如下：

① 打开温度计电池盖，按极性装入干电池。

② 按压 FSW 功能转换开关，分别显示室内温度→室外温度→时间。室内温度显示“IN”，室外温度显示“OUT”。

③ 开机后，液晶显示屏 LCD 全显示 2s 后，显示测量温度。

④ 拨动℃/℉转换开关，可分别显示摄氏温度或华氏温度。

⑤ 按压 FSW 功能转换开关 4s 以上关机，但时钟继续计时。

⑥ 电池电量不足时，LCD 闪动，此时测量值无效，应更换电池。

2）干湿球温度计。普通的固定式干湿球温度计是将两个相同的水银温度计固定在一块

平板上，其中湿球温度计的感温包上缠绕保持湿润状态的纱布，干球温度计的感温包裸露在空气中，如图 6-6 所示。

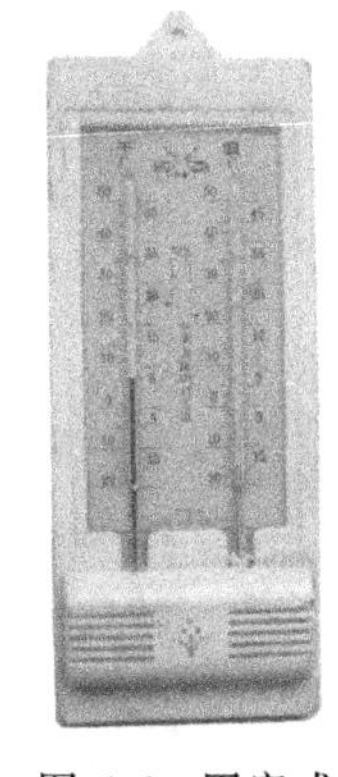

图 6-6 固定式干湿球温度计

固定式干湿球温度计必须使用蒸馏水，并使湿球纱布紧贴温度计感温包，以保持湿润和清洁。纱布与储水器之间要保持 20~30mm 的距离，以免影响空气流动。

根据测得的空气干球和湿球温度，可从专门的线图或表中查出空气相应的相对湿度。

当空气不流动或流速很小时，湿纱布上的水与周围空气的热湿交换不充分，湿球温度计的测量结果误差较大；空气的流速越大，热湿交换越充分，所测湿球温度越准确。因此，工程上常使用装有一通风机的通风式干湿球温度计，通风式干湿球温度计是一种较精密的仪器，其测量时也要使用蒸馏水，应防止水滴通过风道沾在干球温度计的感温包上而造成巨大误差，使用中不能将仪器倾斜和倒置。

（4）压力表和检修阀

1）压力表。弹簧式压力表是制冷设备维修中使用最普遍的压力表，标有负压刻度的弹簧式压力表又叫真空压力表，它的规格按表盘直径分为 60mm、100mm、150mm 等几种。弹簧式压力表的内部构造如图 6-7 所示。

制冷维修中多使用表盘直径为 60mm 的真空压力表，它既可以测量正压，也可以测量负压（真空度），常见的表盘刻度如图 6-8a 所示，单位有公制 MPa 和英制 lbf/in^2（$1lbf/in^2$ = 6.89476kPa）两种。有的压力表表盘上还标注常用制冷剂饱和压力对应的饱和温度，如图 6-8b 所示，该表盘由里向外第一圈刻度为英制压力，单位是 lbf/in^2；第二圈刻度是公制压力，单位是 MPa；第三圈以外的刻度是所注明的制冷剂与内圈压力值对应的饱和温度，单位是℃。

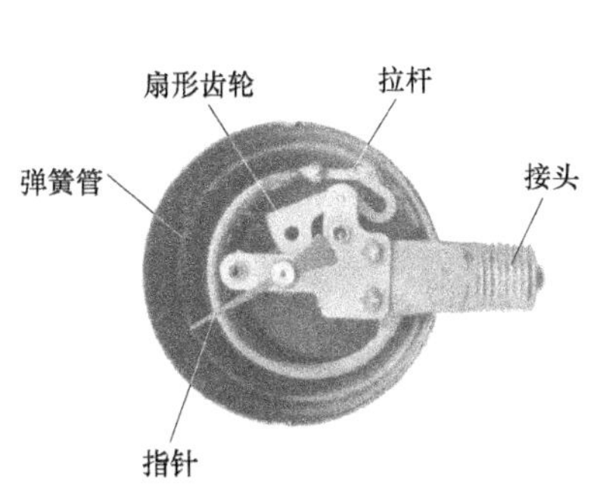

图 6-7 弹簧式压力表的内部结构

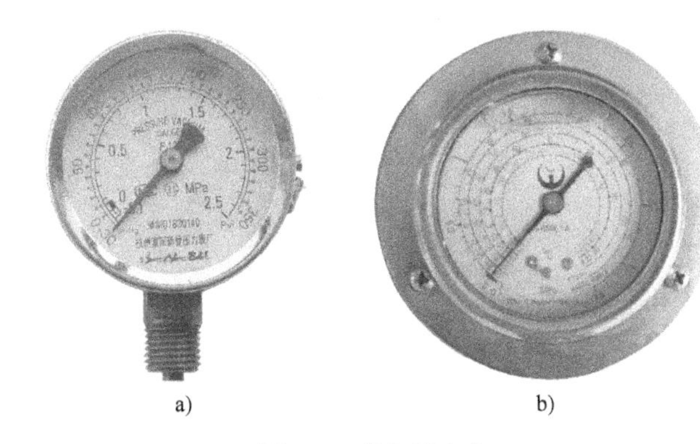

图 6-8 真空压力表

a）真空压力表的表盘刻度 b）显示饱和温度的压力表刻度

真空压力表使用时的注意事项如下：

① 压力表应垂直安装。

② 测量液体压力时应加缓冲管。

③ 测量值不能超过压力表测量上限的 2/3，测量波动压力时，测量值不能超过压力表测量上限的 1/2。

④ 压力表的使用期限为一年，达到使用期限的压力表，须到指定的单位进行检测，合格后方可使用。

2）检修阀。二通检修阀又称直角阀，它是制冷设备维修中最常用的检修阀，其外观如图 6-9a 所示，内部结构如图 6-9b 所示。维修制冷设备时，与检修阀垂直的带外螺纹的连接口用于连接真空泵等检修设备，与检修阀调节手轮相对的连接口用于连接制冷设备的制冷系统，另一个连接口用于安装真空压力表。

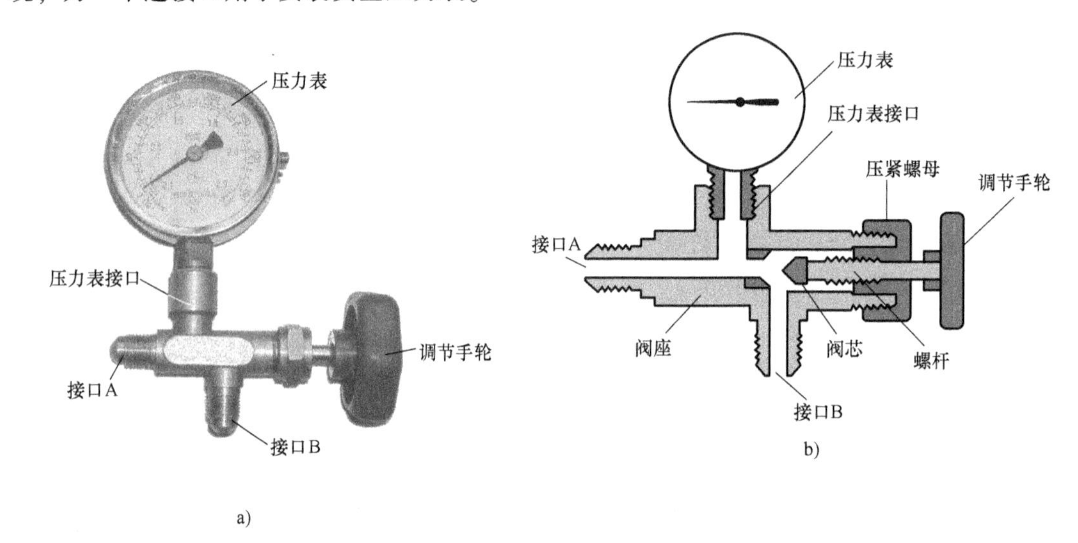

图 6-9　二通检修阀

a）外观　b）内部结构

三通检修阀的结构如图 6-10 所示，顺时针旋转调节手轮，关闭检修阀，切断接口 B 与接口 A 和压力表的连接，外接维修设备与制冷系统、压力表不通；逆时针旋转调节手轮，打开检修阀，接口 A 与接口 B 和压力表相通。

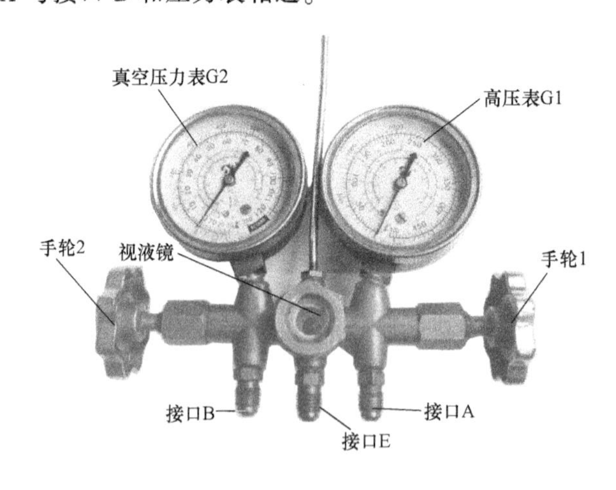

图 6-10　三通检修阀

顺时针旋转手轮 1，关闭接口 E 与接口 A 和高压表 G1 的连接，逆时针旋转则为打开它们的连接。顺时针旋转手轮 2，关闭接口 E 与接口 B 和真空压力表 G2 的连接，逆时针旋转

为打开它们的连接。

加液管是一种机械强度较高的耐氟橡胶软管或耐压塑料尼龙管，两端装有穿心螺母，该螺母有寸制和米制两种，当加液管螺母与制冷设备的接头制式不符时，可选用转换接头。加液管接头分带顶针和不带顶针两种形式，外形如图 6-11 所示。维修空调器时，应使用一端带有顶针的加液管，如加液管不带顶针，可另配带顶针的接头。

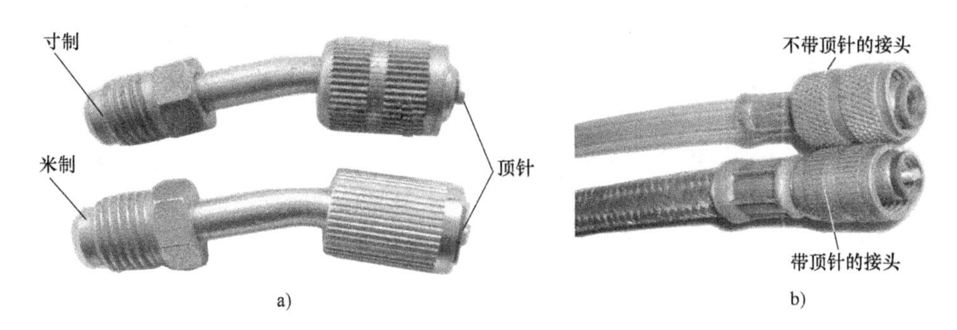

图 6-11　转换接头与加液管接头实物

a）转换接头　b）加液管接头实物

检修阀的使用方法如下：

① 用检修阀测量罐装 R134a 在常温下的压力。对于小容量的罐装制冷剂，应使用专用的启开阀打开，如图 6-12 所示，其使用方法如下：

a. 逆时针方向旋转启开阀手轮，直至阀针完全缩回。

b. 逆时针方向旋转板状螺母，使其升到最高位置，然后将阀与制冷剂罐中心的凸台拧紧。

c. 将检修阀调节手轮沿顺时针方向旋到底，通过加液管连接启开阀，再沿顺时针方向旋转板状螺母，用手拧紧。

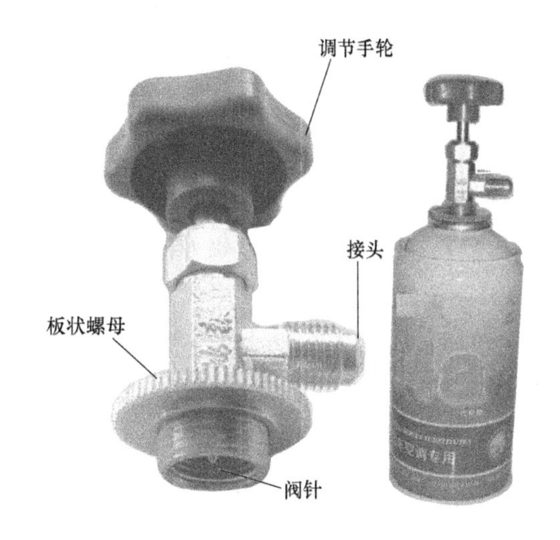

图 6-12　启开阀及其安装

d. 顺时针方向旋转调节手轮，使其前端的阀针刺入制冷剂罐凸台，再逆时针旋转调节手轮，制冷剂便从刺破的针孔经接头排出，此时可从压力表读出压力值。

e. 如罐内制冷剂未使用完，可沿顺时针方向旋转调节手轮至最低位置，重新封闭制冷剂罐，但不可拆动启开阀，否则罐内制冷剂会发生泄漏。

② 测量空调器制冷系统的静压力。

a. 选择带顶针的接头。

b. 打开空调器气阀维修口盖帽。

c. 将检修阀调节手轮沿顺时针方向旋到底。

d. 将检修阀连接到空调器的气阀维修口上，如图 6-13 所示，读出压力表的读数。

（5）封口钳　在电冰箱制冷系统的维修中，封闭压缩机的工艺管通常使用封口钳，常用封口钳的结构如图 6-14 所示。

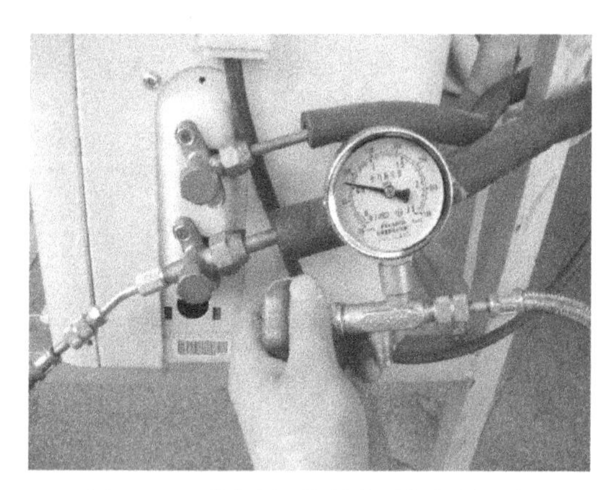

图 6-13　测量空调器制冷系统的静压力

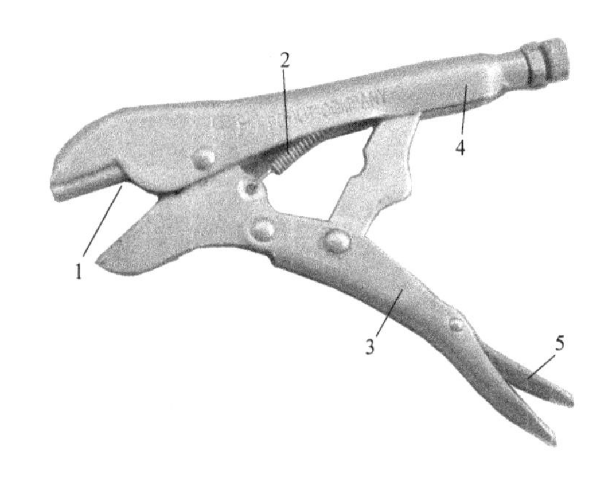

图 6-14　封口钳

1—钳口　2—钳口开启弹簧　3—手柄
4—钳口间隙调整螺钉　5—钳口开启扳机

使用封口钳时，根据铜管管壁厚度，调节钳口间隙调整螺钉，使钳口间隙略小于管壁厚度的 2 倍，然后用气焊加热铜管需封口处，加热至暗红色时打开封口钳，将钳口对准要封闭的部位，用手捏紧封口钳的两个手柄，将铜管夹扁并封闭。

[项目思考与评价]

1. 课后思考

熟悉并掌握各种制冷维修专用工具的用途和使用方法。

2. 评价反馈

（1）自我评价（30 分）　学生根据任务完成情况进行自我评价，并将评价结果填入表 6-2。

表 6-2　自我评价表

评价内容	配　分	评分标准	得　分
理论知识	20	知识点清晰、准确	
工具使用	15	能按照操作规范使用	
仪器仪表使用	15	方法正确、操作规范	
操作步骤	20	完整、正确	
实训结果	20	达到实训要求	
整理工作	10	实训场地整洁，工具摆放到位	
总分×30%			

姓名　　　　　　年　月　日

（2）小组互评（30 分）　同一实训小组学生互评，并将评价结果填入表 6-3。

（3）指导教师评价（40 分）　指导教师结合个人自评、小组互评情况进行综合评价，并将评价结果填入表 6-4 中。

表 6-3　小组互评表

评价内容	配　分	得　分
协作能力、团队精神	30	
遵守实训纪律	20	
安全、质量与责任心	30	
工具及仪器仪表整理、清洁卫生	20	
总分×30%		

参评人员　　　　　年　月　日

表 6-4　指导教师评价表

指导教师总评意见：	
指导教师评分	
总分=个人自评评分+小组互评评分+指导教师评分	

指导教师　　　　　年　月　日

项目 2　铜管加工

[项目学习目标]

1）掌握铜管加工工具的使用方法。

2）熟悉铜管加工制作规范。

[项目基本技能]

1. 工具、材料准备（见表 6-5）

表 6-5　铜管加工工具、材料准备

序号	名　称	数　量	备　注
1	割管器	1 把	
2	弯管器	1 把	
3	倒角器	1 个	
4	偏心扩口器	1 套	
5	胀管扩口器	1 套	
6	铜管	各 1m	不同直径

2. 相关工具及其使用方法

（1）割管器　割管器是制冷系统安装维修过程中专门切割制冷系统管路的工具，又称割刀。它一般由支架、导轮、刀片和手柄组成，如图 6-15 所示。割管器按照形状、大小和切割范围可分为大割管器和小割管器，小割管器常在操作空间狭小的情况下使用。常用割管器的切割直径为 3～45mm，小割管器的切割直径为 3～15mm，如图 6-16 所示。

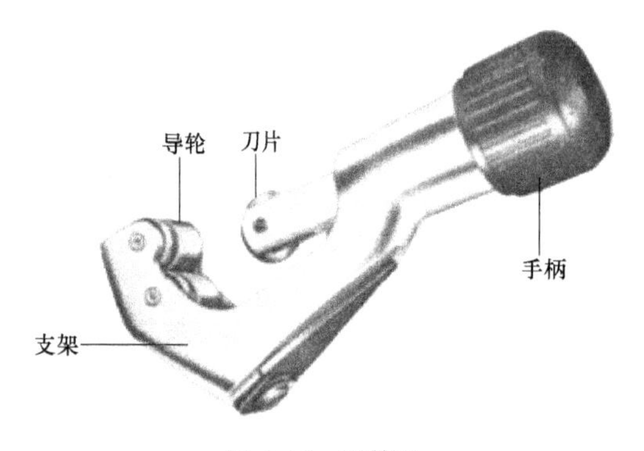

图 6-15　割管器

图 6-16　小割管器

割管器使用方法如下：

1）旋转割管器手柄，可以调节刀片与导轮之间的距离。

2）将铜管放置在导轮与刀片之间，铜管的侧壁贴紧两个导轮的中间位置，旋转手柄使刀片的切口与铜管垂直夹紧，然后继续转动手柄，使刀片的切削刃切入铜管管壁。

3）均匀地将割管器整体环绕铜管旋转，旋转割管器与旋转手柄同时进行，在铜管即将切断前，取下割管器，用手折断铜管，这样做可减少铜管断口处的毛刺，如图 6-17 所示。

（2）弯管器　弯管器是专门弯曲铜管、铝管的工具，其弯曲半径不应小于管径的 5 倍，如图 6-18 所示。弯好的管子，其弯曲部位不应有凹瘪现象。常用的有杠杆式弯管器和弹簧式弯管器。

杠杆式弯管器根据导轮及导槽的大小可对不同管径的铜管和铝管进行加工。弯管器与铜管相对应也有米制和寸制之分，其常见的规格有米制 6mm、8mm、10mm、12mm、16mm、19mm；寸制 1/4in（1in = 25.4mm）、3/8in、1/2in、5/8in、3/4in。

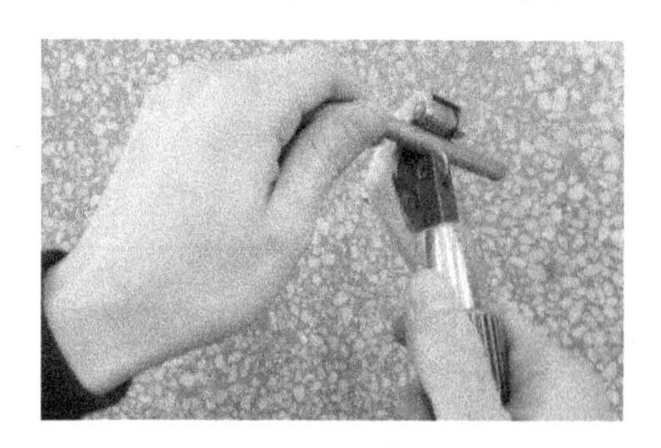
图 6-17　切割铜管示意图

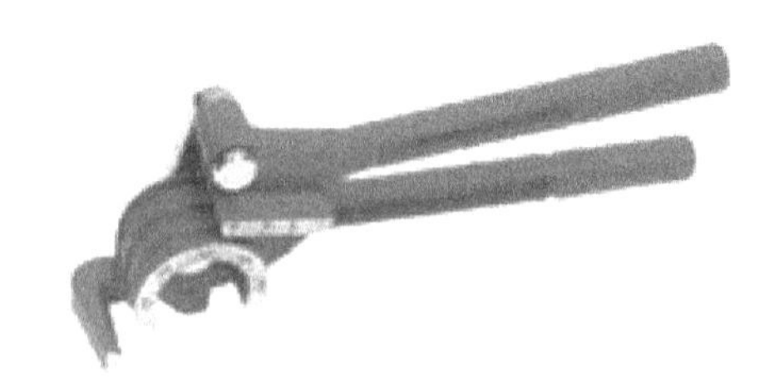
图 6-18　弯管器外形

弹簧式弯管器的内径有 ϕ6mm、ϕ8mm、ϕ10mm、ϕ12mm 等多种规格，可用于弯曲相应管径的铜管和铝管，如图 6-19 所示。

弯管时，根据管径尺寸先将已退火的铜管放入弯管器的导槽内，扣牢管端后，慢慢旋转杆柄，一直弯到所需的弯曲角度为止，然后将弯管退出导槽，并取下管子，如图 6-20 所示。操作时要注意不可用力过猛，以防压扁铜管。

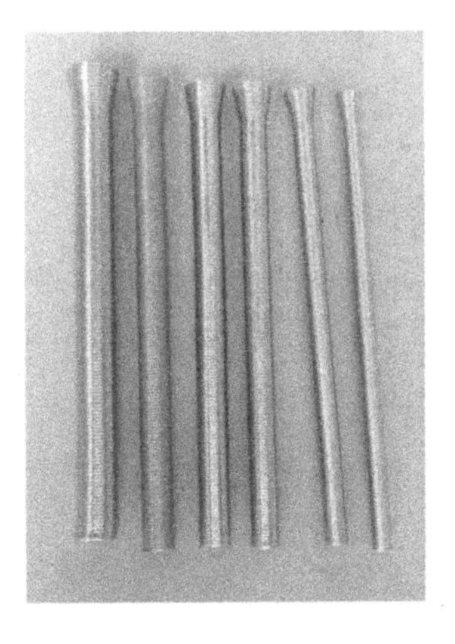

图 6-19　弹簧式弯管器

图 6-20　弯管器操作示意图

使用弹簧式弯管器时，只需将需要加工的铜管套入内径合适的弹簧式弯管器内轻轻弯曲即可。弯管时，速度不宜过快，用力不宜过猛，以免将铜管弯扁或损坏。

（3）倒角器　铜管在切割加工过程中，切口易出现收口和毛刺现象。倒角器主要用于去除切割加工过程中所产生的毛刺，消除铜管收口现象。倒角器外形如图 6-21 所示，它是将三把均匀分布且成一定角度的刮刀装在一段塑料支架里，这三把刮刀在一端互成钝角，在另一端互成锐角。

倒角器的使用方法：将倒角器一端的刮刀尖伸进管口的端部，并将铜管和倒角器上下垂直放置，左右旋转数次，直至去除毛刺和收口为止，如图 6-22 所示。然后用倒角器轻磕铜管端部，清除管口内的碎屑。

图 6-21　倒角器外形

（4）偏心扩口器　扩口器是将小管径铜管（ϕ19mm 以下）端部扩胀形成喇叭口的专用工具，它由扩管夹具和扩管顶锥组成，如图 6-23 所示。夹具有米制和寸制两种。

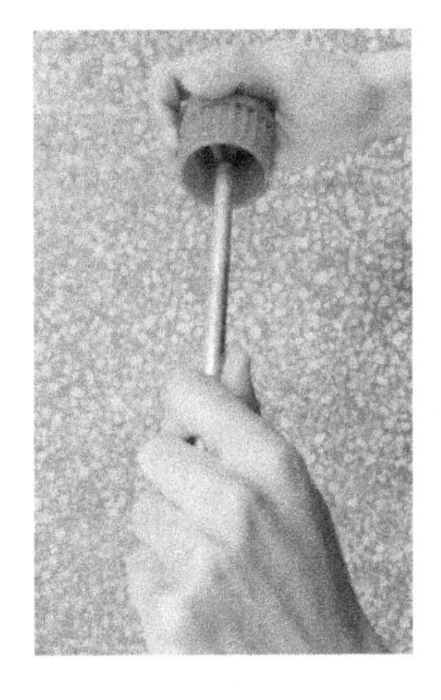

图 6-22　倒角器使用方法

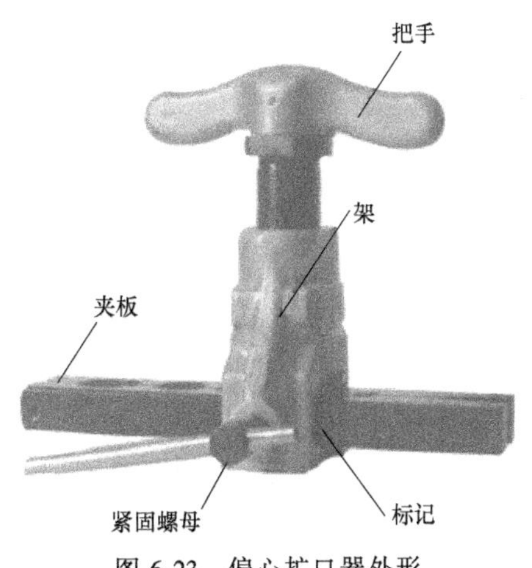

图 6-23　偏心扩口器外形

偏心扩口器的使用方法如下：

1）扩口前首先去掉管口毛刺，然后把铜管放置在相应管径的夹具孔中，管口朝向喇叭口面，铜管露出喇叭口斜面高度约 1/3 的尺寸。

2）用锥形支头压在管口上，旋紧顶杆螺母，把铜管紧固牢，然后慢慢地旋动把手，做出喇叭口，如图 6-24 所示。

3）扩成的喇叭口应圆正、光滑、没有裂纹，以免连接时密封不好，影响制冷设备的使用效果。

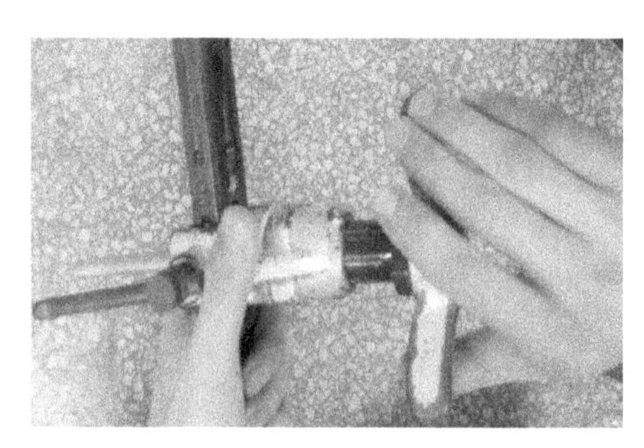

图 6-24　扩喇叭口操作示意图

（5）胀管扩口器　胀管扩口器主要用来制作杯形口，也可用来制作喇叭口。它由胀管夹具和胀管顶锥组成，有米制和寸制之分。通过更换不同的锥头，可以制作不同管径的杯形口，方便铜管进行钎焊连接，如图 6-25 所示。

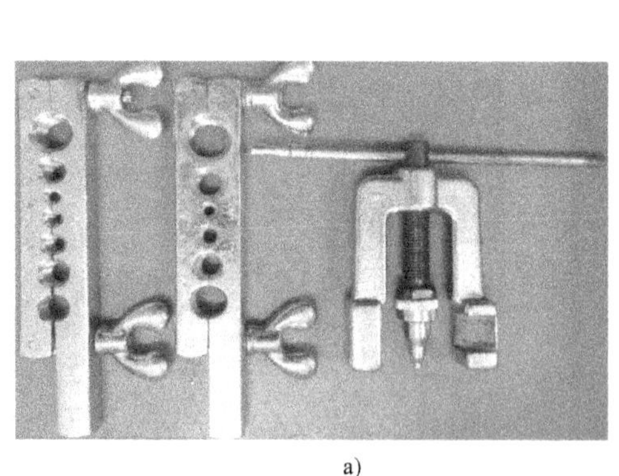

a)

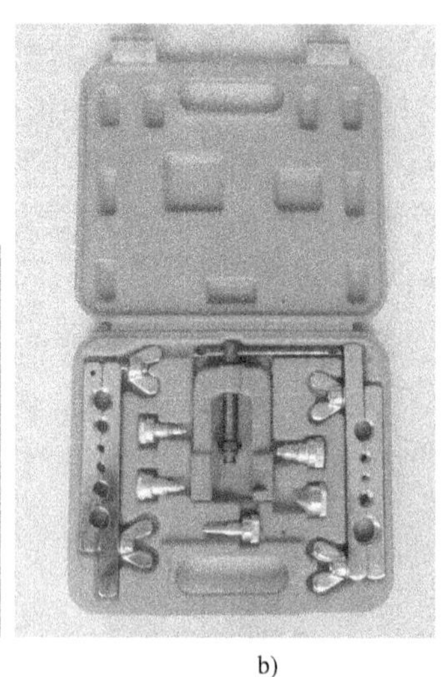

b)

图 6-25　胀管扩口器的外形结构与套盒

a）外形结构　b）套盒

胀管扩口器的使用方法如下：

1）胀管时，首先将铜管胀口端用锉刀锉修平整，然后把铜管放置在相应管径的夹具孔中，铜管端部露出夹板面略大于铜管直径长度。

2）拧紧夹具上的紧固螺母，将铜管牢牢夹住，然后缓慢地沿顺时针方向旋转手柄使锥头下压，直至形成杯形口，如图6-26所示。

［项目实施］

1. 铜管的切割

（1）切割铜管操作步骤

1）将所需加工的铜管展直，保证铜管圆整，没有压扁部位，以免因铜管不圆整造成切割断面倾斜或端口不平，影响进一步加工。

2）逆时针旋转割管器调节手轮，使刀片与滚轮的间距增大，略大于所需加工的铜管直径。

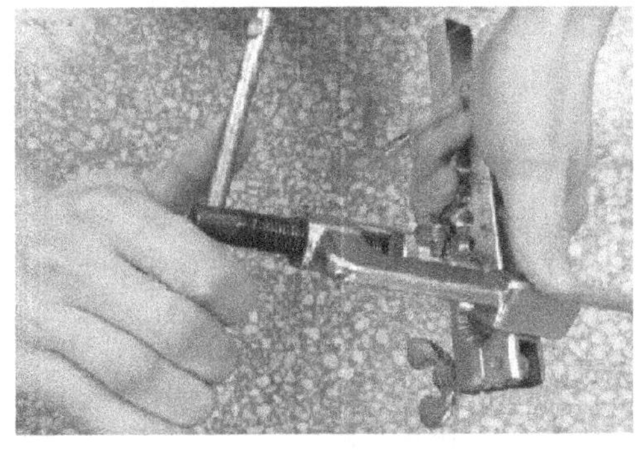

图6-26 胀杯形口操作示意图

3）将所需加工的铜管放置在割管器的导向槽内，使刀片和滚轮朝外或向上，便于操作者观察切割位置。割管器刀片应与铜管垂直。

4）顺时针旋转调节手轮，使刀片顶住铜管，将整个割管器绕铜管沿顺时针方向旋转。旋转割管器时不能左右晃动，以免损坏割管器刀片。

5）割管器每旋紧1~2圈，需调整手柄1/4圈进刀，每次进刀不宜过深，过量进刀会增加铜管断面的毛刺或压扁铜管。

6）重复上述步骤，在铜管即将割断之前，取下割管器，用手折断铜管，可减少断口毛刺。

7）另取不同规格铜管进行切割练习，直至熟练。

（2）割管器切割铜管注意事项

1）铜管一定要架在导轮中间。

2）所加工的铜管一定要平直、圆整，否则会形成螺旋切割。

3）由于所加工的铜管管壁较薄，调整手柄进刀时，不能用力过猛，否则会导致内凹收口和铜管变形，影响切割。

4）铜管切割加工过程中出现的内凹收口和毛刺须进行倒角处理。

（3）毛细管切割 因毛细管管径小，不宜使用割管器进行割断加工，可用扁平锉刀在其表面位置锉出狭小的锉痕，然后将其折断。也可用切削刃锋利的剪刀夹住毛细管后来回转动，待划出一定深度的刀痕后用手折断。

2. 铜管的弯制

（1）杠杆式弯管器弯制铜管操作步骤

1）用割管器切割长60cm，直径为3/8in的铜管。

2）将铜管放置到弯管器3/8in导槽中，并调整好位置，将活动手柄的搭扣扣住所加工的管件。

3）慢慢旋紧活动手柄，使管件弯曲至所需角度。

4）松开搭扣和活动手柄，将管件退出，并观察是否符合要求。

5）另取不同规格的铜管进行弯管练习（不同角度），直至熟练。

（2）弹簧式弯管器弯制铜管操作步骤

1）用割管器切割长度为60cm、不同管径的铜管，准备好不同规格的弹簧式弯管器。

2）将铜管套入内径合适的弹簧式弯管器中，轻轻弯曲至所需角度。

3）将铜管从弹簧式弯管器中退出，观察是否符合要求。

4）取其他规格的铜管反复进行练习，直至熟练。

（3）弯管器弯制铜管注意事项

1）加工的管件应预先退火。

2）所加工管件的壁厚不宜过薄。

3）操作时用力要均匀，避免出现死弯或裂纹。

4）铜管规格和弯管器规格应相符合。

3. 切口的倒角

（1）倒角操作步骤

1）用割管器切割长10cm，直径为3/8in的铜管。

2）铜管竖直放置，将倒角器一端的刮刀尖伸进管口的下端，左右旋转数次。

3）反复操作，直至去除毛刺和收口。

4）将铜屑轻轻磕干净。

（2）倒角注意事项

1）管口尽量向下，避免金属屑进入管道，若金属屑进入管道内，需将其清除干净。

2）倒角器使用后应除去金属屑，并在切削刃处加上防锈油。

4. 扩喇叭口

（1）胀管式扩口器扩喇叭口操作步骤

1）用割管器切割长10cm，直径为3/8in的铜管。

2）将铜管扩口端退火，用倒角器去除铜管端部毛刺和收口。

3）将需要加工的铜管装夹到相应的夹具卡孔中，铜管端部露出夹板面$H/3$左右（H为夹具坡面高度），旋紧夹具螺母直至将铜管夹牢。

4）将扩口顶锥卡于铜管内，扩管器拉钩卡住夹具，左手握住夹具并卡紧顶压器，使锥头与铜管中心在同一轴线上。

5）右手沿顺时针方向慢慢旋转手柄使顶锥下压，直至形成喇叭口。

6）逆时针旋转手柄退出顶锥，松开螺母，从夹具中取出铜管，观察扩口面应光滑、圆整，无裂纹、毛刺和折边。

7）另取不同规格的铜管进行扩喇叭口练习，直至熟练。

（2）偏心式扩口器扩喇叭口操作步骤

1）用割管器切割长10cm，直径为3/8in的铜管。

2）将铜管扩口端退火，用倒角器去除铜管端部毛刺和收口。

3）沿逆时针方向松开偏心式扩口器的固定杆，将旋转手柄沿逆时针方向旋至最顶端，将扩口器夹具套入扩口器体，并将扩口器体退至夹具防脱落螺栓处，打开夹具。

4）将待加工铜管端放入夹具相应尺寸的孔中，铜管露出夹具约1mm。

5）将扩口器体移至铜管处，扩口器体上的指示箭头对准夹具上的刻线，锁紧固定杆，固定杆的顶端正好落入夹具的定位孔中。

6）左手持夹具，右手沿顺时针方向旋转手柄，待扩口器发出“嗒”的声音，表明喇叭

口已经扩好，再旋转 2~3 圈，以保证管口光滑、均匀。

7）将旋转手柄退至最顶端，松开固定杆，移开扩口器体，打开夹具，取出铜管。

8）更换不同管径的铜管反复练习，直至熟练。

（3）扩喇叭口注意事项

1）铜管与夹板的米制、寸制单位要对应。

2）有条件最好在扩管器顶锥上加适量冷冻机油。

3）铜管材质要有良好的延展性（忌用劣质铜管），铜管应预先退火。

4）喇叭口应大小适宜，太大容易撕裂且螺母不易夹紧，太小则容易脱落或密封不严。

5）铜管壁厚不宜超过 1mm。

6）常见不合格喇叭口形式如图 6-27 所示。

图 6-27　常见不合格喇叭口形式

5. 胀杯形口

（1）胀杯形口操作步骤

1）用割管器切割长 10cm，直径为 3/8in 的铜管。

2）将扩口端退火，用倒角器去除铜管端部毛刺和收口。

3）选定所需 3/8in 的胀头，将其旋到杠杆上。

4）将需要加工的铜管装夹到相应的夹具卡孔中，铜管端部露出夹板面的长度略大于铜管直径，旋紧夹具螺母直至将铜管夹牢，沿顺时针方向慢慢旋转手柄使胀头下压，直至形成杯形口。

5）沿逆时针方向慢慢旋转手柄，使胀头从铜管中退出，松开夹具螺母。

6）取下铜管，观察杯形口是否符合要求（相同管径铜管能否插入）。

7）另取不同规格的铜管进行胀杯形口练习，直至熟练。

（2）胀杯形口注意事项

1）铜管与夹板的米制、寸制单位要对应。

2）有条件最好在扩管器顶锥上加适量冷冻机油。

3）所选胀头与铜管直径规格要对应。

4）铜管端部露出夹板面的长度以略大于铜管直径为宜。

6. 整理工作

1）将使用过的工具放回原处。

2）整理剩下的铜管，整齐地摆放至原处。

3）清洁现场，恢复操作区域整洁干净。

[项目思考与评价]

1. 课后思考

(1) 用扩管器对不同管径铜管扩喇叭口时，铜管端部露出夹板的尺寸是否一样？

(2) 胀管和扩管之前为什么要对管口进行修整？

2. 评价反馈

(1) 自我评价 (30分) 学生根据任务完成情况进行自我评价，并将评价结果填入表6-6。

表6-6 自我评价表

评价内容	配分	评分标准	得　分
理论知识	20	知识点清晰、准确	
工具使用	15	能按照操作规范使用	
仪器、仪表使用	15	方法正确、操作规范	
操作步骤	20	完整、正确	
实训结果	20	达到实训要求	
整理工作	10	实训场地整洁,工具摆放到位	
总分×30%			

姓名　　　　　年　月　日

(2) 小组互评 (30分) 同一实训小组的学生互评，并将评价结果填入表6-7。

表6-7 小组互评表

评 价 内 容	配分	得分
协作能力、团队精神	30	
遵守实训纪律	20	
安全、质量与责任心	30	
工具及仪器仪表整理、清洁卫生	20	
总分×30%		

参评人员　　　　　年　月　日

(3) 指导教师评价 (40分) 指导教师结合个人自评、小组互评情况进行综合评价，并将评价结果填入表6-8中。

表6-8 指导教师评价表

指导教师总评意见：	
指导教师评分	
总分=个人自评评分+小组互评评分+指导教师评分	

指导教师　　　　　年　月　日

项目 3　铜管焊接

[项目学习目标]

1）了解铜管焊接的有关知识。

2）掌握氧气液化气铜管焊接的基本操作方法。

3）掌握氧气丁烷便携式焊炬的基本操作方法。

4）熟练掌握制冷系统管路焊接方法。

5）掌握焊接安全操作规范。

[项目基本技能]

1. 工具、材料准备（见表 6-9）

表 6-9　铜管焊接工具、材料准备

序号	名　称	数量	备　注
1	氧气瓶及氧气	1 瓶	
2	乙炔钢瓶及乙炔气体	1 瓶	
3	焊炬	1 把	带喷嘴
4	输气胶管	2 根	红、蓝各一根
5	减压阀	1 个	
6	丁烷气体	2 罐	
7	便携式焊炬	1 套	
8	钎料(磷铜钎料或低含银量的磷铜钎料)	2 根	铜-铜焊接
9	水盆	1 个	加 2/3 的水
10	手提式灭火器	2 个	现场摆放

2. 相关工具及其使用方法

（1）气焊设备　铜管焊接设备主要有氧乙炔气焊设备和便携式焊炬等，它们主要由焊炬、氧气钢瓶、乙炔气体钢瓶、减压阀、输气胶管等组成。

1）焊炬、焊炬又称焊枪，是用来使氧气和乙炔气体按正确比例混合，并在点燃后产生高温火焰，从而进行管路焊接的工具。如图 6-28 所示，焊炬一般配备多种口径的焊嘴，供不同使用场合选择。在使用焊炬焊接管路时，应正确握持焊炬。

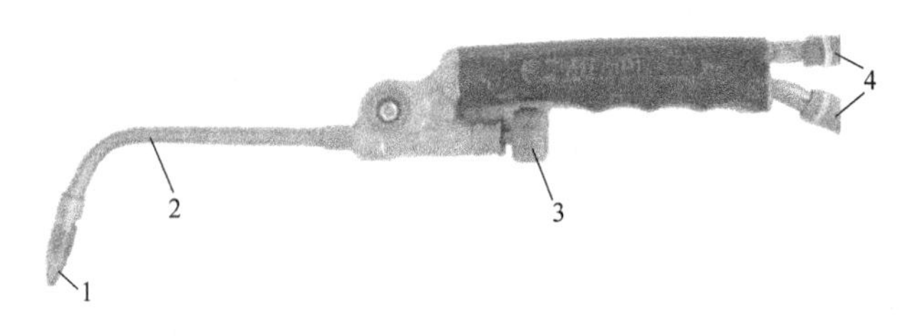

图 6-28　焊炬

1—焊嘴　2—混合气管　3—手轮螺母　4—软管接头

2）氧气钢瓶。氧气钢瓶是用来储存和运输氧气的高压容器。它由铬钼合金钢制成，容积一般为 40L，耐气压值为 15MPa，主要由瓶帽、瓶阀、瓶体组成。为了在使用过程中正确识别氧气钢瓶，除在瓶体表面标有文字标识外，还会将钢瓶外表涂成天蓝色。

3）乙炔气体钢瓶。乙炔气体钢瓶是用来储存和运输乙炔气体的高压容器，它一般由安全塞、瓶帽、瓶阀、过滤装置、瓶体、瓶座和多孔性填料等组成。其容积一般为 40L，耐气压值为 1.5MPa。为了在使用过程中正确识别乙炔气体钢瓶，除有文字字样标注外，一般将其外表涂成白色。

4）减压阀。减压阀是将钢瓶内高压气体的压力减小到气焊时所需压力的调压装置，分为氧气减压阀和乙炔气体减压阀两种。

① 氧气减压阀的调节。将氧气减压阀调节手轮沿逆时针方向旋到底，然后沿顺时针方向缓慢旋转调节手轮，使低压表（输出压力表）的压力为 0.2MPa，如图 6-29 所示；高压表显示的是氧气钢瓶内的氧气压力值。

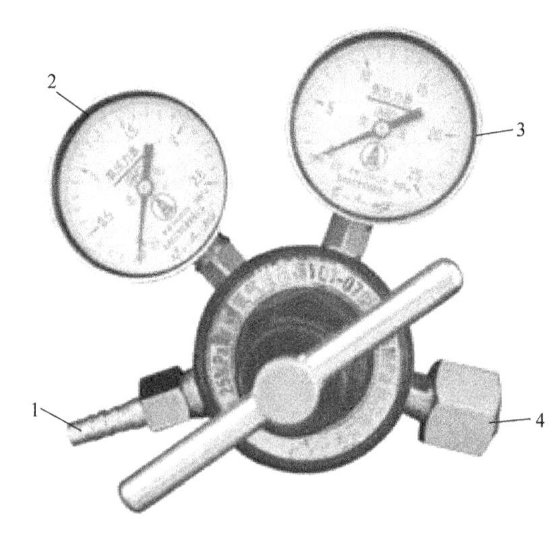

图 6-29 氧气减压阀

1—接系统 2—低压表 3—高压表 4—接钢瓶

② 乙炔气体减压阀的调节。将乙炔瓶阀调节手轮沿逆时针方向旋转 90°，然后沿顺时针方向缓慢旋转减压阀调节手轮，使低压表（输出压力表）的压力值为 0.05MPa。

5）便携式焊炬。便携式焊炬由氧气钢瓶、丁烷钢瓶、焊炬、减压器、充注过桥等组成。该设备操作简单、安全方便，特别适用上门维修使用。它以液化石油气、丁烷气体为燃气，氧气用于助燃，火焰最高温度为 2500℃左右。其外形如图 6-30 所示。

（2）钎料 制冷系统对密封性要求很高，而系统的密封性主要靠高质量的焊接来保证，合理地选用钎料是保证焊接质量的重要环节。焊接管路的常用钎料类型有 Ag-Cu-P 类、Ag-Cu 类、Ag-Cu-Zn 类、Cu-P 类和 Cu-Zn 类等。铜管与铜管焊接可选用磷铜钎料或低含银量的磷铜钎料，这种钎料的价格比较便宜，具有良好的漫流、填缝和湿润性能，而且不需要焊药。铜管与铜管或钢管与钢管的焊接，可选用银铜钎料和适当焊药，焊后必须将焊口附近的残留焊药用热水或水蒸气刷洗干净，以防发生腐蚀。使用焊药时不宜用水稀释，最好用酒精稀释，调成糊状，涂于焊口表面。焊接时，酒精迅速挥发形成平滑薄膜而不易流失，同时也可避免水分侵入制冷系统。

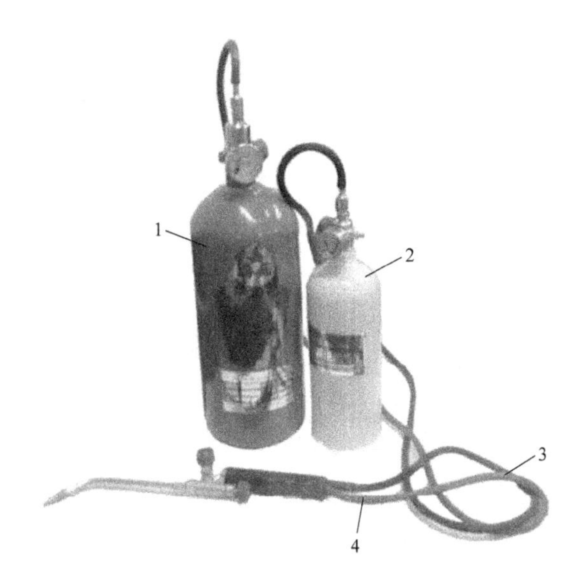

图 6-30　便携式焊炬外形图

1—氧气瓶　2—丁烷气瓶　3—丁烷气管　4—氧气管

3. 铜管焊接工艺相关知识

(1) 参照规范　根据《现场设备、工业管道焊接工程施工及验收规范》，本项目主要介绍铜管的焊接工艺及方法。

(2) 焊接方法　铜管的焊接属于钎焊，它是三大焊接方法（熔焊、压焊、钎焊）中的一种。钎焊是采用比焊件金属熔点低的金属钎料，将焊件和钎料加热到高于钎料熔点而低于焊件熔点的温度，利用液态钎料润湿焊件金属，填充接头间隙并与母材金属相互扩散，从而实现连接焊件的一种方法。

钎焊的热源常用氧乙炔焰。根据氧气和乙炔的混合比不同，可产生三种火焰：中性焰、氧化焰和碳化焰，如图 6-31 所示。

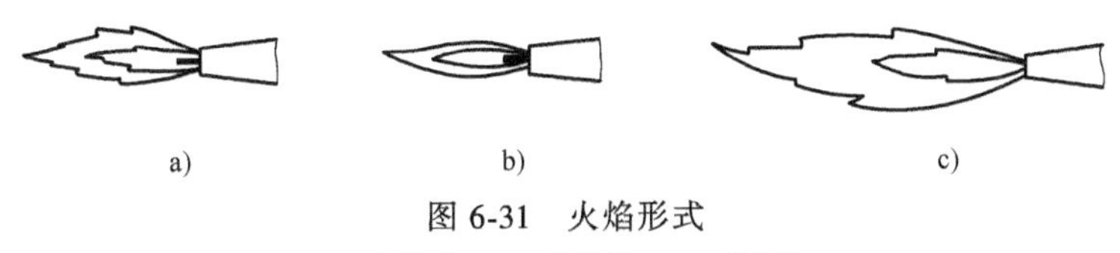

图 6-31　火焰形式

a) 中性焰　b) 氧化焰　c) 碳化焰

1) 中性焰。氧气和乙炔的混合比为 (1.1 : 1) ~ (1.2 : 1) 时燃烧所形成的火焰称为中性焰。它由焰心、内焰和外焰三部分组成。焰心靠近喷嘴孔，呈尖锥状，色白明亮，轮廓清晰；内焰呈蓝白色，轮廓不清，与外焰无明显界限；外焰由里向外逐渐由淡紫色变为橙黄色。火焰各部分温度的分布情况如图 6-32 所示，中性焰焰心外 2 ~ 4mm 处温度最高，达 3150℃左右，因此，气焊时应使焰心离开工件表面 2 ~ 4mm，此时热效率最高，保护效果最好。中性焰应用最广，适用于低碳钢、低合金钢、不锈钢、灰铸铁、纯铜、锡青铜、铝及铝合金、镁合金、铅等材料的焊接。

2) 碳化焰。氧气和乙炔的混合比小于 1 : 1 时燃烧所形成的火焰称为碳化焰。碳化焰的火焰比中性焰长，也由焰心、内焰和外焰构成。点火后，可将乙炔调节阀开得稍大一点，然后控制氧气调节阀的开启程度。随着氧气供应量的增加，内焰的外形逐渐减小，火焰的挺直度也随之增强，直至焰心呈蓝白色，内焰呈淡白色，外焰呈橙黄色为止。由于氧气较少，燃烧不完全，整个火焰比中性焰长，且温度也较低，最高温度为2700~3000℃。由于碳化焰中的乙炔过剩，所以内焰中有多余的游离碳，具有较强的还原作用，也有一定的渗碳作用。轻微碳化焰适合气焊高碳钢、铸铁、硬质合金等材料。焊接其他材料时，会使焊缝金属增碳，变得硬而脆。

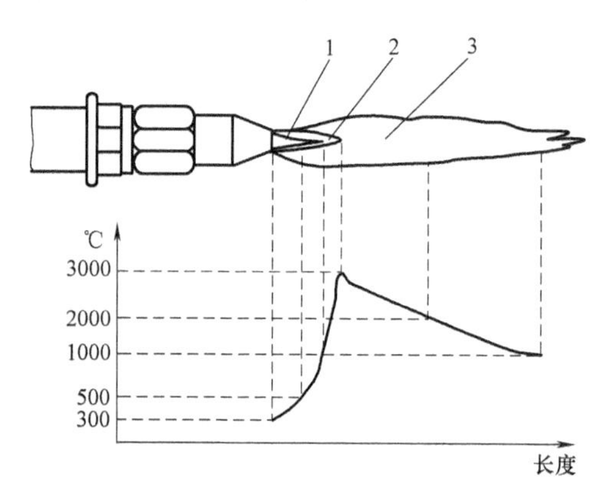

图6-32　中性焰温度分布图
1—焰心　2—内焰　3—外焰

3）氧化焰。氧气和乙炔的混合比大于1.2∶1时燃烧所形成的火焰称为氧化焰。随着氧气调节阀开启程度的增大，内焰将消失，焰心和外焰缩短，焰心变尖并呈淡紫色，火焰挺直，燃烧时发出急剧的“嘶、嘶”声。由于氧气较多，氧化焰的燃烧比中性焰剧烈，温度比中性焰高，可达3100~3300℃。氧化焰中有过量的氧，因此有氧化性，一般不宜采用。轻微氧化的氧化焰适合气焊黄铜和镀锌薄钢板等，因为此时可使熔池表面覆盖一层氧化性薄膜，防止了锌的蒸发。

（3）焊接安全知识

1）安全使用高压气体，开启钢瓶阀门时应平稳缓慢，避免高压气体冲坏减压器。调整焊接用低压气体时，要先调松减压器手柄再打开钢瓶阀，然后调压；工作结束后，先拧紧减压器再关闭钢瓶阀。

2）氧气瓶严禁靠近易燃品和油脂。搬运时要拧紧瓶阀，避免磕碰和剧烈振动，接减压器之前，要清理瓶上的污物。

3）氧气瓶内的气体不允许全部用完，至少要留0.2~0.5MPa的余气量 。

4）燃气钢瓶的放置和使用与氧气瓶的方法相同，但要特别注意高温、高压对燃气钢瓶的影响，一定要放置在远离热源、通风、干燥的地方，并且一定要竖立放置。

5）焊接操作前要仔细检查瓶阀、连接胶管及各个接头部分，不得漏气。焊接完毕要及时关闭钢瓶上的阀门。

6）进行焊接工作时，火焰方向应避开设备中易燃、易爆的部位，远离配电装置。

7）焊炬应存放在安全地点，不要将焊炬放在易燃、腐蚀性气体及潮湿的环境中。

8）不得无意义地挥动点燃的焊炬，避免伤人或引燃其他物品。

[项目实施]

1. 练习并掌握便携式焊炬的操作步骤

1）安装好焊接设备。

2）充注氧气。

① 关闭小氧气瓶高、低压旋钮，卸下充气口的堵塞。

② 用氧气过桥将大、小氧气钢瓶连接在一起，使用扳手拧紧螺母。

③ 打开小氧气瓶上的高压旋钮。

④ 缓慢地打开大氧气瓶调节手轮，观察小氧气瓶压力表指针。

⑤ 当小氧气瓶高压表指针停止上升约1min后，氧气充注完毕，先关闭小氧气瓶高压旋钮，再关闭大氧气瓶阀，卸下氧气过桥，拧紧堵塞。

3）丁烷气体的充注。将丁烷气罐摇晃后，垂直插入燃气瓶充气口，为了更好地吻合，可以小范围上下移动丁烷气罐，当充气口有气体溢出时，充注结束，移开丁烷气罐即可。

4）在确保设备完好的情况下，打开丁烷气瓶阀和氧气瓶阀，此时氧气瓶内的压力可由压力表读取，再沿顺时针方向调节氧气减压器上旋钮，调到所需要的压力。检查各调节阀和管接头处有无泄漏。丁烷气瓶不需要减压调节。氧气压力要求为（0.45±0.05）MPa；乙炔压力要求为（0.05±0.01）MPa。

5）点火操作，右手拿焊枪，先打开燃气气阀（红色旋钮），然后用打火机点火，最后打开氧气气阀（蓝色旋钮）。点火时，焊嘴的气流方向应避开点火用手，焊炬火焰应与点火打火机火焰垂直。

6）焊接火焰的调整。调节氧气和丁烷气的混合比，使火焰呈中性焰，焰心呈光亮的蓝色，火焰集中，轮廓清晰。焰心长度控制在30~40mm，如果焰心较短，可以先关小氧气阀门，然后开大丁烷气体阀门，拉长火焰长度，再次开大氧气阀门；如果焰心较长，则先关小氧气阀门，然后关小丁烷气体阀门，缩短火焰长度，再次开大氧气阀门。经过反复调整，使焰心长度达到要求。

7）焊接完毕后，先关闭焊枪上的氧气阀，再关闭焊枪上的丁烷气阀，然后关闭氧气瓶上的减压阀，最后关闭氧气瓶与丁烷气瓶上的高压压力旋钮，反复练习操作，直至熟练为止。如果长时间不用焊炬，可以再次打开焊枪上的阀门，将连接胶管内的高压气体释放出来。

2. 铜管的焊接

铜管与铜管焊接一般采用银焊条，其银的质量分数有25%、15%和5%三种；也可用铜磷系列焊条。它们均具有良好的流动性，并且不需要焊剂。推荐使用：铜磷钎料，钎焊温度为735~840℃；银铜焊材，钎焊温度为700~845℃。

1）焊接铜管加工处理。扩管、去毛刺，旧铜管壁还必须用砂纸去除氧化层和污物。当焊接铜管管径相差较大时，为保证焊缝间隙不过大，需将管径大的管道夹小，插入方式如图6-33所示。

2）确认铜管与接头的间隙是否合适，以便插入管道，以铜管上下放置，依靠相互之间的摩擦也不会脱落为最佳，如图6-34所示。

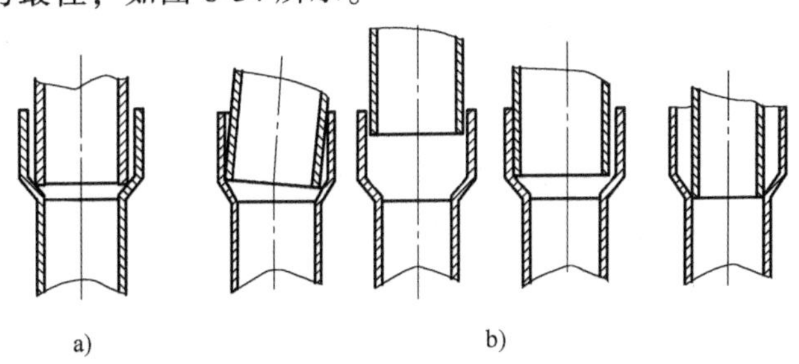

图6-33　插入方式正误对比

a）正确　b）错误

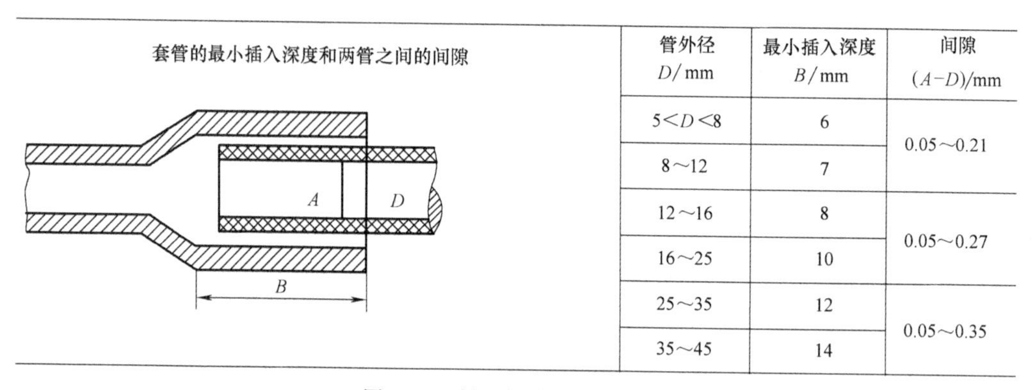

管外径 D/mm	最小插入深度 B/mm	间隙 $(A-D)$/mm
$5<D<8$	6	0.05～0.21
8～12	7	
12～16	8	0.05～0.27
16～25	10	
25～35	12	0.05～0.35
35～45	14	

图 6-34　插入深度与间隙要求

3. 氮气保护焊接

氮气是一种惰性气体，它在高温下不会与铜发生氧化反应，而且不会燃烧，使用安全，价格低廉。在铜管内充入氮气后进行焊接，可使铜管内壁光亮、清洁，无氧化层，从而有效控制系统的清洁度，如图 6-35 所示。

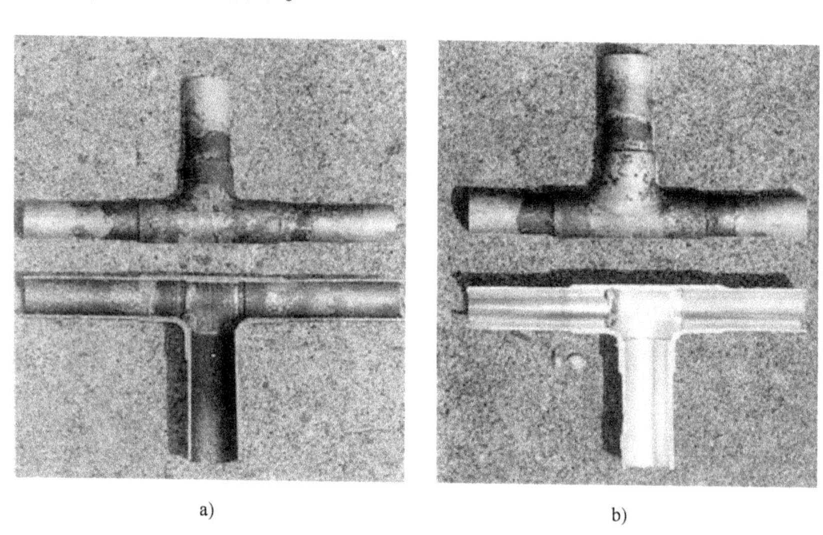

a)　　b)

图 6-35　不充氮焊接与充氮焊接的比较

a）不充氮焊接　b）充氮焊接

氮气保护焊接示意图如图 6-36 所示。

1）打开焊枪点火，调节氧气和乙炔的混合比，选择中性焰。

2）先用火焰加热插入管，稍热后把火焰移向外套管，再稍摆动加热整个铜管，当铜管接头均匀加热到焊接温度时（显微红色），加入钎料（银焊条或磷铜焊条），如图 6-37 所示。钎料熔化时要掌握管子的温度，并用火焰的外焰维持接头的温度，而不能采用预先将钎料熔化后滴入焊接接头处，然后再加热焊接接头的方法，这样会造成钎料中的低熔点元素挥发，改变焊缝成分，影响接头的强度和致密性。焊接过程中尽量保持火焰与铜管垂直，避免对管内加热。

3）焊接完毕后，将火焰移开，关闭焊枪。

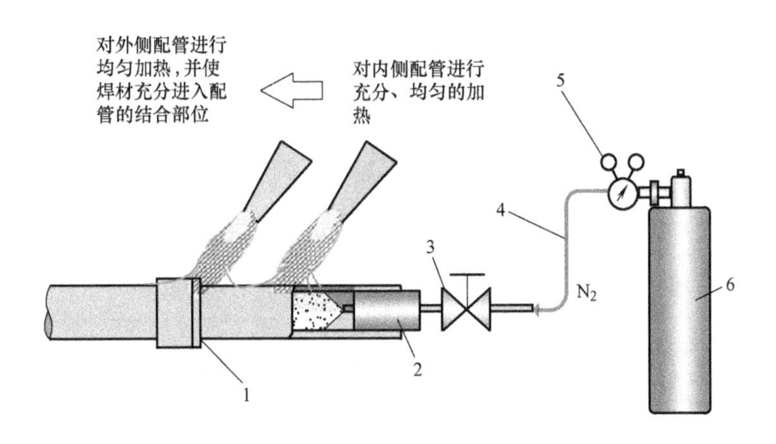

图 6-36　氮气保护焊接

1—银焊条　2—橡胶塞　3—流量调节阀　4—耐压胶管　5—减压阀（0.03~0.05MPa）　6—干燥氮气

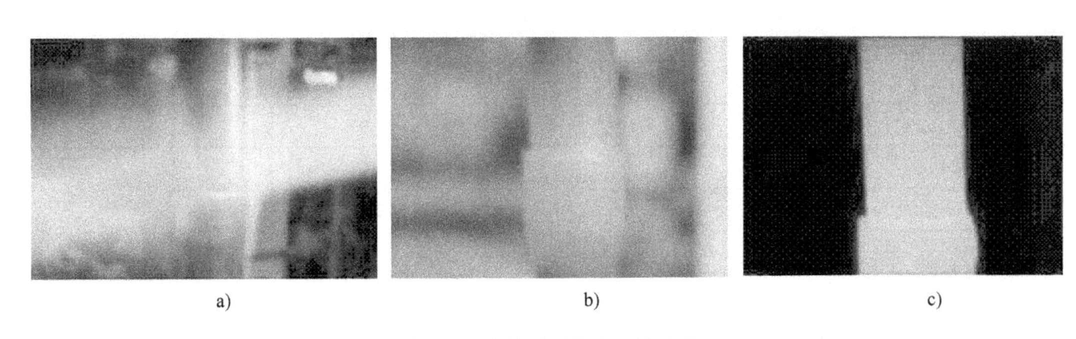

a)　　b)　　c)

图 6-37　添加钎料时机的比较

a）添加钎料时间过早　b）标准添加钎料时间　c）添加钎料时间过晚

4）检查焊接质量，如发现有砂眼或漏焊的缝隙，则应再次加热焊接。图 6-38 所示为符合工艺要求的光滑焊接面。

5）反复练习焊接，直至熟练为止。

4. 整理工作

1）将所使用的焊炬放回工具盒内，放回原处。

2）整理剩下的铜管，整齐地摆放回原处。

3）将氧气瓶、丁烷气罐、灭火器放置于阴凉通风处。

4）清洁现场，恢复操作区域的整洁干净。

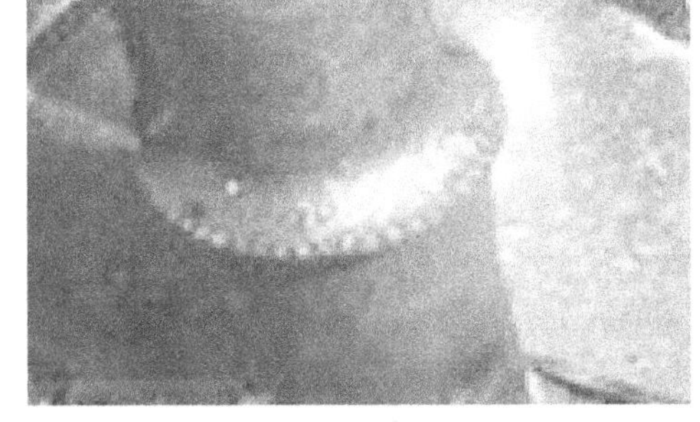

图 6-38　光滑的焊接面

[项目思考与评价]

1. 课后思考

（1）为什么氧气瓶内的气体不允许全部用完，而是至少要留 0.2~0.5MPa 的余气量？

（2）氧气瓶为何严禁接触油及污物？

（3）焊接结束后，若先关闭焊枪上的燃气阀，再关闭氧气阀，有何影响？

2. 评价反馈

（1）自我评价（30分） 学生根据任务完成情况进行自我评价，并将评价结果填入表6-10。

表6-10 自我评价表

评价内容	配分	评分标准	得分
理论知识	20	知识点清晰、准确	
工具使用	15	能按照操作规范使用	
仪器仪表使用	15	方法正确、操作规范	
操作步骤	20	完整、正确	
实训结果	20	达到实训要求	
整理工作	10	实训场地整洁、工具摆放到位	
总分×30%			

姓名　　　　　　年　月　日

（2）小组互评（30分） 同一实训小组学生互评，并将评价结果填入表6-11。

表6-11 小组互评表

评价内容	配分	得分
协作能力、团队精神	30	
遵守实训纪律	20	
安全、质量与责任心	30	
工具及仪器仪表整理、清洁卫生	20	
总分×30%		

参评人员　　　　　　年　月　日

（3）指导教师评价（40分） 指导教师结合自我评价、小组互评情况综合评价，并将评价结果填入表6-12中。

表6-12 指导教师评价表

指导教师总评意见：	
指导教师评分	
总分=自我评价分数+小组互评分数+指导教师评价分数	

指导教师　　　　　　年　月　日

项目4　制冷系统管路吹污

[项目学习目标]

1）了解系统及管路吹污的目的。

2）掌握制冷系统与管路的吹污方法。

3）熟悉吹污操作规范。

[项目基本技能]

1. 工具、材料准备（见表 6-13）

表 6-13　工具、材料准备

序　号	名　　称	数　量	备　注
1	氮气瓶及氮气	1 瓶	
2	减压阀	1 个	
3	双表修理阀	1 个	
4	米制/寸制加液管	1 套	红、黄、蓝各 1 根
5	双表修理阀米制/寸制转换接头	3 个	
6	耐压橡胶输气软管	2 根	需装接头
7	1/4in 连接式手阀	1 个	
8	白色湿毛巾	1 条	
9	螺塞	几个	
10	活扳手	1 把	200mm

2. 相关工具及其使用方法

（1）氮气钢瓶　氮气钢瓶主要由瓶体、瓶帽、瓶阀、瓶箍和防振橡胶圈等组成，如图 6-39 所示。40L 氮气钢瓶必须经水压压力试验，水压试验压力为 22.5MPa，其工作压力为 15MPa，一般氮气充装压力为 12.5MPa。使用时，必须使用氮气减压阀，调节到合适的压力，才可输出氮气使用。为区分氮气钢瓶与其他气体钢瓶，一般将氮气钢瓶外表面涂成灰色。

图 6-39　氮气钢瓶

（2）氮气减压阀　氮气减压阀的主体材料为优质黄铜，上盖采用高强度锌合金，表面镀铬，配有两个压力表，分别用于测量氮气钢瓶内的气体压力和输出的气体压力，还配有外置式安全阀，进气管带有烧结黄铜过滤网（起消声作用），如图 6-40 所示。

（3）双表修理阀　实训装置中用的双表修理阀又称五通压力表或五通检修阀，它是一种用于制冷系统气密性检查、抽真空和充注制冷剂操作的专用工具。双表修理阀的螺纹接口

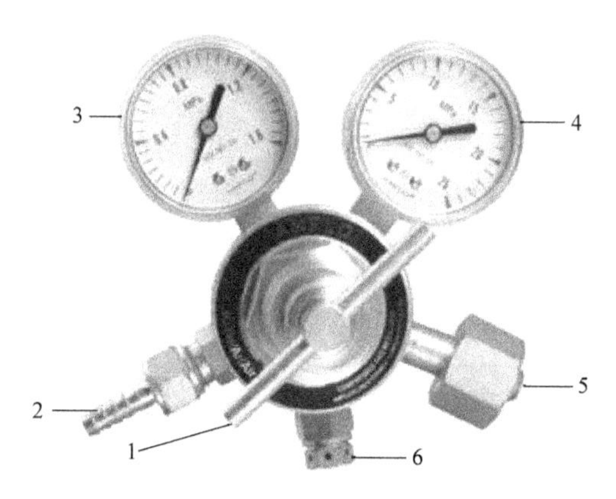

图 6-40　氮气减压阀

1—压力调节螺杆　2—输出管道接口　3—输出压力指示表　4—瓶体内压力指示表　5—进气接口　6—安全阀

有寸制 1/4in、米制 M12×1.25 管螺纹两种。它主要由两个表阀、两个压力表、三根加液管和一个挂钩组成，如图 6-41 所示。有些双表修理阀阀体中配有视液镜，用于观察制冷剂的流动状况。低压表带负压指示，一般用于抽真空和测量低压侧压力；高压表通常用于测量高压侧压力。

（4）耐压橡胶输气软管　耐压橡胶输气软管有红、黄、蓝、黑等颜色，如图 6-42 所示。接头处必须用专用卡箍或金属丝卡紧扎牢。对耐压橡胶输气管的基本要求：采用三层结构，即内胶层+增强层+外胶层，其中增强层为高伸缩性编织纤维，外表为条纹，其内径为 8mm，工作压力为 2MPa 以上，适用温度为-25～70℃。

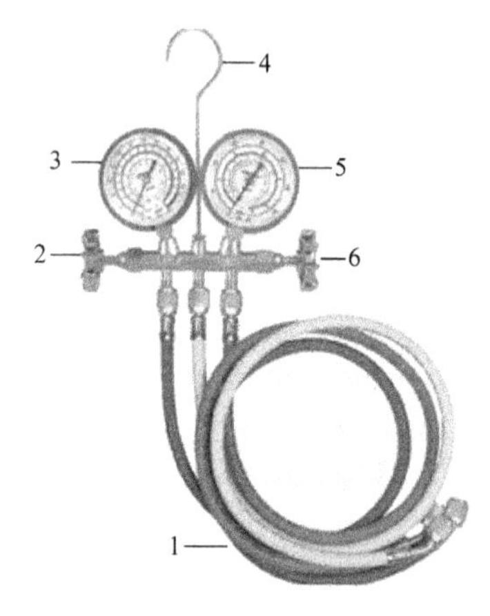

图 6-41　双表修理阀

1—加液管　2—表阀 1　3—低压压力表

4—挂钩　5—高压压力表　6—表阀 2

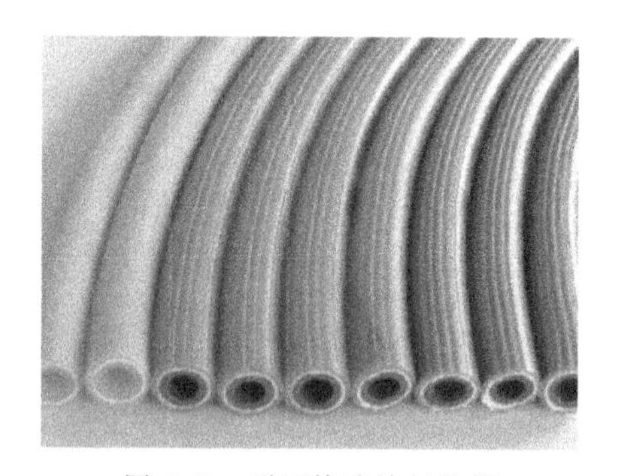

图 6-42　耐压橡胶输气软管

（5）1/4in 连接式手阀　1/4in 连接式手阀用于耐压橡胶输气软管和米制/寸制加液管之间的转接，它主要由阀门旋钮、阀体、黄铜纳子等部分组成，如图 6-43 所示。在安装过程中要注意其安装方向。

（6）吹污操作　吹污是指用具有一定压力的氮气（0.5～0.6MPa）对制冷系统的内部进行脏物吹除，以使其清洁畅通。制冷设备安装后，其系统内可能残存焊渣、铁锈及氧化皮等

物。这些杂质、污物残存在制冷系统内，与运动部件相接触会造成部件的磨损。有时会在膨胀阀、毛细管或过滤器等处发生堵塞（脏堵）。污物与制冷剂、冷冻机油发生化学反应，还会导致腐蚀。因此，在制冷系统正式运转以前，必须对其进行吹污处理。

图 6-43　1/4in 连接式手阀

吹污最好分段进行，先吹高压系统，再吹低压系统。对于孔径较小的毛细管、节流阀须单独吹污。为了减小气体流动阻力，便于排污工作进行得彻底，排污口以选择系统最低处为宜。检查排污效果时，可将白纱布浸湿后固定在木板上，放在离排污口 300~500mm 处，直到白纱布不变颜色为止。排污工作需多次反复进行。

［项目实施］

1）将氮气钢瓶、氮气减压阀、耐压橡胶输气软管、双表修理阀依次连接好。

2）打开氮气钢瓶阀，调节压力调节螺杆，输出 0.6MPa 的氮气。

3）分段进行吹污操作

① 关闭双表修理阀高、低压侧手阀，将高压侧连接软管与高压系统进气口连接，用手堵住系统出气口；打开双表修理阀高压侧手阀，使氮气进入高压系统，观察高压压力表读数，待压力达到吹污压力（0.5~0.6MPa），或者感觉手堵不住管口时，突然放手露出管口，让系统内的污物、水分随氮气喷在湿毛巾上，每根管路至少如此反复操作三次，直至断定系统吹扫干净，方可结束操作，如图 6-44 所示。

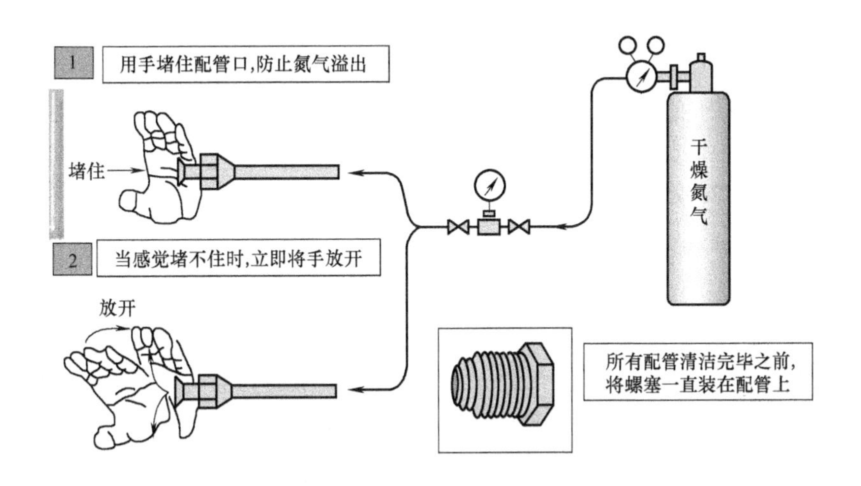

图 6-44　吹污操作示意

② 仿照上述步骤分别对低压系统、连接管路、节流部件进行吹污操作。

4）吹污操作结束后，依次关闭氮气钢瓶阀门和氮气减压阀调节阀，放出橡胶输气软管内的氮气。

5）整理工作。

① 将双表修理阀、减压阀、接管等整齐地摆放至原处。

② 拧下螺塞，对吹扫干净的管路进行连接。

③ 将氮气瓶放置到阴凉通风处。

④ 清洁现场，恢复操作区域的整洁干净。

6）氮气瓶使用注意事项：

① 使用前要检查连接部位是否漏气，可涂上肥皂水进行检查，调整至确实不漏气后再进行试验。

② 使用时先沿逆时针方向打开氮气钢瓶总开关，观察高压表读数，记录高压瓶内总的氮气压力，然后沿顺时针方向转动低压表压力调节螺杆，使其压缩主弹簧将活门打开。这样进口的高压气体由高压室经节流减压后进入低压室，并经出口通往工作系统。

③ 使用结束后，先沿顺时针方向关闭钢瓶总开关，再沿逆时针方向旋松减压阀。

④ 不可将钢瓶内的气体全部用完，一定要保留 0.05MPa 以上的残留压力（减压阀表压）。

⑤ 使用时，要把钢瓶牢牢固定住，以免其摇动或翻倒。

⑥ 开关气瓶阀要慢慢地操作，切不可过急地或强行用力把它拧开。

⑦ 使用时，应密闭操作，提供良好的自然通风条件。

⑧ 操作时应严格遵守操作规程，防止氮气泄漏到大气中。

⑨ 储存于阴凉、通风的库房中，远离火种、热源。储存温度不宜超过 30℃。

⑩ 使用氮气时，应将钢瓶阀门打开至灵活状态及完全开启，否则易使阀门损坏。

[项目思考与评价]

1. 课后思考

（1）吹污开始和结束时分别如何调整氮气瓶阀和氮气减压阀？若使用不当将有何影响？

（2）吹污为何应分段进行？

（3）氮气钢瓶在使用时应注意哪些事项？

（4）为何不能将钢瓶内的气体全部用完，而是一定要保持瓶内有一定压力？

2. 评价反馈

（1）自我评价（30 分） 学生根据任务完成情况进行自我评价，并将评价结果填入表 6-14 中。

表 6-14 自我评价表

评价内容	配分	评分标准	得分
理论知识	20	知识点清晰、准确	
工具使用	15	能按照操作规范使用	
仪器仪表使用	15	方法正确、操作规范	
操作步骤	20	完整、正确	
实训结果	20	达到实训要求	
整理工作	10	实训场地整洁，工具摆放到位	
总分×30%			

姓名　　　　　　　年　月　日

（2）小组互评（30 分） 同一实训小组学生互评，并将评价结果填入表 6-15 中。

表 6-15　小组互评表

评价内容	配分	得分
协作能力、团队精神	30	
遵守实训纪律	20	
安全、质量与责任心	30	
工具及仪器仪表整理、清洁卫生	20	
总分×30%		

参评人员　　　　　　年　月　日

(3) 指导教师评价 (40 分)　指导教师结合自我评价、小组互评情况综合评价，并将评价结果填入表 6-16 中。

表 6-16　指导教师评价表

指导教师总评意见：	
指导教师评分	
总分 = 自我评价分数+小组互评分数+指导教师评价分数	

指导教师　　　　　　年　月　日

项目 5　制冷系统保压检漏

[项目学习目标]

1) 了解制冷系统气密性检查的几种基本方法和步骤。

2) 熟悉制冷系统气密性检查所需工具、设备的使用方法。

3) 掌握制冷系统气密性检查的操作方法。

4) 掌握制冷系统气密性检查的注意事项及操作规范。

[项目基本技能]

1. 工具、材料准备 (见表 6-17)

2. 相关工具及其使用方法

(1) 外观检漏　外观检漏又称为目测检漏。由于氟利昂类制冷剂和冷冻机油具有一定的互溶性，制冷剂泄漏时，冷冻机油也会渗出。使用过一段时间的制冷设备，在装置中的某些部件有渗油、滴油、出现油迹和油污等现象时，即可判断该处有氟利昂制冷剂泄漏。外观检漏只用于制冷设备组装和维修时的初步判断，且仅限于暴露在外的连接处的检查。

表 6-17　制冷系统保压检漏工具、材料准备

序号	名　称	数量	备　注
1	长柄十字螺钉旋具	1把	
2	内六角扳手	2把	
3	250mm 活扳手	2把	
4	双表修理阀	1个	量程满足保压压力要求
5	米制/寸制加液管	1套	红、黄、蓝各1根
6	双表修理阀米制/寸制转换接头	3个	
7	氮气钢瓶(含氮气)	1瓶	
8	减压阀	1套	
9	耐压橡胶输气软管	1套	
10	1/4in 连接式手阀	1个	
11	肥皂水(含海绵块或毛笔)	1盒	

(2) 肥皂水检漏　肥皂水检漏又称为压力检漏。肥皂水检漏简单易行，并能确定泄漏点，可用于已充注制冷剂的制冷装置的检漏，也可作为其他检漏方法的辅助手段。肥皂水检漏是目前制冷设备组装和维修人员常用的比较简便的方法。具体操作步骤如下：

1) 用小刀将肥皂削成薄片，浸泡在热水中，不断搅拌使其溶化成黏稠状浅黄色溶液待用。

2) 在系统中充入规定压力的氮气，并将被检测部位上的油污擦干净，用毛刷或海绵浸蘸肥皂水，涂抹于被检部位四周，静待一段时间，并仔细观察。

3) 如果发现被检测部位有气泡，说明该部位就是泄漏点，做好标记，继续对其他部位进行检漏。目前，常采用洗洁精来代替肥皂水。因为洗洁精具有方便携带、调制迅速、黏度适中、泡沫丰富等优点。

(3) 卤素灯检漏　卤素灯检漏是一种最常用的制冷设备检漏仪器，主要用于对已加注制冷剂的制冷设备进行检漏，可检出年泄漏量在 50g 以上的漏孔。最常用的是内充液化丙烷气体卤素灯。其原理是氟利昂气体与喷灯火焰接触即分解成氟、氯元素气体，氯气与灯内炽热的铜接触，火焰颜色也相应地从浅绿色变成深蓝色，再变成紫色，从火焰颜色的变化可以反映出渗漏量是微漏还是严重泄漏。用卤素灯检出泄漏点后，应将卤素灯移到无氟利昂气体处，待火焰颜色恢复正常的浅绿色后，再对此泄漏点重复进行验证，以便确定泄漏点的准确位置。卤素灯检漏不适用于使用制冷剂 R600a 的制冷系统，因为 R600a 遇到明火会发生爆炸。

(4) 电子检漏仪检漏　电子检漏仪为吸气式，故将电子检漏仪探头对着所有可能渗漏部位移动数秒钟后停止，当检漏仪发出报警时，即表明此处有泄漏。用电子检漏仪检漏时，必须保证室内通风良好（无卤素气体），以免产生错误判断。在使用电子检漏仪的过程中，一定要注意轻拿轻放。不用时取出电池，以避免因长期不用导致电池漏液而损坏电子检漏仪。对更换了部件的制冷系统来说，应先向制冷系统内充入 0.05MPa 左右的制冷剂，再充入规定压力的氮气进行检漏。

(5) 充压浸水检漏　充压浸水检漏主要用于零部件，根据零部件的耐压值，对被检零部件中充入低于其耐压值的氮气，并将其放入40~50℃的温水中，浸入水面20cm以下的深度，仔细观察水面有无气泡，时间应不少于30min，检漏场所的光线应充足。

(6) 抽真空检漏　对于确实难判断是否泄漏的制冷系统，可将制冷系统抽真空至一定真空度，放置约1h，看压力是否明显回升，如回升明显，则说明制冷系统有泄漏；如没有回升，再放置较长时间（24h）后，看压力是否明显回升。

[项目实施]

1）将耐压橡胶软管一端与氮气瓶可靠连接，另一端与接有手阀的铜管连接，关闭手阀。

2）将双表修理阀上的红色耐压橡胶管、蓝色耐压橡胶管分别与空调内机的气管、液管相连并拧紧。

3）将黄色耐压橡胶管与手阀相连并拧紧，应保证连接处不会有泄漏，如图6-45所示。

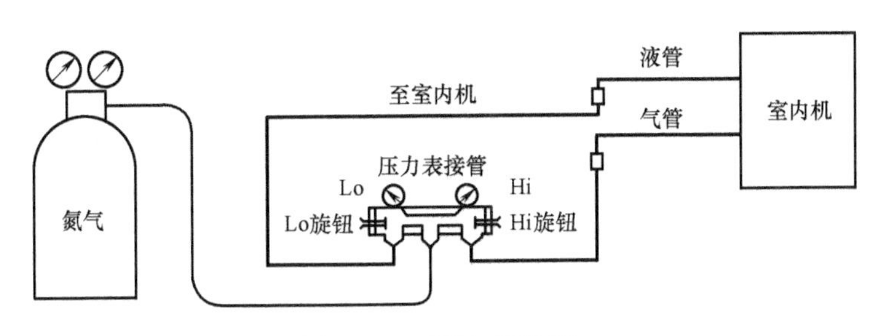

图6-45　双侧加压检漏

4）用内六角扳手拧开氮气瓶阀芯，调节减压阀至4.2~4.3MPa，如图6-46所示。

5）微开手阀，给室内机加压到0.5MPa，停止加压，5min后确认压力是否降低。

6）加压到1.5MPa，停止加压，5min后确认压力是否降低。

7）升压，直至到达规定压力（R410A制冷剂：4.15MPa；R22制冷剂：2.8MPa），此时记下环境温度与压力值。

8）如果在步骤5)~步骤7）的过程中发现有压力变化，用肥皂水等在钎焊部位与扩口部分查找泄漏部位，如图6-47所示，并进行标记和统一修补。

图6-46　减压阀调压

9）如无压力下降，则关闭手阀，卸掉氮气接管，保持规定值24h，确认压力是否降低（但要考虑环境温度发生1℃变化时，压力会产生约0.01MPa的变化）。注意：尽可能在计量的同时进行测量。

10）整理工作。

① 将双表修理阀、减压阀、接管等整齐地摆放回原处。

② 拧下螺塞，对吹扫干净的管路进行连接。

③ 将氮气瓶放置到阴凉通风处。

④ 清洁现场，恢复操作区域的整洁干净。

图 6-47 肥皂水检漏

11）保压检漏注意事项。

① 只允许使用氮气进行系统保压，切勿用制冷剂、氧气或任何其他气体。

② 系统保压时，将管路与室内机连接后一同保压，严禁连接室外机。

③ 户式中央空调系统保压时，应同时向液管和气管注入氮气，以免损坏内机膨胀阀。

④ 将氮气钢瓶上的减压阀沿逆时针方向旋至放松位置（此时处于关闭状态），打开氮气钢瓶阀门，然后沿顺时针方向缓慢打开减压器，调到制冷系统气密性检查所需压力（注意：减压阀压力表表头的正面不能站人，以免表盘冲出伤人）。

⑤ 调节减压阀控制流量，使用完后，拧紧氮气钢瓶阀门，放空连接管中的气体，拧松减压器调节螺杆，以免弹性元件长久受压变形。

[项目思考与评价]

1. 课后思考

（1）查漏方法有哪些？实际操作中哪种方法使用得较多？为什么？

（2）制冷剂不同时，为何检漏压力也不同？

（3）保压开始时，为何要记录环境温度值？

（4）保压检漏操作应注意哪些安全事项？

2. 评价反馈

（1）自我评价（30 分） 学生根据任务完成情况进行自我评价，并将评价结果填入表 6-18 中。

表 6-18 自我评价表

评价内容	配分	评 分 标 准	得分
理论知识	20	知识点清晰、准确	
工具使用	15	能按照操作规范使用	
仪器仪表使用	15	方法正确、操作规范	
操作步骤	20	完整、正确	
实训结果	20	达到实训要求	
整理工作	10	实训场地整洁，工具摆放到位	
总分×30%			

姓名　　　　　年　月　日

（2）小组互评（30 分）　同一实训小组学生互评，并将评价结果填入表 6-19 中。

表 6-19　小组互评表

评价内容	配分	得分
协作能力、团队精神	30	
遵守实训纪律	20	
安全、质量与责任心	30	
工具及仪器仪表整理、清洁卫生	20	
总分×30%		

参评人员　　　　　　年　月　日

（3）指导教师评价（40 分）　指导教师结合自我评价、小组互评情况综合评价，并将评价结果填入表 6-20 中。

表 6-20　指导教师评价表

指导教师总评意见：	
指导教师评分	
总分=自我评价分数+小组互评分数+指导教师评价分数	

指导教师　　　　　　年　月　日

项目 6　制冷系统抽真空

[项目学习目标]

1）了解制冷系统抽真空的基本方法和步骤。

2）熟悉制冷系统抽真空所需工具、设备的使用方法。

3）熟练掌握制冷系统抽真空的操作工艺。

4）掌握制冷系统抽真空的注意事项及操作规范。

[项目基本技能]

1. 工具、材料准备（见表 6-21）

2. 相关工具及其使用方法

（1）单级油循环旋片式真空泵　真空泵就是利用机械、物理、化学等方法对容器进行抽气，以获得和维持真空的装置。常用的真空泵如图 6-48 所示。

（2）单级、双极油循环旋片式真空泵的性能参数（见表 6-22）

表 6-21　制冷系统抽真空工具、材料准备

序号	名　称	数量	备　注
1	多用插座或固定电源插座	1 个	
2	内六角扳手	2 把	
3	250mm 活扳手	2 把	
4	双表修理阀	1 个	量程满足保压压力要求
5	米制/寸制加液管(红、黄、蓝各 1 根)	1 套	
6	双表修理阀米制/寸制转换接头	3 个	
7	真空泵(4L/s)	1 台	真空度可达 755mmHg(12Pa 以下)

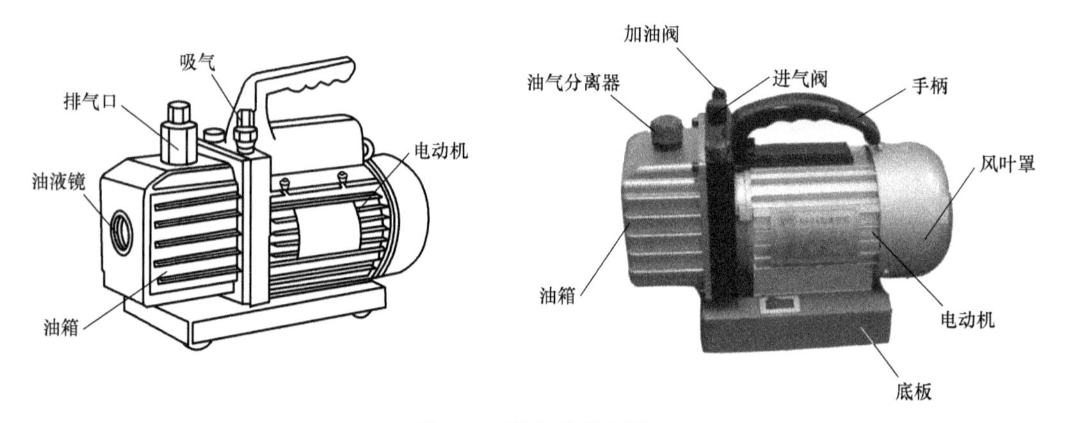

图 6-48　旋片式真空泵

表 6-22　真空泵的性能参数

真空泵	单级油循环旋片式真空泵				双级油循环旋片式真空泵	
型　号	FY-1C	FY-1.5A	FY-2B	FY-3A	2FY-0.5A	2FY-1B
额定电压/V	220	220	220	220	220	220
抽气速度/(m^3/h)	1.8	3.0	5.0	8.0	1.5	3.2
极限压力/Pa	10	10	10	10	5/10	5/10
电动机转速/(r/min)	1440	1440	1440	1440	1440	1440
功率/W	135	160	180	250	160	180
加油量/mL	220	220	250	250	220	250
进气口径/mm	$\phi6$	$\phi6$	$\phi9$	$\phi9$	$\phi6$	$\phi6$
进气口径螺纹	M12×1.25	M12×1.25	M12×1.25	M12×1.25	M12×1.25	M12×1.25

(3) 抽真空方法　系统在气密性试验后必须抽真空。制冷剂管路应抽空两次，第一次抽空时，压缩机截止阀应像气密性试验过程中那样保持关闭；然后打开压缩机截止阀，将包括压缩机在内的整个系统再次抽真空。两次抽真空之间可加入适量制冷剂，以吸收管路内可能存在的水分。

建议在系统的低压侧（吸气管路）和高压侧（冷凝器或储液器截止阀）安装抽真空工艺阀并从高、低压侧同时进行抽真空运行。抽真空连接管道应选用足够大的内径，尽量短且

不能有急剧弯曲或狭窄的地方。应使用专用真空表，且真空表应尽量远离真空泵的吸气口。抽真空操作时应格外仔细、准确，否则系统内部将可能残留空气，这会使排气温度升高而使润滑油容易结碳，进而将影响润滑质量。而且空气中存在的水分可腐蚀金属，分解润滑油及形成酸性物质。不允许用压缩机自行抽真空，因为润滑油可被系统中可能存在的水分污染，而且真空度也不能达到要求。

抽真空有多种方法，常用的有低压单侧抽真空和高、低压双侧抽真空、二次抽真空、压缩机自身抽真空。

1）低压单侧抽真空。低压单侧抽真空的特点是工艺简单、操作方便。但高压侧的气体受毛细管流动阻力的影响，高压侧的真空度会低于低压侧的真空度。所以，整个系统达到所要求的真空度的时间比较长。低压单侧抽真空法如图 6-49 所示。

采用低压单侧抽真空时，为保证抽真空的质量，也可以采用二次抽真空的方法，就是在第一次抽真空结束后，向系统内注入一定量的制冷剂气体，使其与系统内残留的空气混合，待排出后，再进行第二次抽真空。这样，在第二次抽真空结束后，残留在系统中的就是制冷剂气体与残留空气的混合气体，而残留空气所占比例很小，从而可达到减少残留空气的目的。

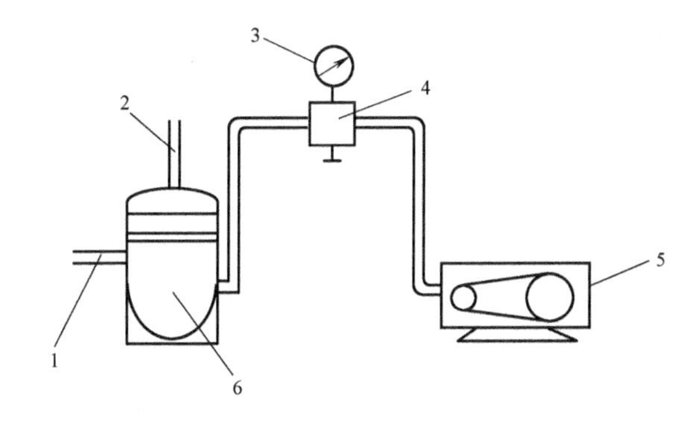

图 6-49　低压单侧抽真空法示意图

1—低压管（接蒸发器）　2—高压管（接冷凝器）　3—真空压力表　4—三通修理阀　5—真空泵　6—压缩机

2）高、低压双侧抽真空。所谓高、低压双侧抽真空，就是在系统高、低压侧同时进行抽真空操作。双侧抽真空克服了低压单侧抽真空对高压侧真空度的影响。在双尾干燥过滤器的工艺加液管上，焊接带有真空压力表的修理阀，让其与压缩机上的工艺加液管并联在同一台真空泵上，同时进行抽真空。达到系统需求的真空度后，先用封口钳将干燥过滤器的工艺加液管封死，再关闭修理阀。然后继续抽真空，30～60min 后，即可结束抽真空操作。高、低压双侧抽真空如图 6-50 所示。

3）二次抽真空。低压单侧抽真空很难保证制冷系统内残留空气的绝对压力不高于 133Pa，为解决这一问题，可采用二次抽真空的方法。其操作方法是：首先将制冷系统抽到一定真空度后，充入少量制冷剂，使系统的压力恢复到大气压力；起动压缩机运转数分钟，使制冷系统内的残留空气与制冷剂混合；然后对制冷系统进行第二次抽真空，减少系统内的残留空气。二次抽真空可以达到比较理想的真空度，但会增加制冷剂的消耗。

使用 R600a 制冷剂的电冰箱制冷系统尽量选择高、低压双侧抽真空，避免采用二次抽真空。

4）压缩机自身抽真空。压缩机自身抽真空适用于上门维修、现场没有真空泵的情况。操作方法如下：

① 用割刀割断干燥过滤器的高压工艺管，焊上一段毛细管，在压缩机工艺管处焊上检修阀。

② 关闭检修阀，将装有 R12 的钢瓶用充液软管连接至检修阀，但不要拧紧螺母，打开 R12 瓶阀，从螺母处排出软管内的空气，然后迅速拧紧螺母。

③ 起动压缩机，当用手在毛细管出口处感觉不到有气体排出时，用手堵住毛细管出口，然后停机。

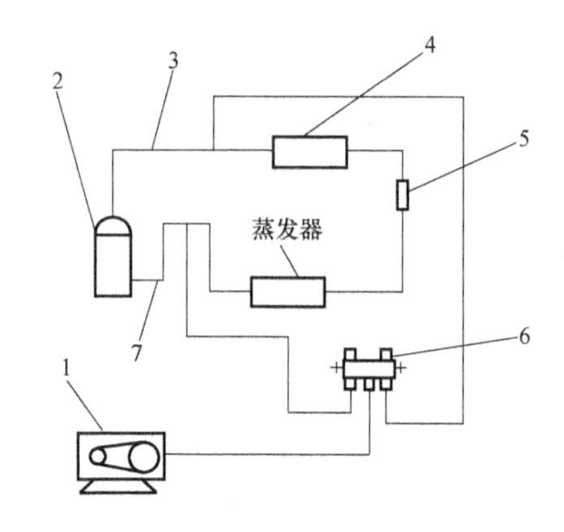

图 6-50　高、低压双侧抽真空示意图
1—真空泵　2—压缩机　3—高压排气管　4—冷凝器
5—干燥过滤器　6—双表修理阀　7—低压吸气管

④ 打开修理阀，充入约 0.1MPa 的 R12 气体，放开毛细管出口，当有制冷剂喷出时，说明 R12 已将制冷系统内的空气顶出，这时迅速用封口钳（或钢丝钳）将毛细管出口封住，然后用气焊将管口封死，抽真空完成。

[项目实施]

1. 低压单侧抽真空

低压单侧抽真空的操作步骤如下：

1）按图 6-51 所示，将双表修理阀中间连接软管（一般为黄色软管）与外机气体三通阀检修口相连，连接过程中注意接头是米制还是寸制，如不匹配可使用米制/寸制转换接头；将有真空压力表一侧（低压侧）连接软管（一般为蓝色）与真空泵连接；将另一根连接软管（高压侧）（一般为红色）与制冷剂钢瓶连接，以备充注制冷剂。

2）保持两通状态（内机接管与检修阀），不要用内六角扳手打开外机三通气阀。此时，真空泵抽出的仅是内机、内外机连接铜管内部的空气，外机截止阀处于关闭状态。

3）检查各个接头，确保其已经拧紧。关闭双表修理阀高压侧阀门。

4）起动真空泵，打开排气帽，观察真空表真空度，确认真空泵工作 2h 以上真空度能达到 755mmHg 以上。

图 6-51　低压单侧抽真空

5）如果真空度达不到 755mmHg 以上，则说明系统管路有泄漏或有水分混入，需要检查并排除。

6）真空度达到要求后，继续运行 20~60min，然后关闭双表修理阀，停止真空泵，真空保压 1h 以上。

注意事项：

1）切勿打开气阀、液阀的截止阀，以防止收存于外机的制冷剂外泄。

2）只有外机在维修过程中，与外界环境接触需要抽真空时，才打开气阀、液阀的截止阀。

3）如果真空度达不到要求，则检查管路连接处，确认密封性。采用二次抽真空法，向系统充注少量制冷剂后，再次起动真空泵抽真空，直至达到要求的真空度。

2. 高低压双侧抽真空

高低压双侧抽真空的步骤如下：

1）将双表修理阀的高、低压接管（红色管、蓝色管）分别与外机气阀、液阀的检修口连接，如图 6-52 所示。

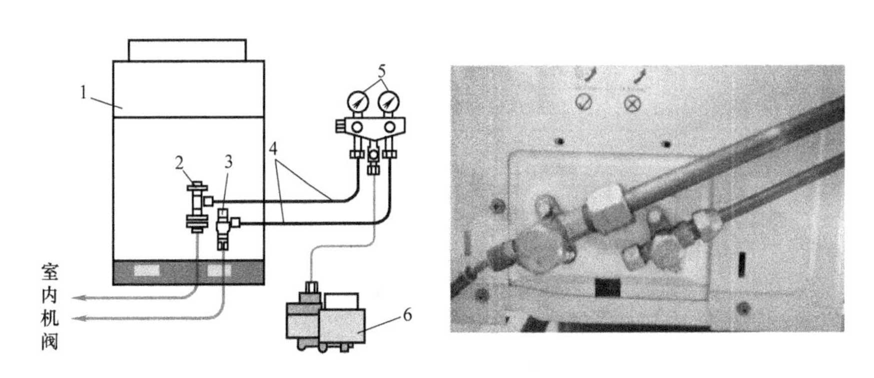

图 6-52 双侧抽真空

1—室外机 2—气侧截止阀 3—液侧截止阀 4—耐压胶管 5—控制阀 6—真空泵

2)~6) 操作步骤同低压单侧抽真空的操作步骤 2)~6)。

7）整理工作。

① 拆下双表修理阀、真空泵等，并将其整齐地摆放回原处。

② 拧下螺塞，对吹扫干净的管路进行连接。

③ 清洁现场，恢复操作区域的整洁干净。

3. 单级油循环旋片式真空泵使用注意事项

1）严禁抽除易燃易爆气体及有毒气体。

2）严禁抽除对金属有腐蚀性的气体以及能与真空泵油发生化学反应的气体。

3）严禁抽除含有颗粒、尘埃及大量蒸气的气体。

4）严禁抽除被抽气体温度超过 80℃ 的气体，装置使用环境温度为-5~60℃。

5）该产品不能作为压缩泵或输送泵使用。

6）真空泵靠油膜密封，应定期加油。

7）严禁无油运行。

8）真空泵运行时，严禁堵塞排气口。

9）真空泵长时间不用时，应将其进气口和排气口密封。

[项目思考与评价]

1. 课后思考

（1）制冷系统抽真空操作有哪些方法？每种方法的步骤分别是怎样的？

（2）R600a 制冷系统要选用哪种抽真空操作方式，为什么，有哪些注意事项？

2. 评价反馈

（1）自我评价（30 分） 学生根据任务完成情况进行自我评价，并将评价结果填入表 6-23。

表 6-23 自我评价表

评价内容	配分	评分标准	得分
理论知识	20	知识点清晰、准确	
工具使用	15	能按照操作规范使用	
仪器仪表使用	15	方法正确、操作规范	
操作步骤	20	完整、正确	
实训结果	20	达到实训要求	
整理工作	10	实训场地整洁,工具摆放到位	
总分×30%			

姓名　　　　　　年　月　日

（2）小组评定（30 分） 同一实训小组学生互评，并将评价结果填入表 6-24。

表 6-24 小组互评表

评价内容	配分	得分
协作能力、团队精神	30	
遵守实训纪律	20	
安全、质量与责任心	30	
工具及仪器仪表整理、清洁卫生	20	
总分×30%		

参评人员　　　　　　年　月　日

（3）指导教师评价（40 分） 指导教师结合自我评价、小组互评情况综合评价，并将评价结果填入表 6-25 中。

表 6-25 指导教师评价表

指导教师总评意见：	
指导教师评分	
总分＝自我评价分数+小组互评分数+指导教师评价分数	

指导教师　　　　　　年　月　日

项目7 制冷剂充注与调试

[项目学习目标]

1）了解不同制冷系统的制冷剂充注、追加规范。

2）掌握制冷系统制冷剂充注、追加步骤及方法。

3）掌握制冷器充注常用工具、仪器的使用方法。

[项目基本技能]

1. 工具、材料准备（见表6-26）

表6-26 制冷剂充注与调试工具、材料准备

序 号	名 称	数量	备注
1	小型冰箱制冷系统	1台	
2	小型空调制冷系统	1台	
3	户式中央空调制冷系统	1台	
4	制冷剂钢瓶及制冷剂	1套	不同种类
5	加液管	1套	
6	双表修理阀	1套	
7	定量加液器	1台	
8	电子秤	1台	
9	内六角扳手	2把	

2. 相关工具及其使用方法

制冷系统制冷剂的充注量要准确，误差不能超过规定充注量的5%。制冷剂充注量过多，会导致冷凝压力增高，蒸发温度升高，压缩机功率增大，耗电量增加，还会引起压缩机液击；若制冷剂充注量过少，则会造成蒸发器上结霜不满，蒸发器有效面积不能得到充分利用，制冷系统降温慢，压缩机运转率提高，耗电量大。制冷剂的充注量与制冷量的关系如图6-53所示。

（1）充注方式 制冷系统制冷剂的充注方式有两种：一种是气态充注，将制冷剂钢瓶直立，制冷剂以气态充入制冷系统，充注时压缩机边工作边充注。气态充注的优点是可以防止充注过程中出现液击事故，缺点是充注时易混入钢瓶中的水和不凝性气体。二是液态充注，将制冷剂钢瓶倒立，制冷剂以液态形式充入制冷系统，充注时压缩机需停机充注。液态充注的优点是可以减少水分、不凝性气体注入制冷系统，缺点是压缩机在工作状态下以液态充注易引起液击。

（2）充注量判断 充注量的判断方法有两种。

1）定量充注法。定量充注法是指利用定量加液器或称重法充注。定量加液器的内筒为耐压玻璃管，用于盛装制冷剂，外层为有机玻璃，其上刻有不同制冷剂在不同压力下的重量，如图6-54所示。

向制冷系统充注制冷剂时，先拧松连接检修阀的螺母，打开加液器出液截止阀，等制冷

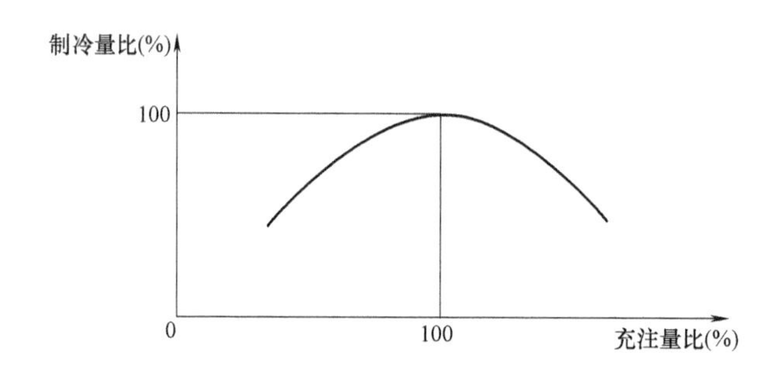

图 6-53　制冷剂充注量与制冷量的关系

剂从螺母缝隙排出时立即拧紧螺母，这样便可排除连接管中的空气。然后打开检修阀向制冷系统充注制冷剂，根据液面计的刻度充注至制冷系统铭牌规定的充注量。

称重法是利用电子台秤或电子秤控制制冷剂的加注量。

2）综合观察法。综合观察法是通过观察接在制冷系统上的双表修理阀压力表的压力值和制冷系统的工作情况，来判断制冷剂的充注量是否正确。

① 观察低压压力。打开制冷剂钢瓶阀门，先排除连接管中的空气，再打开检修阀向制冷系统充注制冷剂。对于不同的制冷系统，当压力表指示压力达到对应标称值时，关闭检修阀，将定量压缩机通电运行，此时表压力逐渐下降，当表压力不再下降时，压力表指示的压力值即为制冷系统的低压压力（蒸发压力）。制冷系统的低压压力与制冷剂的充注量有关，制冷剂充注量多，低压压力就高；充注量少，低压压力就低。低压压力还与环境温度有关，夏季温度高，低压压力偏高；冬季温度低，低压压力偏低；春秋季节将低压压力控制在夏冬季节之间即可。

低压压力虽然能反映制冷剂充注量的多少，但影响制冷系统低压压力的因素还有很多，所以还应通过观察制冷系统其他主要部件的温度及制冷状态，才能确定制冷剂充注量是否准确。

② 观察制冷系统蒸发器的结霜情况。制冷系统制冷剂充注量准确时，制冷系统工作 20min 后，制冷系统的蒸发器表面结霜均匀，霜薄而光滑，用湿手触摸蒸发器表面时有粘手感。制冷剂充注量不足时，蒸发器表面结霜不均匀，甚至只有部分结霜。若制冷剂充注量过多，则蒸发器上结浮霜，制冷效果达不到要求。

③ 摸冷凝器表面温度。制冷剂充注量准确时，制冷系统冷凝器上部管道发热烫手，整个冷凝器从上至下散热均匀；若充注量过多，则冷凝器大部分管道发烫；充注量不足时，冷凝器上部管道温热，而下部管道不热。

④ 摸干燥过滤器表面温度。制冷剂充注量准确时，干燥过滤器上有热感。若温度过高，说明制冷剂充注量过多；若干燥过滤器不热，则说明制冷剂充注量不足。干燥过滤器的温度还与环境温度有关，冬季环境温度低，干燥过滤器可能没有热感。在压缩机停机后的一段时间内，如果干燥过滤器上出现结露现象，则说明制冷剂偏多。

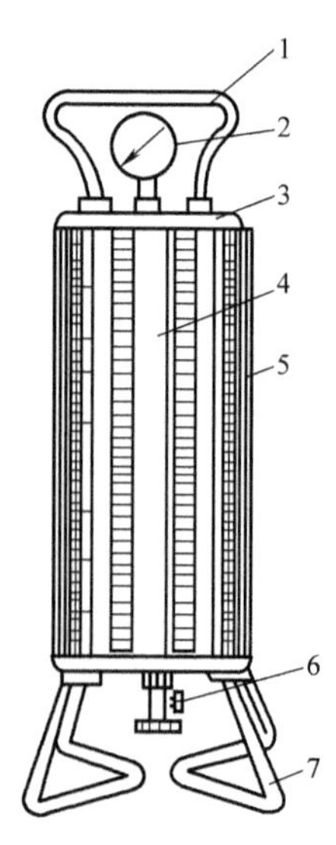

图 6-54　定量加液器
1—定量加液器提柄　2—压力表　3—简体　4—液量观察管　5—转筒　6—下阀　7—支架

⑤ 摸低压回气管温度。制冷剂充注量准确时，低压回气管上有凉感，但不结霜；若没有凉感，则为制冷剂充注量不足；若回气管结霜，则说明制冷剂充注量过多。压缩机每次起动时，其回气管上不应结霜，而只是比环境温度低，如果在压缩机起动后的 1min 左右回气管结霜，过一段时间霜又自然化掉，则说明制冷剂充注稍过量。

[项目实施]

1. R600a 冰箱制冷系统制冷剂充注

(1) 充注步骤

1) 冰箱制冷系统完成抽真空操作后，先关闭连接真空泵一侧的双表修理阀手阀，然后关闭真空泵电源。

2) 将 R600a 制冷剂钢瓶放置在电子秤上，并把电子秤读数清零。打开制冷剂钢瓶阀，制冷剂便流入制冷系统中。此时电子秤显示为不断变化的负值。

3) 接通电冰箱电源，使压缩机起动，低压压力表指针读数迅速下降，同时电子秤显示的负数值也逐渐增大。

4) 当电子秤显示的值达到制冷系统的加注量要求时，迅速旋紧制冷剂钢瓶阀，1min 后旋紧双表修理阀手阀。

5) 切断电冰箱电源，等低压压力表指示值大于零之后，迅速将加液管从压缩机上取下，R600a 电冰箱制冷系统制冷剂充注完成。

(2) 注意事项

1) 在充注制冷剂之前，要检查并保证制冷系统的气密性和真空度。

2) 制冷系统抽真空结束时，要注意关闭手阀和电源的先后顺序。

3) R600a 在空气中的体积分数达到 1.9%~8.4%时，遇到明火就会发生爆炸，所以不能在密闭室内使用该制冷剂。充注 R600a 制冷剂时一定要注意，工作场所内部不能有火源。

4) 充注 R600a 时一定要注意，不允许将制冷剂排放到大气中，以免造成危险事故。

5) 由于 R600a 有较高的充注精度要求（维修充注精度为±2%），所以用称重法充注制冷剂时，应使用分度值为 1g 的电子秤进行充注称量，并且电子秤应定期校准。充注过程中要时刻关注电子秤的数值，不能充注过量。

6) 充注 R600a 制冷剂时不能将钢瓶倒立，制冷剂钢瓶不能受到碰撞。

7) 充注完成后，不能在开机的状态下取下压缩机的加液管，必须等低压进气口的压力表显示值大于零之后再取下加液管。

8) 所有带电设备必须可靠接地，以免产生电火花，引发安全事故。

9) R600a 制冷剂是高度挥发性物品，接触到眼睛或皮肤时，容易将其冻坏，操作时钢瓶不可靠近面部，且必须戴上防护手套。万一制冷剂接触到眼睛和皮肤，要用大量的水冲洗，给皮肤涂上清洁的凡士林，然后迅速请医生治疗。

2. R22 空调制冷系统制冷剂充注

1) 空调制冷系统完成抽真空操作后，先关闭双表修理阀的高、低压手动阀门，然后关闭真空泵电源。

2) 将 R22 制冷剂钢瓶连接到双表修理阀的高压软管上。

3) 开启制冷剂钢瓶阀门，将高压软管与双表修理阀相连的螺母拧松，排除软管中的空气，几秒钟后将螺母拧紧。

4）开启双表修理阀两侧的手动阀门，让制冷剂从加液口（液阀）进入制冷系统，注意一定要控制制冷剂的充注量。

5）关闭双表修理阀高、低压手动阀门，起动压缩机，观察其运行情况，如果制冷剂的量不够，则可开启低压手动阀，补充一些制冷剂。注意：压缩机运行后，禁止开启双表修理阀的高压侧阀门。当确定制冷剂充注量合适后，迅速从加液口（液阀）撤下双表修理阀的连接软管。

3. R410 中央空调制冷系统制冷剂充注

由于中央空调型号的不同，其安装位置和使用管路的管径也有所不同。因此，制冷剂充注时会有一定量的追加，在进行追加操作时会有不同的执行规范。下面以 SGBZ-001 型空调机组为例进行介绍。

制冷剂追加量（kg）的计算公式为

$$追加量=0.05\times\phi9.52mm 液管总长度+0.025\times\phi6.35mm 液管总长度-0.5$$

追加总制冷剂量应小于 4.5kg，如果计算的制冷剂追加量超过 4.5kg，则应减小中央空调联机配管长度。

（1）充注步骤

R410 户式中央空调制冷系统制冷剂充注操作步骤为：

1）测量户式中央空调联机配管长度，根据厂家提供的计算方法算出应追加的制冷剂充注量。

2）将充满的 R410 制冷剂钢瓶放在称重计上，记下读数，并计算充注完制冷剂后的读数。

3）用充注导管将带有调节阀的双头压力表及充液罐接到气阀和液阀的检测接头上。在连接之前，先将制冷剂钢瓶倒置，放出一部分制冷剂，将充注导管内的空气排出。

4）确认室外机气、液管截止阀处于关闭状态。

5）在未开机状态下打开充液罐调节阀阀门，从气、液管同时充注制冷剂。

6）观察称重计的读数，达到要求后立即关掉调节阀，然后再关闭充液罐的阀门。

（2）注意事项

1）必须使用正规品牌的 R410 制冷剂。

2）系统管路规格、长度的计算要准确，以确保计算出准确的充注量。

3）追加的制冷剂量的测量要准确，称重计要满足一定的精度，保证误差在±10g 范围内。

4）在加注制冷剂时，为防止液击，必须防止过量追加。

5）追加操作前，必须确认钢瓶内是否有虹吸装置，保证以液体状态充注。R410 为非共沸混合工质，气相和液相的成分不同，必须采用液体追加的方式。有虹吸管的充注罐必须采用钢瓶正立方式；无虹吸装置时，则必须采用钢瓶倒立方式。

[项目思考与评价]

1. 课后思考

（1）电冰箱与空调制冷系统制冷剂充注过程有哪些不同？

（2）户式中央空调制冷剂充注量如何确认？

2. 评价反馈

（1）自我评价（30 分）　学生根据任务完成情况进行自我评价，并将评价结果填入表 6-27 中。

表 6-27　自我评价表

评价内容	配分	评 分 标 准	得分
理论知识	20	知识点清晰、准确	
工具使用	15	能按照操作规范使用	
仪器、仪表使用	15	方法正确、操作规范	
操作步骤	20	完整、正确	
实训结果	20	达到实训要求	
整理工作	10	实训场地整洁，工具摆放到位	
总分×30%			

姓名　　　　　　年　月　日

（2）小组互评（30 分）　同一实训小组学生互评，并将评价结果填入表 6-28 中。

表 6-28　小组互评表

评 价 内 容	配分	得分
协作能力、团队精神	30	
遵守实训纪律	20	
安全、质量与责任心	30	
工具及仪器仪表整理、清洁卫生	20	
总分×30%		

参评人员　　　　　　年　月　日

（3）指导教师评价（40 分）　指导教师结合自我评价、小组互评情况综合评价，并将评价结果填入表 6-29 中。

表 6-29　指导教师评价表

指导教师总评意见：	
指导教师评分	
总分＝自我评价分数+小组互评分数+指导教师评价分数	

指导教师　　　　　　年　月　日

参 考 文 献

[1] 时阳. 制冷技术 [M]. 2版. 北京：中国轻工业出版社，2015.

[2] 吴业正. 制冷原理及设备 [M]. 3版. 西安：西安交通大学出版社，2010.

[3] 郑贤德. 制冷原理与装置. [M]. 2版. 北京：机械工业出版社，2008.

[4] 彦启森，石文星，田长青. 空气调节用制冷技术 [M]. 4版. 北京：中国建筑工业出版社，2010.

[5] 陈光明，陈国邦. 制冷与低温原理 [M]. 北京：机械工业出版社，2011.

[6] 卢士勋，杨万枫. 制冷技术及工程应用 [M]. 上海：上海交通大学出版社，2010.

[7] 朱立. 制冷压缩机与设备 [M]. 北京：机械工业出版社，2013.

[8] 叶兴海，钱纪明，陈杰，等. 新型双向热力膨胀阀与变频空调器实用状态下的节能分析 [J]. 制冷与空调. 2012，12 (3)：95-102.

[9] 濮伟，刘培琴. 制冷技术及设备 [M]. 上海：上海交通大学出版社，2006.

[10] 张华俊. 制冷原理与性能 [M]. 武汉：华中科技大学出版社，2010.

[11] 金文，逯红杰. 制冷技术 [M]. 北京：机械工业出版社，2009.

[12] 解国珍，姜守忠，罗勇. 制冷技术 [M]. 北京：机械工业出版社，2008.

[13] 贺俊杰. 制冷技术 [M]. 2版. 北京：机械工业出版社，2012.

[14] 胡大鹏，陈淑花. 制冷技术及其应用 [M]. 北京：中国石化出版社，2010.

[15] 陈芝久，吴静怡. 制冷装置自动化 [M]. 2版. 北京：机械工业出版社，2010.

[16] 朱瑞琪. 制冷装置自动化 [M]. 西安：西安交通大学出版社，2010.

[17] 孙见君. 制冷与空调装置自动控制技术 [M]. 北京：高等教育出版社，2009.

[18] 杜垲. 制冷空调装置控制技术 [M]. 重庆：重庆大学出版社，2007.

[19] 赵建，姜周曙. 制冷空调自动化 [M]. 西安：西安电子科技大学出版社，2009.

[20] 高桥隆勇. 空调自动控制与节能 [M]. 刘军，刘春生，译. 北京：科学出版社，2012.

[21] 杜存臣. 制冷与空调装置自动控制技术 [M]. 北京：化学工业出版社，2007.

[22] 田明玉. 制冷基本操作技能 [M]. 2版. 北京：中国劳动社会保障出版社，2008.